网络安全原理

（第2版）

主　编　付　伟

副主编　叶　清

参　编　朱婷婷　严　博　周九星

主　审　周学广

国防工業出版社

·北京·

内 容 简 介

本书从网络安全的基本理论和技术出发，深入浅出、循序渐进地讲述与网络安全原理密切相关的知识内容。本书共9章，涉及网络安全概述、网络协议安全、网络服务安全、网络安全漏洞检测与防护、虚拟专用网技术、防火墙技术、入侵检测技术、无线网络安全及网络安全技术发展前沿等内容。在紧密结合当前精品教材内容和调研部队网络安全装（设）备工作基本原理的基础上，重点介绍网络安全方面的服务安全、入侵检测技术、虚拟专用网、防火墙技术、网络身份认证技术、典型网络安全协议、网络安全主要漏洞、漏洞检测技术、新型网络安全技术等方面的知识，具有较强的系统性、先进性、全面性和可阅读性。

本书可作为信息安全、网络安全及相关专业本科生和研究生的教材，也可作为信息安全、网络空间安全工程师、网络安全管理员和信息技术类用户的培训教材和参考书。

图书在版编目（CIP）数据

网络安全原理 / 付伟主编. --2 版. -- 北京：国防工业出版社，2025. 5. -- ISBN 978-7-118-13406-3

Ⅰ. TP393.08

中国国家版本馆 CIP 数据核字第 2025L5J239 号

※

国防工业出版社出版发行

（北京市海淀区紫竹院南路 23 号　邮政编码 100048）

北京虎彩文化传播有限公司印刷

新华书店经售

*

开本 787×1092　1/16　印张 24　字数 548 千字

2025 年 5 月第 2 版第 1 次印刷　印数 1—1000 册　定价 128.00 元

国防书店：(010)88540777　　书店传真：(010)88540776

发行业务：(010)88540717　　发行传真：(010)88540762

前　言

近年来，随着国际国内形势的急剧变化，网络空间安全斗争已然进入“深水区”，各类信息系统和网络面临的安全威胁不断增多。然而我国现有信息系统和网络安全基础薄弱，安全隐患突出，安全防护人才匮乏，这对网络安全人才培养提出了巨大挑战。为此，在由本课程组自编、武汉大学出版社出版的《网络安全原理》基础上，进一步贯彻落实军事训练“向实战聚焦、向部队靠拢”的指示精神，编写了《网络安全原理（第2版）》。

本版教材结合网络空间安全技术的快速发展和国家网络空间安全战略的最新调整，在保持第1版教材基本结构的基础上对内容和选材进行了较大程度的改版：在技术上力求跟上网络安全技术最新发展前沿；在内容上努力聚焦“为战抓教”“课程思政”相关要求；在标准上进一步强化对学员实践能力和综合素质的培养，以便更好地满足培养适应新军事信息化战争人才的需求。新版教材紧盯网络安全课程教学目标，紧扣网络信息安全教育主题，具有如下显著特点。

（1）教材内容完备突出体系性。以网络安全防护的基本原理、技术及其应用为主线，按照基本原理、技术应用、配置方法逐渐铺开，在内容安排上基本涵盖了网络安全体系结构、网络安全通信协议、网络服务安全、网络安全漏洞检测与防护、虚拟专用网技术、防火墙技术、入侵检测技术、新型网络安全技术等知识内容，形成完整知识体系。

（2）教材结合思政强化铸魂性。教材将介绍目前网络安全的状况和面临的主要威胁，以传承发扬军队文化为抓手，突出政治性和学术性相统一，帮助学员形成正确的网络安全思维，详细介绍《中华人民共和国网络安全法》（后简称《网络安全法》）等政策法规，将课程思政融入网络安全教育中，培塑信息安全专业学员忠于海军事业的坚定信念。

（3）教材贴近岗位强调为战教战。教材针对部队当前实际和本专业学员毕业后的岗位任职能力需求，紧密结合部队网络安全防护的实际需求，以军事应用为背景、以理论知识为基础，深入浅出、循序渐进地讲述网络安全基本原理、技术应用，体系设计、统筹安排，力图做到理论与实践的相统一。

（4）教材面向前沿挑战度大。网络安全涉及硬件平台、软件系统、基础协议等方方面面的问题，复杂而又多变，必须通过系统学习和专项训练才能有较全面的理解和掌握。同时，教材针对当前信息技术发展最为活跃的学科前沿安全问题开展编写，故挑战难度大。

本教材第一、第六、第九章由付伟编写，第七章由叶清编写，第三、第八章由严博编写，第四章由朱婷婷编写，第二、第五章由周九星编写，全书由付伟统稿、校对。由于作者水平有限，书中难免存在错误与不妥之处，敬请读者指正。

本版教材已被列入 2022 年度海军精品教材建设立项培育教材，所涉及的内容得到了国家自然科学基金（项目编号：62276273）和国防科技基础加强计划技术领域基金（协议编号：2022-JCJQ-JJ-0962）的资助。

本书中的不当之处，恳请广大读者批评指正。

作　者

2024 年 10 月

目　录

第一章　网络安全概述

随着全球信息基础设施和各国信息基础设施的逐渐形成，网络化、信息化已经成为现代社会的一个重要特征。事物总是辩证统一的，网络信息系统的广泛普及一方面给人类带来了诸多便利，但是另一方面也打开了“潘多拉魔盒”，网络系统中的各种违法犯罪活动已经严重危害到社会发展和国家安全。

“没有网络安全就没有国家安全”这一论述把网络安全上升到了国家战略的层面：网络安全不仅关系到国计民生，还与国家安全密切相关；不仅涉及国家政治、军事和经济各个方面，而且还影响到国家的安全和主权。因此，现代网络技术中最关键的也最容易被忽视的网络安全问题，已经成为各国关注的焦点，也成为热门研究和人才需求的新领域。

第一节　我国网络安全现状

计算机网络是地理上分散的、多台自主计算机互联的集合。这些计算机遵从约定的通信协议，与通信设备、通信链路和网络软件共同实现信息交互、资源共享、协同工作及在线处理等功能。从 1994 年接入国际互联网以来，我国抓住机遇，快速推进，经过 30 多年的发展取得了丰硕的成果，中国已经成为名副其实的“网络大国”。然而在互联网规模高速增长的同时，各种网络安全威胁不断涌现，总体来看我国网络安全形势不容乐观。

一、计算机网络发展现状

自 20 世纪 90 年代以来，互联网发展在全球呈爆炸式增长。近年来，在习近平总书记关于网络强国的重要思想指引下，我国在以互联网为代表的信息通信技术各相关领域取得前所未有的历史性成就，互联网基础设施建设全面覆盖，互联网普惠深入推进，数字经济欣欣向荣，高新技术加快探索，互联网治理逐步完善。

1．我国互联网规模庞大并快速发展

1）网民规模

我国早已是全球网民人数最多的国家，成为全球最大的数字社会。根据中国互联网络信息中心（China Internet Network Information Center，CNNIC）第 50 次《中国互联网络发展状况统计报告》的数据，截至 2022 年 6 月，我国网民规模已达到 10.51 亿，互联网普及率达 74.4%；手机网民规模达 10.47 亿，网民中使用手机上网的比例提升至 99.6%，如图 1-1 所示。

图 1-1　网民规模和互联网普及率

值得一提的是，我国 5G 建设和普及不断深化，5G 应用工作成效显著，5G 和千兆光网融合应用加速向工业、医疗、教育、交通等领域推广落地。截至 2022 年 6 月，已经累计建成开通 5G 基站 185.4 万个，实现“县县通 5G、村村通宽带”，5G 应用案例数超过 2 万个。

2）网站规模

截至 2022 年 6 月，我国域名总数达 3380 万，其中“.cn”域名总数为 1786 万个；IPv4 地址数量为 38923 万个，IPv6 地址数量为 63079 块/32；网站数量为 398 万，其中.cn 下网站数量为 222 万；网页数量持续增长，达到 3155 亿个，其中静态网页 2155 亿个，动态网页 1000 亿个。网站数量变化如图 1-2 所示。

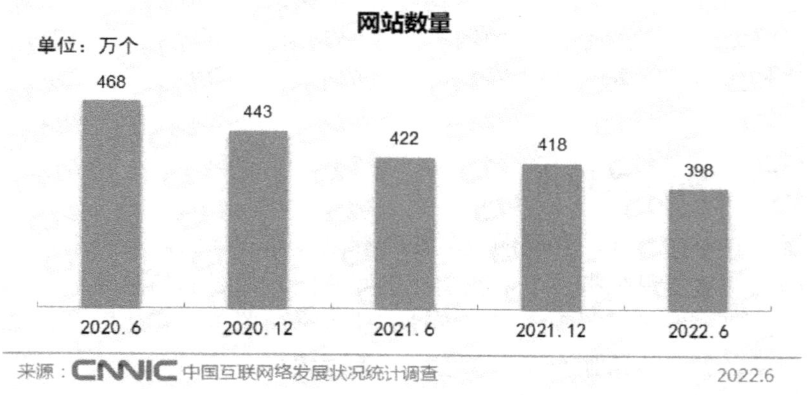

图 1-2　网站数量变化图

3）移动互联网接入流量

移动互联网流量快速增长。2022 年上半年，我国移动互联网接入流量达 1241 亿 GB，同比增长 20.2%，如图 1-3 所示。

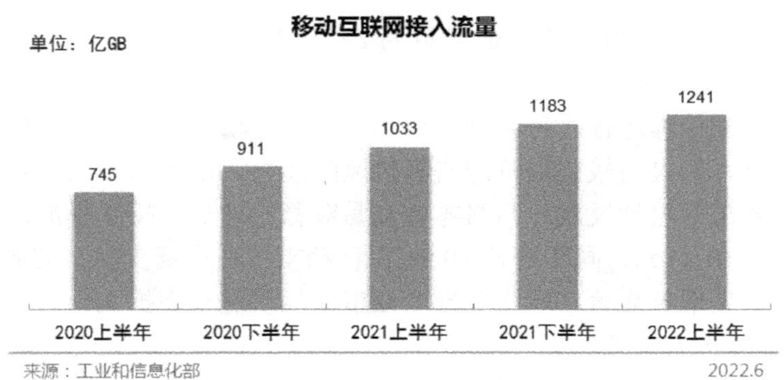

图 1-3　移动互联网接入流量变化图

2．互联网应用保持快速增长

1）网络应用规模

我国各类个人互联网应用持续发展，截至 2022 年 6 月的各项数据见表 1-1。其中，短视频的用户规模增长最为明显，较 2021 年 12 月增长 2805 万，增长率达 3.0%，带动网络视频的使用率增长至 94.6%；即时通信的用户规模保持第一，较 2021 年 12 月增长 2042 万，使用率达 97.7%；网络新闻、网络直播的用户规模分别较 2021 年 12 月增长 1698 万、1290 万，增长率分别为 2.2%、1.8%。

表 1-1　各类互联网应用用户规模和网民使用率

应用	用户规模/万	网民使用率
即时通信	102708	97.7%
网络视频（含短视频）	99488	94.6%
短视频	96220	91.5%
网络支付	90444	86.0%
网络购物	84057	80.0%
搜索引擎	82147	78.2%
网络新闻	78807	75.0%
网络音乐	72789	69.2%
网络直播	71627	68.1%
网络游戏	55239	52.6%
网络文学	49322	46.9%
在线办公	46066	43.8%
网约车	40507	38.5%
在线旅行预订	33250	31.6%
在线医疗	29984	28.5%

2）App 数量及规模

2020 年面对突发的新冠疫情，互联网对打赢疫情防控阻击战起到了关键作用，“防疫健康码”“通行码”等系统在疫情防控和复工复产中作用凸显，并加速推动了在线教育、在线医疗等行业的数字化转型，App 数量一度高达 359 万款。此后，该数量有所回落。

截至2022年6月，我国国内市场App数量为232万款。

3）互联网产业发展状况

我国互联网产业总体运行态势向好，市场规模持续增长，产业转型持续推进，配套产业溢出效应明显，彰显出较强的抗冲击和抗风险能力。电子商务助力传统产业数字化转型，推动我国经济高质量发展；网络零售交易额稳定增长，持续释放消费新动能，全国网上零售额117601亿元，同比增长10.9%；移动支付在电商支付、交通支付、医疗支付等应用场景业务量增长显著，网络广告产业市场规模进一步扩大。

4）互联网企业发展状况

我国互联网企业迈入高质量发展新阶段。BAT（百度Baidu，阿里巴巴Alibaba，腾讯Tencent）3家公司形成了三足鼎立的格局，其中百度拥有数万名研发工程师，掌握着世界上最为先进的搜索引擎技术，使中国成为美国、俄罗斯和韩国之外，全球仅有的4个拥有搜索引擎核心技术的国家之一；阿里巴巴是全球最大的零售交易平台，其业务包括淘宝网、天猫、聚划算、阿里云、蚂蚁金服等；腾讯是中国最大的互联网综合服务提供商之一，其服务包括QQ、微信、腾讯网、腾讯新闻客户端和腾讯视频等，是目前亚洲市值最高的公司。截至2020年12月，我国互联网上市企业总数为147家，总市值达16.80万亿元，同比增长51.2%。

5）5G+工业互联网应用发展

“5G+工业互联网”512工程纵深推进。在工业和信息化部推动下，各行业、各领域相关单位借鉴已发布的第一、二批“5G+工业互联网”20个典型场景和10个重点行业应用实践，紧扣行业领域特点需求，挖掘更多应用场景，推动“5G+工业互联网”与实体经济深度融合，在数字经济发展中发挥更大作用。截至2022年6月，建设项目超过3100个。当前，5G+工业互联网已在石化化工、建材、港口、纺织、家电等传统行业实现了创新发展。

二、网络安全现状

“网络大国”不等同于“网络强国”。随着全球信息化革命的到来，紧随信息化发展而来的网络安全问题日渐凸显。其中，安全漏洞、数据泄露、网络诈骗、勒索病毒等网络安全威胁层出不穷，高级可持续威胁（advanced persistent thread，APT）等有组织、有目的的网络攻击形势愈加明显。尤其是2022年以来，新冠疫情和乌克兰危机导致风险挑战增多，我国经济发展环境的复杂性、严峻性、不确定性上升，网络安全环境面临新的挑战，总体形势不容乐观。

1. DDoS攻击难以防范

因为攻击成本低、效果明显，DDoS（distributed deny of service，分布式拒绝服务）攻击仍是目前互联网用户面临的较常见、影响较严重的网络安全威胁之一，也是目前难以防范的网络攻击手段之一。随着CNCERT/CC（National Internet Emergency Center，国家互联网应急中心）等相关网络安全主管部门对DDoS攻击资源治理和DDoS攻击犯罪打击行动的持续开展，当前越来越多的黑客出于隐匿身份、躲避溯源、对抗治理等原因，选择将攻击资源向境外迁移。2022年上半年，中国电信、中国移动和中国联通总计监测发现分布式拒绝服务攻击316542起。

2. 各类网站安全不容乐观

网站面临网络仿冒、网站后门、网络篡改等主要威胁，安全形势不容乐观。

1）网络仿冒

网络仿冒也称网络钓鱼（phishing），是社会工程学欺骗原理与网络技术相结合的典型应用。近年来，不法分子通过网页仿冒进行诈骗获利的方式层出不穷，其仿冒对象已不仅局限于银行类、支付类网站网页，利用社会热点事件开展的网页仿冒诈骗呈爆炸式增长。监测发现针对我国境内网站仿冒页面约 1.3 万个。为有效防止网页仿冒引发的危害，CNCERT 重点针对金融、电信等行业的仿冒页面进行处置，共协调关闭仿冒页面 8171 个，同比增加 31.2%。在已协调关闭的仿冒页面中，从承载仿冒页面 IP 地址归属情况来看，绝大多数位于境外。

2）网站后门

网站后门是黑客成功入侵网站服务器后留下的后门程序。通过在网站的特定目录中上传远程控制页面，黑客可以暗中对网站服务器进行远程控制，上传、查看、修改、删除网站服务器上的文件，读取并修改网站数据库的数据，甚至可以直接在网站服务器上运行系统命令。监测发现境内外 8289 个 IP 地址对我国境内约 1.4 万个网站植入后门。其中，有 7867 个境外 IP 地址（占全部 IP 地址总数的 94.9%）对境内约 1.3 万个网站植入后门，位于美国的 IP 地址最多，占境外 IP 地址总数的 15.8%，其次是位于菲律宾和中国香港地区的 IP 地址，如图 1-4 所示。

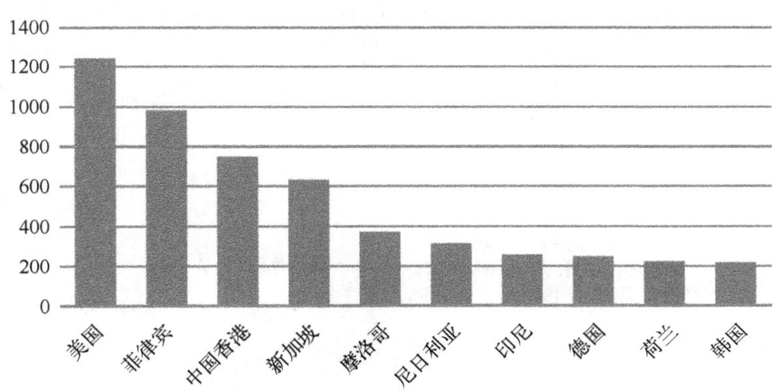

图 1-4 向我国境内网站植入后门所属国家或地区 TOP10

3）网页篡改

按照攻击手段，网页篡改可以分成显式篡改和隐式篡改两种。通过显式网页篡改，黑客可“炫耀”自己的技术技巧，或达到声明自己主张的目的。隐式篡改一般是在被攻击网站的网页中植入被链接到色情、诈骗等非法信息的暗链，以助黑客谋取非法经济利益。2020 年，我国境内被篡改的网站约 10 万个，同比减少 45.9%，其中被篡改的政府网站有 494 个。篡改数量有所降低的原因是我国政府部门开展对网站篡改行为的持续打击和整治的专项行动。

3. 网络安全漏洞威胁形势更加严峻

根据 2021 年上半年我国互联网网络安全监测数据分析报告，国家信息安全漏洞共享平台（CNVD）收录通用型安全漏洞 13083 个，同比增长 18.2%。其中，高危漏洞收录数量为 3719 个（占 28.4%），同比减少 13.1%；“零日”漏洞收录数量为 7107 个（占 54.3%），同比大幅增长 55.1%，如图 1-5 所示。

图 1-5　2016—2020 年网络安全漏洞数量增长示意图

根据影响对象的类型，漏洞可分为应用程序漏洞、Web 应用漏洞、操作系统漏洞、网络设备（交换机、路由器等网络端设备）漏洞、智能设备（物联网终端设备）漏洞、安全产品（如防火墙、入侵检测系统等）漏洞、数据库漏洞。其中排名前 3 位的是应用程序漏洞（占 47.9%）、Web 应用漏洞（占 29.5%）、操作系统漏洞（占 10.0%），如图 1-6 所示。

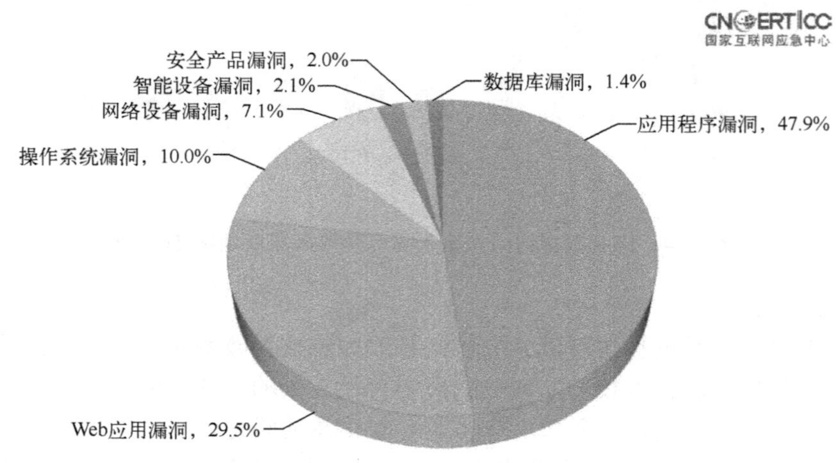

图 1-6　CNVD 收录的漏洞数量占比按影响对象类型分类统计

4．移动互联网恶意程序持续高速增长

移动互联网恶意程序一般存在以下一种或多种恶意行为，包括恶意扣费类、信息窃取类、远程控制类、恶意传播类、资费消耗类、系统破坏类、诱骗欺诈类和流氓行为类。

2020 年，CNCERT/CC 捕获及通过厂商交换获得的移动互联网恶意程序样本数量为 3028414 个。图 1-7 所示为 2016—2020 年 CNCERT 捕获的移动互联网恶意程序数量。

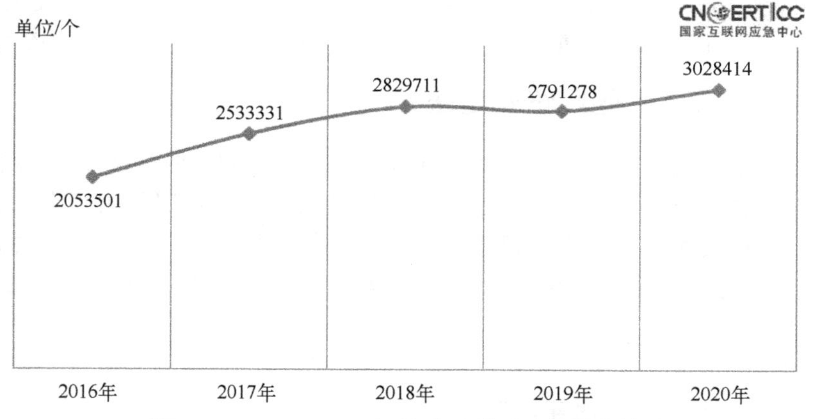

图 1-7　2016—2020 年移动互联网恶意程序数量

通过对恶意程序的恶意行为统计发现，排名前 3 位的仍然是流氓行为类、资费消耗类和信息窃取类，占比分别为 48.4%、21.1%和 12.7%。CNCERT/CC 连续 8 年联合应用商店、云平台等服务平台持续加强对移动互联网恶意程序的发现和下架力度，2020 年累计协调国内 569 家提供移动应用程序下载服务的平台下架 2333 个移动互联网恶意程序，有效控制了移动互联网恶意程序传播途径，防范移动互联网恶意程序的危害。

5．工业控制系统安全不断暴露

随着工业控制设备对接互联网，越来越多的黑客开始将攻击目标转向工业控制设备。CNCERT/CC 持续扩大监测和巡检范围，发现境内有大量暴露在互联网的工业控制设备和系统。其中设备类型包括可编程逻辑控制器、串口服务器等，存在高危漏洞的系统涉及煤炭、石油、电力、城市轨道交通等重点行业，覆盖企业生产管理、企业经营管理、政府监管、工业云平台等。

工业控制设备自身操作系统漏洞、应用软件漏洞及工业协议的安全性缺陷等工业系统自身的漏洞问题不容忽视，其中拒绝服务、缓冲区溢出、信息泄露、代码执行等是工业控制系统较为突出的问题，如图 1-8 所示。

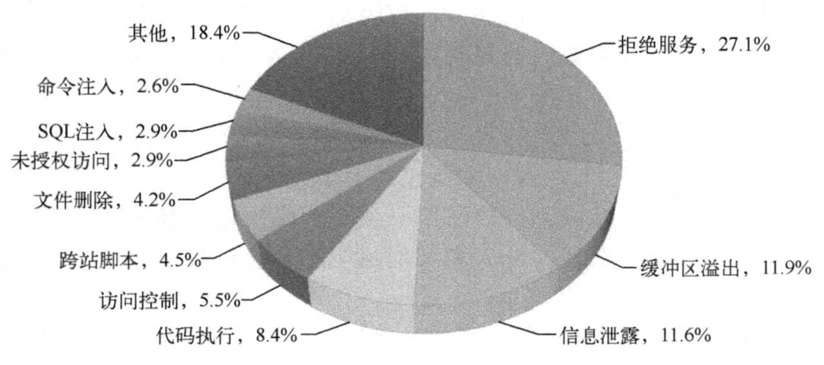

图 1-8　工业控制系统主要安全隐患

6．区块链安全

2020 年区块链领域共发生安全事件 555 起，每月均有新增安全事件。其中，9 月发生的安全事件数量最多，达 69 起；下半年事件数量较上半年增长 32.1%。从发生事件具体领域来看，DeFi（decentralized finance）、数字钱包、资产交易平台发生安全事件数量排前 3 位。

三、《中华人民共和国网络安全法》

为了保障网络安全，维护网络空间主权和国家安全、社会公共利益，保护公民、法人和其他组织的合法权益，促进经济社会信息化健康发展，我国已由第十二届全国人民代表大会常务委员会第二十四次会议于 2016 年 11 月 7 日通过了《中华人民共和国网络安全法》（以下简称《网络安全法》），自 2017 年 6 月 1 日实施。该法案于 2022 年 9 月 12 日进行了首次修订。

1．基本原则

《网络安全法》提出 3 个基本原则。

第一，网络空间主权原则。《网络安全法》第一条“立法目的”开宗明义，明确规定要维护我国网络空间主权。网络空间主权是一国国家主权在网络空间中的自然延伸和表现。习近平总书记指出，《联合国宪章》确立的主权平等原则是当代国际关系的基本准则，覆盖国与国交往的各个领域，其原则和精神也应该适用于网络空间。各国自主选择网络发展道路、网络管理模式、互联网公共政策和平等参与国际网络空间治理的权利应当得到尊重。第二条明确规定《网络安全法》适用于我国境内网络以及网络安全的监督管理。这是我国网络空间主权对内最高管辖权的具体体现。

第二，网络安全与信息化发展并重原则。习近平总书记指出，安全是发展的前提，发展是安全的保障，安全和发展要同步推进。网络安全和信息化是一体之两翼、驱动之双轮，必须统一谋划、统一部署、统一推进、统一实施。《网络安全法》第三条明确规定，国家坚持网络安全与信息化并重，遵循积极利用、科学发展、依法管理、确保安全的方针；既要推进网络基础设施建设，鼓励网络技术创新和应用，又要建立健全网络安全保障体系，提高网络安全保护能力，做到“双轮驱动、两翼齐飞”。

第三，共同治理原则。网络空间安全仅仅依靠政府是无法实现的，需要政府、企业、社会组织、技术社群和公民等网络利益相关者的共同参与。《网络安全法》坚持共同治理原则，要求采取措施鼓励全社会共同参与，政府部门、网络建设者、网络运营者、网络服务提供者、网络行业相关组织、高等院校、职业学校、社会公众等都应根据各自的角色参与网络安全治理工作。

2．主要内容

《网络安全法》共七章七十九条，主要包括七个方面。

（1）维护网络主权与合法权益。该法第一条即明确规定“维护网络空间主权和国家安全、社会公共利益，保护公民、法人和其他组织的合法权益，促进经济社会信息化健康发展。”

（2）支持与促进网络安全。在第二章的内容中，要求建立和完善国家网络安全体系，支持各地各相关部门加大网络安全投入、研发和应用，支持创新网络安全管理方式，提升保护水平。

（3）强调网络运行安全。利用两节共十九条的篇幅做了详细规定，突出“国家实行网络安全等级保护制度”和“关键信息基础设施的运行安全”。其中特别强调要保障关键信息基础设施的运行安全。关键信息基础设施是指那些一旦遭到破坏、丧失功能或者数据泄露，可能严重危害国家安全、国计民生、公共利益的系统和设施。《网络安全法》强调在网络安全等级保护制度的基础上，对关键信息基础设施实行重点保护，明确关键信息基础设施的运营者负有更多的安全保护义务，并配以国家安全审查、重要数据强制本地存储等法律措施，确保关键信息基础设施的运行安全。

（4）保障网络信息安全。以法律形式明确“网络实名制”，要求网络运营者收集使用个人信息，应当遵循合法、正当、必要的原则，不得出售个人信息。

（5）监测预警与应急处置。将监测预警与应急处置工作制度化、法治化，明确国家建立网络安全监测预警和信息通报制度，建立网络安全风险评估和应急工作机制，制定网络安全事件应急预案并定期演练。这为建立统一高效的网络安全风险报告机制、情报共享机制、研判处置机制提供了法律依据，为深化网络安全防护体系、实现全天候全方位感知网络安全态势提供了法律保障。

（6）完善监督管理体制。该法第八条规定国家网信部门负责统筹协调网络安全工作和相关监督管理工作。国务院电信主管部门、公安部门和其他有关机关在各自职责范围内负责网络安全保护和监督管理。《网络安全法》将现行有效的网络安全监管体制法治化，明确了网信部门与其他相关网络监管部门的职责分工。国家网信部门负责统筹协调网络安全工作和相关监督管理工作，国务院电信主管部门、公安部门和其他有关机关依法在各自职责范围内负责网络安全保护和监督管理工作。这种“1+X”的监管体制，符合当前互联网与现实社会全面融合的特点和我国监管需要。

（7）明确相关利益者法律责任。该法第六章对网络运营者、网络产品或者服务提供者、关键信息基础设施运营者，以及网信、公安等众多责任主体的处罚惩治标准，作了详细规定。将原来散见于各种法规、规章中的规定上升到人大法律层面，对网络运营者等主体的法律义务和责任做了全面规定，包括守法义务，遵守社会公德、商业道德义务，诚实信用义务，网络安全保护义务，接受监督义务，承担社会责任等。在“法律责任”中则提高了违法行为的处罚标准，加大了处罚力度。

3. 重要意义

作为我国首部全面规范网络空间安全治理方面的基础性法律，《网络安全法》是我国网络空间法治建设的重要里程碑，其意义重大、影响深远。

（1）有助于维护国家安全。“没有网络安全就没有国家安全”，网络空间已成为第五大主权领域空间，互联网已经成为意识形态斗争的最前沿、主战场、主阵地，能否顶得住、打得赢，直接关系国家意识形态安全和政权安全。作为经济社会运行神经中枢的金融、能源、电力、通信、交通等领域的关键信息基础设施，一旦遭受攻击，就可能导致交通中断、金融紊乱、电力瘫痪等问题，破坏性极大。该法的主旨，就是要维护保障网络空间主权和国家安全。

（2）有助于保障网络安全。现在我国已经成为名副其实的网络大国，但并不是网络强国。我国网络安全工作起点低、起步晚，相关举措滞后，安全形势堪忧。一方面，域外势力加紧实施网络遏制，利用网络进行意识形态渗透；另一方面，我国重要信息系统、工业控制系统的安全风险日益突出，相关重要信息几乎“透明”，存在重大的潜在威胁。该法的出台，对于维护网络运行安全、保障网络信息安全具有基础性全局性的意义。

（3）有助于维护经济社会健康发展。当前，网络信息与人们的生产生活紧密相联，在推进技术创新、经济发展、文化繁荣、社会进步的同时，也带来比较严重的网络信息安全问题。经济生产、社会生活中的大量数据，大部分通过互联网传播，网络侵权、网络暴力、网络传播淫秽色情信息，网上非法获取、泄露、倒卖个人信息等时常发生，严重危害经济发展、社会稳定，损害百姓切身利益。《网络安全法》在保护社会公共利益、保护公民合法权益、促进经济社会信息化健康发展方面扮演着重要的角色。

四、网络安全发展前瞻

1．网络安全问题将长期存在

为了解决日益严重的网络安全威胁，人们不断提出新的理论和新的技术，但是网络安全的问题仍将长期存在。一是从网络和系统自身的特点来看，任何网络、任何系统都必然存在漏洞，漏洞是无法完全消除的；而存在漏洞就必然有被利用、被攻击的风险。二是从行业发展的角度来看，从数字化到网络化、再到智能化，很多传统工业中都发展衍生出安全问题。从这个意义上来说，网络安全问题会随着经济社会的变革不断被发现，然后不断探索新的解决办法。三是从网络安全的攻防属性来看，网络攻击和网络防御始终是对立、矛盾的，但又是相辅相成、相互联系的。为了抵御某种网络攻击，负责网络防御的人员提出一种或者多种防御技术并取得了一定的效果；但是这些防御技术将很快为攻击人员所了解和分析研究，然后研究出能够破坏、对抗这种防御技术的新的攻击手段；接着网络防御人员不得不针对这些新的技术手段去研究下一轮的防御技术。这种攻防博弈的过程将一直持续下去，使得网络安全问题无法在短期内得到彻底解决。

2．云平台安全问题将越来越突出

随着云计算的快速发展，越来越多的重要信息系统和业务场景向云平台逐步迁移。云平台聚集了大量的应用系统和数据资源，使得云平台的安全问题成为业界关注的重点。随着云计算技术日益成熟和应用，企业上云已成为长期趋势，随之而来的是人们对云相关漏洞的研究也越来越多。

随着业务不断上云，发生在我国云平台上的网络安全事件或威胁数量居高不下。首先，发生在我国云平台上的各类网络安全事件数量占比仍然较高，其中云平台上遭受大流量 DDoS 攻击的事件数量占境内目标遭受大流量 DDoS 攻击事件数量的 74%，被植入后门网站数量占境内全部被植入后门网站数量的 88.1%，被篡改网站数量占境内全部被篡改网站数量的 88.6%。其次，攻击者经常利用我国云平台发起网络攻击，其中云平台作为控制端发起 DDoS 攻击的事件数量占境内控制端发起 DDoS 攻击的事件数量的 81.3%，作为木马或僵尸网络恶意程序控制端控制的 IP 地址数量占境内全部数量的 96.3%，承载的恶意程序种类数量占境内互联网上承载的恶意程序种类数量的 83.3%。

从总体情况来看，云网络安全态势不容乐观，云服务商和云用户应继续加大对网络安全的重视和投入，在做好基础防护策略的基础上，分工协作构建网络安全纵深检测防御体系，及时检测和处置云平台网络攻击事件，减少云平台被攻击情况和被利用情况，共同维护网络空间安全。

业务可以上云，安全防护能力也可以上云。伴随云计算对计算和网络资源利用率的不断提升，传统安全产品云化将成为趋势。各类虚拟 WAF、虚拟防火墙技术已较为成熟，将安全设备软件化，并建立简单的虚拟化安全资源池属于第一层的安全云化；从逻辑控制层的角度出发，屏蔽底层技术细节，将各类安全能力从单纯的产品配置转变为服务化配置，将烦琐的安全业务重新进行定义，从用户业务的角度出发，抽象为必要的实现逻辑，则是第二层安全云化。

3．国家级有组织的攻击活动频繁将成为常态

随着网络空间大国博弈较量的持续深入，国家级有组织的网络攻击活动频度与力度将持续增强。当前世界超级大国利用自身的技术优势成立国家级黑客组织，对别国开展网络攻击、网络窃密等活动已成为常态。2022 年 9 月，国家计算机病毒应急处理中心和 360 公司分别发布了关于西北工业大学遭受境外网络攻击的调查报告。报告显示，美国国家安全局下属的“特定入侵行动办公室”（TAO）使用 40 余种网络攻击武器对我国西北工业大学发起上千次网络攻击窃密行动，窃取了该校大量核心敏感数据。从近年网络攻击态势来看，境外国家级黑客组织的攻击活动愈发增多、愈演愈烈，这一特征在相当长一段时间内将成为常态，网络将成为国家斗争的主要阵地之一。

第二节　网络安全基本概念

网络安全是一门涉及计算机科学、网络技术、信息安全技术、通信技术、应用数学、密码技术和信息论等多学科的综合性学科，是信息安全学科的重要组成部分。要学习网络安全，首先必须了解信息安全、网络安全的一些基本概念。

一、网络安全定义

1．信息安全

信息是当今人类社会的宝贵资源，信息与信息系统的安全早已成为崭新的学术技术领域。信息安全是指保护信息不被未经授权地访问、使用、泄露、中断、修改和破坏，为信息提供保密性、完整性、可用性、可控性和不可否认性。

随着信息技术的发展与应用，信息安全的内涵在不断地延伸和变化，从最初的信息保密性发展到信息的完整性、可用性、可控性和不可否认性，进而又发展为“攻击、防御、检测、控制、管理、评估”等多方面的基础理论和实施技术。一般认为信息安全包括 5 个研究方向，即密码学、信息系统安全、网络安全、信息内容安全和信息对抗。

2．网络安全

网络安全是指利用网络管理控制和技术措施，保证在网络环境中数据的机密性、完整性、网络服务可用性和可审查性受到保护；保证网络系统的硬件、软件及其系统中的数据资源得到完整、准确、连续运行和服务不受到干扰破坏和非授权使用。

网络安全问题实际上包括网络的系统安全和信息安全，而保护网络的信息安全是网络安全的最终目标和关键。因此，网络安全的实质是指网络的信息安全。

二、网络安全基本属性

无论在计算机上存储、处理和使用，还是在通信网络上传输，信息都有可能因非授权访问而导致泄密、因篡改破坏而导致不完整、因冒充替换而导致否认，也可能因阻塞拦截而导致无法访问。那么，网络安全需要关注信息的哪些安全属性呢？一般认为网络安全基本属性主要包括信息的机密性、真实性、完整性、可靠性、可用性、不可抵赖性和可控性等方面。

1．机密性

机密性是指网络信息不被泄露给非授权的用户、实体或过程，或供其利用的特性。即防止信息泄露给非授权个人或实体，信息只为授权用户所使用的特性。机密性是在可靠性和可用性的基础之上，保障网络信息安全的重要手段。常用的保密技术包括：防侦听（使对手侦听不到有用的信息）、防辐射（防止有用信息以各种途径辐射出去）、信息加密（在密钥的控制下，用加密算法对信息进行加密处理，即使对手得到了加密后的信息，也会因为没有密钥而无法读懂有效信息）、物理保密（利用各种物理方法，如限制、隔离、掩蔽、控制等措施，保护信息不被泄露）。

2．真实性

真实性是指对信息的来源进行判断，对伪造来源的信息予以鉴别。在网络上进行通信的双方必须首先确认对方身份的真实性，而这一点在网络上通常是比较困难的。其次，还必须确认信息内容的真实性。一方面从网络中获得信息，另一方面也向网络发送信息；一方面回应来自他人的信息，另一方面也关注他人对自己信息的反馈。在网络信息交流范围越来越广、透明度越来越高、速度越来越快、形式越来越丰富、目的越来越复杂的情况下，网络信息的真实性越来越受到严重挑战。

3．完整性

完整性是网络信息未经授权不能进行改变的特性。即网络信息在存储或传输过程中保持不被偶然或蓄意地删除、修改、伪造、乱序、重放、插入等破坏和丢失的特性。完整性是一种面向信息的安全性，它要求保持信息的原样，即信息的正确生成、正确存储和正确传输。完整性与保密性不同，保密性要求信息不被泄露给未授权的人，而完整性则要求信息不受到各种原因的破坏。其影响网络信息完整性的主要因素包括：设备故障、误码（传输、处理和存储过程中产生的误码；定时的稳定度和精度降低造成的误码；各种干扰源造成的误码）、人为攻击、计算机病毒等。

4．可靠性

可靠性是网络信息系统能够在规定条件下和规定时间内完成规定功能的特性。可靠性是系统安全的最基本要求之一，也是所有网络信息系统的建设和运行目标。网络信息系统的可靠性度量主要包括3个方面，即抗毁性、生存性和有效性，其主要表现在硬件可靠性、软件可靠性、人员可靠性、环境可靠性等方面。硬件可靠性最为直观和常见。软件可靠性是指在规定的时间内程序成功运行的概率。人员可靠性是指人员成功地完成工作或任务的概率。人员可靠性在整个系统可靠性中扮演着重要的角色，因为系统失效的大部分原因是人为差错造成的。环境可靠性是指在规定的环境（自然环境和电磁环境）内，保证网络成功运行的概率。

5．可用性

可用性是网络信息可授权实体访问并按需求使用的特性。即网络信息服务在需要时，允许授权用户或实体使用的特性，或者是网络部分受损或需要降级使用时，仍能为授权用户提供有效服务的特性。可用性是网络信息系统面向用户的安全性能。网络信息系统最基本的功能是向用户提供服务，而用户的需求是随机的、多方面的，有时还有时间要求。可用性一般用系统正常使用时间和整个工作时间之比来度量。同时，可用性还应该满足以下要求：身份识别与确认、访问控制、业务流控制、路由选择控制、审计跟踪。

6．不可抵赖性

不可抵赖性也称作不可否认性，在网络信息系统的信息交互过程中，确保参与者的真实同一性。即所有参与者都不能否认或抵赖曾经完成的操作和承诺。利用信息资源证据可以防止发信方不真实地否认已发送信息，利用递交接收证据可以防止收信方事后否认已经接收的信息。

7．可控性

可控性是对网络信息的传播及内容具有可控制能力的特性。该特性是指对信息的传播路径、范围及其内容所具有的控制能力，即不允许不良内容通过公共网络进行传输，使信息在合法用户的有效掌控之内。

三、网络安全研究内容

从用户角度来看，网络安全主要保障个人数据或者企业的信息在网络中的保密性、完整性和不可否认性，防止信息的泄露和破坏，防止信息资源的非授权访问。对于网络管理者来说，网络安全主要是保障合法用户正常使用网络资源，避免病毒、拒绝服务、远程控制、非授权访问等安全威胁，及时发现并修复安全漏洞，制止安全攻击行为等。从教育和意识形态方面来看，网络安全主要保障信息内容的合法与健康，控制不良信息在网络中的传播，防止网络中不健康内容的泛滥。可见，网络安全的研究内容是非常广泛的。

从研究内容上来看，网络安全包括运行系统的安全、网络上的信息系统安全和信息传播后果的安全 3 个方面。运行系统的安全涵盖机房环境防护、网络拓扑安全性设计、数据库安全、操作系统和应用软件安全、硬件安全等方面；网络上的信息系统安全与传统信息系统安全类似，涉及身份认证、权限控制、数据库访问、安全审计、数据加密和病毒防治等方面；信息传播后果的安全则与防止和控制非法、有害信息传播相关。

四、网络安全主要防护技术

概括地说，网络安全的目标就是通过计算机、网络、密码技术和安全技术，保护在公用网络系统中传输、交换和存储的信息的保密性、完整性、真实性、可靠性、可用性、不可抵赖性等。网络安全问题是极其庞杂的，现在没有任何一种单一的网络安全技术和网络安全产品能解决所有的问题。所以，网络安全建设要从体系结构的角度，用系统工程的方法，根据具体的网络环境及其应用需求提出综合处理的安全解决方案和措施。下面分析一些常见的网络安全措施。

1．加密与解密

加密与解密是通信安全最重要的机制，它能保护传输中的信息不被恶意获取。重要文件加密后，则可以保证存储信息的安全性。然而，密码系统并不区分合法用户和非法用户，无论哪种用户访问加密文件都必须出示正确的密码。因此，加解密技术本身并不提供安全措施，它们必须由密钥控制并将系统作为整体来管理。

2．防杀病毒软件

防杀毒软件是网络安全程序的必备部分。如果能正确地配置和执行，可减少恶意程序对计算机网络的危害。然而，防杀毒软件并不是对所有恶意程序的防护都有效，尤其对新出现的病毒就更无能为力了。而且，它既不能防止入侵者利用合法程序得到系统的访问，也不能防止合法用户企图得到超出其权限的访问。

3．网络防火墙

网络防火墙是部署在网络边界上的访问控制设备，有助于帮助保护组织内部的网络，以防外部网络攻击。本质上讲网络防火墙是边界安全产品，存在于内部网络和外部网络的边界。在通常的网络安全防护体系中，网络防火墙是必需的安全设备。然而，网络防火墙也绝非万能的。它不能防止攻击者使用合理的连接来攻击系统。例如：一个 Web 服务器允许来自外部的访问，攻击者可以利用 Web 服务器软件的漏洞，这时网络防火墙将允许这个攻击进入，因为 Web 服务器是应该接受这个 Web 连接的。对于内部用户，网络防火墙也没有防备作用，因为用户已经在内部网中。

4．访问权限控制

网络内的每一个计算机系统应当具有基于用户身份的访问权限控制。假如系统配置正确，文件的访问许可权配置合理，则文件访问控制能限制合法用户进行超出权限的访问，但是不能阻止一些人利用系统的漏洞，得到像管理员一样的权限来访问系统及读写系统的文件。访问控制系统甚至允许跨域进行系统访问控制的配置，对访问控制系统而言，这样的攻击看起来类似于一个合法的管理员试图访问账户或允许访问的文件。

5．入侵检测系统

作为一种动态地保证计算机系统中信息资源的机密性、完整性与可用性的安全技术，入侵检测系统能够通过对（网络）系统的运行状态进行监视来发现各种攻击企图、攻击行为或攻击结果。入侵检测系统具有比各类防火墙系统更高的智能，并可以对由用户局域网内部发动的攻击进行检测。同时，入侵检测系统可以有效地识别攻击者对各种系统安全漏洞进行利用的尝试，从而在破坏形成之前对其进行阻止。将系统工作的实时状态纳入其监测的范围之后，入侵检测系统还可以通过识别其异常来有效地检测出未知种类的入侵。由于上述特性，入侵检测系统已经成为网络安全机制中的一个不可或缺的重要组成部分。

综上所述，网络安全是一个系统工程，如果想较好地解决网络安全问题，必须从多方面、多角度来考虑。只有采用多样化的安全措施，从整体上对网络进行联动保护，才能使网络处于最大程度的安全之中。

第三节　网络安全主要威胁

网络安全威胁千差万别。在考察网络威胁的时候不但要注意到传统的各种网络威胁类型，同时还要重视一些不断出现的、动态变化的各种网络威胁类型。

一、网络安全威胁定义

网络安全威胁是指某个实体（人、事件、程序）对某一网络资源的机密性、完整性、可用性或合法使用所造成的危险。而网络攻击就是某个安全威胁的具体实施。

二、网络安全威胁分类

用户面临各种各样的网络安全威胁，按照不同的分类标准它们可以划分为不同的类型。

1．按照网络安全威胁的来源划分

网络安全威胁可来自内部和外部的许多方面，按照网络安全威胁的成因可以概括为四大类型：

1）逻辑攻击

逻辑攻击的攻击对象可以是各个方面，它是寻找和利用现有系统或应用中的逻辑缺陷和漏洞，通过技术手段获取系统控制权限、获取非法的访问权限、影响系统性能或系统功能、导致系统崩溃等。

此类攻击中，最为公众所熟悉的就是针对操作系统漏洞的各种攻击，如 Windows PnP 服务中的堆栈溢出、Ping of death（死亡之 Ping）攻击、红色代码攻击、震荡波攻击、熊猫烧香病毒攻击等，这类攻击都是借助系统的漏洞来展开的。

针对 TCP/IP 等网络协议缺陷的攻击也属于逻辑攻击类型，如利用半开连接耗费服务器资源的 ARP 欺骗、DNS 劫持等，这些攻击技术上是“合法”的，但行为上是非法的。常见的针对 Web 服务器数据库展开的注入式攻击是利用 Web 服务程序设计上的漏洞展开的逻辑攻击。其他如木马、间谍程序、密码扫描攻击等，也大多要利用系统或应用的缺陷来展开攻击。

2）资源攻击

资源攻击的对象主要是目标的系统资源或网络资源，如大量耗费服务器 CPU 和内存、大量耗费带宽或连接数、大量耗费存储空间等。此类攻击中最典型的是拒绝服务攻击，如各种 DoS（拒绝服务）、DDoS（分布式拒绝服务）。

目前已经出现的僵尸或僵尸网络攻击则在此基础上得到发展，可同时进行多种效果的资源攻击。病毒的恶意资源占用也是资源攻击中的重要表现，其他如垃圾邮件、过度的网络广告等，不但浪费网络带宽和存储空间、增加系统内存占用，而且还会大量浪费用户的工作时间，还可能夹带病毒攻击。

3）内容攻击

内容攻击是针对攻击目标的信息内容采取的删除、修改、窃取、欺骗、淹没、挖掘等。其中针对目标系统的信息挖掘是一种非常隐蔽的攻击类型。

传统的内容攻击包括网络监听、网络报文嗅探、IP 地址欺骗、网络钓鱼、垃圾邮件等。

IP 地址欺骗并不更改原有正确 IP 对应的内容，而是采取欺骗的方式，通过技术手段诱骗访问请求者得到错误的反馈结果。

网络钓鱼则利用用户的心理弱点，使用相似的域名、IP 转向以及其他诱骗手段，让用户得到错误的访问页面，并取得访问者的信任，从而窃取访问者的口令等敏感信息。一些针对应用层的攻击也属于内容攻击类型，如恶意（流氓）软件会窃取用户隐私、收集用户习惯数据、强行推送非请求性内容等，同时会大量耗费用户的系统资源和工作时间。

垃圾邮件也在内容攻击中占有重要地位，它不但强行推送非请求信息，浪费带宽、用户时间和存储空间，而且同时可能带有欺骗、病毒等攻击行为。

被动信息收集式攻击可以不对用户采取任何破坏性操作，而是主要通过各种方式收集海量的用户信息碎片，通过数据挖掘技术，从中统计归纳出对攻击者可用的新的情报信息。典型的如搜索引擎、各种近年出现的免费网络输入法等，这类攻击最为隐蔽，也最难防范，同时对公众甚至国家安全构成极大威胁。

4）*管理缺陷*

与其他攻击类型的攻击源来自外部不同，管理缺陷则是因自身有意或无意的管理缺陷、错误等而让信息系统处于安全威胁之下，如管理不善的系统中的内部信息窃取、安全措施部署不到位或部署错误导致其他攻击的得逞等，这些管理缺陷客观上导致信息系统受到攻击。其他如自然灾害、人为错误则属于安全威胁的一种特殊类型，自然灾害虽然多数是不可抗力，但很多情况下是可以预防、避免和减少的，因此也应当纳入人为的管理缺陷范畴。

2．从网络信息流通的角度划分

从网络上信息流通的角度来看，网络安全威胁可以分为以下 3 类。

1）*对信息通信的威胁*

主要包括：窃听、中断、截获、篡改、伪造和重传等威胁。

中断是指攻击者使系统的资源受损或不可用，从而使系统的通信服务不能进行，属于主动威胁。（对可用性造成了损害）

截获（截取）是指攻击者非法获得了对一个资源的访问，并从中窃取了有用的信息和服务，属于被动威胁。（对保密性造成了损害）

篡改是指攻击者未经授权访问并改动了资源，从而使合法用户得到虚假的信息或错误的服务等，属于主动攻击。（对完整性造成了损害）

伪造是指攻击者未经许可而在系统中制造出假的信息源、信息或服务，欺骗接收者，属于主动攻击。（对真实性造成了损害）

2）*对信息存储的威胁*

主要包括：密文破译、非授权访问/复制/修改/删除等。一是对信息机密性的威胁，即通过网络非法浏览存储设备中的数据、软件等信息，窃取有用信息；二是对信息完整性和可用性的威胁，即通过网络对存储设备中的数据进行删除和修改。对存储信息的安全保护主要通过访问控制和数据加密等方法来实现。

3）对信息处理的威胁

信息在加工和处理的过程中，通常以明文形式出现，加密保护不能用于处理过程中的信息。因此，在处理过程中信息极易受到攻击和破坏，造成严重损失。另外，信息在处理过程中，也可能由于信息处理系统本身软、硬件的缺陷或脆弱性等原因，使信息的安全性遭到损害。主要包括拒绝服务攻击、服务欺骗、业务否认、旁路控制、电磁泄漏等。

3．从威胁的主观程度划分

网络安全威胁还可以分为故意的和偶然的两类。例如黑客攻击是故意的威胁，而将涉密信息发送到了错误的接收方则是偶然的威胁。在这两类威胁中，故意的威胁又可以进一步分为被动攻击威胁和主动攻击威胁两类。被动攻击只对信息进行监听（如搭线窃听、信道嗅探），而不对其进行修改；主动攻击则是攻击者对信息进行故意的篡改和破坏。一般来说，被动攻击比主动攻击更容易以更少的花费付诸实施，并且也难以被发现；主动攻击的技术门槛和实施成本较高，但是破坏性和危害性更大。

对网络安全威胁进行分类主要是为了考察分析的方便，在实际的安全研究中，各种安全威胁是错综复杂的，许多具体的攻击威胁同时兼具多种攻击属性，属于复合式安全威胁。

三、典型网络安全威胁

随着网络技术和互联网的飞速发展，网络攻击的种类和数量也成倍增长，目前比较常见的网络安全威胁主要包括网络扫描与网络嗅探、特洛伊木马、僵尸网络、拒绝服务攻击、网页篡改与网页挂马、域名劫持和 APT 攻击等。

1．网络扫描与网络嗅探

网络扫描是指利用设备在网络中开展大范围嗅探活动，并对协议报文加以观察、分析，通常包括端口扫描和协议扫描两种形式。网络扫描一般是网络攻击的初期阶段，网络攻击者通过扫描在网络上寻找、识别想要攻击的目标对象。

网络嗅探是指网络攻击者对网络中捕获到的报文数据进行分析、利用以及查看网络状态、网络拓扑的技术。攻击者可以利用嗅探器获取用户名、密码或者用于身份认证的敏感信息，进而展开后续的其他攻击。

2．特洛伊木马

特洛伊木马程序是一种软件程序，它表面上提供了一些有用的、或仅仅是有意思的功能，但是通常要做一些用户不希望的事，诸如在用户不了解的情况下复制文件或窃取密码。隐蔽性是木马最主要最基本的特性，木马攻击实施的有效性依赖于木马在目标系统中的隐蔽能力。

完整的木马程序一般由两部分组成：一个是服务器程序，另一个是控制器程序。所谓某个系统或计算机“中了木马”就是指被安装了木马的服务器程序。一般而言，大多数木马都模仿一些正规的远程控制软件的功能。若某台计算机被安装了木马服务器程序，则拥有控制器程序的人就可以通过网络远程控制该计算机，存储在其上的各种文件、程序以及使用的账号、密码等就毫无安全可言。典型的木马工作原理是：当服务器端在目标计算机上被执行后，木马打开一个默认的端口进行监听，当客户机向服务器端提出连接请求，服务器上的相应程序就会自动运行来应答客户机的请求，服务器端程序与客户端建立连接后，由客户端发出指令，服务器在计算机中执行这些指令，并将数据传送到客户端，以达到控制主机的目的。

3．僵尸网络

僵尸网络是指攻击者利用互联网秘密建立的可以集中控制的计算机群。其组成通常包括被植入“僵尸”程序的计算机群、一个或多个控制服务器和控制者的控制终端等。在僵尸网络中，攻击者和僵尸主机之间存在着一对多的控制关系，使得攻击者能够以极低的代价高效地控制大量的资源并为其服务，这也是僵尸网络攻击模式近年来受到黑客青睐的根本原因。

僵尸网络的基本工作流程如下：

（1）攻击者通过各种传播方式使得目标主机感染僵尸程序。

（2）僵尸程序以特定格式随机产生的用户名和昵称尝试加入指定的 IRC 命令与控制服务器。

（3）攻击者普遍使用动态域名服务将僵尸程序连接的域名映射到其所控制的多台 IRC 服务器上，从而避免单一服务器被摧毁后整个僵尸网络瘫痪的情况。

（4）僵尸程序加入到攻击者私有的 IRC 命令与控制信道中。

（5）加入信道的大量僵尸程序监听控制指令。

（6）攻击者登录并加入到 IRC 命令与控制信道中，通过认证后，向僵尸网络发出信息窃取、僵尸主机控制和攻击指令。

（7）僵尸程序接收指令，并调用对应模块执行指令，从而完成攻击者的攻击目标。

4．拒绝服务攻击与分布式拒绝服务攻击

拒绝服务攻击（denial of service，DoS）是指攻击者想办法让目标机器停止提供服务或资源访问的一种攻击技术，是黑客常用的攻击手段之一。

最常见的 DoS 攻击有计算机网络带宽攻击和连通性攻击。带宽攻击指以极大的通信量冲击网络，使得所有可用网络资源都被消耗殆尽，最后导致合法的用户请求无法通过。连通性攻击指用大量的连接请求冲击计算机，使得所有可用的操作系统资源都被消耗殆尽，最终计算机无法再处理合法用户的请求。常见的 DoS 攻击方法有 SYN Flood、Smurf、Ping of Death、Land、WinNuke、Teardro、UDP Flood 和 ICMP Flood 等。

分布式拒绝服务攻击（distributed denial of service，DDoS）是 DoS 攻击的集群攻击方式。它是攻击者控制大量分布在各处的主机，组成 DDoS 攻击网络，同时向目标发动 DoS 攻击。DoS 攻击的基本过程如下：首先攻击者向服务器发送众多的带有虚假地址的请求，服务器发送回复信息后等待回传信息，由于地址是伪造的，所以服务器一直等不到回传的消息，分配给这次请求的资源就始终没有被释放。当服务器等待一定的时间后，连接会因超时而被切断，攻击者会再度传送新的请求；在这种反复发送伪地址请求的情况下，服务器资源最终会被耗尽。

5．网页篡改与网页挂马

随着我国互联网的广泛普及和国家政治文明的稳步推进，各级政府机构都通过互联网网站进行政务信息公开和提高政府办公效率，网站已经成为各级政府工作重要组成部分。但是，在互联网为公众提供便捷高效服务的同时，一些不法分子和敌对势力也开始利用无边界的网络进行破坏和攻击，其中以篡改网页行为最为恶劣。目前，计算机操作系统的漏洞层出不穷，病毒木马和恶意代码网上肆虐，如果缺乏有效和有针对性的防护，网页篡改事件在技术上很难避免。

网页挂马是指恶意攻击者利用各种攻击手段入侵正常网站或网页，或者直接建立自己的网站，在其中植入木马病毒。网页木马实际上是一个 HTML 网页，与合法网页不同的是该网页是由黑客精心编制的，嵌入在这个网页中的脚本巧妙地利用了 IE 浏览器的漏洞，让 IE 浏览器在后台自动、隐蔽地下载黑客放置在网络上的木马程序，并安装运行这个木马程序，从而达到破坏、窃取计算机信息的目的。

当计算机用户访问含有网页木马的网站时，网页木马便被悄悄地植入到本地计算机中，这些木马一旦被激活，便可以利用计算机系统的资源进行破坏，轻则修改用户计算机的注册表信息，使用户的首页、浏览器标题改变；重则可以关闭系统的很多功能，使用户无法正常使用计算机系统；严重者则可以盗窃用户的隐私信息或对计算机系统硬盘进行格式化，导致用户重要信息丢失。

6．域名劫持

域名劫持是指在劫持的网络范围内拦截域名解析的请求，并分析请求的域名，把审查范围以外的请求放行，否则直接返回假的 IP 地址或者什么也不做使得请求失去响应，其效果就是对特定的网址不能访问或访问的是假网址。

域名劫持的一般实施步骤如下。

（1）获取劫持域名注册信息：首先攻击者会访问域名查询站点，通过 MAKE CHANGES 功能，输入要查询的域名以取得该域名注册信息。

（2）控制该域名的 E-mail 账号：此时攻击者会利用社会工程学或暴力破解进行该 E-mail 账号的密码破解，有能力的攻击者将直接对该 E-mail 进行入侵，以获取所需信息。

（3）修改注册信息：当攻击者破获了 E-mail 后，会利用相关的 MAKE CHANGES 功能修改该域名的注册信息，包括拥有者信息、DNS 服务器信息等。

（4）使用 E-mail 收发确认函：此时的攻击者会在信件账号的真正拥有者之前，截获网络公司回馈的网络确认注册信息更改件，并进行回件确认，随后网络公司将再次回馈成功修改信件，此时攻击者成功劫持域名。

7．APT 攻击

APT 攻击，即高级可持续威胁攻击（advanced persistent thread），也称定向威胁攻击，是指某组织对特定对象展开的持续有效的攻击活动。这种攻击具有极强的隐蔽性和针对性，通常会运用多种攻击手段实施先进的、持久的且有效的威胁和攻击。

APT 的主要特征包括以下几点。

（1）针对性强：APT 攻击的目标明确，多数为拥有丰富数据/知识产权的目标，所获取的数据通常为商业机密、国家安全数据、知识产权等。相对于传统攻击的盗取个人信息，APT 攻击只关注预先指定的目标，所有的攻击方法都只针对特定目标和特定系统，针对性较强。

（2）组织严密：APT 攻击成功可带来巨大的商业利益，因此攻击者通常以组织形式存在，由熟练黑客形成团体，分工协作，长期预谋策划后进行攻击。他们在经济和技术上都拥有充足的资源，具备长时间专注 APT 研究的条件和能力。

（3）持续时间长：APT攻击具有较强的持续性，经过长期的准备与策划，攻击者通常在目标网络中潜伏几个月甚至几年，通过反复渗透、不断改进攻击路径和方法发动持续攻击。

（4）高隐蔽性：APT攻击根据目标的特点，能绕过目标所在网络的防御系统，极其隐蔽地盗取数据或进行破坏。在信息收集阶段，攻击者常利用搜索引擎、高级爬虫和数据泄露等持续渗透，使被攻击者很难察觉；在攻击阶段，基于对目标嗅探的结果，设计开发极具针对性的木马等恶意软件，绕过目标网络防御系统展开隐蔽攻击。

（5）间接攻击：APT攻击不同于传统网络攻击的直接攻击方式，通常利用第三方网站或服务器作跳板，布设恶意程序或木马向目标进行渗透攻击。恶意程序或木马潜伏于目标网络中，可由攻击者在远端进行遥控攻击，也可由被攻击者无意触发启动攻击。

第四节　网络安全模型

网络安全模型是动态网络安全过程的抽象描述。通过对安全模型的研究，可以了解安全动态过程的构成因素。为了达到安全防范的目标，需要建立合理的网络安全模型，以指导网络安全工作的部署和管理。通常，安全模型是基于安全策略建立起来的。安全策略是指为达到预期安全目标而制定的一套安全服务准则。目前，多数网络安全策略都是建立在认证、授权、数据加密和访问控制等概念之上的。

常见的网络安全模型包括P2DR模型、PDRR模型和APPDRR模型等。

一、P2DR模型

P2DR模型是由美国国际互联网安全系统公司提出的一个自适应的安全模型（adaptive network security model），如图1-9所示。

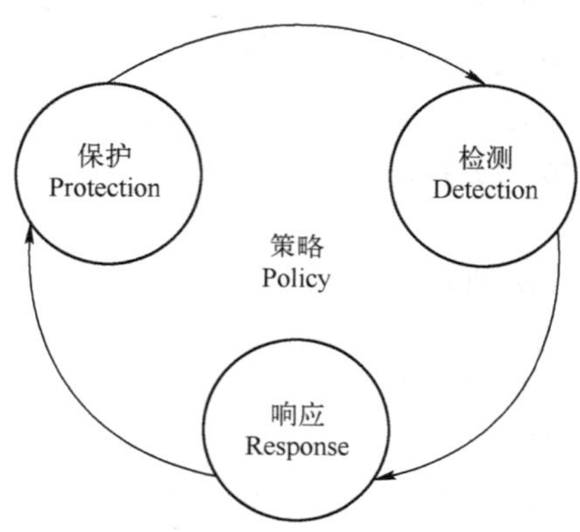

图1-9　P2DR安全模型

P2DR模型包括4个主要部分，分别如下。

（1）策略（Policy）：安全策略是整个P2DR模型的核心，所有的防护、检测、响应都是依据安全策略而实施的，安全策略为安全管理提供管理方向和支持手段。策略体系的建立包括安全策略的制定、评估、执行等。制定可行的安全策略取决于对网络信息系统的了解程度。不同的网络需要不同的策略，在制定策略之前，需要全面考虑网络有哪些安全需求，分析网络存在哪些安全风险，了解网络的结构、规模，了解应用系统的用途和安全要求等。对这些问题做出详细回答，明确哪些资源是需要保护的，需要达到什么样的安全级别，并确定采用何种防护手段和实施办法，这就是针对网络的一份完整的安全策略。策略一旦制定，应当作为整个网络安全行为的准则。

（2）保护（Protection）：保护就是采用一切可能的手段来保护网络系统的保密性、完整性、可用性、可靠性和不可否认性。保护是预先组织可能引起攻击的条件产生，让攻击者无懈可击，良好的防护可以避免大多数入侵事件的发生。在安全策略的指导下，根据不同等级的系统安全要求来完善系统的安全功能和安全机制。通常采用传统的静态安全技术来实现。

（3）检测（Detection）：检测是动态响应和加强防护的依据，是强制落实安全策略的工具，通过不断检测和监控网络及系统来发现新的威胁和弱点，通过循环反馈及时做出有效的响应。网络安全风险是实时存在的，检测的对象主要针对系统自身的脆弱性及外部威胁，利用检测工具了解和评估系统的安全状态。

（4）响应（Response）：在检测到安全漏洞之后必须及时做出正确的响应，从而把系统调整到安全状态。对危及安全的事件、行为、过程，及时做出处理，杜绝危害进一步扩大，使系统尽快恢复到能提供正常服务的状态。常用响应方式如表 1-2 所列。

表 1-2　常用响应方式

响应方式	响应规则
记录	将终端执行策略所产生的事件信息写入数据库，审计操作人员对事件响应信息进行查询分析
发送邮件	系统将策略产生的事件信息以邮件的方式发送给管理员
发送本地消息	系统将终端执行管理策略产生的事件信息以消息的方式发送给终端使用人员，以便让使用人员了解信息，及时采取相应的解决措施
关机	系统发现终端有违规事件发生时，强制关闭终端主机
阻断	系统发现终端有违规事件发生时，启用内置防火墙阻断终端与其他主机的通信
报警	系统将终端执行策略产生的事件信息发送到指定的报警服务器上，让管理员及时了解代理主机的使用状态

P2DR 模型是一种基于时间的安全理论，由于信息安全相关的所有活动，如攻击行为、防护行为、检测行为和响应行为等都要消耗时间，因此可以用时间来衡量一个体系的安全性和安全能力，继而可以用典型的数学公式来表述系统的安全性。

（1）$P_t>D_t+R_t$。P_t：系统为了保护安全目标设置各种保护的防护时间；D_t：系统能够检测到攻击所花费的时间；R_t：系统针对攻击做出响应的时间。从以上公式可以推出，如果防护时间 P_t 大于检测时间 D_t 与响应时间 R_t 之和，则认为系统是安全的，因为它在黑客攻击危害系统之前就能够检测到并进行处理。

（2）$E_t=D_t+R_t$。E_t：系统暴露在攻击状态的时间。假设系统的防护时间 P_t 为 0，如果系统突然遭受到破坏，则希望系统能够快速检测到威胁并迅速调整到正常状态，系统的检测时间 D_t 和响应时间 R_t 之和就是系统的暴露时间 E_t，很显然，该时间越短越好，系统就越安全。

按照 P2DR 的观点，一个良好完整的动态安全体系，不仅需要恰当的防护，而且需要动态的检测机制，在发现问题时还需要及时做出响应，这样的一个体系需要在统一、一致的安全策略的指导下进行实施，由此形成一个完备的、闭环的动态自适应安全体系。然而，在现实应用中 P2DR 模型并没有完成其应有的功能，模型中的安全策略没有实质的内涵，策略的真正指导作用存在缺陷。这导致 P2DR 动态安全模型中的各种安全组件仍然是相互独立的功能模块，只能依赖人为因素的参与来实现动态的安全循环。更深入地考虑 P2DR 动态安全模型的缺陷，可以总结出以下 3 点。

（1）策略核心没有相应的策略部署、实施平台给予支撑，无法实现真正意义上的基于策略的网络安全管理。

（2）对动态网络安全的支持不足，自动化程度很低，安全事件的响应过程总是需要人为参与，响应速度慢、效率低、准确度差。

（3）由于没有统一的管理平台，对大规模分布式系统的管理开销过高导致其可实现性很差，并且不能实现安全体系内部的信息共享和协作。

针对以上缺陷，可从以下几个方面对 P2DR 模型进行改进。

（1）构建策略部署、管理体系结构，在结构中实现策略的自动分发、自动执行和运行时的自管理，使策略核心能够实现用户的操作行为和系统管理动作，满足用户意图及真正指导各安全组件的行为，实现基于策略的网络安全管理。

（2）引入策略自适应管理、策略联动和安全事件关联分析的思想，满足网络安全的动态性，主要表现在 3 个方面：①依靠策略联动和安全事件关联分析的方法，实现由防护、检测和响应组成的动态安全循环，从而保障网络安全；②网络安全的目标是动态变化的，支持部分或者全网范围内安全级别的动态调整；③安全目标实现所依赖的网络物理环境是动态可调整的，网络的安全策略要能够迅速、方便地做出调整以适应新环境下的安全需求。

（3）添加统一管理控制台，实现对分布的被管对象和安全策略进行管理，统一定制安全策略，统一收集各被管对象的安全事件信息，并引入“域”概念，有效地组织被管对象，实现被管系统的伸缩性，同时，实现了安全体系内部信息的高度共享和协作。

二、PDRR 模型

PDRR 是另一个常用的安全模型，也是得到较多认可的一个安全保障模型。它是美国国防部提出的“信息安全保护体系”中的重要内容，概括了网络安全的整个环节。PDRR 模型由 Protection（防护）、Detection（检测）、Response（响应）、Recovery（恢复）组成。

从工作机制上看，这 4 个部分是一个顺次发生的过程：首先采取各种措施对需要保护的对象进行安全防护，然后利用相应的检测手段对安全保护对象进行安全跟踪和检测以随时了解其安全状态。如果发现安全保护对象的安全状态发生改变，特别是由安全变为不安全，则马上采取应急措施对其进行处理，直至恢复安全保护对象的安全状态。PDRR 模型如图 1-10 所示。

按照这个模型，网络的安全建设是这样的一个有机的过程：在信息网络安全政策的指导下，通过风险评估，明确需要防护的信息资源、网络基础设施和资产等，明确要防护的内容及其主次等，然后利用入侵检测系统来发现外界的攻击和入侵，对已经发生的入侵，进行应急响应和恢复。

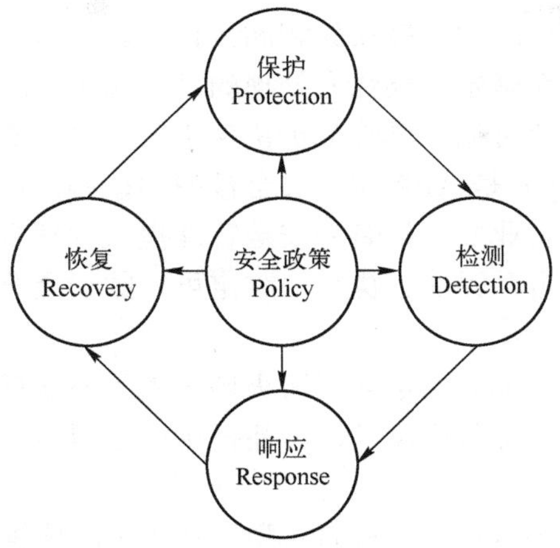

图 1-10　PDRR 安全模型

三、APPDRR 模型

网络的发展是动态的，不断有新的协议、操作系统、应用软件发布和应用，伴随出现大量新的漏洞、病毒、攻击程序，因此相应的网络安全模型也必须是动态的，新的安全问题的出现需要新的技术来解决。为了发现网络服务器和设备中的新漏洞，不断查明网络中存在的安全风险和威胁，要求网络是一个自适应性的、动态的网络，即系统具有防护功能、实时入侵监控功能、漏洞扫描功能、系统安全决策功能和风险分析功能。由此，经典的自适应性动态网络安全模型——APPDRR 模型便产生了，APPDRR 模型如图 1-11 所示。

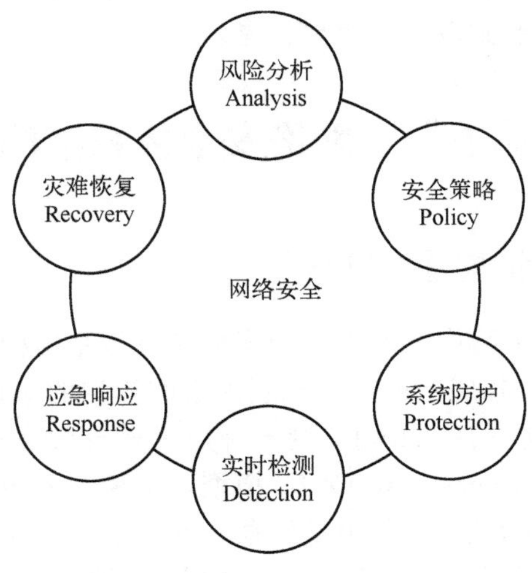

图 1-11　APPDRR 模型

（1）风险分析（Analysis）就是分析威胁发生的可能性和系统易于受到攻击的脆弱性，并估计可能由此造成的损失和影响的过程。主要包括风险确认，风险预测和风险评估 3 个方面。风险确认主要是及时发现网络系统中可能存在的风险，并对其进行分类。风险预测主要是预测风险发生时的直接损失和间接损失。风险评估主要是确定风险对整个网络系统的影响程度，从而确定需要优先处理的风险因素。通过风险分析可以判定网络是否遵循了安全策略。由此可见，风险分析决定了安全策略的选取。

（2）安全策略（Policy）是 APPDRR 安全模型的核心，所有的防护、检测、响应都是依据安全策略实施的，企业安全策略为安全管理提供管理方向和支持手段。策略体系的建立包括安全策略的制定、评估、执行，制定可行的安全策略取决于对网络信息系统的了解程度。

（3）安全防护（Protection）通常采用防火墙技术为系统提供加密、访问控制等安全性防护功能。这是典型的静态防御技术，它能抵御多数黑客的攻击，大大提高黑客发动成功进攻的门槛。

（4）安全检测（Detection）是动态响应和加强防护的依据，它也是落实安全策略的有力工具，可以通过动态的性能监控、入侵检测、入侵诱骗和对整个网络的扫描来发现新的威胁和弱点、网络是否受到攻击以及网络中是否存在漏洞，通过循环反馈来及时做出有效的响应。网络的安全风险是实时存在的，所以检测对象应该主要针对构成安全风险的两个部分，即系统自身的脆弱性及外部威胁。

（5）应急响应（Response）在安全系统中占有最重要的地位，是解决安全潜在性最有效的办法。它要求对检测出的安全行为和隐患做出迅速反应，迅速反应可以阻断攻击、隔离故障或是设置陷阱，进行追踪。从某种意义上讲，安全问题就是要解决紧急响应和异常处理问题。要解决好紧急响应问题，就要制定好紧急响应的方案，做好紧急响应方案中的一切准备工作。

（6）灾难恢复（Recovery）是实现动态网络安全的保证。当发现外部攻击和系统漏洞时，系统应采用数据备份、容灾容错、可生存性等方法，并利用系统升级、软件升级和打补丁等手段及时恢复遭到攻击的重要信息。

第五节　网络安全体系结构

一、网络安全体系结构基本概念

为了理解网络安全体系结构，首先必须了解网络体系结构。网络体系结构是计算机之间相互通信的层次，以及各层中的协议和层次之间接口的集合。国际标准化组织（ISO）在 1979 年建立了一个分委员会来专门研究一种用于开放系统的体系结构，提出了开放系统互连（open system interconnection，OSI）模型。该模型采用了分层的结构化技术，定义了 7 层 OSI 参考模型：物理层、数据链路层、网络层、传输层、会话层、表示层和应用层，同时也定义每层所完成的服务和各个层次之间的接口。由于 ISO 组织的权威性，使 OSI 协议成为广大厂商努力遵循的标准。

网络安全体系结构是把安全因素加入到网络体系结构中，描述了系统在满足安全性需求方面各个基本要素之间的关系，即系统为了满足安全需求的组织方式。木桶理论表明：一个桶能装多少水不取决于桶有多高，而取决于组成该桶的最短的那块木条的高度。

在开放式网络环境中，网络信息系统会遭受各种主动攻击和被动攻击。网络安全是一个系统工程，涉及多个方面，某一方面的缺陷会导致严重的安全事故。因此，需要建立一套完整的、没有明显短板的安全防护体系，以实现数据加密、身份认证、数据完整性鉴别、数字签名、访问控制等方面的功能，对系统实施全方位的安全防护。网络安全体系结构定义了最一般的关于网络上安全体系结构的概念，主要包括安全服务、安全机制及安全管理。

二、OSI 网络安全体系结构

在 ISO OSI 参考模型的基础上，ISO 进一步提出 OSI 网络安全体系结构，包括 5 种安全服务和 8 种安全机制。

1. OSI 安全服务

安全服务是指由系统提供的对资源进行特殊保护的进程或通信服务。OSI 的安全服务可分为 5 种 14 类。

1）实体鉴别服务

在开放系统同等层中的两个实体之间建立连接和数据传送期间，为提供连接实体身份的鉴别而规定的一种服务。可双向可单向，分为两种类型。

（1）第一种类型：对等实体鉴别，是指参与通信连接或会话的一方向另一方提供身份证明，接收方通过一定的方式鉴别实体所提供的身份证明的真实性。对等实体鉴别是保障网络安全最基本的操作，实体的许多后继的活动都取决于鉴别的有效性。这种服务由 N 层提供时，将使 N+1 层实体确信与之打交道的对等实体正是它所需要的 N+1 实体。

（2）第二种类型：数据源鉴别，为数据的来源提供确认。某个数据的发送者在发送数据时向接收方提供身份证明，这个身份证明与具体的某些数据相关联，用于确认接收到的数据的来源和真实。这种服务当由 N 层提供时，将使 N+1 实体确信数据来源正是所要求的对等 N+1 实体。这种服务对数据单元的重放或篡改不提供鉴别保护。

2）访问控制服务

访问控制的目标是防止未经授权的用户非法使用系统资源。访问控制对那些通过通信连接对主机和应用的访问进行限制和控制，可应用于对资源的各种不同类型的访问。

3）数据机密性服务

保护网络中各系统之间交换的数据，防止因数据被截获而造成的泄密。

（1）连接保密：即对某个连接上的所有用户数据提供保密。

（2）无连接保密：即对一个无连接的数据报的所有用户数据提供保密。

（3）选择字段保密：即对一个协议数据单元中用户数据的一些经选择的字段提供保密。

（4）信息流安全：即对可能从观察信息流就能推导出的信息提供保密。

4）数据完整性服务

防止非法实体（用户）的主动攻击（如对正在交换的数据进行修改、插入，使数据延时以及丢失数据等），以保证数据接收方收到的信息与发送方发送的信息完全一致。

这种服务可以有效应对主动威胁，一般与实体鉴别服务配合。在一次连接上，连接开始时使用对某实体的鉴别服务，然后在连接的存活期使用数据完整性服务就能联合起来为在此连接上传送的所有数据单元的来源的合法性进行确证，具体包括：

（1）可恢复的连接完整性。

（2）无恢复的连接完整性。

（3）选择字段的连接完整性。

（4）无连接完整性。

（5）选择字段无连接完整性。

5）抗否认服务

防止发送数据方发送数据后否认自己发送过数据，或接收方接收数据后否认自己收到过数据。可有以下两种形式。

（1）不得否认发送，即有数据源发证明的抗否认，数据的接收者可以提供数据源的证据，从而可防止发送者否认发送过这个数据。

（2）不得否认接收，即有交付证明的抗否认，向数据发送者提供数据已交付给接收者的证据，因而接收者事后不能否认曾收到此数据。

2．OSI 的安全机制

安全服务由各种安全机制来实现，OSI 网络安全体系结构中定义了 8 种安全机制。

1）加密机制

提供数据的安全保密，也可以提供通信的保密。

2）签名机制

针对通信双方发生争执时可能产生的否认、伪造、冒充、篡改等安全问题。

数字签名是附加在数据单元上的一些数据，或是对数据单元所做的密码变换，这种数据或变换允许数据单元的接收者确认数据单元来源和数据单元的完整性，并保护数据，防止被人（如接收者）伪造。

数字签名机制确定两个过程：对数据单元签名；验证签过名的数据单元。

第一个过程使用签名者所私有的（独有的和机密的）信息；第二个过程所用的规程与信息是公之于众的，但不能从它们推断出该签名者的私有信息。

3）访问控制机制

按事先确定的规则决定主体对客体的访问是否合法。

访问控制大体可分为自主访问控制、强制访问控制和角色的访问控制 3 类。前两种其实现机制可以是基于访问控制属性的访问控制表（或访问控制矩阵），或基于“安全标签”、用户分类和资源分档的多级访问控制等。第三种将权限与角色相联系，通过为角色设置不同的权限实现访问控制。

4）数据完整性机制

实现消息的安全传输，单靠加密是不够的，攻击者虽无法破译，但如果对报文进行篡改却是很容易的，接收者收到被篡改的消息后，也无法收到正确的报文。数据完整性机制保证接收者能够辨别收到的消息是否是发送者发送的原始数据。它有两种形式：数据单元的完整性、数据单元序列的完整性。

5）交换鉴别机制

以交换信息的方式来确认实体身份的机制。通常可采用口令、密码技术、特征或所有权等方式实现。

6）业务流填充机制

对抗非法者在线路上监听数据并对其进行流量和流向分析。通常的做法是在业务流中夹杂发送一些伪随机序列。

7）路由控制机制

使信息发送者选择特殊的路由，以保证数据安全。端系统可以自行选择安全的子网、中继或链路。

8）公证机制

由通信各方都信任的第三方提供，由第三方来确保数据的完整性、数据源、时间及目的地的正确。

3．安全管理

一种安全服务可由一种或多种安全机制来实现；一种安全机制可用于提供一种或多种安全服务。安全服务和安全机制之间的对应关系如表 1-3 所列。

表 1-3　OSI 安全服务与安全机制的关系

安全服务	安全机制							
	加密	数字签名	访问控制	数据完整性	交换鉴别	业务流量填充	路由控制	公证
对等实体鉴别	√	√			√			
数据源鉴别	√	√						
访问控制服务			√					
连接保密	√						√	
无连接保密	√						√	
选择字段保密	√							
信息流安全	√					√	√	
可恢复的连接完整性	√			√				
无恢复的连接完整性	√			√				
选择字段的连接完整性	√			√				
无连接完整性	√	√		√				
选择字段无连接完整性	√	√		√				
不得否认发送		√		√				√
不得否认接收		√		√				√

第六节　网络安全技术发展

一、第一代网络安全技术

当设计和研究信息安全措施时，人们最先想到的是“保护”，这样的技术称为第一代网络安全技术。它假设能够划分明确的网络边界并能够在边界上阻止非法入侵。比如，通过口令阻止非法用户的访问；通过存取控制和权限管理让某些人看不到敏感信息；通过加密使别人无法读懂信息的内容；通过等级划分使保密性得到完善等。其技术基本原理是保护和隔离，通过保护和隔离达到真实、保密、完整和不可否认等安全目的。

第一代网络安全技术解决了很多安全问题，然而并不是在所有情况下都能够清楚地划分并控制边界，保护措施也并不是在所有情况下都有效。当 Internet 逐步扩展的时候，人们发现这些保护技术在某些情况下无法起作用。如：在正常的数据中夹杂着可能使接收系统崩溃的参数；在合法的升级程序中夹杂着致命的病毒；黑客冒充合法用户进行信息窃听；利用系统漏洞进行攻击等。随着信息空间的增大，边界保护的范围必须迅速扩大，保护技术在现代网络环境下已经没有能力全面保护网络的信息安全。

二、第二代网络安全技术

在以第一代安全技术为主的年代，为了保护网络，人们尽量多修一些不同类型的“墙”。比如，在系统存储控制的基础上，发明了各种类型的防火墙，希望这些“高墙”能够堵住原来系统中的缺口。然而，实际情况往往比设计者和评估者想象的还要复杂得多，许多著名的安全协议和系统都发现存在着某种漏洞。仅仅依靠保护技术已经没有办法挡住所有敌方的入侵。于是第二代网络安全技术就随着美国政府对信息保障的重视而诞生了。信息保障是包括了保护、检测、响应并提供信息系统恢复能力的、保护和捍卫信息系统的可用性、完整性、真实性、机密性以及不可否认性的全部信息操作行为。尽管信息保障本身比“信息安全”有更宽的含义，但由于同时代的技术是以检测和恢复为主要代表的第二代网络安全技术，所以就把这一代安全技术称为“信息保障技术”。

信息保障技术的基本假设是：如果挡不住敌方，但至少能发现敌方和敌方的破坏。比如，能发现系统死机、系统被扫描、网络流量异常等。通过发现，可以采取一定的响应措施，当发现严重情况时，可以采用恢复技术，恢复系统的原始状态。信息保障技术就是以检测技术为核心，以恢复技术为后盾，融合了保护、检测、响应、恢复四大技术，针对完整生命周期的一种安全技术。检测技术是第二代网络安全技术的代表和核心，因此，检测技术也成了该阶段的研究热点，于是基于知识学习、推理、遗传免疫的入侵检测技术不断涌现，入侵检测产品也成了信息安全产业的一个增长点。在信息保障兴起的年代，许多其他技术也一起成长起来，如 PKI 等，尽管它们仍属于保护技术的范畴，但有时也被称为第二代网络安全技术。

在信息保障中，由于所有的响应甚至恢复都是依赖于检测结论，检测系统的性能就成为信息保障技术中最为关键的部分，但是，检测系统要发现全部的攻击是不可能的，准确区分正常数据和攻击数据、正常系统和有木马的系统、有漏洞的系统和没有漏洞的系统也是不可能的。正因为如此，检测技术有不可逾越的识别困难，使得信息保障技术仍没能解决所有的安全问题。同时，信息保障中的恢复技术也很难在短时间内达到效果。即使不断地恢复系统，但恢复成功的系统仍旧是原来的有漏洞的系统，仍旧会在已有的攻击下继续崩溃。

三、第三代网络安全技术

如果说第二代网络安全技术是关于发现病毒以及如何消除病毒的，那么第三代网络安全技术就是关于增强免疫能力的技术，也被称为信息生存技术。它假设不能完全正确地检测系统的入侵，比如，当一个木马程序在系统中运行时，隐蔽得很好。或者说，检测系统不能保证在一定时间内得到正确的答案。然而，关键系统不能等到检测技术发展好了再去建设和使用，关键设施也不能容忍长时间的等待。所以，需要新的安全技术来保证关键系统的服务能力。“生存技术”就是系统在攻击、故障和意外事故已经发生的情况下，在限定的时间内完成使命的能力。

当故障和意外发生的时候，可以利用容错技术来解决系统的生存问题，如远程备份技术和 Byzantine 容错技术。然而，容错技术不能解决全部的信息生存问题，主要基于以下几个原因。

（1）并不是所有的破坏都是由故障和意外导致的，如攻击者的有意攻击，容错理论并不是针对专门攻击设计的。

（2）并不是所有攻击都表现为信息和系统的破坏，如把账户金额改得大一点或把某个数据加到文件中，这种攻击本身不构成一种显式的错误，容错就无法解决这类问题。

（3）故障错误是随机发生的而攻击者却是有预谋的，这比随机错误更难预防。

所以，生存技术中最重要的并不是容忍错误，而是容忍攻击。容忍攻击的含义是：在攻击者到达系统，甚至控制部分子系统时，系统不能丧失其应该有的机密性、完整性、真实性、可用性和不可否认性。解决了入侵容忍，也就解决了系统的生存问题，所以入侵容忍系统一定是错误容忍系统。入侵容忍技术就成为第三代网络安全技术的代表和核心，就直接被称为第三代网络安全技术。

四、网络安全技术发展趋势

有了第三代网络安全技术——入侵容忍技术，安全技术本身是不是就到了尽头？可以看到，入侵容忍技术仍旧有一些不能解决的问题。一个 Byzantine 容忍的系统也不能容忍多数系统被敌方占领，入侵容忍技术不仅不能替代而且过于依赖第一代和第二代网络安全技术。过去的安全技术以有效性和相对更低的成本优势，仍旧具有广泛的应用前景，各种新的保护、检测、响应和恢复技术对整个信息网络的发展具有重要的意义，并具有巨大的发展空间。入侵容忍技术的实现需要成本是很高的，入侵检测技术、冗余技术、多样化技术需要的硬件和软件资源是相当浩大的。

网络安全技术发展趋势是智能化的，网络服务自生成技术是其代表。网络服务自生成技术主要依靠拓扑技术和网络自生成技术来支撑整个服务的运行。网络自生成技术是由一些计算机服务器节点组成的一个临时的自治系统，在任一时刻，节点之间通过通信链路形成一个任意网络的拓扑结构。节点可以任意创建或撤销，这时网络拓扑结构也随之变化，而要求提供的服务并没有太大的降级。在这种环境中，由于每个节点终端的覆盖范围有限，所以无法直接通信的用户终端可以借助其他终端的分组转发进行数据通信。它可以在没有或不便利用现有的网络基础设施的情况下提供一种通信支持环境。网络自生成技术是一种无中心的分布式控制网络。

总之，网络安全技术的发展是随着社会需求的发展而发展的，任何一代安全技术的存在都是有其理由的，只有将各种安全技术系统地组织和运用，才能使网络更加安全。

第七节 本章小结

随着信息技术的飞速发展，信息网络已经成为社会进步的重要保证，没有信息化就没有现代化。网络安全已经成为国家安全的一项基本内容，没有网络安全就没有国家安全。近年来，我国颁布了一系列网络安全相关法律，网络安全法规建设不断加强。2017年6月1日，我国第一部网络安全法《中华人民共和国网络安全法》正式颁布实施。2018年4月，全国网络安全和信息化工作会议强调："要树立正确的网络安全观，加强信息基础设施的网络安全防护，加强网络安全防护机制、手段、平台的建设，加强网络安全事件应急指挥能力建设，积极发展网络安全产业，做到关口前移，防患于未然。"2020年7月，公安部印发了《贯彻落实网络安全等级保护制度和关键信息基础设施安全保护制度的指导意见》，明确了网络安全保护"实战化、体系化、常态化"和"动态防御、主动防御、纵深防御、精准防护、整体防控、联防联控"的"三化六防"要求。

本章从我国网络安全的现状分析出发，介绍了网络安全的基本概念、主要威胁、安全模型和体系结构，并探讨了网络安全技术发展的趋势。

本章习题

1．我国是世界网络第一大国，但是也面临最为严峻的网络安全形势。请简要描述我国的网络安全现状。

2．什么是网络安全？其基本属性是什么？请简要说明各属性的基本含义。

3．《中华人民共和国网络安全法》的颁布实施具有哪些重要意义？

4．网络安全可能遭受到的威胁有哪些？如何通过硬件技术与软件技术实现网络安全？

5．什么是网络安全模型？请简述P2DR模型、PDRR模型、APPDRR模型。

6．什么是网络安全体系结构？OSI网络安全体系结构中主要规定了哪些内容？请简述之。

7．你认为网络安全未来的发展趋势是什么？

8．请通过网络查找相关资料，从事件的起源、造成的影响、解决途径等方面出发，描述最近一年之内发生的一个著名网络安全事件。

第二章　网络协议安全

随着计算机网络的发展，互联网日益成为信息交换的主要手段。网络的不安全正是由于存在一系列的风险，风险主要来源于协议与系统漏洞，而协议的漏洞又是最主要的。TCP/IP 协议作为当前最流行的互联网协议，由于当初设计时的局限性，并未考虑到安全需求，因此协议中有诸多安全问题，给互联网留下了许多安全隐患。这些潜在的隐患使得恶意者可以利用存在的漏洞来对相关目标进行恶意连接、操作，从而可以达到获取重要信息、提升控制权限、耗尽资源甚至使主机瘫痪等目的。如今，机密数据、商业数据等敏感信息对网络安全提出了更高的要求。本章首先简要介绍 TCP/IP 体系结构，再重点分析 ARP、DHCP、TCP 等各网络层次的协议安全性，并给出防范措施。

第一节　TCP/IP 协议概述

TCP/IP 出现在 20 世纪 70 年代，80 年代被确定为互联网的通信协议。到了今天，TCP/IP 已经成为网络世界中使用最广泛、最具有生命力的通信协议，并成为事实上的网络互连工业标准。

一、TCP/IP 体系的分层结构

TCP/IP 是一个协议簇或协议栈，它是由多个子协议组成的集合。图 2-1 列出了 TCP/IP 体系中包括的一些主要协议及其层次关系。理解这个图的结构，尤其是每一层对应的协议，对于后面的学习非常重要。

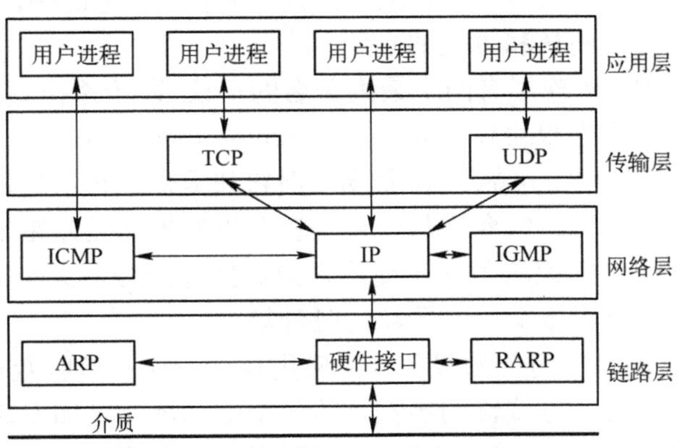

图 2-1　TCP/IP 协议簇的分层结构

TCP/IP 协议簇严格来说是一个四层的体系结构，即应用层、传输层、网络层和数据

链路层。各层的主要功能如下。

1．链路层

链路层也称为数据链路层或网络接口层，是TCP/IP协议的最底层，它负责接收来自网络层的IP数据报，并把数据报发送到指定的网络上，或从网络上接收物理帧，解析出网络层数据报，交给网络层。链路层通常包括操作系统中的设备驱动程序和计算机中对应的网络接口卡，它们一起处理与电缆（或其他任何传输介质）的物理接口细节及数据帧（frame）的组装。链路层可能由一个设备驱动程序组成，也可能是一个子系统，且子系统使用自己的链路协议。

由于在TCP/IP参考模型中，链路层的定义是空白的，所以已有的各种类型的物理网络都可以作为TCP/IP的链路层存在，如目前已经使用的电路交换机、分组交换网（如X.25、帧中继等）和局域网（如以太网、令牌网、FDDI等）。

2．网络层

网络层也称为网际互连层，用于处理分组（packet，又称包）在网络中的路由，例如分组的选路。网络层是异构网络互连的关键，它解决了计算机之间的通信问题。它接收传输层的请求，把来自传输层的报文分组封装在一个数据报中，并加上报头，然后按照路由算法来确定是直接交付数据报，还是先把它发送给某个路由器，再交给相应的网络接口发送出去。反过来，对于接收到的数据报，网络层要校验其有效性，然后根据路由算法确定数据报应该在本地处理还是转发出去。如果数据报的目的主机处于本机所在的网络，则网络层相关协议就会去除报头，再选择适当的传输层协议来处理分组。

此外，网络层还处理局域网络互连和拥塞避免等事务，概括来说，网络层具有向传输层提供服务、路由选择、流量控制、网络互连等4个主要功能。在TCP/IP协议簇中，网络层协议包括IP协议、ICMP协议及IGMP协议等。

3．传输层

传输层的基本任务是提供应用程序之间的通信服务，负责为两台互连主机上的应用程序提供端到端的通信。当一个源主机上运行的应用程序要和目的主机联系时，它就向传输层发送消息，并以数据包的形式送达目的主机。传输层不仅要管理信息的流动，还要提供可靠的端到端的传输服务，以确保数据到达无差错、无乱序。为了达到这个目的，传输层协议软件需要提供确认和重发的功能。

在TCP/IP协议簇中，传输层有两个最为著名的协议，即传输控制协议（transfer control protocol，TCP）和用户数据报协议（user datagram protocol，UDP）。二者都使用IP作为网络层协议。TCP虽然使用不可靠的IP服务，但它却提供一种可靠的传输层数据通信服务，是一个面向连接的协议。它允许从一台主机发出的报文无差错地发往互联网上的其他主机。它的主要工作包括把应用程序交给它的数据分成合适大小的段（segment）、交付网络层、确认接收到分组报文、设置超时时钟等。

UDP为应用层提供非常简单的服务，为应用程序发送和接收数据报（datagram）分组。一个数据报是指从发送方传输到接收方的一个信息单元（如发送方指定的一定字节数的信息）。但是与TCP不同的是，UDP是不可靠的、无连接的协议，它不能保证数据报能安全无误地达到最终目的地。它被广泛地应用于只需一次的客户-服务器模式的呼叫-应答查询，以及实时性比准确性更重要的应用程序，如传输语音或视频、图像。

4．应用层

负责处理特定的应用程序细节。应用层是 TCP/IP 体系的最高层，对应于 OSI 参考模型的应用层、表示层、会话层，与这 3 层综合起来的功能相似。在此层，网络向用户提供各种服务，用户则调用相应的程序并通过 TCP/IP 网络来访问可用的服务。应用层的协议主要有文件传输协议（FTP）、超文本传输协议（HTTP）、简单远程终端协议（Telnet）、简单邮件传输协议（SMTP）、简单网络管理协议（SNMP）、域名服务协议（DNS）等，它们分别为用户提供了文件传输、网页浏览、远程登录、电子邮件、网络管理、域名解析等服务。

需要说明的是，在 OSI 参考模型中，在传输层之上还定义了会话层和表示层，而在 TCP/IP 参考模型中却没有这两层。这是因为在当初设计时，研究人员认为 OSI 参考模型的高层划分过于复杂，而且每一层的功能设计并不明确或过于单一，这样在设计 TCP/IP 参考模型时就去掉了这两层。从目前的应用来看，TCP/IP 参考模型当初的这种设计是正确的。

二、TCP/IP 体系的安全

TCP/IP 是目前互联网遵循的分层模型，受历史环境、设计要求以及设计者自身因素等方面的影响，协议和应用在设计与实现中都会存在漏洞和缺陷，成为攻击者实施攻击行为的隐患。本节立足漏洞和缺陷的产生根源，将 TCP/IP 体系的安全划分为针对头部的安全、针对协议实现的安全、针对验证的安全和针对流量的安全 4 个方面进行介绍。

1．针对头部的安全

不管是计算机应用程序还是网络通信，不同用户、程序和进程都是根据头部信息来识别数据类型和来源，并根据头部字段约定来对数据进行处理。每一类应用、每一个协议、相同协议在不同层的实现，其头部都不相同。

基于头部的漏洞是指实际的协议头部与标准之间发生了冲突。例如，对于某一协议来说，其头部每个字段都有严格的字义（如字段长度、允许填充的内容等），但攻击者可以构造一个特殊的头部，使其字段内容不按照协议要求来设置，出现无效值，这样就形成了一个针对头部字段的攻击行为。

在 TCP/IP 体系中，每一层从其上层接收到数据后都要给它添加一个本层的协议头，从而形成本层的协议数据单元（protocol data unit，PDU）。PDU 由本层头部（添加的协议）和数据（上层的 PDU）组成，其中头部就是由本层来执行的协议功能，以便于与其另一端的同层（对等层）之间进行通信。基于这一实现原理，攻击者可以违背协议约定（规范），将头部某个控制字段进行设置，实施针对协议执行的攻击。例如，协议中规定某个字段不能全部为 0，而攻击者却将其全部设置为 0，从而产生一个无效头部。针对无效头部，不同的协议或操作系统，处理方式不尽一致，有些协议或系统会将其作为出错信息而丢弃，而有些协议或系统会做进一步分析处理。不管采取哪一种处理方式，都会占用系统资源。对于一个协议或系统来说，如果大量的资源用于处理这些包含无效头部的数据，轻则产生效率下降，重则导致资源耗尽，形成典型的拒绝服务攻击效果。

一个典型的针对头部漏洞的攻击方式为“碎片攻击”。针对 IP 协议头部的攻击行为很多，但安全问题最多的是 IP 报文头部的长度、标志、偏移量等字段，其他字段如果无效会造成数据包被拒绝。“碎片攻击”就是借助于 IP 报文头部的“长度”和“偏移量”这两个字段来进行。IP 报文头部的“总长度”用于告诉接收端该报文的总长度，该字段占用 16bit，所以一个 IP 报文的总长度最大应为 2^{16}=65536B（64KB）；而“偏移量”用于指出在接收端的缓冲区进行分片重组时该分片的具体位置，该字段占用 13bit，在缓冲区中进行重组时需要乘以 8（因为在发送端填写该字段时将该分片的第 1 个字节的编号除以 8）。如果攻击者构造一个“偏移量”为 8191（分片的第 1 个字节编号应为 8191×8=65528，这是偏移量的最大值）、数据包的长度大于 8 字节（本例假设为 9 个字节）、“标志”字段的第 3 个位为 1（表示是最后一个分片）的攻击包。在接收端的缓冲区中等待重组时，因为操作系统分配给该 IP 报文的缓冲区值最大为 64KB，而实际超出了该限制值，从而出现操作系统瘫痪等现象。

典型的“死亡之 ping”（death of ping）攻击也是基于“碎片攻击”的原理。ICMP 报文通过 IP 报文进行传输，由于 IP 报文的最大长度为 65536 字节，因此早期路由器也限定 ICMP 报文的最大长度为 64KB（65536B），并在读取 ICMP 头部后，根据其中的“类型”和“代码”字段判断为哪一种 ICMP（如主机不可到达、网络不可到达等）报文，并分配相应的内存作为缓冲区。当攻击者构造一个不符合协议规范的 ICMP 报文（如 ICMP 报文总长度超过 64KB）时，就会使探测对象出现内存分配错误，导致协议崩溃。

基于头部的攻击利用了头部字段在设计及软件实现上存在的缺陷或不严格的约束等特点，易于攻击者实施，而且很难发现和防范。

2．针对协议实现的安全

针对协议实现的安全是利用协议规范及协议实现过程中存在的漏洞所产生的安全问题。协议漏洞指所有的数据包都是符合协议的规范并有效，但它们与协议的执行过程之间存在冲突。一个协议就是为了实现某个功能而设计的按照一定顺序交换的一串数据包，它涉及如何建立连接、如何互相识别等环节。只有遵守这个约定，计算机之间才能相互通信交流。协议的 3 个要素包括语法、语义、时序。为了使协议的局部改变不会影响到整个协议的操作，协议的实现往往分成几个层次进行定义，各层在实际细节上具有相对的独立性。

通过对协议概念的理解，不难发现：协议是一个整体的概念，它的每一个实现细节都可能因为考虑不周而存在漏洞，而且某一层的实现由于对其他层是透明的，所以也可能隐藏着一些不安全因素。针对协议实现过程中存在漏洞的攻击主要包括以下几个方面。

（1）不按序发送数据包。因为协议的实现是有序的，通信双方数据包的收发应该严格按照协议约定来执行。但是，如果一方不按照协议约定的顺序来发送数据包，就会引起协议执行的错误。例如，TCP 协议建立连接时需要进行连接请求、请求应答和连接建立 3 个过程，它是一个封闭的环节，如果缺少一个环节，整个协议将无法完整地执行。假设在发起通信一方发送了连接请求（第一次握手）后，通信的另一方返回了请求应答（第二次握手），但发起通信的一方迟迟不给予连接建立（第三次握手），而是频繁地发送连接请求，将会使另一方长期处于等待（等待第三次握手）状态而使资源耗尽。无序数据包的另一个例子是向指定对象连续发送不必要的数据包，例如在某个连接已经打开的情况，不断发送打开该连接的请求数据包，很显然这些数据包是多余的，但会耗用资源。

（2）数据包到达太快或太慢。协议在执行过程中一般会进行一系列的交互，例如请求、应答、确认等。其中，任何一个环节都应在约定的时间范围内执行结束，如果大于要求的最长时间就会产生数据包到达太慢，否则就会出现数据包到达太快。数据包到达太慢的攻击是最常见的，如在双方共享资源的过程中，如果一方太慢，将会使对方长时间处于等待状态。如果太快，也会影响对方后续操作的正常执行，容易产生拒绝服务攻击。

（3）数据包丢失。数据包丢失的产生原因很多，如网络线路的质量问题、协议中超时计时器的设置等。在不同协议的实现过程中，对丢包的处理不尽相同。如果丢包后要求对方重传，就需要对双方的缓存区设计提出严格要求，可能存在缓存区溢出攻击。

针对协议漏洞的网络攻击现象非常普遍，因为协议是网络通信的基础，而协议是设计者（人）为特定的功能实现制定的一系列规范。至少有两个因素会导致漏洞的产生，即人和功能描述。人是协议设计的主导者，其设计理念、技术路线、实现方法等都会因个人认知能力等因素而存在差异；另一个是设计功能的描述，协议规范和实现过程中都会出现协议制定和实现上的漏洞。在某些情况下，规范本身的设计就存在缺陷，设计中存在的漏洞往往被利用，成为安全隐患。

目前广泛使用的无线局域网（WLAN）的实现要比有线网络（以太网）复杂，越是复杂的协议越容易存在安全隐患，所以针对 WLAN 协议的攻击事件要比针对以太网协议的攻击事件多。例如，在 WLAN 中为了帮助无线移动终端（如智能手机、便携式计算机等）找到无线接入点（access point，AP）来接入网络，可以在 AP 上设置用于标识当前网络接入服务的 SSID（service set identifier，服务集标识），并将其广播出去。这样，当移动终端探测到 SSID 后，就可以选择其中的一个（因为同一台移动终端可能同时会探测到多个 SSID，如图 2-2 所示）为其提供接入服务。

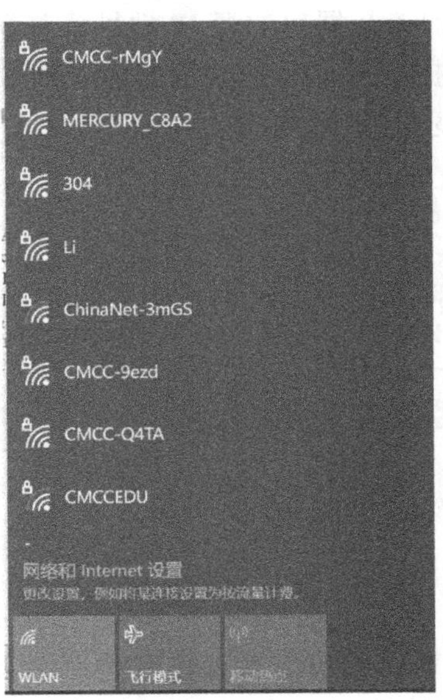

图 2-2　移动终端探测到多个 SSID

很显然，无线 AP 中使用 SSID 的目的是便于用户选择无线接入服务，但攻击者利用该协议可以实施多种攻击行为。例如，攻击者通过提供虚假的 AP，当用户接入后收集用户的上网信息；再如，通过分析和破解 AP 的登录账户信息（用户名和密码）来假冒合法用户等。

3. 针对验证的安全

验证是一个用户对另外一个用户进行身份识别的过程，例如在访问受限系统时要求输入用户名和密码等。在网络安全中，验证是指一个实体对另一个实体的识别，并执行该实体的功能。例如，在本章随后介绍的 ARP 欺骗、DHCP 欺骗、DNS 欺骗等，都是针对某个实体验证的攻击现象。

验证的实现方法多种多样，最常见的是某个用户对另一个用户证明自己的身份，即用户到用户的验证；另外，当一个用户在访问某个受限资源时，需要向某个应用程序、主机或协议层证明自己的身份，即用户到主机的验证。被验证者需提交能够证明自己身份合法性的信息，常用的有用户名/密码、数字证书等。但不管采取哪一种验证方法，在实现过程中都可能存在安全隐患。

通信子网涉及 TCP/IP 体系网络层及以下各层，通信子网中节点之间的验证属于主机与主机之间的验证，通常需要借助主机的 IP 地址或 MAC 地址来实现。但是，由于 IP 地址和 MAC 地址都是可以伪造的，存在 IP 地址欺骗攻击和 MAC 地址欺骗攻击等安全威胁，所以仅从验证方式来看，基于地址的验证是不可靠的。对于任何一个 IP 分组来说，其包含的 IP 地址（源 IP 地址和目标 IP 地址）是在发送端主机上添加的，在到达目标主机之前任何节点都不允许修改（除 NAT 外），但是攻击者可以冒充为合法的数据发送者来伪造一个 IP 分组，也可以在截获一个 IP 分组后修改其中的 IP 地址重新发送。

图 2-3 所示为一个典型的 IP 欺骗攻击方式，其中攻击者向计算机 A 发送一个返回地址为计算机 B 的数据包，即该数据包的源 IP 地址为计算机 B 的 IP 地址。根据协议约定，计算机 A 在接收到该数据包后，会根据数据包中的源 IP 地址向计算机 B 返回一个数据包。这就产生了一个针对 IP 地址欺骗的攻击。

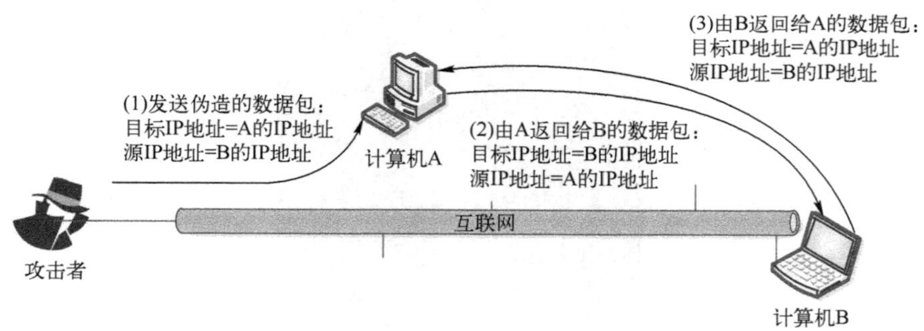

图 2-3　基于 IP 地址欺骗的攻击

经常遇到的一类基于 IP 欺骗的攻击是，攻击者使用一个欺骗性 IP 地址向网络中发送一个 ICMP 应答请求报文。这将引起目标计算机向欺骗性 IP 地址（受害者）返回一个 ICMP 应答报文。当只有一个 ICMP 欺骗发生时，并不会对网络安全产生影响，但攻击者可以有多种方法来放大这种攻击行为。例如，当存在一个或多个攻击者向受害者产生大量的 ICMP 应答报文时，受害者将会遭受 ICMP 应答报文的拒绝服务攻击。再如，可以向一个网络直接广播 ICMP 报文，连接该网络的路由器接收到该广播 ICMP 报文后，在没有进行对进入网络的 ICMP 报文限制的情况下，路由器将向该网络中的所有主机广播该ICMP报文，然后该网络中的所有主机要对该ICMP请求报文进行应答，大量的ICMP应答报文将对路由器产生拒绝服务攻击。

4．针对流量的安全

针对流量漏洞的利用是流量安全的主要表现形式。针对流量漏洞的利用是指通过对网络流量的嗅探和分析，窃取有价值信息的一种行为。在互联网中，所有的信息都以比特形式在网络中传输或存储，一旦在获取了完整信息的流量后对其进行分析，就有可能获得流量中包含的真实数据。

针对流量漏洞的利用的另一个表现是：大量的数据被发送到节点后，由该节点的某层或多层来处理，但节点提供的资源（如缓存区大小、CPU 处理能力等）是有限的，无法满足超出一定数量的处理要求，所以引起数据包的丢失或节点崩溃等现象。

与针对流量的嗅探来窃取信息相比较，利用流量使网络处理节点瘫痪所带来的危害性更大，而且防范很难。因为通过数据加密技术可以防止数据的窃取，但单纯地通过增加节点的数据存储空间和处理能力来应对流量攻击在互联网中是不现实的。

利用广播协议的特点，通过发送一个单一的请求报文就可以产生大量的应答报文，从而产生泛洪（雪崩）流量。图 2-4 所示为基于流量的漏洞，是由单一请求报文产生大量应答报文实现攻击行为的例子。其中，攻击者发送一个广播报文到远程网络，该广播报文要求接收者必须进行应答。在图 2-4 所示的网络中，攻击者发送一个经过特殊设计的报文到目标网络，当连接该网络的路由器将该广播报文广播到每一个用户端设备时，每一个接收到该广播报文的用户端设备都会向路由器返回一个应答报文。如果目标网络中有大量的正在运行的用户端设备，路由器将会收到大量的应答报文，当应答报文的流量超出路由器的处理能力时，目标网络将会瘫痪。

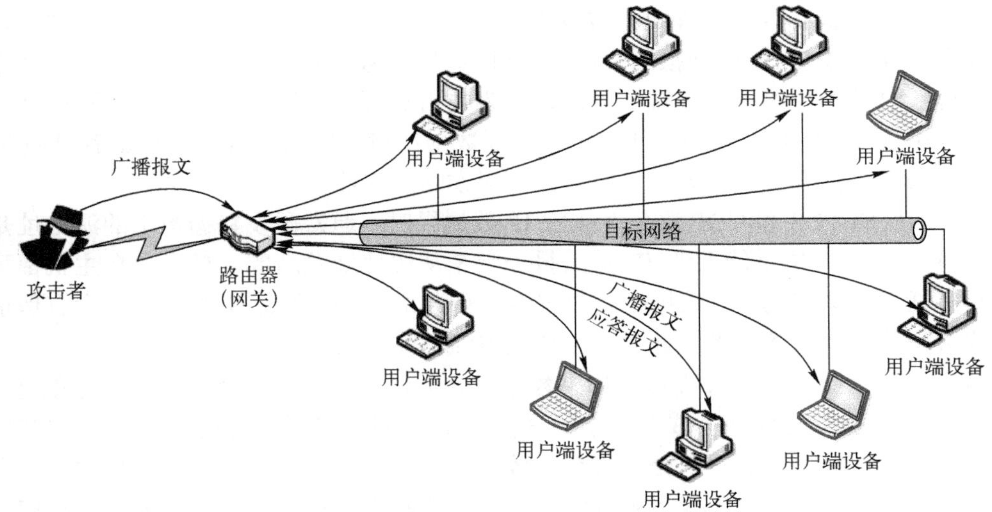

图 2-4　由广播报文产生的泛洪攻击

第二节　网络层协议安全

一、IP 协议安全

1．概述

IP 协议是 TCP/IP 协议之一，也是 TCP/IP 众多协议中的核心协议，通常用来为上层协议提供服务。IP 层接收由更低层发来的数据包，并把该数据包发送到更高层（TCP 或 UDP）；相反，IP 层也把从 TCP 或 UDP 层接收来的数据包传送到更低层。典型的 IP 数据报有几百个字节，其中首部占 20～60 字节，其余为数据净荷部分。

在实际生活中，TCP 连接就是建立在 IP 数据报服务的基础上，可以为用户提供面向连接的、可靠的字节流服务。源与目标主机的 IP 地址、协议端口号等均包含于报文首部的控制信息之中，并且控制信息和数据组成了所有的 IP 报文和 TCP 报文。在网络中，IP 地址的主要功能是把数据报经由网络从一个主机传送到另一个主机。协议端口号的主要功能是用来标识一台机器上的多个进程。

IP 采用尽最大努力交付的服务，是一种不可靠的无连接数据报协议。每个 IP 数据报有独立的路由，各个数据报可能沿不同路径由发送方传送到接收方，因此，IP 无法确认数据报是否丢失、失序或延迟到达。另外，虽然 IP 首部中存在校验位，但此校验位只用于检测 IP 数据报首部的正确性，并没有使用任何机制保证数据净荷传输的正确性，因此，无法确认 IP 数据报是否损坏。

IP 协议本身及其工作机制中存在很多安全缺陷，利用这些缺陷，黑客可以成功地实施多种攻击。

2．IP 协议的安全问题

IP 协议存在一系列典型的安全问题，主要有以下几个方面。

（1）IP 数据报在传递过程中易被攻击者监听、窃取。此种攻击是一种被动的攻击方式，攻击者并不改变 IP 数据报的内容，但可截取 IP 数据报，解析数据净荷，从而获得数据内容。这种类型的攻击很难被检测，因为攻击过程并不影响 IP 数据报的正确传递。

（2）由于 IP 层并没有采用任何机制保证数据净荷传输的正确性，攻击者可截取 IP 数据报，修改数据报中的内容后，将修改结果发送给接收方。

（3）高层的 TCP 和 UDP 服务在接收 IP 数据报时，通常假设数据报中的源地址是有效的。事实上，IP 层不能保证 IP 数据报一定是从源地址发送的。任意一台主机都可以发送具有任意源地址的 IP 数据报。攻击者可伪装成另一个网络主机，发送含有伪造源地址的数据包以欺骗接收者。此种攻击称为 IP 欺骗攻击。

（4）IP 数据报在传递过程中，如果数据报太大，该数据报就会被分段。也就是说，大的 IP 数据报会被分成两个或多个小数据报，每个小数据报都有自己的首部，但其数据净荷仅是大数据报净荷的一部分。每个小数据报可以经由不同的路径到达目的地。在传输过程中，每个小数据报可能会被继续分段。当这些小数据报到达接收方时，它们会被重组到一起。按照协议规则，中间节点不能对小数据报进行拼装组合。一般来说，包过滤器完成 IP 数据报的分段和重组过程。然而，正是由于 IP 数据报在传输过程中要经历被分段和重组的过程，攻击者可在包过滤器中注入大量病态的小数据报，来破坏包过滤器的正常工作。当重要的信息被分成两个 IP 数据报时，过滤器可能会错误地处理数据报，或者仅传输第 2 个 IP 数据报。更糟的是，当两个重叠的 IP 数据报含有不同的内容时，重组规则并不提示如何处理这两个 IP 数据报。

（5）使用特殊的目的地址发送 IP 数据报也会引入安全问题。如发送目的地址是直接广播地址的 IP 数据报，发送这样的数据包是非常危险的，因为它们可以很容易地被用来攻击许多不同类型的主机。许多攻击者已将定向广播作为一种网络攻击手段。

3．防护措施

（1）针对 IP 数据报在传递过程中被监听、窃取，可以通过对 IP 数据报进行加密来防范，使攻击者难以解析数据内容。

（2）对 IP 数据报净荷部分实行完整性检测机制。接收方在收到 IP 数据报时，可先应用完整性检测机制检测数据报的完整性，从而保证收到的 IP 数据报在传输过程中未被恶意篡改。

（3）针对 IP 欺骗攻击，可以通过源地址认证机制加以防御。一般来说，认证需要采用高层协议中的安全机制来实现。另外，还有如下一些防范手段。

① 关闭安全隐患大的端口。通常情况下，Windows 有很多端口是默认开放的，与网络连接时，网络病毒与黑客能够通过上述端口进入目标电脑。为了保证电脑的安全性，应该封闭这些端口，例如：TCP 135、139、445、593、1025 端口及 UDP 135、137、138、445 端口，一些流行病毒的后门端口和远程服务访问端口 3389 等。

② 隐藏 IP。第一，安装可以自动去掉传输数据包包头 IP 信息的软件，可以隐藏用户 IP 地址，但是，使用这一手段严重耗费资源、在一定程度上降低了计算机的性能。第二，使用代理服务器。对于个人用户来说，使用代理服务器是最简单常见的方法，通过使用代理服务器，“转址服务”能够将传输出去的数据包进行修改，从而使“数据包分析”方法失效。但是，使用代理服务器，将会影响网络通信的速度，而且网络用户需要添置一台可以提供代理能力的计算机，若用户不能找到这样的代理服务器，那么将无法使用代理服务器。第三，防火墙也可以在某种程度上使 IP 隐藏。

（4）针对重组 IP 数据报被错误处理，许多防火墙能够重组分段的 IP 数据报，以检查其内容。

（5）许多路由器具有阻止发送 IP 广播这类数据包的能力，因此，强烈建议网络管理员在配置路由器时，一定要启用路由器的这个功能。

二、ARP 协议安全

1．概述

不管网络层使用的是什么协议，在实际网络的链路上传送数据帧时，最终还是必须使用 MAC 地址（也称硬件地址）。ARP（address resolution protocol，地址解析协议）用来将 IP 地址映射到 MAC 地址，以便设备能够在共享介质的网络（如以太网）中通信。反向 ARP（reverse address resolution protocol，RARP）是 ARP 的逆过程，即通过 MAC 地址找到对应的 IP 地址。

可以举一个例子很好地说明 ARP 是如何工作的：老师要将一封信交给教室里的某个学生，但是她并不认识这个学生，她只知道这个学生的姓名（IP 地址），于是她对教室里所有的人说："谁是王××，有你的信！"（ARP 请求），当王××听到这个消息时（地址匹配），他站起来回答，然后老师就知道了他坐在几排几座（MAC 地址），最后把信送到他座位上。

在 ARP 协议的实现中还有一些应该注意的事项。

（1）每台计算机上都有一个 ARP 缓存，它保存了一定数量的从 IP 地址到 MAC 地址的映射，同时当一个 ARP 广播到来时，虽然这个 ARP 广播可能与它无关，但 ARP 协议软件也会把其中的物理地址与 IP 地址的映射记录下来，这样做的好处是能够减少 ARP 报文在局域网上发送的次数。

（2）按照默认设置，ARP 高速缓存中的项目是动态的，ARP 缓存中 IP 地址与物理地址之间的映射并不是一旦生成就永久有效的，每一个 ARP 映射表项都有自己的寿命，如果在一段时间内没有使用，那么这个 ARP 映射就会从缓存中被删除，这一点和交换机 MAC 地址表的原理一样。这种老化机制，大大减小了 ARP 缓存表的长度，加快了查询速度。

在以太网中，当主机要确定某个 IP 地址的 MAC 地址时，它会先检查自己的 ARP 缓存表，如果目标地址不包含在该缓存表中，主机就会发送一个 ARP 请求（广播形式），网段上的任何主机都可以接收到该广播，但是只有目标主机才会响应此 ARP 请求。由于目标主机在收到 ARP 请求时，可以学习到发送方的 IP 地址到 MAC 地址的映射，因此它采用一个单播消息来回应请求。

如图 2-5 所示，当主机 A 欲向本局域网上的某个主机 B 发送 IP 数据报时，就先在其 ARP 高速缓存中查看有无主机 B 的 IP 地址。若有，就可查出其对应的硬件地址，再将此硬件地址写入 MAC 帧，然后通过局域网将该 MAC 帧发往此硬件地址。若没有，主机 A 以广播形式发送 ARP 请求，查询 IP 地址为 209.0.0.6 的主机的 MAC 地址，网段上所有的主机都会收到该 ARP 请求。主机 X、Y、Z 收到主机 A 发来的 ARP 请求时，它们发现这个请求不是发给自己的，因此它们忽略这个请求，但是它们还是将主机 A 的 IP 地址到 MAC 地址的映射记录到自己的 ARP 表中。当主机 B 收到主机 A 发来的 ARP 请求时，它发现这个 ARP 请求是发给自己的，于是它用单播消息回应 ARP 请求，同时记录下 A 的 IP 地址到 MAC 地址的映射。

2．ARP 的安全问题

ARP 本来是局域网中计算机之间通信时所采用的一种非常有效的协议。但是，由于一台 ARP 主机在给另一台主机发送 ARP 响应时，并不一定首先要得到另一台主机的 ARP 请求，局域网中的任何一台主机都可以给其他主机发送公告：我的 IP 地址是××，我的 MAC 地址是××。这种协议设计上的漏洞为网络攻击提供了可乘之机。

由于 ARP 协议在设计中存在的漏洞，使得主机可以发送虚假的 ARP 请求报文或响应报文，报文中的源 IP 地址和源 MAC 地址均可以进行伪造。在局域网中，既可以伪造成某一台主机（如服务器）的 IP 地址和 MAC 地址的组合，也可以伪造成网关的 IP 地址和 MAC 地址的组合，等等。这种组合可以根据攻击者的意图进行任意搭配，而现有的局域网中却没有相应的机制和协议来防止这种伪造行为。近年来，局域网中的 ARP 欺骗已经泛滥成灾，几乎没有一个局域网未遭遇过 ARP 欺骗的侵害。

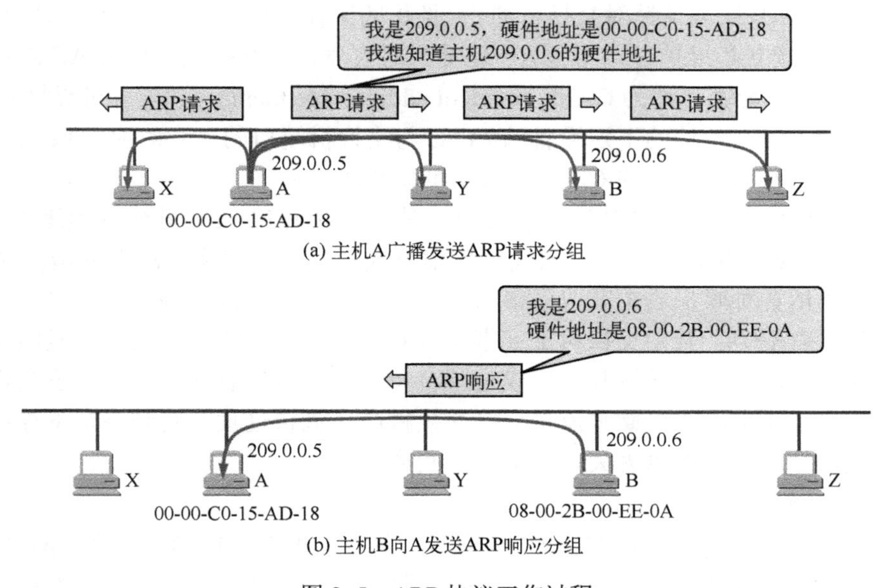

图 2-5　ARP 协议工作过程

从大量的 ARP 欺骗行为来看，虽然有部分是为了窃取他人计算机上发送的报文信息，但占的比例并不大。目前，绝大部分 ARP 欺骗是为了扰乱局域网中合法主机中保存的 ARP 表，使得网络中的合法主机无法正常通信或通信不正常，通常表现为计算机无法上网或上网时断时续等。ARP 欺骗中的主机主要是指以 MAC 地址作为通信地址的设备，如局域网中的计算机、交换机等。目前，局域网中的 ARP 欺骗形式多种多样，下面仅以最常见的一种 ARP 欺骗现象为例进行介绍。

假设主机 A 向主机 B 发送数据。在主机 A 中，当应用程序要发送的数据到了 TCP/IP 参考模型的网络层与链路层之间时，主机 A 在 ARP 缓存表中查找是否有主机 B 的 MAC 地址。由于主机的 ARP 缓存中并不会保存所有参与过通信的主机 IP 地址和 MAC 地址的对应关系，而是采用了老化机制防止 ARP 缓存表过于庞大，即在一段时间内，如果 ARP 缓存表中的某一条记录没有使用，就会被删除。

ARP 协议的基础就是信任局域网内所有的主机，这样就很容易实现在局域网内的 ARP 欺骗。如果现在主机 X 要对主机 A 进行 ARP 欺骗，冒充自己是主机 B。具体实施中，当主机 A 要与主机 B 进行通信时，主机 X 主动告诉主机 A 自己的 IP 地址和 MAC 地址的组合是“B 的 IP+X 的 MAC 地址”，这样当主机 A 要给主机 B 发送数据时，会将主机 X 的 MAC 地址添加到数据帧的目的 MAC 地址中，从而将本来要发给主机 B 的数据发给主机 X，实现 ARP 欺骗。在整个 ARP 欺骗过程中，主机 X 称为“中间人”（man in the middle），对这一中间人，主机 A 根本没有意识到。

通过以上的 ARP 欺骗，使主机 A 与主机 B 之间断开了联系。现在假设主机 B 是局域网中的网关，而主机 X 为 ARP 欺骗者。这样，当局域网中的计算机要与其他网络进行通信（如访问 Internet）时，所有发往其他网络的数据全部发给了主机 X，而主机 X

并非真正的网关，这样整个网络将无法与其他网络进行通信。这种现象在 ARP 欺骗中非常普遍。

另外一种 ARP 欺骗是针对交换机的。交换机的工作原理是通过主动学习所连设备的 MAC 地址，并建立和维护端口与 MAC 地址的对应表，即交换机中的 MAC 地址表。交换机中的 MAC 地址表也称为 CAM（content addressable memory，内容可寻址存储器），其详细地记录了参与通信的下连设备的 MAC 与交换机端口的一一对应关系。CAM 表的大小是固定的，不同交换机的 CAM 表大小可能不同。

在进行 ARP 欺骗时，ARP 欺骗者利用工具产生欺骗 MAC，并快速填满 CAM 表。交换机的 CAM 表被填满后，交换机便以广播方式处理通过交换机的数据帧，这时 ARP 欺骗者可以利用各种嗅探攻击获取网络信息。CAM 表被填满后，流量便以洪泛（Flood）方式发送到所有端口，其中交换机上连端口（Trunk 端口）的流量也会发送给所有端口和邻接交换机。这时的交换机其实已成为一台集线器。与集线器不同，由于交换机上有 CPU 和内存，大量的 ARP 欺骗流量会给交换机产生流量过载，其结果是下连主机的网络速度变慢，并造成数据包丢失，甚至产生网络瘫痪。

3. 防范措施

ARP 欺骗方式多种多样，对 ARP 欺骗的防范方法也不尽相同。由于 ARP 协议工作在 TCP/IP 参考模型的网际层与网络接口层之间（OSI 参考模型的网络层与数据链路层之间），所以现有的网管软件和防病毒软件几乎对 ARP 欺骗无能为力，网络管理员只能通过地址绑定等最简单和原始的方法来防御 ARP 欺骗，而缺乏一种行之有效的全网解决方案。

下面，针对上面介绍的针对计算机的 ARP 欺骗和针对交换机的 ARP 欺骗为例，分别介绍与之对应的防范方法。

在计算机中，ARP 缓存表中的记录可以是动态的，也可以是静态的。如果 ARP 缓存表中的记录是动态的，在一段时间内如果表中的某一条记录没有使用就会被删除。而静态 ARP 缓存表中的记录是永久性的，用户可以使用 TCP/IP 工具来创建和修改，如 Windows 操作系统自带的 ARP 工具。下面以 Windows 操作系统为例，通过在用户计算机上绑定网卡的 IP 地址和 MAC 地址的方法来防范出现网关地址的 ARP 欺骗。具体操作如下：

（1）进入“命令提示符”窗口，在确保网络连接正常的情况下，使用 Ping 命令 Ping 网关的 IP 地址，如“Ping 192.168.1.1”。

（2）在保证 Ping 网关 IP 地址正常的情况下，输入“arp -a”命令，可以获得网关 IP 地址对应的 MAC 地址，如图 2-6 所示。

这时会发现该计算机上网关（192.168.1.1）对应的 ARP 记录类型（Type）是动态（dynamic）的。

（3）利用“arp -s 网关 IP 地址 网关 MAC 地址”将本机中 ARP 缓存表中网关的记录类型设置为静态（static）。

（4）如果再次输入“arp -a”命令，就会发现 ARP 缓存表中网关的记录已被设置为静态类型。

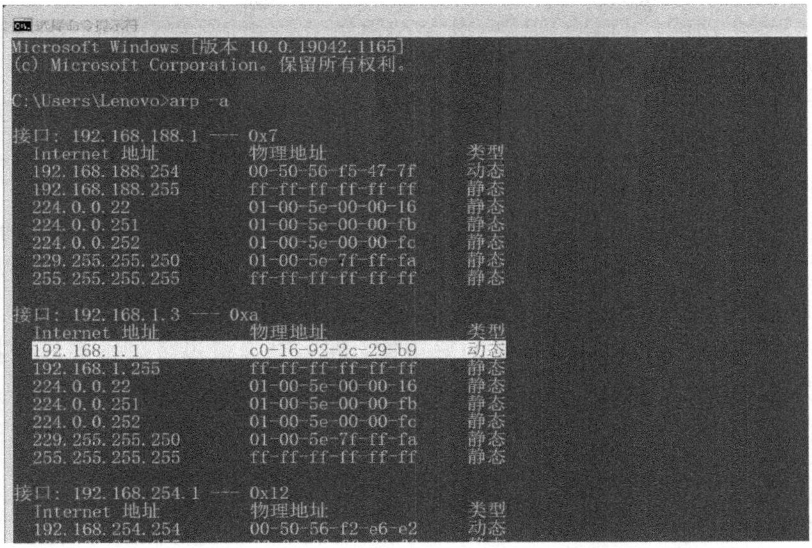

```
Microsoft Windows [版本 10.0.19042.1165]
(c) Microsoft Corporation。保留所有权利。

C:\Users\Lenovo>arp -a

接口: 192.168.188.1 --- 0x7
  Internet 地址         物理地址              类型
  192.168.188.254       00-50-56-f5-47-7f     动态
  192.168.188.255       ff-ff-ff-ff-ff-ff     静态
  224.0.0.22            01-00-5e-00-00-16     静态
  224.0.0.251           01-00-5e-00-00-fb     静态
  224.0.0.252           01-00-5e-00-00-fc     静态
  229.255.255.250       01-00-5e-7f-ff-fa     静态
  255.255.255.255       ff-ff-ff-ff-ff-ff     静态

接口: 192.168.1.3 --- 0xa
  Internet 地址         物理地址              类型
  192.168.1.1           c0-16-92-2c-29-b9     动态
  192.168.1.255         ff-ff-ff-ff-ff-ff     静态
  224.0.0.22            01-00-5e-00-00-16     静态
  224.0.0.251           01-00-5e-00-00-fb     静态
  224.0.0.252           01-00-5e-00-00-fc     静态
  229.255.255.250       01-00-5e-7f-ff-fa     静态
  255.255.255.255       ff-ff-ff-ff-ff-ff     静态

接口: 192.168.254.1 --- 0x12
  Internet 地址         物理地址              类型
  192.168.254.254       00-50-56-f2-e6-e2     动态
```

图 2-6　使用“arp -a”命令显示网关 IP 地址对应的 MAC 地址

以上操作仅适用于实验环境，因为利用以上手工设置方式修改的 ARP 缓存表中的记录，会在计算机重新启动后失效，需要再次绑定，这显然在实际的网络环境中是不适用的。为解决这一问题，针对以上操作，可以编写一个批处理文件（如 arp.bat），然后将该批处理文件添加到 Windows 操作系统的“启动”栏中，这样每次开机后系统便会进行自动绑定。批处理文件的内容如下：

```
@echo off
arp -a
arp -s   192.168.1.1   c0-16-92-2c-29-b9
```

以上介绍是针对网关进行设置的。如果用户的计算机需要经常与另一台计算机之间进行可靠的通信，则可以将对方计算机的 ARP 记录以静态方式添加到本机的 ARP 缓存表中。

在交换机上防范 ARP 欺骗的方法与在计算机上防范 ARP 欺骗的方法基本相同，使用将下连设备的 MAC 地址与交换机端口进行一一绑定的方法来实现。目前，主流的交换机（如 Cisco、H3C、3COM 等）都提供了端口安全功能（Port Security feature）。通过使用端口安全功能，可以进行如下控制。

（1）端口上最大可以通过的 MAC 地址数量。

（2）端口上只能使用指定的 MAC 地址。

对于不符合以上规定的 MAC 地址，进行违背规则的处理，一般有 3 种方式（针对交换机类型和型号的不同，具体方式可能有所不同）。

① Shutdown：关闭端口。虽然这种方式是最有效的保护方式，但会给管理员带来许多不便，因为被关闭的端口一般需要通过手工方式进行重启。

② Protect：直接丢弃非法流量，但不报警。

③ Restrict：丢弃非法流量，并产生报警。

利用端口安全功能，可以防范交换机 MAC/CAM 攻击。在进行端口安全功能设置时，端口上的 MAC 地址既可以通过交换机的自动学习功能获得，也可以通过手工方式进行 MAC 地址与端口的绑定。当通过自动学习功能获得 MAC 地址时，交换机重启后会主动学习下连端口设备的 MAC 地址，直到学习到的 MAC 地址数达到设置的数量。但是，当交换机关机或重启后又要进行重新学习。

目前较新的端口安全技术是 Sticky Port Security，它克服了 Port Security feature 存在的交换机重启后 CAM 表中自动学习获得的 MAC 地址会丢失的不足，交换机可以将学到的 MAC 地址写入到端口配置中，即使交换机重启或关机，配置仍然存在。

还需要说明的是，由于 ARP 欺骗的严重性，许多交换机设备制造商纷纷推出了可以防范 ARP 欺骗功能的交换机产品。这些产品的效果确实不错，但有一个前提是该网络中所有的交换机都必须使用同一个厂商的产品，而且对交换机的型号也有一定的要求，有些早期的交换机可能无法支持此功能。

三、ICMP 协议

在网际层，除了 IP 协议，还有 ICMP（互联网控制报文协议）和 IGMP（互联网组管理协议）两个协议。

1. 概述

ICMP 是“Internet Control Message Protocol”（互联网控制报文协议）的缩写。它是 TCP/IP 协议族的一个子协议，用于在 IP 主机、路由器之间传递控制消息。控制消息是指网络通不通、主机是否可达、路由是否可用等网络本身的消息。这些控制消息虽然并不传输用户数据，但是对于用户数据的传递起着重要作用。

ICMP 协议的格式：ICMP 协议头位于 IP 数据包头之后，使用类型和代码来区分不同的控制消息。ICMP 代码用来区分不同的 ICMP 子类型，ICMP 数据位于 ICMP 协议头之后，不同的 ICMP 类型对应的数据长度也不相同。通常 ICMP 数据包含原始数据包的信息、被报告的错误或者用来测试的数据。

ICMP 协议有一个特点就是它是无连接的，也就是说只要发送端完成 ICMP 报文的封装并传递给路由器，这个报文就会像邮包一样自己去寻找目的地址，这个特点使得 ICMP 协议非常灵活快捷，但是同时也带来一个明显的缺陷——易伪造。任何人都可以伪造一个 ICMP 报文并发送出去，伪造者可以利用 SOCK_RAW 直接改写报文 ICMP 首部和 IP 首部，这样报文携带的源地址是伪造的，在目的端根本无法追查。根据这个原理，出现了不少基于 ICMP 的攻击软件，有通过网络架构缺陷制造 ICMP 风暴的，有使用非常大的报文堵塞网络的，也有利用 ICMP 碎片攻击消耗服务器 CPU 的，甚至将 ICMP 协议用来进行通信，可以制作出不需要任何 TCP/UDP 端口的木马。

ICMP 最广泛的应用是 Ping 应用程序。Ping 命令是一个专用于 TCP/IP 协议的探测工具，它发送 ICMP 数据包，直接在系统内核中实现，用于确定本地主机是否能与另一台主机交换（发送与接收）数据报。通过这种机制监测某台主机的存在与否、与链路的畅通与否，并可分析网络速度。

另外，可以利用 ICMP 来了解 IP 数据报的整个路由。利用路由器对 IP 数据报的 TTL 值减 1，若 TTL=0 则丢弃数据报，并返回 TYPE=3 的 ICMP 报文的特点，跟踪 IP 数据报发送的路由。由源主机形成一系列接收主机无法处理的 IP 数据报（如对应一个不存在的端口号），并使其 TTL 依次为 1，2，3，…，逐个发往网络。由于主机和路由器对路由信息的缓存能力，这些 TTL 值依次递增的数据报将沿着原路径向目的主机前进。如果整个路径中包括了 *N* 个路由器，则可返回 *N* 个主机不可达和一个端口不可达报文，了解路径中的路由。利用源端发送一系列长度逐渐变化的 ICMP 报文，而转发网络对于大于 MTU 的数据报产生主机不可达报文的特点，测试出整个路径最大 MTU，利用 ICMP 来估算链路的速度等。

2．ICMP 的安全问题

由于 ICMP 过于简单，所以它对网络的安全有比较大的负面影响。攻击者可以随便利用 SOCK_RAW（原始套接口）编程技术直接改写报文的 ICMP 首部和 IP 首部，伪造 ICMP 报文并发送出去，却不用担心会在接收端留下任何痕迹，从而制造出各种各样的攻击软件。

ICMP 攻击及欺骗技术原理实际上就是通过 Ping 大量的数据包使得计算机的 CPU 使用率居高不下而崩溃，一般情况下黑客通常在一个时段内连续向计算机发出大量请求，导致 CPU 占用率太高而死机。基于 ICMP 的攻击可以分为两大类：一是 ICMP 攻击导致拒绝服务（DoS）攻击；另外一个是基于重定向（redirect）的路由欺骗技术。

1）ICMP 攻击导致拒绝服务

拒绝服务攻击是目前为人所熟知的一种攻击，攻击造成的结果是：目标系统由于资源的耗尽或遭受到某种程度的破坏，而不能继续提供某种类型的服务。拒绝服务攻击从根本上可以分为两种类型：一是利用操作系统或协议的一些脆弱性使系统崩溃或瘫痪，使目标系统重启，以至于不能够提供相应的服务；二是资源耗尽的攻击，通过对目标系统发送大量的无效的数据包耗尽系统资源，以至于系统不能够响应正常的请求，从而实现拒绝服务攻击。

2）基于重定向（redirect）的路由欺骗技术

Windows 操作系统都保持着一张已知的路由器列表，列表中位于第一项的路由器是默认路由器，如果默认路由器关闭，则位于列表第二项的路由器成为默认路由器。默认路由向发送者报告另一条到特定主机的更短路由，就是 ICMP 重定向。攻击者可利用 ICMP 重定向报文破坏路由，并以此增强其窃听能力。除了路由器，主机必须服从 ICMP 重定向。如果一台机器向网络中的另一台机器发送了一个 ICMP 重定向消息，这就可能使其他机器具有一张无效的路由表。如果一台机器伪装成路由器截获所有到某些目标网络或全部目标网络的 IP 数据包，这样就形成了窃听。

通过 ICMP 技术还可以对抵达防火墙后的机器进行攻击和窃听。在一些网络协议中，IP 源路径选项允许 IP 数据报告自己选择一条通往目的主机的路径。攻击者试图与防火墙后面的一个不可到达的主机 A 连接，只需在送出的 ICMP 报文中设置 IP 源路径选项，使报文有一个目的地址指向防火墙，而最终地址是主机 A。当报文到达防火墙时被允许通过，因为它指向防火墙而不是主机 A。防火墙的 IP 层处理该报文的源路径域并被发送到内部网上，报文就这样到达了不可到达的主机 A。

3．防范措施

选择合适的防火墙，可以有效地防止 ICMP 攻击，防火墙应该具有状态检测，细致的数据包完整性检查和很好的过滤规则控制功能。

状态检测防火墙通过跟踪连接状态，动态允许外出数据包的响应信息进入防火墙所保护的网络。例如，状态检测防火墙可以记录一个出去的 Ping（ICMP Echo Reply），在接下来的一个确定的时间段内，允许目标主机响应的 ICMP Echo Reply 直接发送给前面发出 Ping 命令的 IP，除此之外的其他 ICMP Echo Reply 消息都会被防火墙阻止。与此形成对比的是，包过滤类型的防火墙允许所有 ICMP Echo Reply 消息进入防火墙所保护的网络了。

新的攻击不断出现，防火墙仅仅能够防止已知攻击是远远不够的。这就要求防火墙能够进行数据包一致性检查，安全策略需要针对 ICMP 进行细致的控制。因此，防火墙应该允许对 ICMP 类型、代码和包大小进行过滤，并且能够控制连接时间和 ICMP 包的生成速率。

配置防火墙以预防攻击，一旦选择了合适的防火墙，用户应该配置一个合理的安全策略，以下是被普遍认可的防火墙安全配置惯例，可供管理员在系统安全性和易用性之间做出权衡。

防火墙应该强制执行一个默认的拒绝策略。除了出站的 ICMP Echo Request、出站的 ICMP Source Quench、进站的 TTL Exceeded 和进站的 ICMP Destination Unreachable 之外，所有的 ICMP 消息类型都应该被阻止。

现在许多防火墙在默认情况下都启用 ICMP 过滤的功能。如果没有启用，只要选中“防御 ICMP 攻击”“防止别人用 Ping 命令探测”即可。

四、IGMP 协议

1．概述

IGMP（Internet Group Management Protocol）作为互联网组播管理协议，是 TCP/IP 协议族中的重要协议之一，所有 IP 组播系统（包括主机和路由器）都需要支持 IGMP。

IGMP 运行于主机和组播路由器之间，用来在 IP 主机和与其直接相邻的组播路由器之间建立、维护组播组成员关系。到目前为止，IGMP 共有 3 个版本，即 IGMP v1、v2 和 v3。

IGMP 实现的主要功能包括：主机通过 IGMP 通知路由器希望接收或离开某个特定组播组的信息；路由器通过 IGMP 周期性地查询局域网内的组播组成员是否处于活动状态，实现所连网段组成员关系的收集与维护。

2．IGMP 协议的安全问题

IGMP 组播报文在 IP 数据包的基础上封装了组播地址等信息，鉴于组播报文基于 UDP 进行传输并缺少用户认证措施，网络中任何主机都可以向组播路由器发送 IGMP 包，请求加入或离开，导致非法用户很容易加入组播组，窃听组播数据或者发动其他针对计算机网络系统的攻击。目前，针对 IGMP 协议的攻击主要有以下几种。

（1）利用查询报文攻击。利用具有较低数值的 IP 地址路由器发送伪造的查询报文，由当前的查询方转变为响应查询请求，并且不再发出查询报文。攻击产生的效果包括：组播路由器对子网内各主机的加入请求不做任何响应，将屏蔽合法用户；组播路由器对子网内主机撤离报文不做响应，造成该子网内不存在组播用户，但是，组播数据又不断向该子网组播路由器发送请求报文，浪费有限的带宽和资源。

（2）利用离开报文进行 DoS 攻击。子网内非法用户通过截获某个合法用户信息来发送伪造的 IGMP 离开报文，组播路由器接收到报文后误认为该合法用户已经撤离该组播组，则不再向该用户发送询问请求，导致该合法用户不能再接收到组播数据包，造成拒绝服务攻击。

（3）利用报告报文攻击。非法用户伪装报告报文，或截获合法用户的报告报文向组播路由器发送伪造报文，使组播路由器误以为有新用户加入，于是将组播树扩展到非法用户所在的子网，此后非法用户就可以接收到来自组播路由的组播报文，并分析该报文以展开新的攻击。

IGMP 安全性的基本要求是只有注册的合法主机才能够向组播组发送数据和接收组播数据。但是，IP 组播很难保证这一点。首先，IP 组播使用 UDP，网络中任何主机都可以向某个组播地址发送 UDP 包；其次，Internet 缺少对于网络层的访问控制，组成员可以随时加入和退出组播组；最后，采用明文传输的 IGMP 组播报文很容易被窃听、冒充和篡改，使得组播安全性问题仍然是一个技术难点。

3．防范措施

针对以上安全问题，一种有效的安全增强措施是利用 IGMP v3 的扩展性在组播报文中未使用的辅助字段部分增加认证信息，即在每个首次加入组播的报文中添加关联主机身份的认证信息，组播路由器接收到认证信息并通过公钥密码技术实现成员身份的认证，随后，在发送给组播成员的查询信息中添加成功/失败标识的认证信息。通过此认证机制来保证 IGMP 的安全运行。

第三节　传输层协议安全

UDP 和 TCP 是 TCP/IP 参考模型传输层的两个通信协议。其中，UDP 是一种不可靠的、面向非连接的通信协议，而 TCP 是一种可靠的、面向连接的通信协议。将通过 UDP 协议传输的数据单位称为数据报，而将通过 TCP 协议传输的数据单位称为报文段。由于两种协议的功能不同，所以传输层 UDP 的首部格式非常简单，而 TCP 的首部格式非常复杂。与 UDP 不同的是，TCP 是为可靠的通信过程而开发的协议，但在实际应用中却出现了针对 TCP 协议漏洞的不安全因素，甚至是网络攻击。

一、TCP 协议

1．概述

TCP 是一个可靠的流传输端到端协议。在传输两端传输数据之前必须先建立连接。通过创建连接，TCP 在发送者和接收者之间建立了一条虚电路，而且虚电路在整个传输过程中都是有效的。TCP 通过 3 次握手（连接建立）来开始一次传输，同时通过连接中断来结束连接。通过这种方法，接收者就知道所期望的是整个传输，而不仅仅是一个包。

TCP 在每个传输的发送端，将报文划分为段，每个数据单元都包括序号、确认号和一个表示滑动窗口大小的域。段封装在 IP 数据报中，通过网络传输。在接收端，TCP 收集每个到来的数据报，然后基于序号对传输重新排序。

2. TCP 协议的安全问题

TCP 协议是基于连接的协议，所以，要在互连网络间传送 TCP 数据，必须先应用协议所要求的 3 次握手过程建立一个 TCP 连接，在完成 3 次握手过程中，有时可能会出现服务器的一个异常线程等待。如果大量发生这种情况，服务器端就会为了维持大量的半连接列表而耗费相当多的资源。如果已达到 TCP 处理模块连接的上限，TCP 就会拒绝所有连接请求来处理部分链路，表现为服务器失去了响应。

另外，每当两台计算机按照 TCP 协议连接在一起时，该协议都会产生一些初始序列号（ISN）。ISN 可以提供计算机网络设备间的连接信息，但这些序列号并不是随机产生的，有许多平台可以计算出这些序列号，而且精确度非常高。既然能够精确地算出这些序列号，黑客就可以利用这一漏洞控制互联网或企业内部网上基于 TCP 协议的连接，并对计算机网络实施多种类型的攻击。

目前针对 TCP 协议的攻击主要可以划分为以下 3 类。

第一类攻击是针对 TCP 连接建立阶段的 3 次握手过程。TCP 使用 3 次握手来建立连接，这种方式大大增强了传输的可靠性，如防止已失效的连接请求报文段到达被请求方，产生错误造成资源的浪费。具体过程如图 2-7 所示。但与此同时，3 次握手机制却给攻击者提供了可以利用的漏洞，这类攻击中最常见的就是 SYN FLOOD 攻击，攻击者不断向服务器的监听端口发送建立 TCP 连接的请求 SYN 数据包，但收到服务器的 SYN 包后却不回复 ACK 确认信息，每次操作都会使服务器端保留一个半开放的连接，当这些半开放连接填满服务器的连接队列时，服务器便不再接受后续的任何连接请求，这种攻击属于拒绝服务（DoS）攻击。

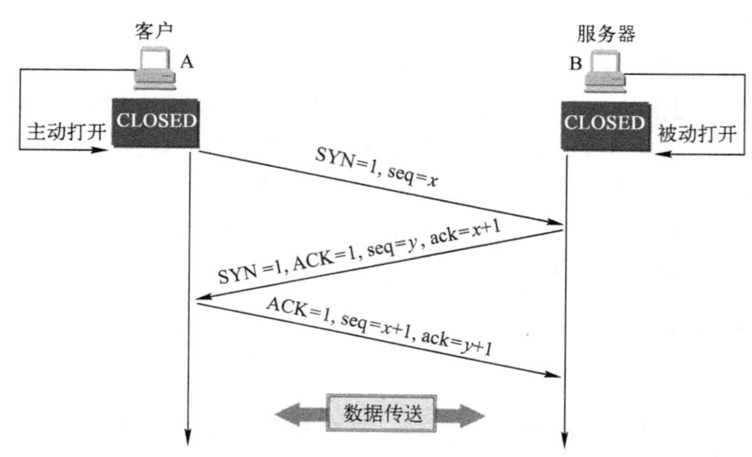

图 2-7　TCP 3 次握手连接建立过程

第二类攻击针对 TCP 协议不对数据包进行加密和认证的漏洞，进行 TCP 会话劫持攻击。TCP 协议有一个关键特征，即 TCP 连接上的每一个字节都有它自己独有的 32 位序列号，数据包的次序就靠每个数据包中的序列号来维持。在数据传输过程中所发送的每一个字节，包括 TCP 连接的打开和关闭请求，都会获得唯一的标号。TCP 协议确认数据包真实性的主要根据就是判断序列号是否正确，但这种机制的安全性并不够，如果攻击者能够预测目标主机选择的起始序号，就可以欺骗该目标主机，使其相信自己正在与一台可信主机进行会话。攻击者还可以伪造发送序列号在有效接收窗口内的报文，也可以截获报文并篡改内容后再发送给接收方。

第三类攻击是针对 TCP 的拥塞控制机制的特性，在 TCP 连接建立后的数据传输阶段进行攻击，降低网络的数据传输能力。拥塞控制是 TCP 的一项重要功能，拥塞控制就是防止过多的数据注入网络，使网络中的链路和交换节点（路由器）的负荷不致过载而发生拥塞，TCP 的拥塞控制主要有以下 4 种方法：慢启动、拥塞避免、快重传和快恢复。发送端主机在确定发送报文段的速率时，既要考虑接收端的接收能力，又要考虑网络的传输能力。因此，每一个 TCP 连接都需要维护接收窗口和拥塞窗口两个状态变量，接收窗口是接收端主机根据其目前的接收缓存大小所许诺的最新窗口值；拥塞窗口的大小表示了当前网络的传输能力，由发送端设置。发送窗口取这两者中的较小值。攻击者会利用发送端计算拥塞窗口的漏洞，通过降低拥塞窗口大小来降低发送窗口的大小。拥塞窗口的计算采用了慢启动（slow start）算法，其具体特征就是拥塞窗口在传输正常时呈指数增长，增长到一定阈值后按线性增长，一旦出现数据包传输超时，则拥塞窗口变为最小值，阈值变为原来一半。有经验的攻击者可以利用这种特性，周期性地制造网络关键节点的拥塞，不断触发拥塞窗口的慢启动过程，最终达到降低正常数据传输能力的目的。

3. 防范措施

针对第一类攻击，防范的主要思路是在服务器前端部署相应的网络安全设备（如防火墙设备）对 SYN FLOOD 攻击数据包进行过滤。

针对第二类攻击，防范的思路是在 TCP 连接建立时采用一个随机数作为初始序列号，规避攻击者对序列号的猜测。

因为第三类攻击的具体手段比较灵活，防御此类攻击的难度较大，需要网络管理人员实时监测网络的异常流量，避免攻击者制造网络关键节点的拥塞。

二、UDP 协议

1. 概述

用户数据报协议（UDP）与 TCP 协议同处于传输层，它是一个简单的协议，提供给应用程序的服务是一种不可靠的、无连接的分组传输服务。UDP 协议与 TCP 协议不同的是它不能保证分组传输的可靠性。如果发送端发往接收端的分组在传输过程中丢失，UDP 不会做出任何的检测和重发。因此，UDP 是不可靠的传输协议。

虽然 UDP 是不可靠的协议，但是它具有 TCP 所没有的优势，就是传输速度比 TCP 快。因为 TCP 在实现中加入可靠传输机制，使得它对系统的开销比较大，这会给传输速度带来严重的影响。而 UDP 则不包含保证分组可靠的机制，由应用层来完成排序和安全问题，这就降低了执行时间，从而提高速度。UDP 的特性保证了它可以进行组播的功能，这也是 TCP 不能实现的。

从安全角度来考虑，UDP 的报文可能会出现丢失、重复、延迟以及乱序，使用 UDP

的应用程序必须处理这些问题。它基本上是在 IP 基础上增加了一个端口号，它包含从一个应用程序传输到另外一个应用程序所需的最小的信息量。

2．UDP 协议的安全问题

由于 UDP 协议是一种不可靠的传输层协议，它依赖于 IP 协议传送报文，且不确认报文是否达到，不对报文排序也不进行流量控制，对于顺序错误或丢失的包，它不作纠错或重传。UDP 协议没有建立初始化连接，因此，欺骗 UDP 包比欺骗 TCP 包更容易，与 UDP 相关的服务面临着更大的危险。

DoS 攻击是一种最常见的 UDP 攻击，而 UDP Flood 攻击又是 DoS 攻击中最普遍的流量型攻击。其攻击原理：攻击源发送大量的 UDP 小包到攻击目标，目标可以是服务器或者网络设备（前提是攻击目标已经开放 UDP 端口），使其忙于处理和回应 UDP 报文，系统资源使用率飙高，最后导致该设备不能提供正常服务或者直接死机，严重的会造成全网瘫痪。可以说 UDP 攻击是一种消耗攻击目标资源，同时也消耗自己资源的攻击方式，技术含量较低。

3．防范措施

使用 UDP 进行传输的应用层协议之间差异极大，因此不同情况下的 UDP 攻击需要采取不同的防护手段。

（1）如果攻击包是大包，则根据攻击包大小设定包碎片重组大小，通常不小于 1500，极端情况下可以考虑丢弃所有 UDP 碎片。

（2）当攻击端口为业务端口，根据该业务 UDP 最大包长设置 UDP 最大包以过滤异常流量。

（3）当攻击端口为非业务端口，通常通过设置 UDP 连接规则，要求所有去往该端口的 UDP 包，必须首先与 TCP 端口建立 TCP 连接，不过这种方法需要借助专业安全设备。

三、SSL 协议

1．概述

SSL 协议是 Netscape 公司于 1994 年提出的一个关注互联网信息安全的加密传输协议，其目的是为客户端（如浏览器）到服务器端之间的信息传输构建一个加密通道，此协议与操作系统、Web 服务器无关。目前，SSL 协议已经成为一个国际标准，并得到了所有浏览器和服务器软件的支持。

SSL 协议由于运行在 TCP/IP 层之上、应用层之下，为应用程序提供加密数据通道，并采用 RC4、MD5 及 RSA 等加密算法，所以适用于商业信息的加密。SSL 协议在 Web 上获得广泛应用后，IETF（互联网工程任务组）对 SSL 作了标准化，即 RFC2246，并将其称为 TLS（transport layer security）。从技术上讲，TLS1.0 与 SSL3.0 的差别非常微小。

如图 2-8 所示，SSL 协议分为两层，底层是 SSL 记录协议层，上层是 SSL 握手协议层。握手协议层允许通信双方在应用协议传送数据之前相互验证、协商加密算法、生成密钥（keys）、初始向量等。记录协议层封装各种高层协议，具体实施压缩/解压缩、加密/解密、计算/校验 MAC 等与安全有关的操作。

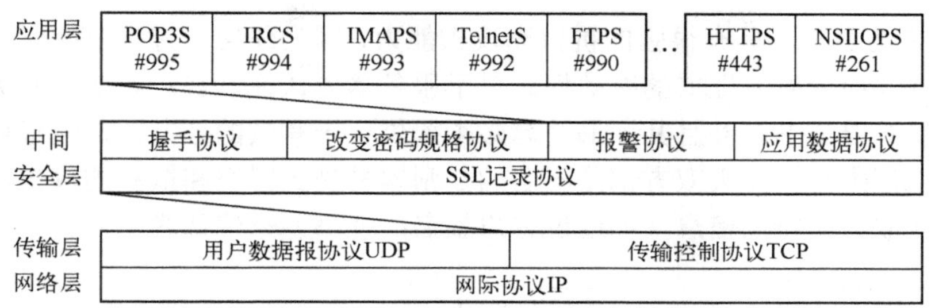

图 2-8　协议栈中 SSL 所处的位置

在 SSL 子协议中，最重要的是 SSL 握手协议。它是认证、交换协议，也是对 SSL 会话、连接的任一端的安全参数以及相应的状态信息进行协商、初始化和同步。握手协议执行完后，应用数据就根据协商好的状态参数通过 SSL 记录协议发送。

2. 握手协议

SSL 握手协议是位于 SSL 记录协议之上的最重要的子协议，也是 SSL 协议中最复杂的部分。该协议允许服务器和客户机相互验证，协商加密和 MAC 算法以及保密密钥，用来保护在 SSL 记录中发送的数据。握手协议是在任何应用程序的数据传输之前使用的。

握手协议由一系列客户机与服务器的交换消息组成，每个消息都有 3 个字段。

（1）类型（1 字节）：表示消息类型，SSL 握手协议中规定了 10 种消息。

（2）长度（3 字节）：消息的字节长度。

（3）内容（≥1 字节）：与该消息有关的参数。

握手消息共有 10 种类型，表 2-1 所列为各种消息的参数。

表 2-1　SSL 握手协议消息类型

消息类型	参数
Hello_Request	Null
Client_Hello	Version，Random，SessionID，CipherSuite，Compression method
Server_Hello	Version，Random，SessionID，CipherSuite，Compression method
Certificate	一连串的 X.509 v3 证书
Server_Key_Exchange	Parameters，Signature
Certificate_Request	Type，Authorities
Server_Hello_Done	Null
Certificate_Verify	Signature
Client_Key_Exchange	Parameters，Signature
Finished	Hash Value

客户机与服务器要建立一个会话，就必须进行握手过程。SSL 会话由 SSL 握手协议创建或恢复。图 2-9（a）所示为创建一个会话的握手过程，图 2-9（b）所示为恢复一个会话的握手过程。

握手协议的主要任务是实现客户方与服务器方之间的密钥交换和身份验证。SSL 支持 3 种认证方式，即双方认证、服务器方认证（不认证客户方）和双方匿名（均不需要认证）。对于双方认证，具有很强的抗冒充攻击能力，因为任何一方都要向对方提供一个证书，并且都要检验对方证书的有效性。对于服务器方认证，客户方要求服务器方提供经过签名的服务器证书，并且其证书消息必须提供一个有效的证书链，能够连接到一个可以接受的认证中心。如果双方都是匿名的，则容易受到冒充和欺骗的攻击，因为匿名服务器不能获取客户特征信息（如经过客户签名的证书）来确认客户方。

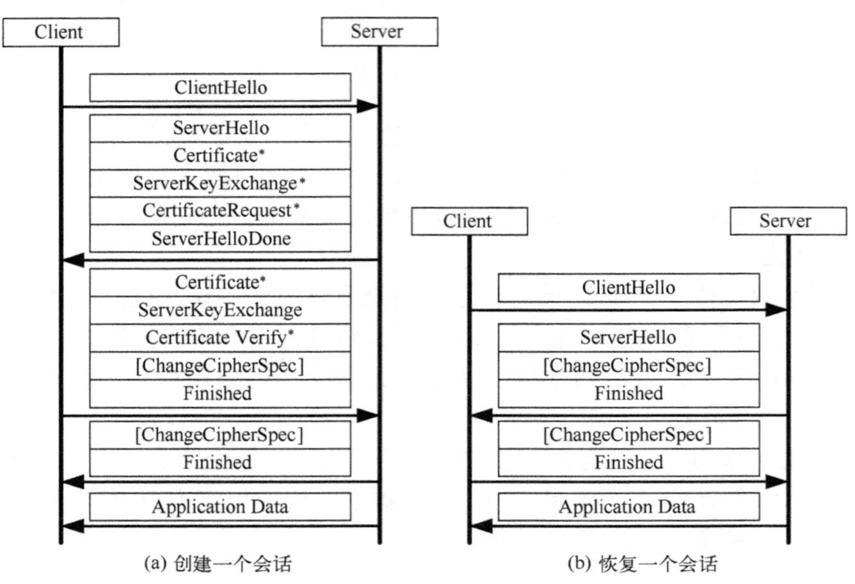

图 2-9　握手协议过程

密钥交换的目的是产生一个只有双方知道的预控制密码，由预控制密码产生控制密码，再通过控制密码产生密钥、MAC 密码以及 Finished 消息。如果一方接收到了 Finished 消息，就说明对方已经知道了正确的预控制密码。

3．更改密码规格协议

该协议由单个消息 Change_Cipher_Spec 组成，消息中只包含一个值为 1 的单个字节。该消息的唯一作用就是使未决的 CiperSpec（密码规格）复制为当前的 CiperSpec，即将预生效的密码规格赋值为现行密码规格，更新用于当前连接的密码组。

客户和服务器都有各自独立的读状态（read state）和写状态（write state）。读状态中包含解压缩、解密、验证 MAC 的算法和解密密钥等；写状态中包含压缩、加密、计算 MAC 的算法和加密密钥等。

客户/服务器接收到 Change_Cipher_Spec 消息后，立即把待定状态中的内容复制至当前读状态；客户/服务器在发送了 Change_Cipher_Spec 消息后，立即把待定写状态的内容复制至当前写状态。

4．警告协议

警告协议用来为对等实体传递 SSL 的相关警告。当其他应用程序使用 SSL 时，根据当前状态的确定，警告消息同时被压缩和加密。

该协议的每条消息有两个字节。第一个字节有两个值：1 和 2，分别为警告和错误。

如果是错误级，SSL 立即终止该连接。同一会话的其他连接也许还能继续，但该会话中不会再产生新的连接。如果是警告级，接收方将判断按哪一个级别来处理这个消息。而错误级的消息只能按照错误级来处理。消息的第二个字节包含了指示特定警告的代码。

5．记录协议

在 SSL 体系中，当上层（应用层或表示层）的应用要选用 SSL 协议时，上层（握手警告、更改密码说明、HTTP 等）协议信息，会通过 SSL 记录子协议使用一些必要的程序将加密码、压缩码、MAC 等封装成若干数据包，再通过其下层（基本上都是从呼叫 socket 接口层）传送出去。

记录协议的封装过程如图 2-10 所示。

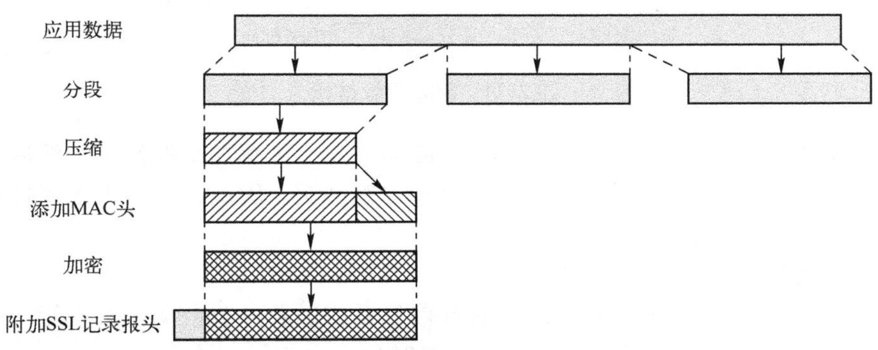

图 2-10　记录协议的封装过程

（1）分段：每一个来自上层的消息都要被分段成 2^{14} 字节或更小的块。

（2）选择压缩：每个 SSL 记录都要按协商好的压缩算法进行压缩处理，其压缩算法是在当前会话状态中定义的，压缩必须是无损压缩。经过压缩处理后，在 SSL 记录中会增加一些压缩状态信息，但增加部分的长度不能超过 1024 字节。在解压处理时，如果解压缩（去掉有关压缩状态信息）后的数据长度超过了 2^{14} 个字节，则会产生一个解压缩失败的警告。此外，解压函数保证不会发生内部缓冲区溢出。

（3）给压缩数据计算 MAC。

（4）记录加密：经过压缩的 SSL 记录还要按协商好的加密算法和 MAC 算法进行加密和完整性认证保护，其加密算法和 MAC 算法是在当前 CipherSpec 中定义的。SSL 支持流加密算法（如 RC4 算法）和分组加密算法（如 RC2，IDEA 和 DES 算法等），认证算法支持 MD5 和 SHA 等算法。

（5）生成一个 SSL 记录报头，如图 2-11 所示。

CipherSpec 初始时为空，不提供任何安全性。一旦完成了握手过程，通信双方都建立了密码算法和密钥，并记录在当前的 CipherSpec 中。在发送数据时，发送方从 CipherSpec 中获取密码算法对数据加密，并计算 MAC，将 SSL 明文记录转换成密文记录。在接收数据后，接收方从 CipherSpec 中获取密码算法对数据解密，并验证 MAC，将 SSL 密文记录转换成明文记录。

在 SSL 记录层，为了防止信息被重放或篡改，上层数据要使用 MAC 进行保护，MAC 是由 MAC 密码、序列号、信息长度、信息内容和两个固定字符串计算出来的。由于客户方和服务器方分别使用独立的 MAC 密码，因而保证了从一方得到的信息不会从另一方输出出去。同样，服务器方写密钥和客户方写密钥也是独立的，流加密密钥只能使用一次。

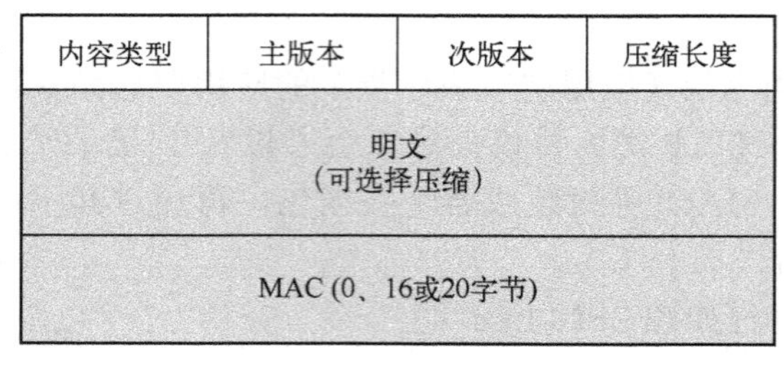

图 2-11　SSL 记录格式

由于 MAC 是加密传输的，因而攻击者必须首先要破解加密的密钥，然后才有可能破解 MAC 密码，并且 MAC 密码长度要大于加密密钥。因此，在加密密钥被破解后，仍然能够防止篡改信息。

6．SSL 协议的应用

在企业内部网中，业务信息系统、管理信息系统以及办公自动化系统等一般采用基于 Web 的浏览器/服务器（B/S）结构，用户在客户机上使用浏览器来访问 Web 服务器及其信息资源。在企业内部网中，并非所有的信息资源都是开放的，一般分为开放信息和内部信息等类别，分别存放在不同的 Web 服务器上，实施不同的安全策略。

开放信息是企业内部网上所有用户都允许访问的，一般不需要访问授权或身份认证，这类信息可以存放在一个公共的 Web 服务器（开放信息服务器）上。

内部信息只允许经过授权的部分用户访问，这些用户必须以合法的身份访问，这类信息必须存放在一个安全的 Web 服务器（安全信息服务器）上，采取相应的安全策略保护信息的安全。在这种网络环境下，可以采用基于 SSL 的安全解决方案来满足上述安全需求。图 2-12 所示为一种基于 SSL 的安全解决方案。

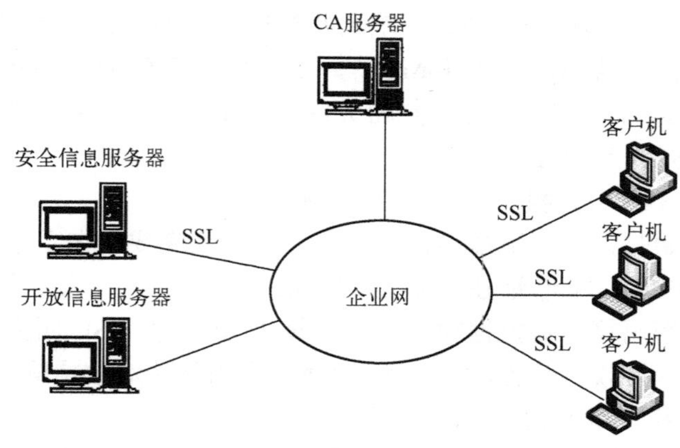

图 2-12　一种基于 SSL 的安全解决方案

（1）基于 PKI 的 CA 以及实现系统。主要负责数字证书的签发、认证和管理，可以采用一个 CA 服务器来实现。在 CA 服务器的体系结构上，应当采用高可用性和高安全性技术来实现；在 CA 服务器的系统功能上，应当提供一个 CA 所必须具备的所有功能。

（2）基于 SSL 的安全信息服务器。它是一个通过 SSL 协议提供安全机制的 Web 服务器，其信息内容只允许经过授权的用户服务，必须对访问该服务器的用户进行身份认证，并且根据安全需求可以有选择地对信息的机密性和完整性进行保护。客户机与安全信息服务器之间通过 SSL 协议和数字证书实现身份认证、访问控制、数据加密和数据认证等安全机制与服务。

（3）基于 SSL 的客户机。对于每个授权访问的用户，都要持有 CA 签发的证书来访问安全信息服务器。在访问安全信息服务器之前，首先在客户机的浏览器上加载 SSL 协议，并将个人证书导入浏览器中（各浏览器上都集成了 SSL 协议，并提供证书导入功能）。

可以说，SSL 协议提供了基于数字证书的访问控制机制，利用这种机制可以实现安全的信息服务功能，客户必须使用数字证书才能访问信息服务器，有效地保证了信息的安全。这种基于数字证书的身份认证和访问控制机制已成为网络信息安全的关键技术之一。

7．SSL 协议的安全性

SSL 协议是为解决数据传输的安全问题而设计的，实践也证明了它针对窃听和其他的被动攻击相当有效，但是由于协议本身的一些缺陷以及在使用过程中的不规范行为，SSL 协议仍然存在不可忽略的安全脆弱性。

（1）客户端假冒。因为 SSL 协议设计初衷是对 Web 站点及网上交易进行安全性保护，为了避免安全协议的使用导致网络性能大幅下降，SSL 协议并不是默认地要求进行客户鉴别，这样做虽然有悖于安全策略，但却促进了 SSL 的广泛应用。针对这个问题可在必要的时候配置 SSL 协议，选择对客户端进行认证鉴别。

（2）SSL 协议无法提供基于 UDP 应用的安全保护。SSL 协议需要在握手之前建立 TCP 连接，因此不能对 UDP 应用进行保护。如果要兼顾 UDP 协议层之上的安全保护，可以采用 IP 层的安全解决方案。

（3）SSL 协议不能对抗通信流量分析。由于 SSL 只对应用数据进行保护，数据包的 IP 头和 TCP 头仍然暴露在外，通过检查没有加密的源和目的地址以及 TCP 端口号或者检查通信数据量，可以知道哪一方在使用什么服务，有时甚至揭露商业或私人关系的秘密。然而用户一般都对这个攻击不太在意，所以 SSL 的研究者们并不打算去处理此问题。

（4）可能受到针对基于公钥加密标准（PKCS）的协议的自适应选择密文攻击。由于 SSL 服务器用一个比特标识来回答每条消息是不是根据 PKCS 正确地加密和编码，攻击者可以发送任意数量的随机消息给 SSL 服务器，再达到选择密文攻击的目的。最广泛采用的应对措施就是进行所有 3 项检查而不发送警示，不正确时直接丢弃。

（5）进程中的主密钥泄漏。除非 SSL 的工程实现大部分驻留在硬件中，否则主密钥将会存留在主机的主存储器中，这就意味着任何可以读取 SSL 进程存储空间的攻击者都能读取主密钥。因此，对掌握机器管理特权的攻击者不能保护 SSL 连接这个问题，要依靠用户管理策略来解决。

（6）磁盘上的临时文件可能遭受攻击。对于使用虚拟内存的操作系统，不可避免地有些敏感数据甚至主密钥都交换到存盘上，可采取内存加锁和及时删除磁盘临时文件等措施来降低风险。

（7）中间人攻击。中间人攻击是指A和B通信的同时，有第三方C处于信道的中间，可以完全听到A与B通信的消息，并可拦截、替换和添加这些消息。如果不采取有证书的密钥交换算法，A便无法验证B的公钥和身份的真实性，从而C可以轻易地冒充，用自己的密钥与A、B双方通信，从而窃听到别人谈话的内容。为了防止中间人攻击，对于所有站点发行的证书，客户都最好要用自己的公钥来检查证书的合法性。当客户端收到消息后，使用服务器以前公开的公钥解密，然后比较解密后的消息与之前发给服务器的消息，如果它们完全一致，就能判断正在通信的服务器是客户端期望与之建立连接的服务器。任何一个中间人不会知道服务器的私钥，也不能正确加密客户端检查的随机消息，从而防止中间人攻击。当使用交互式程序在网上冲浪的用户遇到“公司使用未知的 CA”的提示信息时，如果无法辨认该信息是真的还是自己遭到了中间人攻击，最好能立刻终止该连接：尽量少地信任自签发证书，因为对于一些机警的用户，他们可能会把伪造的证书变成自签发证书用来打消对方的疑虑。

第四节　应用层协议安全

一、HTTP 协议

1．概述

超文本传输协议（hyper text transfer protocol，HTTP）是一种承载于TCP协议之上的应用层协议，能够从服务器传输超文本到本地浏览器，是互联网上应用最广泛的一种网络协议。

HTTP 协议是一个客户端和服务器端之间请求和应答的标准，具体过程：首先由客户端发起一个请求，建立到服务器指定端口（默认是80 端口）的连接，HTTP 服务器接收请求后，会向客户端返回一个状态，包括协议版本号、成功或错误的代码和返回内容等信息，客户端收到信息后通过浏览器显示内容，最后断开连接。

2．HTTP 协议的安全问题

由于 HTTP 协议设计之初未进行安全方面的考虑，数据是直接通过明文进行传输的，不提供任何方式的数据加密，因此存在较大的安全缺陷。

（1）攻击者可以通过网络嗅探工具轻易获得明文的传输数据，从而分析出特定的敏感信息，如用户的登录口令、手机号码和信用卡号码等重要资料。

（2）HTTP 协议是一种无状态的连接，在传输客户端请求和服务器响应时，唯一的完整性检验就是在报文头部包含了数据传输长度，而未对传输内容进行消息完整性检测，攻击者可以轻易篡改传输数据，发动中间人攻击，因此HTTP 协议不适合传输重要信息。

3．防范措施

针对HTTP 协议的这些安全问题，超文本传输安全协议HTTPS 在HTTP 协议和TCP协议之间增加了安全层来增强安全性，安全层主要通过安全套接层（secure sockets layer,

SSL）及其替代协议传输层安全协议（transport layer security，TLS）实现。与 HTTP 协议不同，SSL 协议通过 443 端口进行传输，主要包含记录协议和握手协议，记录协议确定了对传输层数据进行封装，具体实施加密解密、计算和校验等安全操作。握手协议使用 X.509 认证，用于验证传送数据，协商加密算法，并利用非对称加密算法进行身份认证和生成会话密钥等操作，从而对通信双方交换的数据加密，保证客户与服务器应用之间的通信不被攻击者窃听。

HTTPS 协议通过增加安全层，可实现双向身份认证、生成会话密钥、传输数据加密、数据完整性验证和防止数据包重放攻击等安全功能，使用非对称加密算法在不可信的互联网上安全传输用来对称加密的会话密钥，从而建立了安全信道，因此很多银行和邮箱等安全级别较高的服务都使用 HTTPS 协议。但由于 HTTPS 协议会额外增加握手过程并对数据进行加密，因此会在一定程度上拖慢网页加载速度。

由于 SSL 使用了非对称加密算法来传输会话密钥，在大多数情况下，HTTPS 协议本身不会直接遭遇威胁，针对 HTTPS 协议的攻击方式主要是发生在 SSL 连接还未发生时的中间人攻击，利用 SSLstrip 工具可攻击从非安全连接到安全连接的通信，即从 HTTP 到 HTTPS 的过程中发起中间人攻击，模拟客户端向服务器提供证书，再从安全网站收到流量提供给客户端，进而窃取敏感信息。

多数 SSL 加密的网站都使用名为 OpenSSL 的开源软件包，2014 年 4 月曾爆发著名的心脏滴血（Heartbleed）漏洞，影响了全球绝大多数使用 HTTPS 协议的安全网站，目前该漏洞已被修补。

二、PGP 协议

1. 概述

电子邮件系统以其方便、快捷的特点成为人们进行信息交流的理想工具。从某种程度上来说，电子邮件已经基本取代了传统的邮局通信方式。现在，除了一些必须通过传统的方式进行邮寄的邮件外，一般的日常交流都可以通过电子邮件的形式来进行。在互联网发展初期，电子邮件都是通过明文传输的。当电子邮件中的信息涉及商业秘密、个人隐私等内容时，这些信息很容易被恶意的攻击者所截获和利用，将会因为暴露个人隐私或泄露商业机密而带来无法挽回的损失。另外，发送方可轻松地伪造自己的身份，假冒他人发送电子邮件来进行邮件欺骗；邮件接收人无法确认邮件在传送过程中是否被篡改或破坏。更有甚者，越来越多的病毒也通过电子邮件这条快捷的途径传播。由于电子邮件系统存在的这些安全问题，因此限制了它在涉密部门，甚至一些企业和用户中的进一步的使用，如政府办公、银行、保险、海关、税务、公安系统等。而且，现在我国法律已经明确规定，电子文档可以作为法律证据。因此，如何更好地解决电子邮件的安全性问题得到越来越多的研究人员和开发人员的重视。

1991 年 6 月，美国 Phil Zimmermann 在互联网上发布一个称为 PGP（pretty good privacy）的安全电子邮件技术，该技术巧妙地将公钥加密体制和对称密钥加密体制结合起来，解决了人们迫切需要的电子邮件保密问题。PGP 是一种混合的密码系统，包含单钥加密算法、公钥加密算法、哈希算法和一个随机数生成算法。每种算法都是 PGP 不可分割的组成部分，系统充分利用了算法的特性，实现了认证、加密、压缩等多种服务。

PGP 最初的设计主要是用于邮件加密，如今已经发展到了可以加密整个硬盘、分区、文件、文件夹、集成到邮件软件进行邮件加密，甚至可以对聊天信息实时加密。因此，PGP 不仅是互联网上使用最为广泛的邮件加密软件，而且在即时通信、文件下载、论坛等方面都有一席之地。

PGP 安全体制与密钥管理相对，包括 5 种服务，即认证、保密、压缩、电子邮件兼容性和分段。详细描述如表 2-2 所列。

表 2-2　PGP 安全服务

功能	使用的算法	描述
数字签名	DSS/SHA 或 RSA/SHA	消息的 Hash 码利用 SHA-1 产生，将此消息摘要和消息一起用发送方的私钥按 DSS 或 RSA 加密
消息加密	CAST 或 IDEA 3DES 或 RSA	将消息用发送方生成的一次性会话密钥按 CAST-128 或 IDEA 或 3DES 加密。用接收方公钥按 Diffie-Hellman 或 RSA 算法加密会话密钥，并与消息一起加密
压缩	ZIP	消息在传送或存储时可用 ZIP 压缩
电子邮件兼容性	基数 64 转换	为了对电子邮件应用提供透明性，一个加密消息可以用基数 64 转换为 ASCII 串
分段	—	为了符合最大消息尺寸限制，PGP 执行分段和重新组装

2．PGP 协议的安全性

1）密钥安全性分析

公钥的篡改和冒充可说是 PGP 的最大威胁。那么怎样防止公钥的篡改和冒充呢？要点就是：当用别人的公钥时，确信它是直接从对方处得来或是由另一个可信的人签名认证过的。确信没有人可以篡改自己的公钥环文件。保持对自己密钥环文件的物理控制权，尽量存放在自己的个人电脑而不是一个远程的分时系统里，备份自己的密钥环文件。

2）没有完全删除密钥文件

一般的操作系统在删除文件时都并没有彻底删除文件的数据，当加密明文后将明文删除，可是没有从物理上把明文的数据清除。一些有经验的攻击者可能从磁盘数据块中恢复明文。当然像碎纸机一样，也有从物理上销毁文件的办法，它们是一些工具软件，如果没有，最简单的办法是用无用的信息将明文文件覆盖。在 PGP 后加上 w 参数也可以达到这一目的。不过即使覆盖了所有明文曾占用的磁盘空间，仍然会有微小的剩磁留在磁盘上，专用的设备可以恢复这些数据，只是一般人没有这个条件。

对于使用的密钥环文件同样存在这个问题，特别是私钥环文件，直接关系到私钥的安全。因此除了专用的个人电脑，最好不要将密钥环复制到其他机器。

3）多用户下的泄密

PGP 最初是为 MS-DOS 设计的，它假设本身在用户的直接物理控制下。可是随着 PGP 的普及，多用户系统上也出现了 PGP，这样暴露明文和密钥或口令的可能就增大了。对此 PGP 作者的建议是：尽量在一个孤立的单用户系统里使用 PGP，而且保证系统处于直接物理控制之下。

4）PGP 时间戳可靠性

PGP 签名上的时间标戳是不可信的，因为任何想伪造一个“错误”时戳的人都可以通过修改系统时间达到目的。而在商业上又有这种利用 PGP 签名的时间来确认责任的需要，这样第三方的时间公证体系就被建立。很明显，只要公证方在邮件上签上标准的时间，就解决了这个问题。实际上这个问题对于手写的签名也存在，签字时需要一个公证人，用以证明签名的时间，数字签名也一样。

对于对时间可靠性有要求的场合，可以采用国际标准时间戳协议 RFC3161 来解决。RFC3161 描述了基于 PKI 的时间戳协议，这个协议是建立在 TSA 可信的基础上的。

5）垃圾邮件分析

PGP 安全电子邮件能解决邮件的加密传输问题、验证发送者的身份验证问题、错发用户的收件无效问题（因为需要用密钥解密）。但是，对于垃圾邮件，PGP 安全电子邮件解决技术却无能为力。常言道：道高一尺，魔高一丈。垃圾邮件愈演愈烈，反垃圾邮件技术也在不断发展。

6）PGP 信任模型缺陷

保证公钥的真实有效，是正确应用 PGP 的基础。证书为保证公钥的真实性提供了一种有效机制，而在 PGP 中缺乏有效的证书管理体系，证书的管理完全由用户自己来完成。错误的信任假设和管理不当，会影响到 PGP 的安全性。

有效的公钥证书包括两方面含义：公钥是真实的及用户身份是真实的。任何用户在对某一公钥进行签名时，都必须确保这两点。在 PGP 中推荐用两种方式来证实证书的有效性：其一是直接从所有者那里获得磁盘复制件，其二是通过网络获得复制件然后与所有者对照指纹。磁盘复制的方式不能适用于地理范围较大的场合；而指纹对照的方式只能用于熟人之间，对于数量为 n 的用户群体，每个用户都需要进行 $n-1$ 次指纹对照，增加了用户的管理负担。要想获得陌生人的有效公钥，只能通过介绍人。介绍人的引入为获取陌生人的公钥提供了方法，但也带来了新的问题，即信任问题。这里的信任指的是一个用户相信另一个用户能够签发有效的公钥证书，信任等级（完全信任、部分信任、不信任）的划分实际上给出了对介绍人信任程度的度量，说明他们所签名公钥的真实程度。但在 PGP 中，却没有任何依据来判断一个人达到什么样的信任等级，用户只能通过直觉来对一个用户的信任度进行设置，如果设置不当就会造成安全隐患。

一个密钥总是有自己的生命期，生命期的长短由算法强度、计算能力以及应用策略等方面决定。密钥最好在生命期内总是有效，但在某些情况下，如私钥的泄露、遗失或用户身份的改变，都需要使该密钥无效。在公钥系统中，证书吊销是使公钥无效的有效方式。在 PGP 中提供了两种吊销证书的方式：介绍人吊销和拥有者自行吊销，二者具有同等的效力，使相关的密钥对无效。但证书吊销问题的真正难点不在于吊销本身，而在于将吊销信息通知每一个潜在的使用者。用户使用被吊销的证书是件很危险的事情，很有可能造成泄密，因此在每次使用证书时都应该确信该证书没有被吊销。

三、SSH 协议

1. 概述

安全壳（secure shell，SSH）协议是一种在不安全的网络上建立安全的远程登录或其他安全网络服务的协议，由 IETF 的网络工作小组（Network Working Group）所制定。

SSH 是建立在应用层和传输层基础上的安全协议。SSH 设计的原意是为了取代原 UNIX 系统上的 rcp，rlogin 和 rsh 等不安全的指令程序，现被用来取代 Telnet 实现安全的远程登录，并可以为 POP，FTP 甚至 PPP 等网络应用程序提供一个安全的“隧道”。SSH 提供多种身份认证和数据加密机制，并采用“挑战/响应”机制替代传统的主机名和口令认证。SSH 对所有传输的数据进行 RSA 公钥加密算法处理，避免了如 Telnet 等传统的网络服务程序明文传输口令和数据带来的信息泄露隐患，同时能够有效防止“中间人攻击”（man-in-the-middle attack）、DNS 欺骗和 IP 欺骗。SSH 协议默认采用 TCP 22 端口。

SSH 的通信流程主要分为 6 步：建立 TCP 连接、版本协商、算法协商、密钥建立和服务器认证、用户认证、通信会话。

2．SSH 协议的安全问题

SSH 协议主要由 3 层协议组成：传输层协议、用户认证协议和连接协议，其中高层协议要运行在底层协议的基础上，因此远程登录过程的安全性是由 3 个安全协议共同保证的。SSH 协议虽然目前来说较可靠，专为远程登录会话和其他网络服务提供安全性的协议，但仍有一些安全性问题需要关注，并且面临多种网络攻击。

（1）服务器认证。SSH 协议主要面向互联网网络中主机之间的互访与信息交换，拥有一套以主机密钥为基础的完备的密钥机制。然而在某些安全性不高的网络环境中，没有可信的认证机构对服务器的真实性进行验证；同时为了用户的客户端使用方便，SSH 协议提供了一个可选功能，即在客户机第一次连接到服务器时，可以不对服务器的主机密钥进行验证。这一功能会产生一些安全问题，虽然此时客户端与服务器之间的通信仍然是加密的，第三方不可能获得双方通信的内容，但攻击者可能假冒成真正的服务器，从而使整个系统的安全都受到威胁。

（2）协议版本协商。SSH 协议运行的第一步是进行服务器与客户端协议版本的协商。服务器会打开端口 22 与客户端建立 TCP 连接，之后发送的包含协议版本号的 TCP 报文至客户端，客户端接收报文并解析，之后返回服务器一个包含协议版本号的报文。如果双方的版本号不同，由服务器决定是否可以运行；如果可以，则双方都以较低的版本运行。如果攻击者采用有安全漏洞的版本建立连接，协商的结果是采用有安全漏洞的 SSH 协议版本，则可能会采取进一步的攻击。

（3）主机密钥文件安全。SSH 协议在工作时，服务器的主机密钥存储在一个 root 用户可读的主机密钥文件中，如果该文件被窃取或篡改，则会对协议的认证机制造成严重威胁。攻击者可以利用有效的主机密钥实施一系列攻击，如假冒攻击、重放攻击和中间人攻击等。

3．防范措施

在服务器系统中，应尽可能检验主机密钥，使用验证服务器正确性的方法，例如要求传送 SHA-1 哈希算法生成的主机公钥的 MAC 值等。在 SSH 协议软件的配置中需考虑版本问题，对于采用的软件版本有安全问题的通信方，可以采用中断 TCP 连接的办法。SSH 是 Client/Server 结构，并且有两个不兼容的版本，分别是 1.x 和 2.x，其中 1.x 存在许多安全问题，已很少使用。另外，主机密钥文件必须用非常安全的机制进行管理。

OpenSSH 是 SSH 的替代软件，其源代码是开放的，而且是免费的，且同时支持 SSH 1.x 和 2.x，有越来越多的人使用 OpenSSH。现在已经有各种基于 Windows 的 SSH 版本，这些版本的功能和价格各不相同。PuTTY 是一个不错的免费自由软件，该软件不需要安装就可以运行。

四、DHCP 协议

1．概述

DHCP（dynamic host configuration protocol，动态主机配置协议）是一个客户机/服务器协议，在 TCP/IP 网络中对客户机动态分配和管理 IP 地址等配置信息，以简化网络配置，方便用户使用及管理员的管理。

一台 DHCP 服务器可以是一台运行 Windows Server、UNIX 或 Linux 的计算机，也可以是一台路由器或交换机。DHCP 的工作过程如图 2-13 所示。

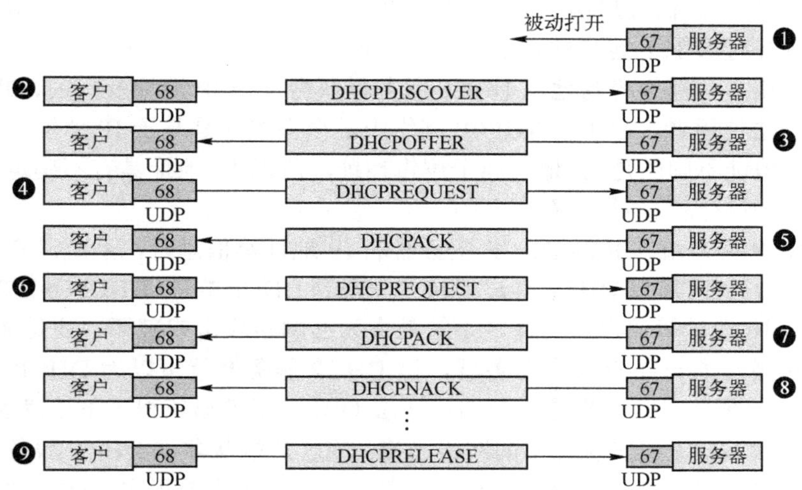

图 2-13　DHCP 的工作过程

（1）DHCP 客户端首次初始化时会向 DHCP 服务器发送一个请求（DHCPDISCOVER），请求获得 IP 寻址信息，这个寻址信息包括 IP 地址、子网掩码、默认网关、DNS 服务器地址等，请求中同时也包含了客户机自己的 MAC 地址信息。DHCPDISCOVER 以广播形式发送，网段上的所有设备都会收到这个请求。

（2）当 DHCP 服务器接收到请求时，它会从自己的地址池中选择一个 IP 地址分配给客户机，并且把其他 TCP/IP 配置一起发送过去（DHCPOFFER）。DHCPOFFER 以单播形式发送，因为它是针对某个具体主机的消息，DHCP 服务器可以从 DHCPDISCOVER 消息中获得客户机的 MAC 地址。

（3）当客户端接收到服务器所提供的信息时，它又以广播方式发送一个 DHCPREQUEST 消息指明：我需要得到你的服务。

需要注意的是，为什么还要以广播形式发送 DHCPREQUEST 消息呢？如果一个网段上存在多个 DHCP 服务器，那么 DHCP 客户端可能收到多个 DHCP 服务器响应的 DHCPOFFER 消息，DHCP 客户端只会选择最先收到的那个 DHCPOFFER 消息。所以，以广播方式发送 DHCPREQUEST 消息有两个作用：一是通知那个服务器，“我已经收到你所提供的 IP 地址，我需要你的服务”；二是通知网络上其他 DHCP 服务器，“我拒绝你们提供的 IP 寻址信息”。

（4）DHCP 服务器接收到 DHCPREQUEST 消息后，它会将所提供的 IP 地址和其他设置交给数据库，并且向 DHCP 客户端以单播形式发送一个 DHCPACK 消息，确认 DHCP 过程已经完成。

经过以上几个步骤，这个 IP 地址就会租给这个客户端一段时间，在租用期间，客户端每次登录时都会向服务器发出这个 IP 地址的续定请求（DHCPREQUEST）。如果租用期到了，但是客户端没有续租，这个 IP 地址就会退回到 DHCP 服务器的地址池中等待重新分配。

2．DHCP 协议的安全问题

在通过 DHCP 提供客户端 IP 地址等信息分配的网络中存在着一个非常大的安全隐患：当一台运行有 DHCP 客户端程序的计算机连接到网络中时，即使是一个没有权限使用网络的非法用户也能很容易地从 DHCP 服务器获得一个 IP 地址及网关、DNS 等信息，成为网络的合法使用者。由于在 TCP/IP 网络中，很多权限是基于 IP 地址来设置的，与设备的 MAC 地址不同的是 IP 地址属于逻辑地址，所以 IP 地址具有不确定性，如进行基于 IP 的认证或权限控制是没有意义的。

由于 DHCP 客户端在获得 DHCP 服务器的 IP 地址等信息时，系统没有提供对合法 DHCP 服务器的认证，所以 DHCP 客户端从首先得到 DHCP 响应（DHCPOFFER）的 DHCP 服务器处获得 IP 地址等信息。为此，不管是人为的网络攻击或破坏，还是无意的操作，一旦在网络中接入了一台 DHCP 服务器，该 DHCP 服务器就可以为 DHCP 客户端提供 IP 地址等信息的服务。其结果是客户端从非法 DHCP 服务器获得了不正确的 IP 地址、网关、DNS 等参数，无法实现正常的网络连接；或客户端从非法 DHCP 服务器处获得的 IP 地址与网络中正常用户使用的 IP 地址冲突，影响了网络的正常运行。尤其当客户端获得的 IP 地址与网络中某些重要的服务器的 IP 地址冲突时，整个网络将处于混乱状态。

如图 2-14 所示，一台非法 DHCP 服务器接入到了网络中，并“冒充”为一这个网段中的合法 DHCP 服务器。这时，如果有一台 DHCP 客户端接入到网络，将向网络中广播一个 DHCPDISCOVER 的请求信息，由于非法 DHCP 服务器与 DHCP 客户端处于同一个网段，而正确的 DHCP 服务器位于其他网段，所以一般情况下非法 DHCP 服务器优先发送 DHCPOFFER 响应给 DHCP 客户端，而后到的正确的 DHCP 服务器的 DHCPOFFER 响应 DHCP 客户端并不采用。这样，DHCP 客户端将从非法 DHCP 服务器处获得不正确的 IP 地址、网关、DNS 等配置参数。

3．防范措施

非法 DHCP 服务存在大量的安全隐患，如果将非法 DHCP 服务器与一些攻击程序结合使用，则可以很方便地获得网络中用户的有用信息，如操作系统的用户账户和密码等。结合应用实际，下面介绍几种防范非法 DHCP 服务的有效方法。

1）使用 DHCP Snooping 信任端口

DHCP Snooping 能够过滤来自网络中非法 DHCP 服务器或其他设备的非信任 DHCP 响应报文。在交换机上，当某一端口设置为非信任端口时，可以限制客户端特定的 IP 地址、MAC 地址或 VLAN ID 等报文通过。为此，可以使用 DHCP Snooping 特性中的可信任端口来防止用户私置 DHCP 服务器或 DHCP 代理。一旦将交换机的某一端口设置为指向正确 DHCP 服务器的接入端口，则交换机会自动丢失从其他端口上接收到的 DHCP 响应报文。

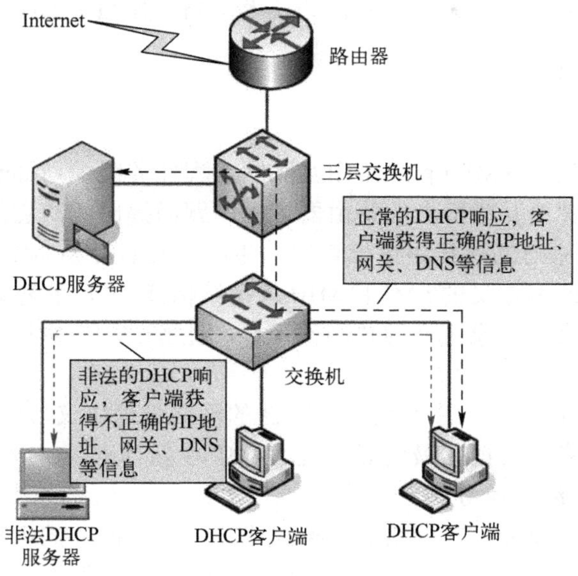

图 2-14　非法 DHCP 服务器的工作原理

在配置时，可将交换机上与 DHCP 服务器连接的端口设置为 DHCP Snooping 的信任端口，其他端口默认情况下都为非信任端口。

2）在 DHCP 服务器上进行 IP 与 MAC 地址的绑定

在通过 DHCP 服务器进行客户端 IP 地址等参数分配的网络中，对于一些重要部门的用户，可以通过在 DHCP 服务器上绑定 IP 与 MAC 地址，实现对指定计算机 IP 地址的安全分配，如图 2-15 所示。

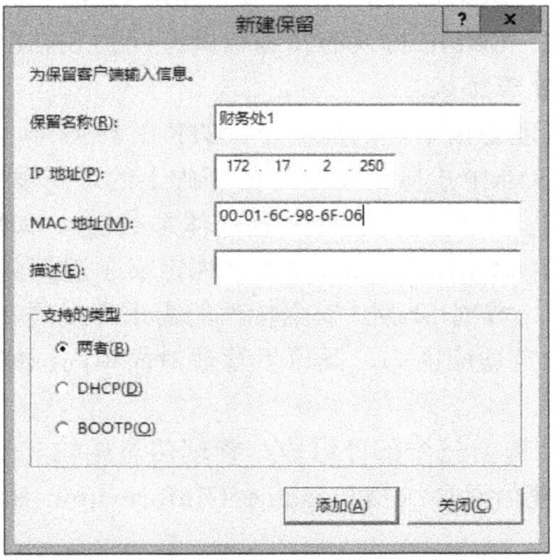

新建保留

为保留客户端输入信息。

保留名称(R): 财务处1

IP 地址(P): 172 . 17 . 2 . 250

MAC 地址(M): 00-01-6C-98-6F-06

描述(E):

支持的类型

- 两者(B)
- DHCP(D)
- BOOTP(O)

添加(A)　关闭(C)

图 2-15　进行 IP 地址与 MAC 地址的绑定

加强对网络中 DHCP 服务器的安全管理，可以防止出现 DHCP 攻击或欺骗。针对网络中所使用的交换机等设备和 DHCP 服务器软件的不同，所采取的安全技术和策略也不尽相同。读者可通过参阅相关设备和软件的技术文档，加强对 DHCP 服务的管理。

五、SNMP 协议

1．概述

简单网络管理协议（SNMP）首先是由互联网工程任务组织（Internet Engineering Task Force）（IETF）为了解决互联网上的路由器管理问题而提出的。它的前身为简单网关监控协议（SGMP），用来对通信线路进行管理。随后，人们对 SGMP 进行了很大的修改，特别是加入了符合互联网定义的 SMI 和 MIB 体系结构，改进后的协议就是 SNMP。SNMP 的目标是管理网络上众多厂家生产的软硬件平台，因此 SNMP 协议受互联网标准网络管理框架的影响也很大。

SNMP 是目前 TCP/IP 网络中应用最为广泛的网络管理协议，从 20 世纪 90 年代以来经历了三大版本的演变，目前的最终版本是 SNMPv3 新标准。

1）第一代简单网络管理协议

随着互联网的迅速发展，对网络的主要组成元素——网关的远程监视和配置功能的需求变得越来越迫切。1987 年 11 月，发布了简单网关监视协议（SGMP）。1988 年，互联网体系结构委员会（IAB）决定开发 SNMP 协议作为 SGMP 的增强版本。1990 年 5 月，互联网工程任务组（IETF）发布了 SNMP 系列协议。由于 SNMP 简单实用的优点，SNMP 很快就成为互联网上的网络管理协议准则。

2）第二代简单网络管理协议

在 1993 年 IETF 发布了 SNMPv2 系列协议，经过几年的应用，发现 SNMPv2 的安全机制具有严重的缺陷，各设备提供商基本弃用了它的安全机制转而在 SNMPv2 体系中加入各自自定义的安全特性。为统一标准，IETF 不得不在 1996 年对 SNMPv2 进行了修订，发布了 SNMPv2c 版本。在这组修订的文档中，SNMPv2 的大部分特性被保留，但是安全机制方面则完全被放弃，SNMP 协议的发展也倒退回到 SNMPvl 时代。

3）第三代简单网络管理协议

在第二代简单网络管理协议不利的局面下，IETF 在 1999 年 4 月正式发布了 SNMPv3 版本。这一版本是建立在 SNMPvl 与 SNMPv2 的基础上的最新发展成果，实现了 SNMPv2 未能实现的几个目标：定义了统一的 SNMP 管理体系结构，体现了模块化的设计思想，可以实现简单的功能增加和修改；为 SNMP 的文档定义了组织结构，标志着 SNMP 系列协议走向成熟；总结了网络界对 SNMP 安全特性的需求和发展成果，强调安全与管理必须相互结合；具有很强的自适应能力，既可以管理最简单的网络，又满足大型复杂网络的管理需求。

SNMP 协议的体系结构由三个部分组成：管理信息结构（Structure of Management Information，SMI），管理信息库（Management Information Base，MIB）以及 SNMP 协议。

管理信息结构 SMI 可以确定管理信息库 MIB 中被管对象的定义和 SNMP 报文的描述规则，它是构成整个 SNMP 的基础；MIB 描述了 SNMP 所用到的管理信息库的结构及其中变量的定义，它以树形结构来表示，SMI 和 MIB 都是采用 OSI 的 ASN.1（Abstract Syntax Notation，抽象语法表示）定义的；SNMP 协议提供在网络管理站和被管代理之间交换管理信息的方法，网络管理站和被管代理之间通过发送 SNMP 报文的形式来实现彼此的通信。

SNMP 定义了管理站（Manager）和代理（Agent）之间的关系，这个关系称为共同体（Community）。SNMP 网络管理是一种分布式应用，这种应用的特点是管理站和被管理站之间的关系可以是一对多的管理，即一个管理站可以管理多个代理，从而管理多个设备。只有属于同一个管理站和被管理站才能互相作用，发送给不同共同体的报文被忽略。SNMP 的共同体是一个代理和多个管理站之间的认证和访问控制关系。

SNMP 的报文总是来源于每个应用实体，报文中包括该应用实体所在的共同体的名字，这种报文在 SNMP 中称为“有身份标志的报文”，共同体名字是在管理进程和管理代理之间交换管理信息报文时使用的一种标识。

2．SNMP 的安全问题

SNMP 中的安全问题是用户普遍关注的热点，其存在的安全隐患可以分为以下几个方面：信息泄露、伪装、信息篡改、信息流更改、流量分析以及拒绝服务。

信息泄露指的是管理站和代理之间的 MIB 对象值发生变化；伪装指的是假冒管理站的身份进行非授权的操作，由于使用 UDP 传输的不安全性，如果 SNMP 数据包的 IP 报头包含了源地址，则很容易使用 raw sockets 构造 SNMP 的数据包来伪造网络管理者的源地址；信息篡改指的是在非授权的情况下对信息进行修改操作；信息流更改指在非授权的情况下对信息进行记录和重放；流量分析指的是管理站和代理之间的流量发生变化，攻击者可以通过监视网络流量来确定网络管理主机的地址，进而伪造源地址，也可以发送 SNMP 的 Get-Request 指令来攻击路由器或其他网络元素；拒绝服务指的是管理站和代理之间的交换发生变化。

一般情况下，攻击者是将以上几种方式联合起来进行非授权操作，由于 SNMPv1 和 v2 是通过源地址来对用户的身份进行验证，使用的是基于共同体的验证名，以明文的方式进行传输。攻击者只需要使用分析数据的软件工具，即可将从发送到目标节点固定端口的 SNMP 数据包中获取共同体名。当获取失败时，攻击者还会对共同体密码进行猜测，并将共同体名设置为默认，利用一般管理员不修改共同体名的漏洞对可入侵的网络元素进行扫描，进而猜测出密码。除此以外，还可以利用隐藏的制造商口令侵入到 SNMP 的代理，远程攻击主要的 MIB 对象，并获取到更多网络拓扑信息，同时，攻击者还可以通过改变网络服务的信息进而控制相关操作。

SNMP v3 增加了很多安全和管理措施，但并没有定义新的 PDU 格式，在新的结构中仍然使用原来的 SNMP v1/SNMP v2 的 PDU 格式。SNMP v3 保持了 SNMP v1 和 SNMP v2 易于理解和实现的特性，同时还增强了网络管理的安全性能，提供了前两个版本欠缺的保密、验证和访问控制等安全管理特性。

3．防范措施

提高 SNMP 网络管理系统的安全性要注意以下几点。

首先，防范缓冲区溢出。自行开发的软件的安全性与编程者的水平以及使用的开发包的安全性紧密相连。其中最大的安全威胁是缓冲区溢出。缓冲区溢出指的是一种系统攻击的手段，通过往程序的缓冲区写超出其长度的内容造成缓冲区溢出，从而破坏程序的堆栈使程序转而执行其他指令，以达到攻击的目的。这是一种非常危险、非常普遍的安全漏洞。在各种操作系统、应用软件中广泛存在。

在黑客的攻击技术中，缓冲区溢出攻击一直都是非常重要而且很常用的技术。防范缓冲区溢出首先要养成比较好的编程习惯，并且要尽量使用最新的第三方开发包。

其次，提高 SNMP 网络配置的安全性。当前，基于网络的攻击和破坏活动越来越多，网络配置的重要性也就凸显出来，安全的网络配置能够保证 SNMP 网络管理的正常进行，保证各网络节点的安全。可以用以下方法来提高 SNMP 应用中网络的安全性。

（1）使用物理隔绝的专网。理论上在物理隔绝的专网中进行 SNMP 网络管理是最安全的。外界根本无法访问专网中的设备，进行攻击和破坏活动也就无从谈起了。

（2）用 SSH 代替 Telnet 登录远程设备。有时候我们需要登录到远程设备（交换机、路由器等）进行一些配置，比如说开启或关闭 SNMP 功能，很多人习惯使用 Telnet 进行远程登录，但是 Telnet 的数据采用明文方式进行传送，用户名和密码很容易被人截获，推荐使用更安全的 SSH 来代替 Telnet。

（3）在管理站和被管理系统之间使用 IPSec 协议。IPSec 协议是为了加强 IP 的安全性而由 IETF 的安全工作组制定的一套协议簇，IPSec 通过扩展标准的 IP 协议头部来提供认证、加密机制、完整性和密钥管理。在很多情况下，管理站与被管理系统并不位于一个地方，而是相隔遥远，中间通过公网相连，如果在两者之间构建一个 IPSec 隧道，就可以为网络管理提供足够的安全性保障。

（4）使用防火墙。使用防火墙把来自外界的 SNMP 流量阻挡在外也是一个很好的办法，可以有效地保证 SNMP 网络管理的安全性。

（5）更改设备的默认访问口令。很多设备出厂时具有默认的口令，比如对于 Get 请求默认为 public，对于 Set 请求默认的是 private，很多攻击就是利用这个漏洞来进行的，所以默认口令必须进行更改。

（6）关闭不必要的 Set 功能。许多情况下，我们只需要对远程设备的性能进行监测，而不需对其进行设置，这时可以把没必要的 Set 功能予以关闭，只留下有用的 Get 功能，这样即使被攻击，也只会泄露一些信息，而不会对整个系统带来实质性伤害。

六、LDAP 协议

1．概述

LDAP（lightweight directory access protocol）：轻量级目录访问协议，是一种在线目录访问协议。LDAP 主要用于目录中资源的搜索和查询，是 X.500 的一种简便的实现。

随着互联网的广泛使用，Web 应用的数量呈爆炸式的增长，而这些应用的资源和数据呈分布式存储于目录中。通常不同的应用会有专属于自己的目录，即专有目录，专有目录数量的增长导致了信息孤岛的出现，系统和资源的共享及管理变得日益困难。

以查找联系人和加密证书为例，太多的目录明显会给计算机搜索带来巨大的压力，随之出现相应的解决方案，如 X.500 DAP 协议规范，该协议十分复杂，是一个重量级的协议，后来对 X.500 进行了简化，诞生了 LDAP 协议。

Web 应用的数据是存储在目录中。在 LDAP 中，目录是按照树状结构组织的，目录由条目（entry）组成，条目相当于关系数据库中表的记录。条目由属性集合组成，每个属性说明对象的一个特征。每个属性有一个类型和一个或多个值。LDAP 把数据存放在文件中，为提高效率使用基于索引的文件数据库，而不是关系数据库。

LDAP 不定义客户端和服务端的工作方式，但会定义客户端和服务端的通信方式，另外，还会定义 LDAP 数据库的访问权限及服务端数据的格式和属性。LDAP 有 3 种基本的通信机制：无认证；基本的用户名、密码的认证；使用 SASL、SSL 的安全认证方式。LDAP 和其他一些协议走的是同一个套路，基于 TCP/IP 协议通信，注重服务的可用性、信息的保密性等。部署了 LDAP 的应用不会直接访问目录中的内容，一般通过函数调用或者 API，应用可以通过定义的 C、Java 等编程语言的 API 进行访问。

LDAP 协议的实现，有着众多版本，例如微软的 Active Directory 是 LDAP 在 Windows 上的实现，AD 实现了 LDAP 所需的树形数据库、具体如何解析请求数据并到数据库查询然后返回结果等功能。再例如 OpenLDAP 是可以运行在 Linux 上的 LDAP 协议的开源实现。而我们平常说的 LDAP Server，一般指的是安装并配置了 Active Directory、OpenLDAP 这些程序的服务器。

2．LDAP 协议的安全问题

LDAP 是一个类似于 DNS 的关于目录服务的网络协议，会受到来自网络上的恶意攻击和篡改。另外，目录服务器也可能遭到物理或远程攻击的破坏，对 LDAP 服务器的安全性威胁基本上可以分为两种类型：针对目录的威胁和针对非目录的威胁。

（1）针对目录的威胁。包括：通过监听授权用户的操作，对授权用户所访问数据的非授权访问；物理拦截授权用户对资源的连接和会话，直接访问资源；非授权修改、删除数据、安全设置和其他配置；引导客户连接到一个伪服务器上，提供欺骗性服务；越权使用资源等。

（2）针对非目录的威胁。基于网络对 LDAP 服务器的攻击，包括对操作系统、端口、进程和运行在服务器上的服务进行攻击来破坏资源的可用性，具体可通过病毒、蠕虫、木马等实现。通过物理访问操作系统、文件和目录或外围设备等来攻击主机，这将影响资源的可用性、完整性和机密性。此外，还有从内部直接攻击提供目录服务的后台数据库。

3．防范措施

上面所提到的安全隐患，其中与目录相关部分可以由 LDAP 协议和支持 LDAP 协议的目录服务器解决，其他隐患必须通过防病毒软件、防火墙等辅助手段解决。LDAP 协议和支持 LDAP 协议的目录服务器自身解决安全性问题是从两方面进行的：身份鉴别和授权。

在用户连接 LDAP 服务器时需要进行绑定操作，用户向服务器提供一个用于绑定的 DN（distinguished name），该 DN 就是用户的身份。因此，LDAP 通过绑定来鉴别用户身份。对用户的授权方式和授权的安全性取决于具体应用的实现，在 LDAP V3 中没有任何定义。

第五节　网络协议安全性分析技术

安全协议的目标不仅仅是实现信息的加密传输，更重要的是解决网络的安全问题。密码技术和安全协议是网络安全的核心。因此，协议的安全性直接影响网络安全体系的安全性。

安全协议关心主体行为（人、设备、进程等）的授权、客体（报文、数据等）的保密和完整可用。所有协议的安全性可以描述如下。

（1）协议的安全性：如果一个安全协议使得非法用户不可能从协议交换过程获得比协议自身所体现的更多的有用信息，则称该协议是安全的。

（2）协议的安全性分析：研究协议是否实现预定的安全功能，满足安全要求，称为协议的安全性分析。

协议的安全性分析严格意义上说主要关心两个方面，即密码算法安全性和协议逻辑安全性。密码算法安全性和协议逻辑安全性在安全协议的安全性研究中同等重要。但通常人们在进行安全协议设计与分析时，主要关心协议逻辑本身的安全性。究其原因，一是密码算法安全性属于密码学领域长期致力研究的问题；二是密码算法的使用受到各国政府的政策、法规限制；三是协议的具体实现中大多采用由专家设计并由政府批准的标准算法。

此外，人们在进行安全协议设计与分析时主要关心协议逻辑本身的安全性，是因为协议逻辑设计上的不当会给攻击者留下漏洞，攻击者可以利用协议上的缺陷来达到他们的目的。尤其要指出的是一个不安全的安全协议可以使入侵者不用攻破密码就能得到信息，或产生假冒。

一、安全性分析的基本方法

关于协议的安全性分析，应该说主要借鉴了程序正确性证明和协议验证中被认为较为有效的理论和方法，基本方法可以分为非形式化分析方法和形式化分析方法。

1．非形式化分析方法

非形式化分析方法又称攻击检验方法。这种检验方法主要是根据已知各种攻击方法对协议进行攻击，以检验协议是否安全。但实际上，由于攻击方法的演变与发展，存在着许多未知的攻击方法，所以，对协议的非形式化分析只是停留在发现协议中是否存在着已知的缺陷，而不能全面客观地来分析协议，容易导致不安全的协议经过分析是安全的这样错误的结论。这是协议早期的主要分析方法。

2．形式化分析方法

形式化分析方法由于其精炼、简洁和无二义性，可通过相应的验证手段对其性能进行分析、测试以及代码半自动生成，所以国际学术界共同认为具有形式化证明的安全协议才有保证。因此，20 世纪 80 年代末 90 年代初以来，安全协议的形式化分析成为研究热点。

形式化分析方法的目标是将协议形式化，而后借助于人工推导甚至计算机的辅助分析，来判别协议是否安全可靠，即协议是否完备。

形式化分析方法比非形式化分析方法能全面深刻地分析并发现协议中细微的漏洞，它不仅能够发现现有的攻击方法对协议构成的威胁，而且通过对协议的分析，能发现协议中细微的漏洞，从而可进一步发现对协议新的攻击方法。

二、形式化分析

1. 形式化分析前提

协议在被设计之时，就被赋予了一定的前提。设计协议时，首先要对网络环境进行风险分析，做出适当的初始安全假设。例如，各通信主体应该相信它们各自产生的密钥是好的，或者网络中心的认证服务器是可依赖的，或者安全管理员是可信任的，等等。因此，分析协议时也必须在这些假设的基础上进行。目前，协议形式化分析主要基于如下前提。

1）完美加密（perfect encryption）前提

完美密码假设主要有以下几个方面：一是协议采取的密码系统是完美（perfect）的，不考虑密码系统被攻破的情况；二是必须知道解密密钥才能解密加密数据。

2）协议的参数实体

参与协议运行的实体既有诚实的合法用户，也有入侵者。诚实的合法用户实体是诚实可信的实体，即不会将密钥泄露给第三方。入侵者也可以是系统的合法用户，拥有自己的加密解密密钥，但入侵者不会按照规定参与协议运行，而是企图知道他不该知道的秘密，或假冒其他诚实的合法用户。

3）入侵者的知识与能力

入侵者的知识包括 3 个方面：熟悉现代密码学；知道参与协议运行的各实体名及其公钥，并拥有自己的加密解密密钥；每窃听或收到一个消息，即增加自己的知识。

入侵者的能力包括 5 个方面：可窃听及中途拦截系统中传送的任何消息；可在系统中插入新的消息或改变收到的明文部分；可重放他所看到的任何消息（包括他无法解密的内容）；可解密用他自己的加密密钥加密的消息；可运用他所知的所有知识（如临时值等），并可产生新的临时值。

2. 形式化分析基本方法

1975 年，Needham 和 sehroede:首次提出了安全协议形式化分析的思想。1951 年，Denning 和 Sacco 指出了 NS 私钥协议的一个漏洞，使得人们开始关注安全协议形式化分析这一领域的研究。Dolev 和 Yao 在该领域进行了开创性的工作，提出了著名的 Dofev-Yao 模型，该模型以完美密码假设为前提，赋予攻击者截获、插入、伪造、假冒的能力。目前，大部分形式化分析方法都是基于 Dolev-Yao 模型的。根据采用的技术的不同，形式化分析的方法通常分为：基于逻辑推理的形式化分析方法、基于模型检测的形式化分析方法、基于定理证明的形式化分析方法和混合形式化分析方法。

1）基于逻辑推理的形式化分析方法

基于逻辑推理的形式化分析方法是使用广泛的形式化分析方法之一，它是一种基于主体信仰和知识的分析方法，BAN 类逻辑（BAN-like logic）包括 BAN 逻辑，以及在其基础上扩展和改进后的其他 BAN 类逻辑。Burrows 等在提出 BAN 逻辑之后，成功地应用其找到了 Needham-Schroeder 协议、Kerberos 协议等几个已有的著名安全协议的已知的和未知的漏洞。

BAN 逻辑的出现成为了安全协议形式化分析的里程碑。基于逻辑推理的形式化分析方法虽然具有逻辑性强、易于推导、形式简洁等特性，但它并没有考虑代数属性问题，也不能检测秘密属性或其他的一些安全属性。

2）基于模型检测的形式化分析方法

基于模型检测的形式化分析方法采用基于状态空间搜索的思想来自动化地检验一个有穷状态系统是否满足其设计规范。1996 年，英国学者 Gavin Lowe 使用 CSP（通信顺序进程），并结合模型检测技术对协议进行分析。同时，利用 CSP 模型和 CSP 模型检测工具 FDR（故障偏差精炼检测器）对 Needham-Schroeder 公钥协议进行了分析。目前，通过基于模型检测的形式化分析方法发现了多个协议之前没有发现的新的攻击。这种方法验证过程中不需要人工干预，自动化程度较高，而且如果协议有缺陷，该方法还能够自动产生攻击路径。这类方法可以完全自动化，而且即使是不熟悉形式化方法的协议设计人员使用也相对容易，所以这种方法取得了极大的成功。但基于模型检测的形式化分析方法也有其固有的缺点，即只能对有限的状态空间进行搜索，所以一般需要限制并行会话的数量，即不能解决无限会话问题。

A. M. Sebastian 给出了一个基于模型检测的协议形式化分析系统，然而模型检测方法固有的缺点就是状态空间爆炸问题：若考虑并行的主体及会话，其状态空间呈指数上升，因此需限制主体数量。在代数属性研究方面，该系统提出了一个处理密码运算的代数属性问题的理论框架。该框架主要基于两个思想：第一个思想是对 DY 攻击者使用模重写来形式化一个一般的等式推演问题。第二个思想给出了两个“深度参数”，限定了消息项中变量的深度及攻击者能分析消息的操作。这个方法涉及模运算下的合一问题，而一般情况下合一问题是不可确定的，因此需要对协议限定某些条件，并不能精确地反映实际协议运行环境。

3）基于定理证明的形式化分析方法

基于定理证明的形式化分析方法是一个新的研究热点，在这个领域中典型的有由 Abadi 和 Gordon 提出的 spi 演算（spi calculus）方法，它用加密算子和解密算子扩展了 Pi 演算。证明方法的目的是证明协议满足安全属性，而不是去寻找协议的攻击，在实际应用中，这种对密码协议安全性的正面证明是十分重要的，因为它比任何其他测试性证明更能保障协议的可靠性。然而，基于定理证明的形式化分析方法通常不易自动化，工作量较大，需要专家式的人工辅助，它也可以实现部分的自动分析，但也需要一些手动的交换。而且如果证明针对的是有限的协议并行会话，也只能通过证明得到在假设条件下协议是否正确的结论。

4）混合形式化分析方法

3 种形式化分析技术各有优势，但也有各自的缺陷，尤其是基于逻辑推理的形式化分析技术，它需要最初协议的假设做为前提，然而，最初协议的假设并不是通过形式化方式来描述，由该假设推出的逻辑声明的正确性也就值得商榷。因此，这种分析方法越来越受到人们的质疑。

基于定理证明的分析技术优点在于能够证明协议安全，基于模型检测的分析技术则能够完全自动化，而且很容易由不熟悉形式化方法的协议设计人员使用。人们开始尝试设计新的混合分析方法，使其具有定理证明和模型检测的优点。混合形式化分析技术由于综合了各种形式化分析方法的优点，已经成为协议形式化分析领域的研究热点。

NRL 分析器是最早的专用于协议分析的工具之一，于 1996 年由美国海军研究实验室开发完成。这个分析器是一个应用了混合形式化分析技术的协议分析系统，同时具有模型检测和定理证明器的优点。搜索从初始状态开始进行，如果协议经过运行，从初始状态到达了搜索的终点，即不安全状态，那么这就形成了一次攻击。同时，NRL 分析器利用了项重写系统进行推理来证明一些非安全状态是不可达的，即协议是安全的。这个分析器已在实际的协议分析工作中得到了应用，分析了大量的协议，并发现了新的漏洞，是协议分析的代表性的工具之一。尽管如此，NRL 协议分析器的搜索过程仍需要大量的人工干预，大大降低了自动化程度。

3．形式化分析的优点

为了克服协议非形式化分析方法引起的歧义性、不精确性等缺陷，必须采用形式化分析方法。形式化的本质在于模型化和抽象化。形式化分析必然要基于某种或者几种数学模型，每种数学模型对应协议一定的行为方式和静态属性，例如并发性、不确定性。

模型的选择为安全协议的抽象提供了基础，这种抽象避开了协议具体的细节，可以充分分析各种特性，最终为协议分析的自动化和系统化提供良好的基础。形式化分析语言是进行形式化分析的一种规范。由于形式化分析语言具有数学基础，用它描述的安全协议无二义性，同时抽象于具体的实现境，因此可作为标准的分析语言。

与协议的非形式化分析方式相比，形式化分析语言具有以下优点。

（1）基于数学模型，克服了非形式化分析的不精确性和歧义性。

（2）程序语言概念，具有形式化的语法和语义。

（3）有利于通过相应的分析工具对协议的安全目标进行自动化分析。

（4）有利于使用自动化工具建立安全协议开发环境。

三、BAN 逻辑

BAN 逻辑是安全协议形式化分析的一个里程碑，正是由于它的出现，才引发了人们对安全协议形式化研究的热潮。BAN 逻辑主要应用于“认证协议”的分析和验证，BAN 逻辑的作者认为认证协议的主要功能是为通信主体建立共享会话密钥，用以加密通信信道，并且将认证协议分为两类：一类是基于公开密钥算法，通信主体首先分发自己的公钥（通过证书服务器），然后再通过公钥协商出共享会话密钥。另一类是基于共享对称密钥，主体与可信的认证服务器事先存在一个共享对称密钥，然后由认证服务器来生成主体之间的共享会话密钥。

对主体来说，证书服务器和认证服务器都是可信的第三方，BAN 逻辑中有相应的规则涉及这方面的概念。

BAN 逻辑的作者希望安全协议分析者，通过 BAN 逻辑对一个协议进行分析，能够回答以下 4 个方面的问题。

（1）这个协议最终能够达成什么安全目标？

（2）这个协议需要比另一个协议更多的假设吗？

（3）协议是否存在冗余?比如多余的消息回合、无用的明文消息等。

（4）协议是否加密了一些非关键性信息？

1．BAN 逻辑的前提假设

在介绍 BAN 逻辑之前，需要明确 BAN 逻辑的理论基础。之前我们提到过，安全协议的形式化分析是以假设“底层密码系统”是安全牢固的为前提。“安全牢固”这个概念或许有点太宽泛，读者很难有一个直观的印象。那么请看以下几个非形式化的断言：

（1）如果 Alice 发送给 Bob 一个临时位串 N（很长一段时间以前 Alice 从没发送过 N），随后又收到从 Bob 发来的基于该临时位串 N 的某条消息，那么 Alice 可以确信 Bob 的该条回复消息是生成于不久之前的（并且晚于她自己的消息）。

（2）如果 Alice 相信只有她和 Bob 知道共享密钥 K，那么 Alice 可以确信任何使用 K 加密的消息，是来自 Bob 的。

（3）如果 Alice 相信 K 是 Bob 的公钥，那么她相信任何能够用公钥 K 解密的消息确实是来自 Bob 的。

（4）如果 Alice 相信只有她和 Bob 知道某个共享秘密 S，那么她相信任何含有共享秘密 S 的密文消息确实是来自 Bob 的。

其中，（2）（3）（4）建立于密文消息的可识别性和完整性。

可识别性是指，密文消息中存在冗余，主体可以轻易地区分有效消息和无效的，可能遭到篡改的消息。完整性是指密文的每一位取决于明文的所有位，对明文的任何改动都会使密文面目全非；解密时的过程也一样，对密文的任何改动都会使得到的明文面目全非。

2．基本概念和符号

为了便于形式化分析，BAN 逻辑需要一系列符号和相应的概念来表示协议中具有某些特殊功能的二进制位串。

BAN 逻辑中共有以下几个概念：主体、密钥、表达式（或者称为语句）。使用符号 A、B、S 来表示主体；K_{ab}、K_{as} 和 K_{bs} 表示共享密钥；K_a、K_b 和 K_s 表示公钥，K_a^{-1}、K_b^{-1} 和 K_s^{-1} 表示对应的私钥；N_a、N_b 和 N_c 表示临时位串。

除了以上的几个符号，BAN 逻辑的作者还提出了泛化符号的概念，泛化符号非常类似于编程语言中的“变量”，表示该符号可以表示一类值或者概念。BAN 逻辑中，采用 P、Q 和 S 表示主体；X 和 Y 表示表达式或者语句；K 表示密钥（可以是公钥、私钥、对称密钥）。通过这种方式，BAN 逻辑中使用了两套符号来表示原子和自由变量，这种表示方式非常适合于 Prolog 编程（Prolog 中也有原子值和自由变量的概念）。

值得一提的是，BAN 逻辑中表达式（或者是语句），包括了消息表达式和逻辑语句，即 BAN 逻辑中把这两个概念混淆了。之所以这么做是因为 BAN 逻辑在分析过程中，并不会区分消息表达式和逻辑语句，实际上，BAN 逻辑在对安全协议进行理想化时，它将消息表达式和逻辑语句混杂在了一起。

1）消息表达式

(X, Y)：表示两个消息表达式的连接，在 BAN 逻辑中连接满足结合性和交换性，有点类似于集合。

$\{X\}_K$：使用密钥 K 对消息表达式进行加密，其中 K 可以是私钥、公钥、对称密钥。

$<X>_Y$：表示消息表达式 X 和 Y 之间的连接，其中 Y 作为一个共享秘密，用以认证发出消息表达式 $<X>_Y$ 的主体。

2）逻辑语句

$P|\equiv X$：表示主体 P 相信 X 或者 P 有能力相信 X。值得一提的是，这也代表了 P 将表现为好像 X 是真的一样，而不管实际上 X 是否成立；在 BAN 逻辑中，X 既可以是逻辑语句也可以是消息表达式。

$P \triangleleft X$：表示主体 P 看见 X，也就说在某一主体发送给 P 的消息中包含 X，这也意味着 P 可以解读以及重放 X。

$P|\sim X$：表示主体 P 发送过（说过）X，也就是说主体 P 所发送的消息中包含 X，而不管这条消息是本次会话所发送的还是很久以前的。

$P|\Rightarrow X$：表示主体 P 对 X 有仲裁权。P 对 X 有完全的控制能力，对其的可靠性负责，同时相信 X。在实际应用中，P 一般是认证服务器或者是证书服务器，或者其他可信第三方。

#（X）：表示消息表达式 X 是新鲜的，X 从未在以前的协议会话中担任过新鲜性保证。在实际应用中，随机位串、时间戳都用来保证新鲜性。

$P \overset{K}{\leftrightarrow} Q$：表示 K 是 P 与 Q 之间用于通信的一个“好的”会话密钥。所谓“好的”是指：K 只被 P 和 Q 以及他们所信任的第三方所知道。

$\overset{+K}{\mapsto} P$：表示 K 是主体 P 的公钥。相应的私钥 K^{-1} 不会被除 P 以及 P 所信任的第三方以外的主体所发现。

$P \overset{X}{\rightleftharpoons} Q$：表示 X 是一个仅有 P 和 Q，以及他们所信任的第三方所知道的秘密。P 和 Q 可以用 X 来互相认证对方的身份。一般来说，X 既是新鲜的，又是保密的。在实际应用中，X 很有可能是一段密码或者口令。

3. 基本推导规则

BAN 逻辑是一种简略的逻辑方法。BAN 逻辑的作者希望 BAN 逻辑能够解释和提炼绝大多数安全协议的核心和本质，而忽略一些特例以及一些不重要的细节。因此，BAN 逻辑的推导规则简单，其逻辑合理性也非常明了。这里将给出 BAN 逻辑的一些代表性推导规则，全部的规则请自行参阅 BAN 逻辑相关文档。

1）消息解释规则

该类规则涉及协议消息的解析。假设主体接收到一条使用共享密钥加密的消息，有以下推导规则。

$$\frac{P|\equiv P \overset{K}{\leftrightarrow} Q, P \triangleleft \{X\}_K}{P|\equiv Q|\sim X}$$

该规则表示：如果主体 P 相信对称密钥 K 是 P 与 Q 之间通信得好的密钥，且他收到了使用密钥 K 加密的消息 X，那么他可以确信主体 Q 曾经发送过消息 X。这里有两点需要注意：主体 P 不能确信消息 X 是什么时候发送的，即 X 可能是一个“过去的”消息；主体 P 必须确信自己没有发送过 $\{X\}_K$，这点特别重要，主要针对的是反射攻击。除了针对对称密钥的消息解释规则，BAN 逻辑中还有公钥和共享秘密对应的消息解释规则，在此不再复述。

2）临时值验证规则

BAN 逻辑中假设通信主体都是诚实、公正的（honesty）。BAN 逻辑的作者给出了“诚实”的解释：主体相信他所说的消息。该假设存在某些问题，一是概念模糊，缺乏完备性；二是实际上协议的攻击者往往有可能是一个“恶意”的合法通信主体，BAN 逻辑的这个假设很有可能使其忽略了某些协议漏洞。

下面给出具体推导规则：

$$\frac{P \mid\equiv \#(X), P \mid\equiv Q \mid\sim X}{P \mid\equiv Q \mid\equiv X}$$

该规则说明如果主体相信 X 是新鲜的，且主体 Q 说过 X，则根据“主体的诚实性”假设，主体 P 相信主体 Q 相信 X。

3）仲裁规则

$$\frac{P \mid\equiv Q \mid\Rightarrow X, P \mid\equiv Q \mid\equiv X}{P \mid\equiv X}$$

仲裁规则是说：如果主体 P 相信主体 Q 对 X 拥有仲裁权，那么 P 相信 Q 所相信的 X。

4）信仰规则

信仰规则基于如下事实：主体 P 相信一组语句当且仅当 P 相信该集合中的所有语句。

$$\frac{P \mid\equiv X, P \mid\equiv Y}{P \mid\equiv (X,Y)} \quad \frac{P \mid\equiv (X,Y)}{P \mid\equiv X} \quad \frac{P \mid\equiv Q \mid\equiv (X,Y)}{P \mid\equiv Q \mid\equiv X}$$

5）发送规则

发送规则和信仰规则非常类似，即主体 P 说过一个表达式组，那么相当于 P 说过该组中的每一个表达式。然而相反的结论不能成立，即使主体 P 相信 Q 说过 X 和 Y，他也不能相信 Q 同时说过 X、Y。

$$\frac{P \mid\equiv Q \mid\sim (X,Y)}{P \mid\equiv Q \mid\sim X}$$

6）接收规则

接收规则阐述了主体能够看到的表达式的集合。

$$\frac{P \triangleleft (X,Y)}{P \triangleleft (X)} \quad \frac{P \triangleleft (X)_Y}{P \triangleleft X} \quad \frac{P \mid\equiv P \overset{K}{\leftrightarrow} Q, P \triangleleft (X)_K}{P \triangleleft X}$$

$$\frac{P \mid\equiv \overset{+K}{\mapsto} P, P \triangleleft (X)_K}{P \triangleleft (X)} \quad \frac{P \mid\equiv \overset{+K}{\mapsto} Q, P \triangleleft (X)_{K^{-1}}}{P \triangleleft (X)}$$

这里需要注意的是，BAN 逻辑假设主体 P 能够忽略自己发送的消息即他能够分辨某一个消息是不是他自己发出的。这一假设看似十分简单，但是在 BAN 逻辑中是一个非常重要的假设，它使 BAN 逻辑能够检测出“反射攻击”和“重放攻击”。但是，令人遗憾的是，BAN 逻辑没有给这个假设赋予明确的语义以及相应的推导规则，因此容易引起混淆。针对这一问题 GNY 逻辑提出了“Not Originated Here”概念，并将这一概念引入到推导规则中，从一定程度上弥补了 BAN 逻辑的缺陷。

7）新鲜性规则

$$\frac{P \mid\equiv \#(X)}{P \mid\equiv \#(X,Y)}$$

新鲜性规则是指如果主体相信某 X 是新鲜的，那么 P 相信包含 X 的表达式组整体也是新鲜的。事实上，这一推导规则存在一些问题。比如，Y 的来源问题。如果不对 Y 做某些限定，如果滥用该推导规则，主体 P 会得到很多无用的新鲜性信仰。

8）共享密钥的可交换性

$$\frac{P \mid\equiv R \overset{K}{\leftrightarrow} R'}{P \mid\equiv R' \overset{K}{\leftrightarrow} R} \qquad \frac{P \mid\equiv Q \mid\equiv R \overset{K}{\leftrightarrow} R'}{P \mid\equiv Q \mid\equiv R' \overset{K}{\leftrightarrow} R}$$

该推导规则表示和“好的共享密钥”相关联的主体满足可交换性。

9）共享秘密的可交换性

$$\frac{P \mid\equiv R \overset{X}{\leftrightarrow} R'}{P \mid\equiv R' \overset{X}{\leftrightarrow} R} \qquad \frac{P \mid\equiv Q \mid\equiv R \overset{X}{\leftrightarrow} R'}{P \mid\equiv Q \mid\equiv R' \overset{X}{\leftrightarrow} R}$$

4．安全协议的理想化

在实际应用中，协议中的消息只是一段段位串。我们需要将其中某些有特殊意义的位串抽象出来，用特殊的符号表示出来。比如假设协议中存在这样的一条消息：

$$P \rightarrow Q : message$$

按照形式化方法，这条消息可能被形式化为

$$A \rightarrow B : \{A, K_{ab}\}_{K_{bs}}$$

表示主体 A 发送给主体 B 一条用 B 和可信服务器 S 的共享密钥 K_{bs} 加密的，包含 A 的标识符和共享密钥 K_{ab} 的消息。在实际应用中，这条消息很有可能是服务器 S 产生的，用来告诉主体 B 共享密钥 K_{ab} 是一个可以与主体 A 进行通信的会话密钥。因此，BAN 逻辑将这条消息进一步理想化为

$$A \rightarrow B : \{A \overset{K_{ab}}{\leftrightarrow} B\}_{K_{bs}}$$

BAN 逻辑理想化的要点：在进行理想化时，规定忽略某些不重要的消息以及消息要素。评判一个消息或者消息要素重要与否的评判标准是该消息或者消息元素是否能帮助主体建立新的信仰。一般来说，BAN 逻辑会忽略触发协议开始的提示性的明文消息。

规定忽略消息的明文部分（包括主体标识符、裸露的新鲜性标识符等），因为 BAN 逻辑的作者认为协议中的明文是可以捏造的，它对于认证协议中的作用仅仅是提示加密的消息中可能含有哪些消息元素。

规定一个消息 m 可以被解释为一个消息表达式 X，如果消息的接收方 P 能够推断消息的发送方 Q 在发出消息 m 时相信表达式 X，需要注意的是 X 和 m 存在某种程度的关联（正如前面的理想化例子一样）。

通过对一个协议的理想化，分析者可以得到一个与底层密码实现无关的协议表示方式，这一过程是 BAN 逻辑分析的基础。然而，以上的 BAN 逻辑对于理想化描述还是非

正式的，含有很多歧义和不明确的地方，这导致了协议分析者需要有足够的经验才能得到一个正确的协议理想化形式。下面是 BAN 逻辑的作者对于协议理想化困难性的一些描述：“对一条协议消息的理想化不能仅仅基于对其所在协议步骤的分析和理解，只有对整个协议的全面的了解，才能正确地建立该消息的理想化表示”。

5．BAN 逻辑的推导过程

在介绍 BAN 逻辑的推导过程之前，我们先来介绍几个概念。

（1）断言：指对某一事物或事实所下的结论。在 BAN 逻辑中，断言就是表达式。

（2）注解：BAN 逻辑原文中对应的英文是 annotations，注解是断言的集合。注解的概念其实是手工分析时的产物，分析者在使用 BAN 逻辑进行分析时，需要在纸上的每条协议步骤旁边写上该步骤执行完毕后所能得到的新的断言，这些断言的集合就是注解。

（3）初始化假设：指主体在协议执行之前就已经拥有的信仰以及某些事先存在的安全性保证。

有了以上概念，我们就可以切入正题了。

（1）将原始协议转换成理想化形式。

（2）建立安全协议的初始化假设。

（3）对理想化的协议做一遍初始化注解，作为相应协议步骤执行完毕之后针对协议状态的断言。

（4）使用推导规则对初始化假设和注解进行推导，从而产生新的断言和注解。步骤（4）将重复执行直到不再有新的断言产生为止。

BAN 逻辑的作者将安全协议看作由一系列“send 语句”S_1，S_2，…，S_n组成，每条语句有如下形式。

$$P \to Q : X \text{ with } P \neq Q$$

注解包含 S_1 之前的断言，以及 S_n 和所有 S_i 之后的断言，断言是如下两种形式的逻辑语句：$P|\equiv X$ 和 $P \triangleleft X$。S_1之前的断言是初始假设，S_n之后的断言是推导结果。

下面是该结构的形式化表示：

$$[\text{assumptions}]\ S_1\ [\text{assert1}]\ldots[\text{assumptions}_{n-1}]\ S_n\ [\text{conclusions}]$$

BAN 逻辑的作者指出：如果初始假设和初始注解都成立，那么在协议分析过程中，这两个注解中的断言在一次会话中都成立；同时，新产生的断言在后续分析过程中也始终成立。这意味着，注解和初始假设中的断言集合在给定会话中是单调递增的。在 GNY 逻辑中，将这一特性归结为“表达式”稳定性，即一旦成立在一次会话中始终成立。这样一种分析模型，有效地简化了分析过程，使得一些自动化分析技术成为可能，但是也某种程度上限制了 BAN 逻辑的适用范围。

6．BAN 逻辑中的认证协议目标

认证协议一般用来在主体之间协商一个合适的会话密钥。因此，绝大多数的认证协议的安全目标是类似的。BAN 逻辑中，将安全目标分为一级信仰和二级信仰。一级信仰为

$$A|\equiv A\overset{K}{\leftrightarrow}B \qquad B|\equiv A\overset{K}{\leftrightarrow}B$$

表示主体 A 与 B 分别都拥有了共享密钥 K_{ab} 并且相信 K_{ab} 是他们之间通信的一个“好的会话密钥”。

二级信仰为

$$A|\equiv B|\equiv A\overset{K}{\leftrightarrow}B \quad B|\equiv A|\equiv A\overset{K}{\leftrightarrow}B$$

这种二级信仰表示主体 A 相信 B 在本次会话中发送过消息，即 B 是本次协议会话的一个参与主体，通俗一点来讲，就是 B 参与过本次会话。

认证协议的安全目标还有很多种，除了以上“建立共享密钥”以外。还有一些认证协议用于传递数据片段。例如，证书服务器可能会传送公钥 K，使得 $A|\equiv\overset{+K}{\mapsto}B$。而有一些认证协议用于在主体 A 与 B 之间建立共享秘密，使得 $A|\equiv A\overset{N_a}{\leftrightarrow}B$。

7. 使用 BAN 逻辑进行协议分析

介绍了 BAN 逻辑的基本符号及其概念、推导规则、协议理想化、协议目标以及协议推导流程之后，我们就可以使用 BAN 逻辑来实际地对安全协议进行分析了。

1987 年，Otway 和 Ress 提出了用于共享密钥建立的认证协议——Otway-Ress 协议，协议涉及两个主体以及一个认证服务器。该协议能够使用较少的步骤提供很好的实时性保护，且协议没有利用同步时钟，而是基于随机位串。在协议中，使用 A、B、S 表示主体，K_{as}、K_{bs} 分别是主体 A、B 与 S 之间的共享密钥；N_a、N_b 是主体 A 与 B 产生的随机位串，M 是一个协议相关的标识符，不具有新鲜性；K_{ab} 是服务器产生的用于 A 与 B 之间通信的会话密钥。

（1）$A\to B:M,A,B,\{N_a,M,A,B\}_{K_{as}}$

（2）$B\to S:M,A,B,\{N_a,M,A,B\}_{K_{as}},\{N_b,M,A,B\}_{K_{bs}}$

（3）$S\to B:M,\{N_a,K_{ab}\}_{K_{as}},\{N_b,K_{ab}\}_{K_{bs}}$

（4）$B\to A:M,\{N_a,K_{ab}\}_{K_{as}}$

在 BAN 逻辑原文中对该协议的描述如下：主体 A 先传送一条消息给 B，其中包含一段只对 S 有用的加密数据 C_A（包括 A、B 的标识符，M，以及 A 产生的随机位串）。B 产生类似的加密数据 C_B 连同 C_A 一起发送给 S。S 检查两段加密消息内的 M、A、B 是否一致，如果一致的话，就产生一个可靠的会话密钥 K_{ab}，将该密钥分别与 A、B 的随机位串连接后用对应的共享密钥加密后一起发送给 B，由 B 来转发给 A。协议的最后，A 与 B 解密消息，通过其中的 K_{ab} 来加密后续的会话。

1）协议理想化

基于协议理性化准则，BAN 逻辑原文中忽略了 Otway-Ress 中的明文部分，同时将 M、A、B 整合为一个标识符 N_c，在（3）、（4）条消息中加入了形如 $P|\sim N_c$ 的表达式，这些表达式没有对应实际协议的任何部分，而是表达了如下事实，即主体在发送该消息时，相信该表达式。这也是协议理想化的准则之一。

（1）$A\to B:\{N_a,N_c\}_{K_{as}}$

（2）$B\to S:\{N_a,N_c\}_{K_{as}},\{N_b,N_c\}_{K_{bs}}$

（3）$S\to B:\{N_a,A\overset{K_{ab}}{\leftrightarrow}B,B|\sim N_c\}_{K_{as}},\{N_b,A\overset{K_{ab}}{\leftrightarrow}B,A|\sim N_c\}_{K_{bs}}$

（4） $B \to A: \{N_a, A \overset{K_{ab}}{\leftrightarrow} B, B \mid\sim N_c\}_{K_{as}}$

值得一提的是，原协议中的 K_{ab} 被替换为 $A \overset{K_{ab}}{\leftrightarrow} B$，假设主体 A 收到 N_a 和 K_{ab}，他能够推断出 K_{ab} 是用来与 B 通信的会话密钥。因为 A 通过第一条消息，将 N_a 与主体 B 建立起某种联系，当他收到和 N_a 同时出现在一条消息中的 K_{ab} 时，他能够推断出上述结论。

2）初始化假设

前面的4组信仰是关于主体和服务器之间的共享密钥；第5组表示服务器 S 相信由其产生的 K_{ab} 是主体 A 与 B 之间用于通信的好的密钥；接下来4组表示主体 A 和 B 对于服务器 S 产生一个好的会话密钥以及诚实转发消息的信仰；最后3组是关于临时值新鲜性的信仰。

$$A \mid\equiv A \overset{K_{as}}{\leftrightarrow} S \qquad B \mid\equiv B \overset{K_{bs}}{\leftrightarrow} S$$

$$S \mid\equiv A \overset{K_{as}}{\leftrightarrow} S \qquad S \mid\equiv B \overset{K_{bs}}{\leftrightarrow} S$$

$$S \mid\equiv A \overset{K_{ab}}{\leftrightarrow} B$$

$$A \mid\equiv (S \mid\Rightarrow A \overset{K_{ab}}{\leftrightarrow} B) \quad B \mid\equiv (S \mid\Rightarrow A \overset{K_{ab}}{\leftrightarrow} B)$$

$$A \mid\equiv (S \mid\Rightarrow (B \mid\sim X)) \quad B \mid\equiv (S \mid\Rightarrow (A \mid\sim X))$$

$$A \mid\equiv \#(N_a) \qquad B \mid\equiv \#(N_b)$$

$$A \mid\equiv \#(N_c)$$

3）协议分析

主体 A 将第一条消息发送给 B。现在 B 能看到密文消息 C_A，但是不能理解其含义。

$$B \triangleleft \{N_a, N_c\}_{K_{as}}$$

B 根据第一条消息的明文产生类似于 C_A 的密文 C_B，并将它们一并发送给服务器 S。S 解密消息，并产生新的信仰：

$$S \mid\equiv A \mid\sim (N_a, N_c\} \ \ S \mid\equiv B \mid\sim (N_b, N_c\}$$

随后服务器 S 产生一个新的会话密钥 K_{ab}，并将其封装在两段密文消息中，分别发送给 A 和 B。主体 A，B 解密消息后，利用消息含义规则、临时值验证规则和仲裁规则产生以下信仰：

$$A \mid\equiv A \overset{K_{ab}}{\leftrightarrow} B \qquad B \mid\equiv A \overset{K_{ab}}{\leftrightarrow} B$$

$$A \mid\equiv B \mid\equiv N_c \qquad B \mid\equiv A \mid\sim N_c$$

经过分析，Otway-Ress 协议成功地得到了关于共享密钥 K_{ab} 的一级信仰，但没能得到相应的二级信仰。BAN 逻辑的作者认为主体 A 处在一个相对有利的地位，他确信 B 确实发送过 N_c 且 A 相信 N_c 是新鲜的，这使得 A 有理由相信 B 确实参与了本次会话。然而，这个结论是存在一定问题的。

协议分析者在使用 BAN 逻辑进行分析时，可以知道哪些前提假设可以推得相同的协议目标，这也意味着分析者可以通过削弱初始假设和协议强度来得到相同的安全目标。在 Otway-Ress 协议中，作者认为使用 N_c 就可以代替 N_a 来达成同样的功能，即协议中可

以省略掉 N_a；且在第二条消息中 N_b 没有必要放在加密块中，完全可以以明文的形式发送出去。

第六节　本 章 小 结

网络安全协议是为了解决网络中的安全问题而设计的协议，它是保证网络安全运行的基本要素之一。本章分析了 TCP/IP 体系中各个分层中协议的安全隐患，介绍了常用的网络安全协议，并给出了两种网络协议安全性分析的重要技术。

本 章 习 题

1. 在 TCP/IP 协议簇中，IP 协议主要提供哪些功能？TCP 协议、UDP 协议、IP 协议存在哪些隐患？

2. 能否在 ARP 层进行会话的劫持？如果能，原理是什么？

3. 如何防止 ARP 欺骗攻击？

4. 在内部局域网中，能否根据一个 ARP 地址（MAC 地址）唯一确定一台主机？能否根据给定的一个 ARP 地址唯一确定拥有者的身份？

5. 什么是 ICMP 重定向攻击？如何防止此类攻击？

6. 判断下列情况是否可能存在？为什么？

（1）通过 ICMP 数据包封装数据，与远程主机进行类似 UDP 通信。

（2）通过特意构造的 TCP 数据包，中断两台机器之间指定的一个 TCP 会话。

7. 在 TCP 连接建立阶段，攻击者为什么可以成功实施 SYN Flood 攻击？如何防范此类攻击？

8. 为什么 UDP 比 TCP 更加容易遭到攻击？

9. 简述 SSL 协议的体系结构。

10. SSL 的记录协议提供了哪些安全服务？

11. 请描述 SSL 记录协议的工作过程。

12. SNMP 的网络管理模型由哪几个部分组成？分析 SNMPv3 的安全性及存在的问题。

13. 为保证 PGP 中用户公钥的可靠性，可以采取哪些措施？

14. PGP 中为什么需要先签名后加密？为什么需要在签名之后、加密之前进行压缩？

15. 使用 SSH 进行通信能否避免会话劫持？为什么？

16. 请指出 DHCP 存在的主要安全问题及产生的危害。

17. 结合 TCP/IP 体系结构，分析存在安全隐患的原因。

18. 协议的安全性分析主要包括哪两个方面？

19. 什么是 BAN 逻辑？简述 BAN 逻辑分析安全协议的步骤。

20. 分析 BAN 逻辑分析存在的优缺点以及存在的主要问题。

第三章　网络服务安全

随着社会进步和经济技术的飞速发展，各行各业都已经逐渐普及计算机网络，网络服务也已经成为人们日常生活、学习以及工作中不可或缺的构成要素，人们不仅要求服务范围具有广泛性、类型要多样化，更对服务的安全性水平提出很高的要求，特别是各类与网络服务相关的安全事件频频出现，网络服务的安全性成为了维护国家安全、社会稳定的焦点。

第一节　网络常用服务及面临的安全风险

一、网络服务概述

网络服务是指基于网络运行的、面向服务的、基于分布式程序的软件模块，通过采用标准的网络通信协议，使人们可以在不同的地方通过不同的终端与远端服务器交互并实现具体的应用，例如新闻浏览、网上订票、即时通信、网络购物、网上订餐、远程办公等，在众多与人们工作、生活密切相关的领域得到了广泛的应用。

在网络服务中，服务器是在网络环境中为客户端提供各种服务的专用计算机系统，承担着数据的存储、转发和发布等关键任务，是网络服务中不可或缺的重要组成部分。从应用角度来看，服务器也是一种计算机，它是为其他计算机提供服务的特殊的计算机，具有许多不同于普通计算机的特性；从硬件角度来看，服务器通常指那些具有较高计算能力，能够同时被多个用户使用的计算机。服务器提供的主要服务是数据存储和网络服务，在网络中具有非常重要的地位。

1．数据存储

服务器中储存了大量关键的用户数据，如用户账户和密码、用户的电子邮件，以及其他重要数据。当服务器上的数据由于硬件或软件故障被破坏时，导致的后果主要视服务器的重要性而定。

2．网络服务

WWW、FTP、E-mail 和 DNS 等各种网络服务均是由服务器提供的，服务器一旦瘫痪，则相关的服务会立即停止。

服务器为客户端提供网络服务，一般采用客户端/服务器（C/S，Client/Server）或浏览器/服务器（B/S，Browser/Server）这两种工作架构。C/S 架构可以将任务合理分配到客户端和服务器端，降低了系统的通信开销，可以充分利用两端硬件环境的优势；B/S 架构是对 C/S 架构的一种变化或改进，在该架构下，用户工作界面是通过 Web 浏览器实现的，主要事务逻辑在服务器端实现，极少部分事务逻辑在前端完成。上述两种结构具有各自的特点和应用环境。

C/S 架构具有交互性强、安全的存取模式、网络通信量低、响应速度快、利于处理大量数据的特点。但该结构的程序是针对性开发的，变更不够灵活，维护和管理的难度较大，通常在局域网环境中使用较多，并且由于该结构的每台客户端都需要安装相应的客户端程序，分布功能弱且兼容性差，不能实现快速部署安装和配置，因此缺少通用性。

B/S 架构具有分布性强、维护方便、开发简单且共享性强、维护成本较低等特点。但该模式的缺点主要包括：数据安全防护难度高、对服务器要求高、数据传输速度慢、软件的个性化特点明显降低等，难以实现传统模式下的特殊功能要求和复杂的应用构造。

二、网络常用服务

1．Web 服务

WWW 是 World Wide Web 的缩写，中文名称为“万维网”，简称 Web，是计算机网络中的多媒体信息查询工具。WWW 允许浏览器等 Web 客户端以交互方式访问 Web 服务器上的页面并进行查询。Web 上的信息资源包括文本、多媒体、数据库和可执行程序等，这些资源可以通过超链接连接起来，在逻辑上形成一个遍布全球的“信息网络”，用户可以通过超链接方便地在各个页面之间进行切换。WWW 内容丰富，浏览方便，目前已经成为互联网上发展最快和应用最广泛的服务。

2．电子邮件服务

电子邮件（E-mail）是一种利用电子手段提供信息交换的通信方式，是计算机网络中应用最广泛的服务之一。电子邮件是通过电子通信系统进行书写、发送和接收电子信件。使用电子邮件的用户必须拥有电子邮箱，每个电子邮箱都拥有唯一的电子邮件地址，发送邮件时使用电子邮件地址来标识接收方。发送方的邮件服务器使用计算机标识来确定接收方的邮件服务器，接收方的邮件服务器根据用户标识确定用户邮箱。

3．文件传输服务

在计算机网络中，很多共享资源都以文件的形式存储在主机中，许多用户可能都会通过计算机网络来访问这些资源，利用文件传输服务可以实现资源的共享。文件传输服务依赖于文件传输协议 FTP（file transfer protocol），FTP 是计算机网络上使用最广泛的文件传输协议，它提供了交互式的访问，允许客户指定文件的类型与格式，并允许设置文件的存取权限。FTP 屏蔽了计算机系统的细节，适用于在异构网络中的计算机之间传输文件。

4．远程登录服务

远程登录服务是在 Telnet、Rlogin、SSH 等协议的支持下，将用户计算机与远程主机连接起来，在远程计算机上运行程序，将相应的屏幕显示传送到本地计算机，并将本地的输入发送给远程计算机。通过远程登录服务，用户可以直接使用远程计算机的资源，可以利用远程计算机处理本地计算机不能完成的复杂处理，从而提高了本地计算机的处理功能，并扩大了计算机系统的通用性。

5．域名服务

域名服务作为可以将域名和 IP 地址相互映射的一个分布式数据库，能够使人们更方便地访问互联网，而不用去记住能够被机器直接读取的 IP 数串，域名系统也是互联网上最为关键的基础设施，其主要作用是就是为用户提供从主机名到 IP 地址的映射，从而保障其他网络应用（如 Web 浏览、电子邮件等）的顺利进行。

6．即时通信服务

即时通信（instant messaging，IM）是目前互联网上最为流行的通信方式，各种各样的即时通信软件也层出不穷。广义的即时通信包括网络聊天室、网络会议系统等所有联机即时通信软件和应用。狭义的即时通信一般指由一组 IM 服务器控制下的若干 IM 客户端软件应用程序组成的系统。IM 服务器管理 IM 账户、认证等信息。IM 客户端必须登录到服务器才能提供各种服务。

三、网络服务面临的安全风险

从技术角度来说，网络服务的安全风险主要来自恶意代码、拒绝服务攻击和电子欺骗等网络攻击，在互联网上，这些攻击几乎每时每刻都在发生。

1．恶意代码

恶意代码是指任何可以在计算机之间和网络之间传播的软件程序或可执行代码，其目的是在未得到授权和许可的情况下有目的地更改或控制计算机系统，包括系统的软硬件。根据编码特征、传播途径、发作表现形式及在目标系统中的生存方式等因素，大致可以将恶意代码分为计算机病毒、网络蠕虫和特洛伊木马等。

1）计算机病毒

计算机病毒是一段具有自我复制能力并通过向其他可执行程序注入自身复制件来实现传播的计算机程序片断。计算机病毒能够寻找宿主对象，并且依附于宿主，是一类具有传染、隐蔽、破坏等能力的恶意代码。它一旦进入计算机系统并得以执行，就会搜寻其他符合其感染条件的程序或存储介质，确定目标后再将自身代码插入其中，达到自我繁殖的目的。而被感染的文件又成了新的传染源，再与其他机器进行数据交换或通过网络接触，继续进行传染。传染性和依附性是计算机病毒区别于其他恶意代码的本质特征。

2）网络蠕虫

蠕虫是一种可以自行传播的独立程序，它可以通过网络连接自动将其自身从一台计算机分发到另一台计算机上。因此，蠕虫与前述的计算机病毒不同，它一般并不依附一个宿主，而是独立的程序。蠕虫代码一旦在系统中被激活，一般通过以下步骤复制自己：①搜索系统或网络，确认下一步要感染的目标；②建立与其他系统或远程主机的连接；③将自身复制到其他系统或远程主机，并尽可能激活它们。蠕虫还会执行有害操作，如消耗网络或本地系统资源，从而导致拒绝服务攻击。除了在主机间复制传播，恶性蠕虫也常常把计算机病毒和特洛伊木马等其他恶意代码传播到受害主机上。

3）特洛伊木马

在计算机安全学中，特洛伊木马是指一种计算机程序，也称为特洛伊代码。它表面上看似有用或无害，但却包含了对运行该程序的系统构成威胁的隐蔽代码，如在系统中提供后门使黑客可以窃取数据、更改系统配置或实施破坏等。特洛伊木马区别于病毒和蠕虫的特点是，它一般并不复制和传播自己，不具备自我传播的能力，而需要依靠电子邮件、网页插件、程序下载等进行传播。因此，特洛伊木马不属于计算机病毒或蠕虫。但它却可以被计算机病毒或蠕虫复制到目标系统上，作为其攻击载荷（attack payload）的一部分。

4）其他恶意代码

通常人们认为恶意代码还存在恶作剧程序、后门等类型，但它们可以归类到前面的类型中。近年来，随着移动通信的发展，出现了一些面向破坏手机系统的恶意代码，它们利用手机在设计和实现上的缺陷或利用移动网络服务的漏洞，通过消息发送传播恶意代码，使服务系统或手机系统出现故障，其原理与前面的恶意代码类型类似。

2. 拒绝服务攻击

在网络中，凡是能导致合法用户不能够访问正常网络资源的行为都称为“拒绝服务（denial of service，DoS）攻击”。拒绝服务攻击的目的非常明确，就是要阻止合法用户对正常网络资源的访问，从而达到攻击的目的。DoS 攻击通过对主机特定漏洞的攻击导致网络瘫痪、系统崩溃、主机死机而无法提供正常的网络服务功能，从而造成对正常网络服务的“拒绝”。

在 DoS 攻击中，分布式拒绝服务（distributed denial of service，DDoS）攻击被认为是安全领域中最难解决的问题之一。DDoS 攻击通过很多“僵尸主机”（被攻击者入侵过或可以间接利用的主机）向受害主机发送大量看似合法的数据包，造成网络阻塞或服务器资源耗尽。这些被黑客集中控制的“僵尸主机”形成“僵尸网络”（botnet），充当攻击平台的角色。通过“僵尸网络”，攻击者可以同时操纵多台攻击傀儡机执行相同的恶意行为，向受害者发起攻击。这种一对多的控制关系，使得攻击者能够以极低的代价高效地控制大量的资源为其服务，这也是“僵尸网络”近年来受到黑客青睐的根本原因。DDoS 攻击一旦被实施，攻击网络包就会犹如洪水般涌向受害主机，从而把合法用户的网络包淹没，导致合法用户无法正常访问服务器的网络资源。

当前主要有 3 种流行的 DDoS 攻击。

1）SYN Flood 攻击

图 3-1 所示为一次正常的 TCP 三次握手过程：客户端向服务器端发送一个 SYN 包，包含客户端使用的端口号和初始序列号 x；服务器端收到客户端送来的 SYN 包后，向客户端发送一个 SYN 和 ACK 都置位的 TCP 报文，包含确认号 x+1 和服务器端的初始序列号 y；客户端收到服务器端返回的 SYN+ACK 报文后，向其返回一个确认号为 y+1 的 ACK 报文。

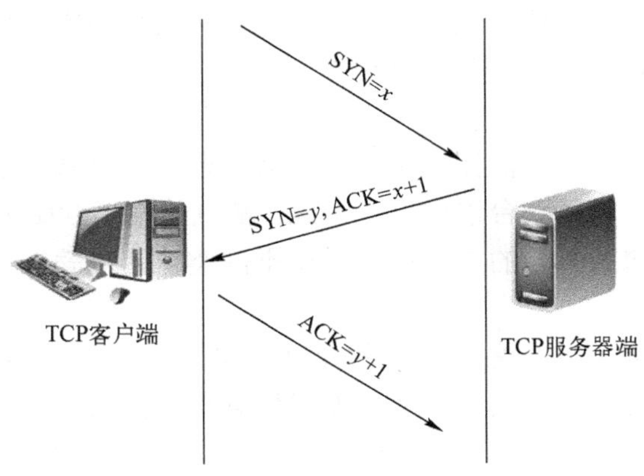

图 3-1　TCP 三次握手示意图

进行 SYN Flood 攻击时，首先会伪造大量的源 IP 地址，分别向服务器发送大量的 SYN 包，此时服务器端会返回 SYN/ACK 包，因为源地址是伪造的，所以伪造的 IP 并不会应答，服务器端没有收到伪造 IP 的回应，会重试 3～5 次并且等待一个 SYN Time（30s～2min），如果超时则丢弃这个连接。通过向受害主机发送大量伪造源 IP 和源端口的 SYN 请求，导致主机的缓存资源被耗尽或忙于发送回应包而造成拒绝服务。

由于源地址和端口都是伪造的，所以追踪起来比较困难。这种攻击实施起来有一定难度，需要高带宽的僵尸主机支持。少量的这种攻击会导致主机服务器无法访问，但却可以 Ping 通，在服务器上用“netstat –an”命令会观察到存在大量的 SYN_RECEIVED 状态；大量的这种攻击会导致 Ping 失败、TCP/IP 栈失效，并会出现系统崩溃。

2）TCP 全连接攻击

这种攻击是为了绕过常规防火墙的检查而设计的，防火墙大多具备过滤 TearDrop、Land 等 DoS 攻击的能力，但对于正常的 TCP 连接是开放的，通常很多网络服务程序能接受的 TCP 连接数是有限的，一旦有大量的 TCP 连接，即便是正常的，也会导致网站访问非常缓慢甚至无法访问。TCP 全连接攻击就是通过许多僵尸主机不断地与受害服务器建立大量的 TCP 连接，直到服务器的内存等资源被耗尽，从而造成拒绝服务。这种攻击的特点是可绕过一般防火墙的防护而达到攻击目的，缺点是需要找很多僵尸主机，并且由于僵尸主机的 IP 是暴露的，因此容易被追踪。

3）Script 脚本攻击

这种攻击主要是针对存在 ASP、JSP、PHP，CGI 等脚本程序并调用 MSSQL Server、MySQL Server、Oracle 等数据库的网站系统而设计的，其特征是和服务器建立正常的 TCP 连接，并不断地向脚本程序提交查询、列表等大量耗费数据库资源的调用。一般来说，提交一个 GET 或 POST 指令对客户端的耗费和带宽的占用是几乎可以忽略的，而服务器为处理此请求却可能要从上万条记录中去查询某个记录，这种处理过程对资源的耗费是很大的。常见的数据库服务器很少能支持数百个查询指令的同时执行，因此攻击者只需要通过 Proxy 代理向主机服务器大量递交查询指令，数分钟就会把服务器资源消耗掉而导致拒绝服务，通常表现为访问网站的速度变慢、ASP 程序失效、PHP 连接数据库失败、数据库主程序的 CPU 使用率上升等。这种攻击的特点是可以完全绕过普通防火墙的防护，借助 Proxy 代理就可以轻松地实施攻击，但是对只有静态页面的网站攻击的成功率不高，并且有些 Proxy 会暴露攻击者的 IP 地址。

3．电子欺骗

当两台计算机之间存在着信任的关系时，第三台计算机就可能冒充建立了相互信任的两台计算机中的一台对另一台进行电子欺骗。常见的电子欺骗方式有 Web 欺骗、DNS 欺骗、路由欺骗等，通过不同的方式可以实现不同类型的欺骗。

1）Web 欺骗

用户利用 Web 浏览器访问各种各样的 Web 站点时，一般不会想到有这些问题存在：正在访问的网页已经被黑客篡改过，网页上的信息是虚假的。例如黑客将用户要浏览的网页的 URL 改写为指向黑客自己的服务器，当用户浏览目标网页的时候，实际上是向黑客服务器发出请求，这样黑客就可以达到 Web 欺骗的目的。

2）DNS 欺骗

DNS 是建立在 UDP 和 IP 之上的。DNS 存在一定的安全问题，如提供用户主机的软硬件信息等，黑客经常把它作为一种攻击手段。假冒的 DNS 服务器可能会提供一些错误的信息甚至错误的域名解析。在 DNS 服务中，主机名欺骗就是一种常见的入侵方式。DNS 欺骗可以导致拒绝服务和口令收集等攻击。

3）路由欺骗

在 TCP/IP 协议中，为了测试目的，IP 数据包设置了一个选项——IP Source Routig，该选项可以直接指明到达节点的路由。攻击者可以利用这个选项进行欺骗，同时进行非法链接。攻击者可以冒充某个可信节点的 IP 地址，构造一个通往某个服务器的直接路径和返回路径，利用可以信任的用户作为通往服务器的路由中的最后一站，就可以向服务器发出请求，对其进行攻击。在 TCP/IP 协议的两个传输层协议中，由于 UDP 是面向无连接的，没有初始化的连接建立过程，因此 UDP 更容易被欺骗。

4）电子邮件欺骗

在电子邮件欺骗攻击中，欺骗者冒充自己为系统管理员，使用一些邮件炸弹软件或 CGI 程序向目的邮箱发送大量内容重复、无用的垃圾邮件，从而使目的邮箱的容量被耗尽而无法使用。当垃圾邮件的发送流量特别大时，还有可能造成邮件系统对于正常的工作反应缓慢，甚至瘫痪，这种欺骗方法简单而且容易实现。

4．SQL 注入

随着基于 B/S 结构网站模式的广泛应用，使用这种模式编写应用程序的程序员也越来越多。但是由于程序员的水平及经验参差不齐，相当大一部分程序员在编写代码的时候，没有对用户输入数据的合法性进行判断，使得应用程序存在安全隐患。用户可以提交一段数据库查询代码，根据程序返回的结果，获得网站的信息，这就是 SQL 注入（SQL Injection）技术。一般来说，只要带有参数的动态网页访问了数据库，那么就有可能存在 SQL 注入点。SQL 注入一般存在于形如“http://xxx.xxx.xxx/abc.asp?id=XX”等带有参数的 ASP 动态网页中。SQL 注入通过正常的 WWW 端口访问网络，而且表面看起来跟一般的 Web 页面访问没什么区别。但是，通过精心构造的 SQL 语句，攻击者往往能成功获取想要的网站信息，如发现 SQL 注入的位置、获得管理员的权限、判断后台数据库的类型、进行上传木马等操作。

第二节　Web 服务安全

在 Web 服务中，信息资源以网页形式存储在 Web 服务中，通过 Web 浏览器就可读取 Web 服务器上的信息。当用户希望得到某种信息时，Web 浏览器利用统一资源定位符（uniform reference locator，URL）向 Web 服务器发出请求，Web 服务器使用超文本传输协议（hypertext transfer protocol，HTTP）来发送被唯一 URL 所标识的文档。在这些文档中，最常用的是简单的文本文件，其内容是静态的。动态文档是在服务器上运行程序产生的，此程序解析 URL 并从聚集的或存储的数据中生成文档并送回浏览器。除静态和动态文档之外，浏览器还可能从服务器上正在运行的应用软件那里，或由服务器启动的程序那里请求数据。服务器也能够进行用户身份验证以限制访问某些特定文档。因此，可以从 Web 浏览器、Web 服务器、Web 数据传输等方面讨论 Web 服务的安全。

一、Web 浏览器安全

1. 跨站脚本攻击

1）跨站脚本攻击原理

跨站脚本英文名称是（cross site script），为了与层叠样式表（cascading style sheets，CSS）区分，故命名为 XSS。XSS 攻击是指入侵者在远程 Web 页面的 HTML 代码中插入具有恶意目的的数据，用户认为该页面是可信赖的，但是当浏览器下载该页面时，嵌入其中的脚本将被解释执行。

XSS 攻击涉及三方，即攻击者、用户和 Web 服务器。用户是通过浏览器来访问 Web 服务器上的网页，XSS 攻击就是攻击者通过各种办法，在用户访问的网页中插入自己的脚本，让其在用户访问网页时在其浏览器中进行执行。攻击者通过插入的脚本的执行，来获得用户的信息，比如 cookie，发送到攻击者自己的网站，所以称为跨站脚本攻击。XSS 可以分为反射型 XSS 和持久型 XSS，还有 DOM Based XSS。

（1）反射型 XSS。反射型 XSS，也就是非持久型 XSS。用户点击攻击链接，服务器解析后响应，在返回的响应内容中出现攻击者的 XSS 代码，被浏览器执行。一来一去，XSS 攻击脚本被 Web 服务器反射回来给浏览器执行，所以称为反射型 XSS。

特点：

① XSS 攻击代码为非持久型，也就是没有保存在 Web 服务器中，而是出现在 URL 地址中。

② 非持久型，它只是在用户单击时触发，且只执行一次，不具有持久性。

（2）持久型 XSS。区别就是 XSS 恶意代码存储在 Web 服务器中，这样，每一个访问特定网页的用户，都会被攻击。

特点：

① XSS 攻击代码存储于 Web 服务器上。

② 攻击者，一般是通过网站的留言、评论、博客、日志等功能（所有能够向 Web 服务器输入内容的地方），将攻击代码存储到 Web 服务器上。

有时持久型 XSS 和反射型 XSS 是同时使用的，比如先通过对一个攻击 URL 进行编码（来绕过 XSS filter），然后提交该 Web server（存储在 Web server 中），然后用户在浏览页面时，如果点击该 URL，就会触发一个 XSS 攻击。当然，用户点击该 URL 时，也可能会触发一个 CSRF（cross site request forgery）攻击。

（3）DOM based XSS。基于 DOM（document object model，文档对象模型）的 XSS，也就是 Web 服务器不参与，仅仅涉及浏览器的 XSS。比如根据用户的输入来动态构造一个 DOM 节点，如果没有对用户的输入进行过滤，则会产生 XSS 攻击。

常用的 XSS 攻击手段和目的如下。

① 盗用 cookie，获取敏感信息。

② 利用植入 Flash，通过 crossdomain 权限设置进一步获取更高权限；或者利用 Java 等得到类似的操作。

③ 利用 iframe、frame、XMLHttpRequest 或 Flash 等方式，以（被攻击）用户的身份执行一些管理动作，或执行一些如发微博、加好友、发私信等操作。

④ 利用可被攻击的域受到其他域信任的特点，以受信任来源的身份请求一些平时不允许的操作，如进行不当的投票活动。

⑤ 在访问量极大的一些页面上的 XSS 可以攻击一些小型网站，实现 DDoS 攻击的效果。

2）防御方法

（1）基于特征的防御。XSS 漏洞和 SQL 注入漏洞一样，都是利用了 Web 页面的编写不完善，所以每一个漏洞所利用和针对的弱点都不尽相同。这就给 XSS 漏洞防御带来了困难，不可能以单一特征来概括所有 XSS 攻击。

传统的 XSS 防御在进行攻击鉴别时多采用特征匹配方式，主要是针对“javascript”这个关键字进行检索，但是这种鉴别不够灵活，凡是提交的信息中含有“javascript”时，就被硬性地判定为 XSS 攻击。

（2）基于代码修改的防御。Web 页面开发者在编写程序时往往会出现一些失误和漏洞，XSS 攻击正是利用了失误和漏洞，因此一种比较理想的方法就是通过优化 Web 应用开发来减少漏洞，避免被攻击：用户向服务器上提交的信息要对 URL 和附带的 HTTP 头、POST 数据等进行查询，对不是规定格式、长度的内容进行过滤；实现 Session 标记（session tokens）、CAPTCHA 系统或者 HTTP 引用头检查，以防功能被第三方网站所执行；确认接收的内容被妥善地规范化，仅包含最小的、安全的 Tag（没有 javascript），去掉任何对远程内容的引用（尤其是样式表和 javascript），使用 HTTP only 的 cookie。

当然，如上操作将会降低 Web 业务系统的可用性，用户仅能输入少量的指定字符，人与系统间的交互被降到极致，仅适用于信息发布型站点。并且考虑到很少有 Web 编码人员受过正规的安全培训，很难做到完全避免页面中的 XSS 漏洞。

（3）客户端分层防御策略。客户端跨站脚本攻击的分层防御策略是基于独立分配线程和分层防御策略的安全模型。它建立在客户端（浏览器），这是它与其他模型最大的区别，之所以客户端安全性如此重要，是因为客户端负责接收服务器信息，选择性地执行相关内容，这样就可以使防御 XSS 攻击变得容易，该模型主要由三大部分组成：对每一个网页分配独立线程且分析资源消耗的“网页线程分析模块”；包含分层防御策略 4 个规则的用户输入分析模块；保存互联网上有关 XSS 恶意网站信息的 XSS 信息数据库。

XSS 攻击主要是由程序漏洞造成的，要完全防止 XSS 安全漏洞主要依靠程序员较高的编程能力和安全意识，当然安全的软件开发流程及其他一些编程安全原则也可以大大减少 XSS 安全漏洞的发生。这些防范 XSS 漏洞原则包括以下几点。

（1）不信任用户提交的任何内容，对所有用户提交内容进行可靠的输入验证，包括对 URL、查询关键字、HTTP 头、REFER、POST 数据等，仅接受指定长度范围内、采用适当格式、采用所预期的字符的内容提交，对其他的一律过滤。尽量采用 POST 而非 GET 提交表单；对“<”“>”“；”等字符做过滤；任何内容输出到页面之前都必须加 en-code，避免不小心把 htmltag 显示出来。

（2）实现 Session 标记（session tokens）、CAPTCHA（验证码）系统或者 HTTP 引用

头检查，以防功能被第三方网站所执行，对于用户提交信息的中的 img 等 link，检查是否有重定向回本站、不是真的图片等可疑操作。

（3）cookie 防盗。避免直接在 cookie 中泄露用户隐私，例如 E-mail、密码等；通过使 cookie 和系统 IP 绑定来降低 cookie 泄露后的危险。这样攻击者得到的 cookie 没有实际价值，很难拿来直接进行重放攻击。

（4）确认接收的内容被妥善地规范化，仅包含最小的、安全的 Tag（没有 JavaScript），去掉任何对远程内容的引用（尤其是样式表和 JavaScript），使用 HTTP only 的 cookie。

2．Cookies 安全

1）安全威胁

Cookie 由美国 Netscape 公司开发，用来改善 HTTP 协议无状态性。目前，Cookies 最广泛的应用是记录用户登录信息，这样下次访问时可以不需要输入自己的用户名和密码，但这种方便也存在用户信息泄密的问题，尤其在多个用户共用一台电脑时很容易出现这样的问题。

用户第一次向 Web 服务器请求时，浏览器把用户的信息记录成 Cookie，以待下次登录该服务器时，直接将 Cookie 里用户的信息发往 Web 服务器，简化操作。一方面，可以为用户提供个性化的服务；另一方面，可以作为了解用户行为的工具。Cookie 的作用如图 3-2 所示。

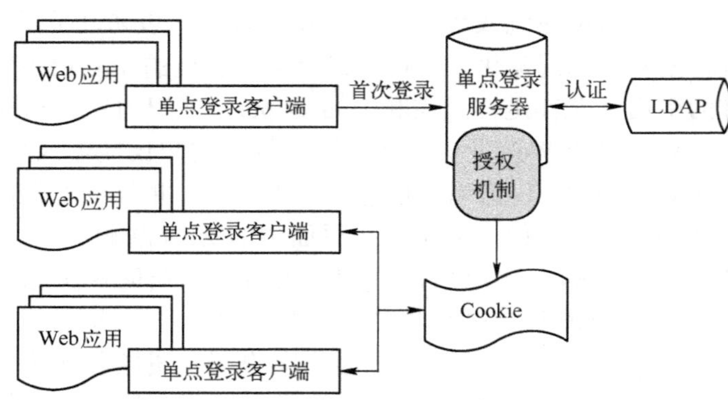

图 3-2　Cookies 作用

一般认为，Cookie 能够给 Web 服务提供相当大的便利，但是也存在一些安全隐患。Cookie 对用户识别不够精确，在用户没有调整生存周期或删除 Cookie 时，将会记录用户的用户名和密码，这将会导致信息泄露和权限超越的问题发生。而 Cookie 的记录功能也严重地危害了用户的隐私和安全。例如，攻击者可以建立钓鱼网站用于窃取用户的 Cookie，而已有的 Cookie 也可能被攻击者改写并用于攻击目的。

2）解决方案

在安全要求高的环境中，建议用户关闭浏览器的 Cookies 功能。以 Microsoft Edge 浏览器为例，只要在浏览器菜单中点击“设置”，选择“Cookie 和网站权限”，关闭“允许站点保存和读取 Cookie 数据”按钮即可。当然，当关闭 Cookie 之后，很多网站的个人化服务功能很可能也不能再使用了。

3．浏览器自身安全

浏览器是互联网的最大入口，近年来各种浏览器的功能也变得越来越强大。如果浏览器自身存在安全漏洞，攻击者就有可能通过恶意的页面向浏览器中注入恶意程序，从而给整个操作系统带来严重的安全隐患。为了提高浏览器的安全性，浏览器自身也采用了很多防护技术保护其自身安全。

1）同源策略

同源策略是浏览器最核心也是最基本的安全功能，如果缺少同源策略，浏览器的正常功能都可能会受到影响。可以说 Web 是构建在同源策略基础之上，浏览器只是针对同源策略的一种实现。

同源，是指域名、协议、端口相同。不同源的客户端脚本在没有明确授权的情况下，不能读写对方的资源。例如，当一个浏览器同时浏览 A 和 B 两个网站时，其执行一个脚本的时候会检查这个脚本属于哪个页面，即检查是否同源，属于 A 网站的脚本在没有授权的情况下，是无法在 B 网站执行的，在请求数据时，浏览器会在控制台中报一个异常，提示拒绝访问，能够用于隔离潜在恶意文件。

2）浏览器安全沙箱

浏览器在工作时，渲染进程需要执行 DOM 解析、CSS 解析、网络图片解码等操作，如果渲染进程中存在系统级别的漏洞，那么以上操作就有可能让恶意的站点获取渲染进程的控制权限，进而获取操作系统的控制权限，给计算机系统带来极大的安全隐患。浏览器中的安全沙箱是利用操作系统提供的安全技术，让渲染进程在执行过程中无法访问或修改操作系统的数据，在渲染进程需要访问系统资源的时候，通过浏览器内核来实现，然后将访问的结果通过进程通信转发给渲染进程，并在其中进行一些安全检查。

对于浏览器而言，采用安全沙箱技术，可以让不受信任的网页代码、JavaScript 代码运行在一个受限环境中，从而保护本地桌面系统的安全。

二、Web 服务器安全

1．SQL 注入攻击及防御

1）攻击原理

SQL 注入攻击是指 Web 应用程序对用户输入数据的合法性没有判断，攻击者可以在 Web 应用程序中事先定义好的查询语句结尾添加额外的 SQL 语句，以此来实现欺骗数据库服务器执行非授权的任意查询，从而进一步得到相应的数据信息。SQL 注入攻击威胁的表现形式为：绕过认证，获得非法权限；猜解后台数据库全部的信息；注入可以借助数据库的存储过程进行提权等操作。

例如下面是一段简单登录页面的关键代码：

```
private bool NoProtectLogin（string userName，string password）
{
int count =(int)SqlHelper.Instance.ExecuteScalar（string.Format
("SELECT COUNT(*)FROM Login WHERE UserName='{0}' AND Password='{1}'",
userName，password));
return count > 0 ? true : false;
}
```

该代码中 userName 和 password 是没有经过任何处理，直接代入前端传入的数据，拼接的 SQL 会存在注入漏洞。

（1）输入正常数据。假设系统合法用户的账户名和口令分别是 admin 和 123456，输入正确的用户信息，效果如图 3-3 所示。

合并的 SQL 查询语句为

SELECT COUNT(*)FROM Login WHERE UserName='admin' AND Password='123456'

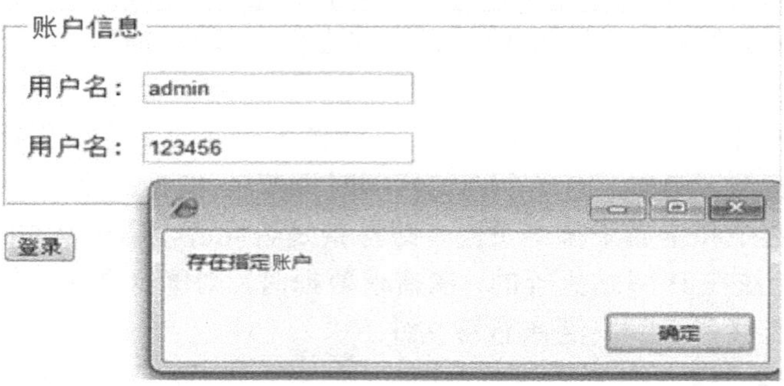

图 3-3　输入正确登录信息

（2）输入注入数据。如图 3-4 所示，在登录界面中输入用户名为：admin'--，密码任意输入随机字符串，同样也提示存在指定账户，绕过了身份认证机制。

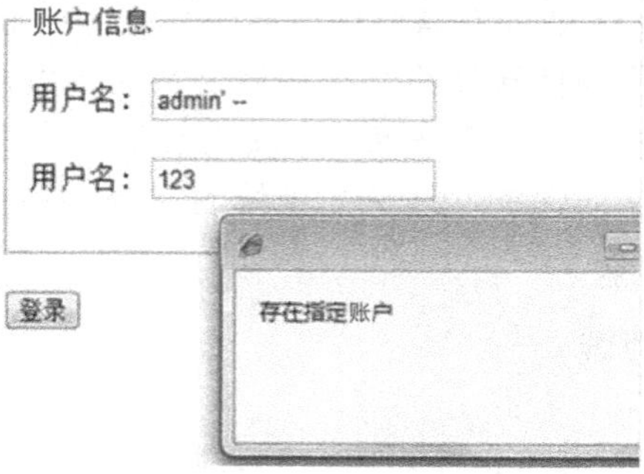

图 3-4　输入注入信息

这是因为输入注入数据后，合并的 SQL 查询语句变为

SELECT COUNT(*)FROM Login WHERE UserName='admin'-- Password='123'

因为 UserName 值中输入了“--”注释符，后面语句被省略而登录成功。

2）*防御方法*

（1）使用预编译语句。采用 SQL 语句预编译绑定变量是防御 SQL 注入攻击的最佳手段。采用预编译 SQL 语句，也就是 SQL 引擎会预先进行语法分析，产生语法树，生成执行计划，这样一来，无论后面输入什么参数，都不会影响该 SQL 语句的语法结构，输入的参数绝对不会当做 SQL 命令来执行，而只会当做字符串字面参数。

（2）检查数据类型。不是所有场景都能够采用 SQL 语句预编译，有一些场景必须采用字符串拼接的方式，此时，就需要严格检查参数类型，在很大程度上也可以对抗 SQL 注入攻击。此外，各种 Web 语言都实现了一些编码函数，也可以帮助对抗 SQL 注入。

（3）使用存储过程。使用安全的存储过程也可以用来对抗 SQL 注入攻击，效果和预编译语句类似，区别就是存储过程需要先将 SQL 语句定义在数据库中。但有时存储过程也可能会存在注入问题，因此应该尽量避免在存储过程内使用动态的 SQL 语句。

2. 文件上传漏洞及防御

1）文件上传漏洞

文件上传漏洞是 Web 安全中经常出现的一种漏洞形式，是对数据与代码分离原则的一种攻击。文件上传漏洞，是指用户上传了一个可执行的脚本文件，并通过此脚本文件获得了执行服务器端命令的能力。在大多数情况下，文件上传漏洞是指“上传 Web 脚本能够被服务器解析”的问题，也就是通常所说的 Webshell 的问题。

上传漏洞与跨脚本攻击和 SQL 注入攻击相比，风险更大。如果 Web 应用程序存在上传漏洞，攻击者上传的文本是 Web 脚本语言，服务器 Web 容器解释并执行了用户上传的脚本，将会导致代码执行；如果上传的文件是 Flash 的策略文件 crossdomain.xml，攻击者可用它来控制 Flash 在该域下的行为；如果上传的是病毒、木马文件，攻击者可以用来诱骗用户或者管理员下载行为；如果上传的是钓鱼图片或者是包含了脚本的图片，在某些版本的浏览器中会被当做脚本执行，被用于钓鱼和欺诈。

文件上传漏洞之所以存在，是因为大部分的网站和应用系统都有上传功能，而程序员在开发任意文件上传功能时，并未考虑文件格式后缀的合法性校验或者是否只在前端通过 js 进行后缀校验。此时攻击者可以上传一个与网站脚本语言对应的恶意代码脚本（如 jsp、asp、php、aspx 文件后缀）到服务器上，从而服务器访问这些恶意脚本中包含的恶意代码，进而动态解析最终达到执行恶意代码的效果，影响服务器安全。

2）防御方法

（1）系统开发阶段的防御。

系统开发人员应有较强的安全意识，尤其是采用 PHP 语言开发系统，在系统开发阶段应充分考虑系统的安全性。

对文件上传漏洞来说，最好能在客户端和服务器端对用户上传的文件名和文件路径等项目分别进行严格的检查。客户端的检查虽然对技术较好的攻击者来说可以借助工具绕过，但是这也可以阻挡一些基本的试探。服务器端的检查最好使用白名单过滤的方法，这样能防止大小写等方式的绕过，同时还需对 %00 截断符进行检测，对 HTTP 包头的 content-type 和上传文件的大小也需要进行检查。

（2）系统运行时的防御。

① 文件上传的目录设置为不可执行。只要 Web 容器无法解析该目录下面的文件，即使攻击者上传了脚本文件，服务器本身也不会受到影响，因此这一点至关重要。

② 判断文件类型。在判断文件类型时，可以结合使用 MIME Type、后缀检查等方式。在文件类型检查中，强烈推荐白名单方式，黑名单的方式已经无数次被证明是不可靠的。此外，对于图片的处理，可以使用压缩函数或者 resize 函数，在处理图片的同时破坏图片中可能包含的 HTML 代码。

③ 使用随机数改写文件名和文件路径。文件上传如果要执行代码，则需要用户能够

访问到这个文件。在某些环境中，用户能上传，但不能访问。如果应用了随机数改写了文件名和路径，将极大地增加攻击的成本。再来就是像 shell.php.rar.rar 和 crossdomain.xml 这种文件，都将因为重命名而无法攻击。

④ 单独设置文件服务器的域名。由于浏览器同源策略的关系，一系列客户端攻击将失效，比如上传 crossdomain.xml、上传包含 Javascript 的 XSS 利用等问题将得到解决。

⑤ 使用安全设备防御。文件上传攻击的本质就是将恶意文件或者脚本上传到服务器，专业的安全设备防御此类漏洞主要是通过对漏洞的上传利用行为和恶意文件的上传过程进行检测。恶意文件千变万化，隐藏手法也不断推陈出新，对普通的系统管理员来说可以通过部署安全设备来帮助防御。

（3）系统维护阶段的防御。

系统上线后运维人员应有较强的安全意识，积极使用多个安全检测工具对系统进行安全扫描，及时发现潜在漏洞并修复。

定时查看系统日志，Web 服务器日志以发现入侵痕迹。定时关注系统所使用到的第三方插件的更新情况，如有新版本发布建议及时更新，如果第三方插件被爆有安全漏洞更应立即进行修补。

对于整个网站都是使用的开源代码或者使用网上的框架搭建的网站来说，尤其要注意漏洞的自查和软件版本及补丁的更新，上传功能非必选可以直接删除。除对系统自身的维护外，服务器应进行合理配置，非必选一般的目录都应去掉执行权限，上传目录可配置为只读。

3．DDoS 攻击及防御

1）攻击原理

DDoS 攻击能够将正常的请求放大若干倍，通过僵尸网络中控制网络节点（肉鸡）同时发动攻击。DDoS 攻击主要分为 4 种。

（1）攻击带宽。攻击者发送大量网络数据包，占满被攻击目标的全部带宽，从而造成正常请求失效，达到拒绝服务的目的。但这种直接方式通常依靠受控主机本身的网络性能，所以效果不是很好，还容易被查到攻击源头。于是，反射攻击就出现了，攻击者使用特殊的数据包，即 IP 地址指向作为反射器的服务器，源 IP 地址被伪造成攻击目标的 IP，反射器接收到数据包的时候就被骗了，会将响应数据发送给被攻击目标，进而耗尽目标网络的带宽资源。

（2）攻击系统。攻击者利用受控主机建立大量恶意的 TCP 连接，占满被攻击目标的连接表，使其无法接受新的 TCP 连接请求。如果攻击者发送了大量的 TCP SYN 报文，让服务器在短时间内产生大量的半开连接，连接表也会被很快占满，导致无法建立新的 TCP 连接。

（3）攻击应用。由于 DNS 和 Web 服务的广泛性和重要性，这两种服务就成为消耗应用资源的分布式拒绝服务攻击的主要目标。比如，向 DNS 服务器发送大量查询请求，从而达到拒绝服务的效果。当 DNS 服务的可用性受到威胁，互联网上大量的设备都会受到影响而无法正常使用。再比如，攻击者利用大量的受控主机不断地向 Web 服务器恶意发送大量 HTTP 请求，就会完全占用服务器资源，让正常用户的 Web 访问请求得不到处理，导致拒绝服务。

（4）混合攻击。在实际的生活中，攻击者并不关心使用的哪种攻击方法管用，只要能够达到目的，一般就会发动其所有的攻击手段，尽其所能地展开攻势。对于被攻击目标来说，需要面对不同的协议、不同资源的分布式拒绝服务攻击，分析、响应和处理的成本就会大大增加。

2）防御方法

（1）设置高性能设备。要保证网络设备不能成为瓶颈，因此选择路由器、交换机、硬件防火墙等设备时要尽量选用高性能的产品。或者可以联合网络提供商，当大量攻击发生时在网络节点处做一些限制处理，也可以对抗某些种类的 DDoS 攻击。

（2）带宽的保证。网络带宽直接决定了能抗受攻击的能力，假若网络带宽很小的话，无论采取什么措施都很难对抗类似 SYN Flood 类型的 DDoS 攻击。所以，最好能保证有较大的网络带宽。

（3）升级硬件配置。在有网络带宽保证的前提下，尽量提升硬件配置，要有效对抗每秒 10 万个 SYN 攻击包。而且最好可以进行优化资源使用，提高 Web 服务器的负载能力。

（4）异常流量的清洗。通过 DDoS 硬件防火墙对异常流量的清洗过滤，通过数据包的规则过滤、数据流指纹检测过滤及数据包内容定制过滤等顶尖技术能准确判断外来访问流量是否正常，进一步将异常流量禁止过滤。

（5）考虑把网站做成静态页面。将网站尽可能做成静态页面，不仅能大大提高抗攻击能力，而且还给黑客入侵带来不少麻烦，最好在需要调用数据库的脚本中，拒绝使用代理的访问。

（6）分布式集群防御。这是目前网络安全界防御大规模 DDoS 攻击的一种有效办法。分布式集群防御的特点是在每个节点服务器配置多个 IP 地址，并且每个节点能承受不低于 10Gb/s 的 DDoS 攻击，如一个节点受攻击无法提供服务，系统将会根据优先级设置自动切换另一个节点，并将攻击者的数据包全部返回发送点，使攻击源成为瘫痪状态。

三、Web 数据传输安全

1. HTTP 的安全缺陷

HTTP 协议虽然使用极为广泛，但是却存在不小的安全缺陷，主要是其数据的明文传送和消息完整性检测的缺乏，而这两点恰好是网络支付、网络交易等新兴应用中安全方面最需要关注的。

（1）明文传输数据。HTTP 本身不具备加密的功能，所以也无法做到对通信整体（使用 HTTP 协议通信的请求和响应的内容）进行加密。因此，攻击者可以通过网络嗅探攻击，从传输过程中分析出敏感的数据。

（2）不验证通信方的身份。HTTP 协议中的请求和响应不会对通信方进行确认。在 HTTP 协议通信时，由于不存在确认通信方的处理步骤，任何人都可以发起请求。另外，服务器只要接收到请求，不管对方是谁都会返回一个响应。由于协议不需要确认通信方身份，会带来很多安全隐患，比如目标的攻击者可以伪装的 Web 服务器，发动中间人攻击，修改客户端和服务端传输的数据，甚至在传输数据中插入恶意代码，导致客户端被引导至恶意网站而植入木马。

（3）不验证报文完整性。HTTP 在传输客户端请求和服务端响应时，唯一的数据完整性检验就是在报文头部包含了本次传输数据的长度，而对内容是否被篡改不作确认。因此，在请求或响应送出之后直到对方接收之前的这段时间内，即使请求或响应的内容遭到篡改，也没有办法获悉。换句话说，没有任何办法确认，发出的请求/响应和接收到的请求/响应是前后相同的。

2．HTTPS 协议的改进

HTTPS 是一种通过计算机网络进行安全通信的传输协议，经由 HTTP 进行通信，利用 SSL/TLS 建立安全信道，加密数据包。HTTPS 主要通过数字证书、加密算法、非对称密钥等技术完成互联网数据传输加密，实现互联网传输安全保护。设计目标主要有 3 个。

（1）数据保密性：保证数据内容在传输的过程中不会被第三方查看。

（2）数据完整性：及时发现被第三方篡改的传输内容。

（3）身份校验安全性：保证数据到达用户期望的目的地。

3．HTTPS 协议工作原理

1）双向的身份认证

客户端和服务端在传输数据之前，会基于 X.509 证书对双方进行身份认证。具体过程如下。

（1）客户端发起 SSL 握手消息给服务端要求连接。

（2）服务端将证书发送给客户端。

（3）客户端检查服务端证书，确认是否由自己信任的证书签发机构签发。如果不是，将是否继续通信的决定权交给用户选择（注意，这里将是一个安全缺陷）。如果检查无误或者用户选择继续，则客户端认可服务端的身份。

（4）服务端要求客户端发送证书，并检查是否通过验证。失败则关闭连接，认证成功则从客户端证书中获得客户端的公钥，一般为 1024 位或者 2048 位。到此，服务器客户端双方的身份认证结束，双方确保身份都是真实可靠的。

2）数据机密性保护

客户端和服务端在开始传输数据之前，会协商传输过程需要使用的加密算法。客户端发送协商请求给服务端，其中包含自己支持的非对称加密的密钥交换算法（一般是 RSA），数据签名摘要算法（一般是 SHA 或者 MD5），加密传输数据的对称加密算法，以及加密密钥的长度。

服务端接收到消息之后，选择安全性最高的算法，并将选中的算法发送给客户端，完成协商。客户端生成随机的字符串，通过协商好的非对称加密算法，使用服务端的公钥对该字符串进行加密，发送给服务端。

服务端接收到之后，使用自己的私钥解密得到该字符串。在随后的数据传输当中，使用这个字符串作为密钥进行对称加密。

3）防止重放攻击

SSL 使用序列号来保护通信方免受报文重放攻击。这个序列号被加密后作为数据包的负载。在整个 SSL 握手中，都有一个唯一的随机数来标记 SSL 握手。这样防止了攻击者嗅探整个登录过程，获取到加密的登录数据之后，不对数据进行解密，而直接重传登录数据包的攻击手法。

4. HTTPS 协议的不足

（1）相同网络环境下，HTTPS 协议会使页面的加载时间延长近 50%，增加 10%～20% 的耗电。此外，HTTPS 协议还会影响缓存，增加数据开销和功耗。

（2）HTTPS 协议的安全是有范围的，在黑客攻击、拒绝服务攻击和服务器劫持等方面几乎起不到什么作用。

（3）最关键的是，SSL 证书的信用链体系并不安全，特别是在第三方可以控制 CA 根证书的情况下，中间人攻击一样可行。

（4）成本增加。部署 HTTPS 后，因为 HTTPS 协议的工作要增加额外的计算资源消耗，例如 SSL 协议加密算法和 SSL 交互次数将占用一定的计算资源和服务器成本。在大规模用户访问应用的场景下，服务器需要频繁地做加密和解密操作，几乎每一个字节都需要做加解密，这就产生了服务器成本。随着云计算技术的发展，数据中心部署的服务器使用成本在规模增加后逐步下降，相对于用户访问的安全提升，其投入成本已经下降到可接受程度。

四、Web 欺骗及防御

1. Web 欺骗

Web 欺骗是一种电子信息欺骗，攻击者创造了一个完整的令人信服的 Web 世界，但实际上它却是一个虚假的复制。虚假的 Web 看起来十分逼真，它拥有相同或相似的网页和链接，也被称为钓鱼网站。攻击者控制着这个虚假的 Web 站点，受害者的浏览器和 Web 之间的所有网络通信就完全被攻击者截获。

由于攻击者可以观察或者修改任何从受害者到 Web 服务器的信息，同样地，也控制着从 Web 服务器发至受害者的返回数据，这样攻击者就有发起攻击的可能性。攻击者能够监视被攻击者的网络信息，记录他们访问的网页和内容。当被攻击者填完一个表单并发送后，这些数据将被传送到 Web 服务器，Web 服务器将返回必要的信息，但不幸的是，攻击者完全可以截获并使用这些信息，这意味着攻击者可以获得用户的账户和密码。

2. 防御 Web 欺骗

1）终端防护

（1）URL 数据库。

钓鱼网站都有其特定的 URL 地址，因此最常见的防护技术是建立钓鱼网站 URL 数据库，将用户访问的网站地址在数据库中进行查找比对并判断是否可以继续访问。这实际上是一种穷举的办法，需要采集足够多的样本并不断更新数据库。

数据库的建立和更新方式有很多。安全软件一般都含有钓鱼网站举报功能。如果用户认为自己访问了此类网站，便可使用举报方式告知安全厂商，经过分析并确认后的钓鱼网站地址便会进入数据库。还有的安全厂商建立有自己的搜索引擎，通过搜索引擎不间断地抓取网页内容，智能化地分析判断是否为钓鱼网站，并据此建立扩充自己的钓鱼网址库。

这种数据库查找的方式识别较为准确，但钓鱼网站的生存周期很短，每天都会出现很多新的网站，因此这种方式无法防护最新的钓鱼网站。

（2）Web 实时防护。

目前出现的新的 Web 实时防护技术，可以动态智能地分析用户所访问的网页内容。无论呈现给用户的网页有多么复杂，对于浏览器而言都只是可识别的网页代码（HTML、JavaScript、CSS 等）。有的安全软件通过专业安全人员的分析可以获得钓鱼网站在网页代码层面的一些特征，通过特征的分析比对可以给访问的网页一个评价值，或对其进行分类，根据分析结果来判断该网页是否为钓鱼网页。这种方式不需要庞大的 URL 数据库，节省资源，但可能会影响上网速度，并存在误报的可能。

（3）IP 信誉度。

用户访问钓鱼网站时是需要和特定的服务器 IP 地址建立数据通道的。当数据传输发生时，安全软件将会接收到这个 IP 地址的信誉排名，该排名根据 IP 地址是否包含恶意代码，是否指向可疑网站，该 IP 地址之前的访问量等信息而生成。基于信誉排名，所访问的 IP 地址将会被指定为受信任的、可疑的或是被禁止的。据此来告知用户该网站是否存在可能的钓鱼危害。

（4）与云计算的结合。

近些年发展起来的云技术给网络安全防护带来了新的思路，即“云安全”。主流的安全软件都有着庞大的、甚至数以亿计的用户。用户遇到的钓鱼网站可以迅速地整合到云数据库中，并分享给其他用户。数据库中可以包含前述的各种技术数据，也可以是它们的组合，构成多维的防护屏障。

2）中间防护

终端防护的优点在于可以将多种防护集于一身，数据更新快。但这种方式也带来了额外的资源开销：会增加网络数据交互，消耗用户端的电脑资源，影响上网体验。对于企业用户而言，额外使用的资源就意味着成本的增加。这种情况下中间防护设备就起到了关键作用。

例如，有的网络入侵防御（intrusion prevention system，IPS）设备都会集成钓鱼网站的防护功能。在防护时可以采用前述的 URL 数据库查找比对方式进行拦截，也可以将漏洞检测技术应用到钓鱼网站的识别上。例如，针对常见的钓鱼网站 URL 开发专门的 IPS 检测规则并集成到规则库中，这些规则可以将 URL 地址作为检测对象。虽然 IPS 的规则本身是固定的，但其技术特点决定了这种规则有着较广的覆盖面，可以预见式地涵盖可能出现的 URL 变化。例如，www.1cbc.com.cn、www.lcbc.com.cn、www.icbc.com.cn 等，这几种钓鱼网站的 URL 就可以通过一个 IPS 规则来过滤。这种方式效率高，维护简单。

同时，IPS 规则也可以对网页内容本身做检测，分析网页代码，查找特征，并对网页做出相应的动作，如允许访问、阻断或告警。这种方式类似于前面提到的 Web 实时防护。IPS 设备也可以对漏洞攻击、木马传播起到阻断拦截的作用，这也能对一些采用相关技术的钓鱼网站起到防护作用。

IPS 设备是专业的检测识别设备，有专门的处理软件和硬件，因此这种整体性的防护并不会影响一般的网络行为，不消耗额外的系统资源，比较适合企业或局域网用户。

3. 用户教育

是否具有强大的安全性不仅仅依赖于技术的强大，更重要的是依赖于用户是否接受过适当的安全知识培训，下面从用户层面给出一些防范 Web 欺骗的建议。

（1）禁用 JavaScript、ActiveX 或者任何其他在本地执行的脚本语言。攻击者使用 Java 或者 ActiveX 就能在后台运行一个进程，做他想做的任何事情，而且对用户是透明的。使脚本语言无效，攻击者就不能隐藏攻击的迹象了。受害者可以检查自己正在浏览的每一页的源代码，这是唯一知道自己是否正遭受攻击的途径，但这不是一个可行的解决方法。

（2）确保应用有效并能适当地跟踪用户。无论是使用 cookie 还是会话 ID，都应该确保要尽可能地长和随机。

（3）养成查看浏览器地址栏中 URL 的习惯。

第三节　电子邮件服务安全

一、电子邮件系统工作原理

通过网络的电子邮件系统，用户可以用非常低廉的价格（不管发送到哪里，都只需负担电话费和网费即可），以非常快速的方式（几秒之内可以发送到世界上任何你指定的目的地），与世界上任何一个角落的网络用户联系。电子邮件系统采用“存储转发”工作方式，一封电子邮件从发送方计算机发出，在网络传输的过程中，经过多台计算机的中转，最后到达目的计算机，送到收信人的电子邮箱。

电子邮件的工作过程遵循客户机到服务器的模式，如图 3-5 所示。每封电子邮件的发送都要涉及发送方与接收方，发送方构成客户端，而接收方构成服务器，服务器含有众多用户的电子邮箱。发送方通过邮件客户程序，将编辑好的电子邮件向邮局服务器（SMTP 服务器）发送。邮局服务器识别接收方的地址，并向管理该地址的邮件服务器（POP3 服务器）发送消息。邮件服务器将消息存放在接收方的电子信箱内，并告知接收方有新的邮件到来。接收方通过邮件客户程序连接到服务器上，就会看到服务器的通知，进而打开自己的电子邮箱来查看邮件。

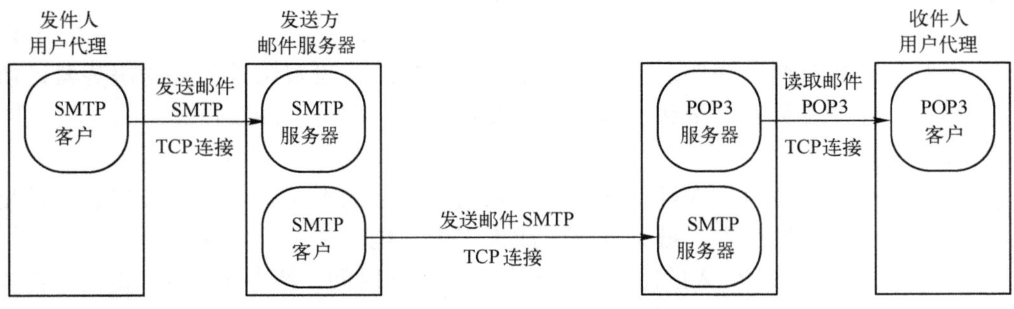

图 3-5　电子邮件发送接收过程示意图

二、电子邮件服务的安全问题

电子邮件服务在互联网上被广泛应用，其安全问题也受到巨大的关注，一般来说，电子邮件服务常见的安全问题包括以下几个方面。

1. 邮件病毒

“邮件病毒”一般是通过邮件中的“附件”进行扩散的，是病毒传播的主要途径之一。例如，目前很多蠕虫病毒都可以通过邮件方式传播，这些邮件蠕虫病毒可以使用自己的 SMTP，将病毒邮件发送给搜索到的邮件地址，一旦用户打开带有病毒的邮件，或运行病毒程序，该计算机就可能立刻感染病毒。

2. 邮件炸弹

邮件炸弹原理：在一定时间内给某一个用户或某一邮件服务器发送大量的邮件，其中，邮件的长度可能较大，从而使得用户的邮箱被炸掉，从而降低邮件服务器的效率，最终使得邮件服务器瘫痪。

邮件炸弹可以分为两类：一类是仅炸邮件服务器上的某个用户的邮箱，使得该用户的邮箱被关闭，以后发给该用户的邮件变成了垃圾；另一类是炸邮件服务器，使得服务器在短时间内不能处理大量的邮件，轻则导致服务器的性能下降，并可能产生轻度的拒绝服务，重则导致死机或关机。

邮件炸弹本质上是一种拒绝服务攻击，拒绝服务的原因有几种：①网络连接过载；②系统资源耗尽；③大量邮件和系统日志造成磁盘空间耗尽。

常见的邮件炸弹攻击形式包括：

（1）回复转发的死循环。

假设甲要对乙的邮箱进行攻击，甲首先会申请两个电子邮箱，在其中的一个邮箱中启动转发和自动回信功能，转发邮箱为乙的邮箱。在另一个邮箱中启动自动回信功能，这个功能在目前许多的邮箱中都有。从只带有自动回信功能的邮箱中，向带有转发和自动回信功能的邮箱中发送邮件。

这样两个信箱由于都带有自动回信，所以就进行循环发信，而当带有转发功能的邮箱收到邮件后就会向乙的邮箱发送邮件。这样乙的邮箱很快就被填满了。

（2）“胀”破邮箱容量。

申请一个邮箱，开启匿名功能。使用如 Outlook 这些邮件工具，发送一个大容量的附件，在启动 Outlook 中的切分功能后，进行发送。

（3）基于软件的攻击。

启动专门的邮箱炸弹软件，输入要攻击的邮箱地址，设置邮件的发送服务器，填写邮件的相关内容，设置发送量和发送邮件的线程数目，即可发动攻击。

3. 垃圾邮件

垃圾邮件是指未经用户许可就强行发送到用户邮箱的电子邮件。垃圾邮件的常见内容包括商业或个人网站广告、赚钱信息、成人广告、电子杂志、连环信等。

垃圾邮件不但侵犯收件人的隐私权，耗费收件人的时间、精力和金钱，占用收件人信箱空间，而且还占用网络带宽，造成邮件服务器拥塞，降低了整个网络运行的速率。

垃圾邮件可以分为良性和恶性两种类型。良性垃圾邮件是指对收件人影响不大的信息邮件，如各种宣传广告；恶性垃圾邮件是指具有破坏性的电子邮件，如携带恶意代码的邮件。

4. 邮件截获

电子邮件作为信息的承载体，其面临的安全保密威胁主要就是邮件被截获，邮件内容外泄。根据电子邮件系统工作原理，电子邮件从发件人到达收件人的过程中，需要经过不同网络和邮件服务器进行中转，直到电子邮件到达最终接收主机，这就给攻击者带来了可乘之机，攻击者可以在电子邮件数据包经过网络设备和多个介质邮件服务器时把它们截取下来，获得这些邮件的信息。此外，攻击者还可以在特定目标用户收发电子邮件的局域网中部署嗅探设备，通过分析还原电子邮件，获取邮件信息，也可以进入电子邮件系统服务器，窃取多个用户，甚至所有用户的邮件数据。

5．非法登录

目前，对于绝大多数电子邮件系统而言，密码是登录电子邮箱的唯一凭证。如果掌握登录密码，就能进入相应电子邮箱，窃取信息。攻击者获取目标用户电子邮箱登录密码的方式归纳起来主要有下面两种。

一是猜测用户邮箱密码。据统计，除了 123456、password 这类明显的弱密码外，用户喜欢使用生日、办公电话、手机号码、工作单位/部门缩写、房间号等作为电子邮箱密码，这些密码多与用户工作生活密切相关，易被攻击者猜出。

二是收集网络数据分析获得邮箱登录密码。当前，互联网上很多论坛、社区、购物网站都允许用户以电子邮箱地址进行注册，而用户喜欢使用电子邮箱的登录密码作为网站登录密码，一旦这类网站信息外泄，将附带造成用户电子邮箱密码的泄露。由于多数用户存在“一套密码走天下”的习惯，使得攻击者可以轻易地获取到用户邮箱的密码，从而攻击者直接掌握了用户邮箱的控制权。

三、电子邮件安全防护

1．邮件加密

阻止攻击者截获在网络上传输的邮件数据包，一种有效的措施就是在发送邮件前对其进行加密处理，接收方接到电子邮件后对其进行数字解密处理，这样，即使攻击者截获了电子邮件，他面对的也只是一堆没有任何意义的乱码。

2．邮件过滤

在电子邮件中安装一个过滤器是一种有效的防范措施。在接收任何电子邮件之前预先检查发件人的资料，如果觉得有可疑之处，可以将之删除，不让它进入你的电子邮件系统。但这种做法有时会误删除一些有用的电子邮件。如果担心有人恶意破坏你的信箱，可以在邮件软件中启用过滤功能。过滤可以基于黑白名单策略，也可以针对邮件标题、附件文件名和大小等选项，对内容进行过滤。

3．识别邮件病毒

一些邮件病毒具有广泛的共同特征，找出它们的共同点可以防止病毒的破坏。当收到邮件时，先看邮件大小及对方地址，如果发现邮件中无内容、无附件，邮件自身的大小又有几十 KB 或更大、或者附件的后缀名是双后缀，那么此类邮件中极可能包含病毒，可直接删除此邮件，然后再清空废件箱。在清空废件箱后，一定要压缩一遍邮箱，否则杀毒软件在下次查毒时还会报有病毒。

4．病毒库更新

计算机病毒在不断产生并演化变体，反病毒软件生产商都会根据最近新发现的病毒情况，随时补充新病毒代码到病毒库中，因此用户及时升级防病毒软件是必须做的工作。

5．使用转信功能

有些邮件服务器为了提高服务质量往往设有“自动转信”功能，利用该功能可以在一定程度上解决容量特大邮件的攻击。假设你申请了一个转信信箱，利用该信箱的转信功能和过滤功能，可以将那些不愿意看到的邮件统统过滤掉，并在邮件服务器中删除，或者将垃圾邮件转移到自己其他免费的信箱中，或者干脆放弃使用被轰炸的邮箱，另外重新申请一个新的信箱。

6．专用工具

如果邮箱不幸“中弹”，而且还想继续使用这个信箱名的话，可以用一些邮件工具软件来清除这些垃圾信息。这些清除软件可以登录到邮件服务器上，使用其中的命令来删除不需要的邮件，保留有用的信件。

7．实时监控

实时监控技术为电子邮件和系统安全构筑起一道动态、实时的反病毒防线，它通过修改操作系统，使操作系统本身具备反病毒功能，拒病毒于计算机系统之门外。且优秀的反病毒软件由于采用与操作系统的底层无缝连接技术，实时监控器占用的系统资源极小，用户几乎感觉不到其对机器性能的影响，并且不用考虑病毒的入侵问题。

四、电子邮件安全协议

1．传输层电子邮件安全协议

电子邮件包括信头和信体，端到端的安全电子邮件技术一般只对信体进行加密和签名，信头则由于邮件传输中寻址和路由的需要，必须保证不变。但一些应用环境下，可能会要求信头在传输过程中也能保密，这就需要使用传输层的加密技术。目前主要有两种方式能够实现电子邮件在传输过程中的安全：一种是利用 SSL SMTP 和 SSL POP；另一种是利用 VPN 或者其他 IP 通道技术。

2．PGP 协议

PGP 协议可以实现对邮件的保密，防止非授权者阅读。此外，PGP 协议还可以对邮件加上数字签名从而使收信人可以确认邮件的发送者身份，并能确信邮件没有被更改。PGP 协议具体的技术细节可参考第二章中相关内容。

3．S/MIME 协议

MIME 协议（multipurpose internet mail extensions）是一种互联网邮件标准化格式，允许以标准化的格式在电子邮件中发送多媒体信息，但不提供任何安全性元素。S/MIME 协议全称是“安全的多功能互联网邮件扩展”（secure/multipurpose internet mail extensions），是基于 RSA 数据安全技术的电子邮件格式标准的安全扩充。从一般功能上看，S/MIME 协议与 PGP 协议类似，都提供了对报文签名和加密的基本安全防护功能。但从整体上看，PGP 协议是以整个邮件为对象进行安全防护，而 S/MIME 协议则是渗透到邮件内部的安全标准，主要体现如下。

（1）公钥可信度。S/MIME 标准中，用户必须从受信任的证书颁发机构申请 X.509 数字证书，由权威 CA 机构验证用户的真实身份并签署公钥，确保用户公钥可信，收信人通过证书公钥验证发信人身份真实性。而 PGP 不提供强制创建信任的策略，由发信人自己创建并签署自己的密钥对，或为其他通信用户签署公钥增强其密钥可信度，没有任何受信任的权威中心去验证核实身份信息，每个用户必须自己决定是否信任对方。

（2）加密保护范围。PGP 协议的诞生是为了解决纯文本消息的安全问题，而 S/MIME 协议不仅保护文本信息，还可以保护各种附件和数据文件。

（3）集中化管理。从管理角度看，S/MIME 协议被认为优于 PGP 协议，可以通过 X.509 证书服务器进行集中式密钥管理。

（4）兼容性和易用性。S/MIME 协议更具备广泛的行业支持，已经内置于大多数电子邮件客户端软件中。

4．PEM 协议

PEM（privacy enhanced mail）协议全称私密性邮件增强协议，是由 IETF 安全小组设计的邮件保密与增强规范，它的实现基于 PKI 公钥基础结构并遵循 X.509 认证协议，提供了数据加密、鉴别、消息完整性及密钥管理等功能。

5．MOSS 协议

MOSS 协议是将 PEM 和 MIME 两者的特性进行了结合。MOSS 对算法没有特别的要求，可以使用不同的算法，由于是专门设计用来保密一条消息的全部 MIME 结构的，并没有被广泛使用。

第四节　FTP 服务安全

一、FTP 服务的工作原理

当启动 FTP 从远程计算机上下载文件时，事实上运行了两个程序：一个是本地机上的 FTP 客户程序，它向 FTP 服务器提出下载文件的请求；另一个是在远程计算机上运行的 FTP 服务器程序，它响应请求并把指定的文件传送到 FTP 客户机中。

FTP 服务系统是典型的客户/服务器工作模式。FTP 的服务程序和客户程序分工协作，在文件传输协议的协调指挥下，共同完成文件的传输。FTP 系统的基本工作原理如图 3-6 所示。

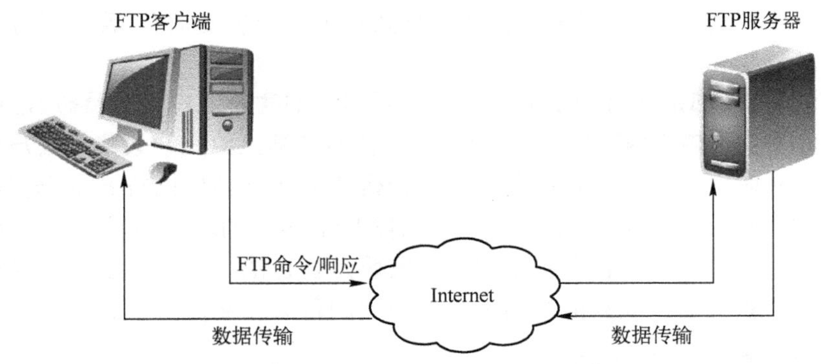

图 3-6　FTP 系统工作原理图示意图（Port 模式）

图 3-6 所示为 Port 模式，控制连接的箭头是从客户端指向服务器，表示由客户端发起控制连接。数据连接的箭头是从服务器指向客户端，表示由服务器发起数据连接。

右边是FTP服务器，装有FTP服务器软件，通常是Internet上的信息服务提供者主机。左边的客户终端装有FTP客户机软件，通常是用户的本地计算机。两者的通信交流通过FTP文件传输协议进行。

FTP需要TCP协议的支持，使用两个并行的TCP连接来传输文件，一个称为控制连接（control connection），另一个称为数据连接（data connection）。

当用户启动与远程主机的FTP会话时，FTP客户端首先会与FTP服务器的21号端口建立一个控制连接，并告知服务器自己的另一个端口号码。当用户要求传送文件时，FTP服务器则会用20号端口与客户端所提供的端口号码建立一个数据连接，FTP在数据连接上传送完一个文件后会立即断开该数据连接。如果在一次FTP会话过程中需要传送另一个文件，FTP服务器则会再次建立一个数据连接。在整个FTP会话过程中，控制连接始终保持，而数据连接则随着文件的传输会不断地打开和关闭。

FTP有两种工作模式，即Port模式和Passive模式，两种模式主要的不同是数据连接建立的不同。Port模式是FTP的默认工作模式，在这种模式下，客户端在本地打开一个端口等待服务器去连接从而建立起数据连接（FTP服务器主动建立连接）；而Passive模式是服务器打开一个端口等待客户端去建立一个数据连接（FTP服务器被动建立连接）。

二、FTP的登录方式

根据登录FTP的工具不同，FTP的登录方式可分为浏览器访问方式和FTP专用软件访问方式。浏览器方式登录FTP服务器时不用安装任何客户端程序，只要在浏览器地址栏内输入FTP主机地址，就可进行登录操作，非常方便。而使用FTP专用软件时，可以有更多的功能，如多主机登录用户管理；多任务、多线程下载、上传；断点续传；自动开机、关机服务等。

根据FTP服务器的管理方式，FTP服务器又可分为两类：匿名FTP服务器和非匿名FTP服务器。对于前者任何上网用户无须事先注册就可以自由访问。登录匿名FTP时，一般可在“用户名”栏填写“anonymous”（匿名），在“密码”栏填写任意电子邮件地址。如果用浏览器访问匿名FTP服务器，只要选中“匿名登录”，就连填写密码这点工作也可由浏览器负责。

非匿名的FTP都是针对特定的用户群使用的（如注册用户、会员等），访问非匿名FTP必须事先得到FTP服务器管理员的授权（在服务器上给用户设定“用户名”和“密码”），用户登录时必须使用特定的用户名和密码才能建立客户机与FTP服务器的连接。

通常，FTP服务器会通过21端口监听来自FTP客户的连接请求。当一个FTP客户请求连接时，FTP服务器校检登录用户名和密码是否合法，如果合法，即打开一个数据连接。一个用户登录后，他只能访问被允许访问的目录和文件。

三、FTP服务的安全问题

1. 反弹攻击（the bounce attack）

FTP规范定义了“代理FTP”机制，即服务器间交互模型。支持客户建立一个FTP控制连接，然后在两个服务间传送文件。同时，FTP规范中对使用TCP的端口号没有任何限制，而从 0～1023 的 TCP 端口号保留用于众所周知的网络服务。所以，通过“代理 FTP”，客户可以命令 FTP 服务器攻击任何一台机器上的众所周知的服务。

客户发送一个包含被攻击的机器和服务的网络地址和端口号的“PORT”命令。这时客户要求 FTP 服务器向被攻击的服务发送一个文件，这个文件中应包含与被攻击的服务相关的命令（如 SMTP、NNTP）。由于是命令第三方去连接服务，而不是直接连接，这样不仅使追踪攻击者变得困难，还能避开基于网络地址的访问限制。

2．有限制的访问（restricted access）

一些 FTP 服务器基于网络地址进行访问控制。例如，服务器可能希望限制来自某些地点的对某些文件的访问（如为了某些文件不被传送到组织以外）。另外，客户也需要知道连接是由所期望的服务器建立的。

攻击者可以利用这样的情况，控制连接是在可信任的主机之上，而数据连接却不是。

3．保护密码（protecting passwords）

在 FTP 标准中，FTP 服务器允许无限次输入密码。而且，“PASS”命令以明文传送密码。强力攻击有两种表现：在同一连接上直接强力攻击；和服务器建立多个并行的连接进行强力攻击。

4．保护用户名攻击

当“USER”命令中的用户名被拒绝时，在 FTP 标准中定义了相应的返回码 530。而当用户名是有效的但却需要密码，FTP 将使用返回码 331。攻击者可以通过利用 USER 操作的返回码，确定一个用户名是否有效。

5．端口盗用（port stealing）

当使用操作系统相关的方法分配端口号时，通常都是按增序分配。攻击者可以通过规律，根据当前端口分配情况，确定要分配的端口，进而预先占领端口，让合法用户无法分配通信端口，进而窃听信息，以及伪造信息。

四、FTP 服务的安全解决方案

1．反弹攻击防范措施

最简单的办法就是封住漏洞。首先，服务器最好不要建立 TCP 端口号在 1024 以下的连接。如果服务器收到一个包含 TCP 端口号在 1024 以下的 PORT 命令，服务器可以返回消息 504（[PR85]中定义为“对这种参数命令不能实现”）。其次，禁止使用 PORT 命令也是一个可选的防范反弹攻击的方案。大多数的文件传输只需要 PASV 命令。这样做的缺点是失去了使用“代理 FTP”的可能性，但是在某些环境中并不需要“代理 FTP”。

2．有限制的访问防范措施

在建立连接前，双方需要同时认证远端主机的控制连接，判断数据连接的网络地址是否可信（如在组织之内），基于网络地址的访问控制可以起一定作用，但还可能受到“地址盗用（spoof）攻击”。在 spoof 攻击中，攻击机器可以冒用在组织内的机器的网络地址，从而将文件下载到在组织之外的未授权的机器上。

3．保护密码防范措施

对第一种强力攻击，建议服务器限制尝试输入正确口令的次数。在几次尝试失败后，服务器应关闭和客户的控制连接。在关闭之前，服务器可以发送返回码 421（服务不可用，关闭控制连接）。另外，服务器在响应无效的“PASS”命令之前应暂停几秒来消减强力攻击的有效性。若可能的话，目标操作系统提供的机制可以用来完成上述建议。

对第二种强力攻击，服务器可以限制控制连接的最大数目，或探查会话中的可疑行为并在以后拒绝该站点的连接请求。密码的明文传播问题可以用 FTP 扩展中防止窃听的认证机制解决。

然而上述两种措施的引入又都会被“业务否决”攻击，攻击者可以故意地禁止有效用户的访问。

4．用户名 Usernames 的安全防范措施

不管用户名是否有效，设置 FTP 服务器都返回 331，使得攻击者无规律可循。

5．端口盗用 Port Stealing 防范措施

由操作系统随机分配端口号，使攻击者无法预测。

五、FTP 安全协议

1．SFTP

SFTP 是 secure file transfer protocol 的缩写，安全文件传送协议。可以为传输文件提供一种安全的加密方法。SFTP 与 FTP 有着几乎一样的语法和功能，但 SFTP 是 SSH 的一部分，在 SSH 软件包中，包含了一个叫作 SFTP 的安全文件传输子系统。SFTP 本身没有单独的守护进程，它必须使用 sshd 守护进程（端口号默认是 22）来完成相应的连接操作，所以从某种意义上来说，SFTP 并不像一个服务器程序，而更像是一个客户端程序。SFTP 同样是使用加密传输认证信息和传输的数据，所以，使用 SFTP 是非常安全的。但是，由于这种传输方式使用了加密/解密技术，所以传输效率比普通的 FTP 要低得多，如果对网络安全性要求更高时，可以使用 SFTP 代替 FTP。

2．FTPS 协议

FTPS 是一种多传输协议，相当于加密版的 FTP 协议，是在安全套阶层使用标准的 FTP 协议和指令的一种增强 FTP 协议，为 FTP 协议和数据通道增加了 SSL 安全功能。因此，FTPS 也称为“FTP-SSL”或“FTP-over-SSL”。

3．SFTP 和 FTPS 的区别

SFTP 和 FTPS 协议都为 FTP 协议的安全传输提供了加密保护，功能相似，二者的区别如下。

（1）FTPS 是 TCP/IP 协议栈中的协议之一，而 SFTP 是独立的安全文件传输协议，可以提供一种安全的网络加密方法传输文件。

（2）FTPS 协议使用 20 号和 21 号两个端口，而 SFTP 本身没有单独的守护程序，必须使用 sshd 守护程序（默认端口 22 号）来完成相应的连接和答复操作。

（3）FTPS 服务器用于存储文件，用户可以使用 FTPS 客户端通过 FTPS 协议访问位于 FTPS 服务器上的资源；SFTP 则是 SSH 的一部分，是一种文件传输的安全方法。

第五节　Telnet 服务安全

一、Telnet 的工作过程

Telnet 服务是 TCP/IP 协议族的一员，是 Internet 远程登录服务的标准协议和主要方式，为用户提供了在本地计算机上完成远程主机工作的能力。在终端使用者的计算机上使用 telnet 程序连接到远程服务器后，终端使用者可以在 telnet 程序中输入命令，这些命令会在服务器上运行，就像直接在服务器的控制台上输入一样，实现在本地控制远程服务器。

使用 Telnet 协议进行远程登录时需要满足以下条件。

（1）在本地计算机上必须装有包含 Telnet 协议的客户程序。

（2）必须知道远程主机的 IP 地址或域名。

（3）必须知道登录标识与口令。

Telnet 远程登录服务分为以下 4 个过程。

（1）本地与远程主机建立连接。该过程实际上是建立一个 TCP 连接，用户必须知道远程主机的 IP 地址或域名。

（2）将本地终端上输入的用户名和口令及以后输入的任何命令或字符以 NVT（net virtual terminal）格式传送到远程主机。该过程实际上是从本地主机向远程主机发送一个 IP 数据包。

（3）将远程主机输出的 NVT 格式的数据转化为本地所接受的格式送回本地终端，包括输入命令回显和命令执行结果。

（4）最后，本地终端对远程主机进行撤销连接。该过程是撤销一个 TCP 连接。

二、Telnet 的安全隐患

虽然 Telnet 具备了一定的安全选项，例如口令认证和加密的选项，但在现实中的使用并不广泛，以下主要介绍在没有安全选项的情况下 Telnet 可能存在的安全隐患。

1．Telnet 客户端

对于 Telne 终端本身，安全威胁主要来自终端本身被入侵控制等，与 Telnet 关系不大，在此不再进一步讨论。

2．Telnet 连接

对于 Telnet 连接，由于 Telnet 明文传输控制命令和数据的特点，通过嗅探的方式很容易获得在其中传送的用户名和密码等敏感信息。考虑到交互的实时性，Telnet 客户端可能将用户的输入封装在不同的报文中传送给服务器端。攻击者通过将分散的报文重组，就可以获取用户名、密码以及后续的设备信息等，然后利用这些信息直接登录到 Telnet 终端服务，实施下一步的攻击行动。当然，进行嗅探是有条件的，攻击者需要接入 Telnet 连接所经过的网络，控制链路上的某个网络设备，例如路由器或交换机设备，利用端口镜像、流量采集等手段将数据流引导至被控制的主机，然后利用协议分析软件即可获得整个连接上传送的信息。

3．Telnet 服务

如果攻击者没有控制位于连接上的任何主机或设备，嗅探的攻击方法不可用，则可以考虑直接对 Telnet 服务端发起攻击。对 Telnet 服务端的攻击可以分为两类：第一类是利用专用的工具软件猜测登录的用户名和密码；第二类是利用 Telnet 服务本身可能存在的漏洞，例如 CVE-2011-4862 号漏洞等，直接绕过认证，甚至运行系统命令，登录 Telnet 服务器。

三、Telnet 的服务安全防范措施

1．Telnet 连接

对于链路嗅探攻击，由于 Telnet 通过 TCP 连接发送的数据是明文传送的，并没有进行加密，因此，一旦嗅探攻击开始，Telnet 用户名和密码的泄露就是无法避免的，由此引入的安全风险极高。考虑到攻击者获得用户名和密码之后，会重新登录到 Telnet 服务进行下一步的攻击，可以采取访问控制列表（access control list，ACL）的方法，限制访问的源 IP 地址，在一定程度上限制攻击。但攻击者仍可以通过仿冒 IP 源地址绕过 ACL。对于源 IP 地址仿冒的问题，可以开启单播逆向路径转发检查是否存在反向的路由，对于不存在反向路由的数据包进行丢弃，可以进一步限制攻击的发生。以上两种方案可以在一定程度上减少攻击的危害，但并不能完全消除风险。最彻底的解决方案是停用 Telnet 服务，采用更为安全的 SSH 协议来控制和配置网络设备。

2．密码猜测

为了对抗密码猜测，可以从密码的设置、安全功能设置和安全认证方式等方面进行防范。

1）密码设置

对于用户名和密码猜测攻击，默认用户名是否可以更改甚至停用、密码的强度（复杂度）决定了猜测成功的概率。对于密码的设置，需要遵循下面 4 条原则。

（1）不要使用默认的密码。网络设备交付时，通常都会有内置的用户名和默认的密码，这些信息可以在产品的用户手册中得到，如果使用了默认的密码，就相当于把设备的控制权拱手相让。

（2）不要使用可以在字典中找到的词作为密码；不要使用与主机名、域名有关的密码，或与 Whois 服务中能够找到的信息有关的密码；不要使用与个人爱好、宠物、亲属或生日有关的密码。攻击者可能会通过搜索引擎、社会工程学和其他的方法来搜集网络管理员的信息，生成更具针对性的密码字典。这种有针对性的字典可能会非常小，通常不超过 100KB，但是在猜解攻击中的效果却非常好。总的来说，人的因素是影响密码强度最短的短板，密码不可能做到完全随机，或多或少受到网络管理员的影响。

（3）在密码中使用除字母和数字之外的字符，例如!、@、# 和￥等，这样可以增大密码的强度，增加猜测的难度。

（4）定期修改密码。

2）安全功能

为抵抗密码猜测攻击，部分设备已经具备了密码控制功能，可以设定最小的密码长度。如果用户设定的密码长度低于限制值，会给出提示。另外，有些网络设备还会检查

login 的密码和 enable 密码，如果二者相同，在设置的时候也会给出提示。强制不同权限的用户使用不同的密码是非常重要的。即使攻击者能够破解一层密码，也无法获得所有的操作权限，从而增加了攻击的成本和复杂度。但是，在实际网络环境中，仍然存在使用默认密码或不同权限的用户使用相同密码的现象。

另外一个防止密码猜测的功能是设置尝试登录的次数，尝试的次数的上限建议设为 3 次。反过来，从攻击者的角度看，可以通过手动的方式首先检查网络设备是否开启了登录次数的限制，如果有限制，就不能将这台设备列为攻击对象，或是不能只用一个源发起攻击，需要尝试分布式的攻击方法。

网络设备密码认证的方式有两种：一种是用户只需要输入密码即可以访问设备；另外一种是需要输入用户名和密码，二者匹配才能对设备进行配置和管理。从攻击者的角度来看，破解用户名和密码的组合比单纯破解密码要困难得多。因此，网络管理员应尽可能地使用二者组合的方式来对用户进行认证。

3）安全认证方式

网络设备对用户的认证方式分为本地认证和认证服务器集中认证两种。从安全的角度考虑，应尽可能采用集中认证的方式。采用本地认证方式的设备一旦被攻破，攻击者可以很容易地删除登录日志，这对于安全事件发生之后的取证工作非常不利。集中认证可以基于远程认证拨号用户业务（remote authorization dial in user service，RADIUS）协议或终端访问控制器访问控制系统（terminal access controller access-control system，TACACS）。与本地认证方式相比，集中认证方式对于每次登录尝试都可以留下相对应的日志信息，一旦设备遭受攻击，就可以通过日志信息进行分析和溯源。对于通过“enable”命令（部分设备可能是“sys”命令）取得设备更高配置权限的认证，也建议采用集中认证的方式，这样可以发现攻击者是否进行了提升权限的攻击。

第六节　DNS 服务安全

一、DNS 结构与工作过程

DNS 是一个多层次的分布式系统，其结构为倒置的树形结构，这同 UNIX 文件系统的结构非常相似。如图 3-7 所示，将这棵树按照深度可以分为根域名服务器、顶级域名服务器和其他权威域名服务器，每一个树节点即为一个域，每个域下的节点构成子域。

互联网采用了层次树状结构的命名方法。任何一个连接互联网上的主机或路由器，都有一个唯一的层次结构的名字，即域名。域名的结构由若干个分量组成，各分量之间用点隔开：“… .三级域名.二级域名.顶级域名”，各分量分别代表不同级别的域名。

顶级域名 TLD（top level domain）：

（1）国家顶级域名 nTLD：如：.cn 表示中国，.us 表示美国，.uk 表示英国等。

（2）国际顶级域名 iTLD：采用.int。国际性的组织可在.int 下注册。

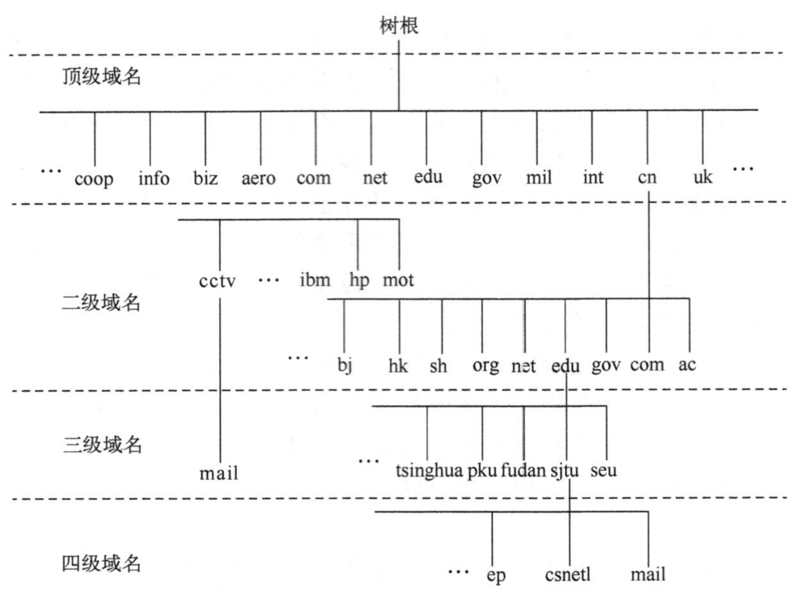

图 3-7　互联网的域名结构图

（3）通用顶级域名 gTLD：.com 表示公司企业；.net 表示网络服务机构；.org 表示非营利性组织或机构；.edu 表示教育机构；.gov 表示政府部门；.mil 表示军事部门。

许多应用层软件经常直接使用域名系统，但计算机的用户只是间接而不是直接使用域名系统。站点 A 要访问 www.ccc.com，站点 A 从 DNS 获取 www.ccc.com 对应 IP 地址的工作过程如图 3-8 所示。

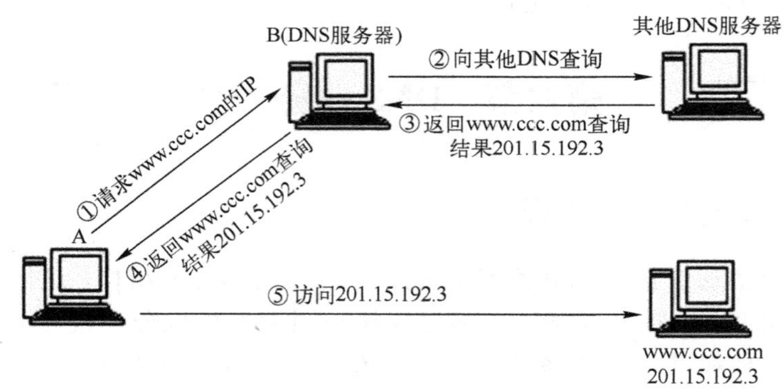

图 3-8　DNS 工作过程示意图

（1）A 先向 B（DNS 服务器）提交查询 www.ccc.com 的 IP 地址的请求。

（2）B 查询本地数据库，发现这个域名在不在本地数据库中，便向上级 DNS 服务器发出查询请求。

（3）直至上级 DNS 查询到该域名对应 IP，并逐级回传至 B（DNS 服务器），B 再回传至主机 A，即 www.ccc.com 的 IP 为 201.15.192.3。

（4）同时该查询应答被 B（DNS 服务器）记录到自己的 DNS 缓存中。

（5）A 得到 www.ccc.com 的 IP 为 201.15.192.3 信息后，便向 201.15.192.3 发出网页访问请求。

（6）当 A 下次再向 B 提交查询 www.ccc.com 的 IP 地址请求时，B 直接将自己 DNS 缓存中的域名 www.ccc.com 对应的 IP 地址 201.15.192.3 发送给 A。

DNS 服务有两个重要特点。

（1）DNS 对于自己无法解析的域名，会自动向其他 DNS 服务器查询。

（2）为提高效率，DNS 会将所有已经查询到的结果存入缓存（Cache）。

二、DNS 服务的安全问题

由于 DNS 在设计之初没有考虑安全问题，它既没有对 DNS 中的数据提供认证机制和完整性检查，在传输过程中也未加密；更没有对 DNS 服务进行访问控制或限制，因此造成了很多安全漏洞，使 DNS 容易受到分布式拒绝服务攻击、域名劫持、域名欺骗和 DNS 软件自身的漏洞等多种方式的攻击。本节中主要阐述 DNS 欺骗攻击等问题。

A 想要访问 C（www.ccc.com），B 向 A 提供 DNS 服务，过程如图 3-9 所示。

DNS 欺骗的基本思路：让 DNS 服务器的缓存中存有错误的 IP 地址，即在 DNS 缓存中放一个伪造的缓存记录。为此，攻击者需要做两件事：先伪造一个用户的 DNS 请求；再伪造一个查询应答。

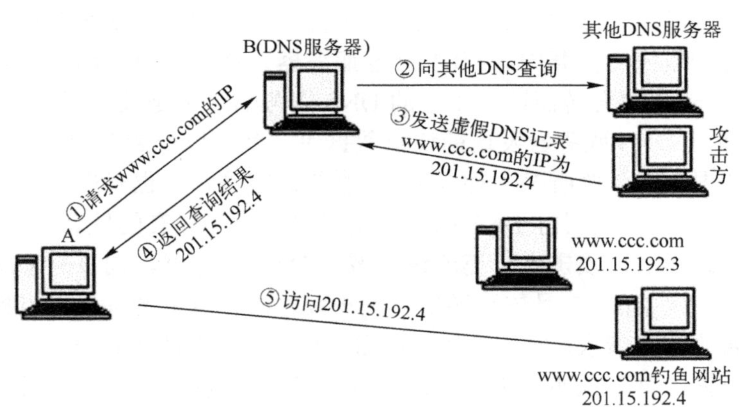

图 3-9　DNS 欺骗过程示意图

DNS 欺骗过程：

（1）入侵者先向 B（DNS 服务器）提交查询 www.ccc.com 的 IP 地址的请求。

（2）B 向上级 DNS 服务器递交查询请求。

（3）入侵者立即伪造一个应答包，告诉 www.ccc.com 的 IP 地址是 201.15.192.4（往往是入侵者的 IP 地址）。

（4）查询应答被 B（DNS 服务器）记录到缓存中。

（5）当 A 向 B 提交查询 www.ccc.com 的 IP 地址请求时，B 将 201.15.192.4 告诉 A。

（6）A 得到 www.ccc.com 的 IP 为 201.15.192.4 信息后，便向 201.15.192.4 发出网页访问请求。

（7）当 A 下次再向 B 提交查询 www.ccc.com 的 IP 地址请求时，B 直接将自己 DNS 缓存中的域名 www.ccc.com 对应的 IP 地址 201.15.192.4 发送给 A，结果 A 访问了钓鱼网站，遭到欺骗。

DNS 数据是通过 UDP 协议传递的，在 DNS 服务器之间进行域名解析通信时，请求方和应答方都使用 UDP 53 端口，而这样的通信过程往往是并行的，也就是说，DNS 域名服务器之间同时可能会进行多个解析过程，既然不同的过程使用的是相同的端口号，那靠什么来彼此区别呢？答案就在 DNS 报文里面。

在 DNS 报文格式头部的 ID 域是用来匹配响应和请求数据报文的。只有使用相同的 ID 号才能证明是同一个会话（由请求方决定所使用的 ID）。不同的解析会话，采用不同的 ID 号。在域名解析的整个过程中，请求方首先以特定的标识（ID）向应答方发送域名查询数据包，而应答方以相同的 ID 号向请求方发送域名响应数据包，请求方会将收到的域名响应数据包的 ID 与自己发送的查询数据包的 ID 相比较，如果相同，则表明接收到的正是自己等待的数据包，如果不相同，则丢弃。

再来看图 3-9 所示例子，如果攻击者伪造的 DNS 应答包中含有正确的 ID 号，并抢在“其他 DNS 服务器”之前向 DNS 服务器（B 机）返回伪造信息，欺骗攻击就将获得成功。

因此，确定目标 DNS 服务器的 ID 号即为 DNS 欺骗攻击的关键所在。在一段时期里，多数 DNS 服务器都采用一种有章可循的 ID 生成机制，对于每次发送的域名解析请求，DNS 服务器都会将数据包中的 ID 加 1。如此一来，攻击者如果可以在某个 DNS 服务器的网络中进行嗅探，只要向远程的 DNS 服务器发送一个对本地某域名的解析请求，而远程 DNS 服务器肯定会转而请求本地的 DNS 服务器，于是攻击者可以通过探测目标 DNS 服务器向本地 DNS 服务器发送的请求数据包，就可以得到想要的 ID 号了。

即使攻击者根本无法监听某个拥有 DNS 服务器的网络，也有办法得到目标 DNS 服务器的 ID 号。首先，他向目标 DNS 服务器请求对某个不存在的域名地址（但该域是存在的）进行解析。然后，攻击者冒充所请求域的 DNS 服务器，向目标 DNS 服务器连续发送应答包，这些包中的 ID 号依次递增。过一段时间，攻击者再次向目标 DNS 服务器发送针对该域名的解析请求，如果得到了返回结果，就说明目标 DNS 服务器接受了刚才攻击者的伪造应答，继而说明攻击者猜测的 ID 号在正确的区段上，否则，攻击者可以再次尝试。

知道了 ID 号，并且知道了 ID 号的增长规律，剩下的过程就类似 IP 欺骗攻击。这种攻击方式实现起来相对比较复杂一些。

三、DNS 欺骗检测与防范

1. 检测思路

发生 DNS 欺骗时，客户端会接收到两个以上的应答数据报文，报文中都含有相同的 ID 序列号，一个是合法的，另一个是伪装的。据此特点，有以下两种检测办法。

（1）被动监听检测。即监听、检测所有 DNS 的请求和应答报文。通常 DNS 服务端对一个请求查询仅仅发送一个应答数据报文（即使一个域名和多个 IP 有映射关系，此时多个关系在一个报文中回答）。因此，在限定的时间段内一个请求如果会收到两个或以上的响应数据报文，则可怀疑遭受了 DNS 欺骗。

（2）主动试探检测。即主动发送验证包去检查是否有 DNS 欺骗存在。通常发送验证数据包接收不到应答，然而黑客为了在合法应答包抵达客户机之前就将欺骗信息发送给客户，所以不会对 DNS 服务端的 IP 合法性校验，继续实施欺骗。若收到应答包，则说明受到了欺骗攻击。

2. 防范思路

在侦测到网络中可能有 DNS 欺骗攻击后，防范措施有：①在客户端直接使用 IP 地址访问重要的站点，从而避免 DNS 欺骗；②对 DNS 服务端和客户端的数据流进行加密，服务端可以使用 SSH 加密协议，客户端使用 PGP 软件实施数据加密。

对于常见的 ID 序列号欺骗攻击，采用专业软件在网络中进行监听检查，在较短时间内，客户端如果接收到两个以上的应答数据包，则说明可能存在 DNS 欺骗攻击，将后到的合法包发送到 DNS 服务端并对 DNS 数据进行修改，这样下次查询申请时就会得到正确结果。

3. 防范方案

1）进行 IP 地址和 MAC 地址的绑定

（1）预防 ARP 欺骗攻击。因为 DNS 攻击的欺骗行为要以 ARP 欺骗作为开端，所以如果能有效防范或避免 ARP 欺骗，也就使得 DNS ID 欺骗攻击无从下手。例如可以通过将 gateway router 的 IP 地址和 MAC 地址静态绑定在一起，就可以防范 ARP 攻击欺骗。

（2）DNS 信息绑定。DNS 欺骗攻击是利用变更或者伪装成 DNS 服务端的 IP 地址，因此也可以使用 MAC 地址和 IP 地址静态绑定来防御 DNS 欺骗的发生。由于每个网卡的 MAC 地址具有唯一性质，所以可以把 DNS 服务端的 MAC 地址与其 IP 地址绑定，然后此绑定信息存储在客户机网卡的 EPROM 中。当客户机每次向 DNS 服务端发出查询申请后，就会检测 DNS 服务端响应的应答数据包中的 MAC 地址是否与 EPROM 存储器中的 MAC 地址相同，要是不同，则很有可能该网络中的 DNS 服务端受到 DNS 欺骗攻击。这种方法有一定的不足，因为如果局域网内部的客户主机也保存了 DNS 服务端的 MAC 地址，仍然可以利用 MAC 地址进行伪装欺骗攻击。

2）使用 digital password 进行辨别

在不同子网的文件数据传输中，为预防窃取或篡改信息事件的发生，可以使用任务数字签名（TSIG）技术，即在主从 DNS 中使用相同的 password 和数学模型算法，在数据通信过程中进行辨别和确认。因为有 password 进行校验的机制，从而使主从 server 的身份地位极难伪装，加强了域名信息传递的安全性。

安全性和可靠性更好的域名服务是使用域名系统的安全协议（domain name system security，DNSSEC），用数字签名的方式对搜索中的信息源进行分辨，对数据的完整性实施校验，DNSSEC 的规范可参考 RFC2605。因为在设立域时就会产生 password，同时要求上层的域名也必须进行相关的 domain password 签名，显然这种方法很复杂，所以 InterNIC 域名管理截至目前尚未使用。然而就技术层次上讲，DNSSEC 应该是现今最完善的域名设立和解析的办法，对防范域名欺骗攻击等安全事件是非常有效的。

3）优化 DNS 服务器的相关项目设置

对于 DNS 服务器的优化可以使得 DNS 的安全性达到较高的标准，常见的工作有以下几种。

（1）对不同的子网使用物理上分开的域名服务器，从而获得 DNS 功能的冗余。

（2）将外部和内部域名服务器从物理上分离开并使用 forwarder 转发器。外部域名服务器可以进行任何客户机的申请查询，但 forwarder 则不能，forwarders 被设置成只能接待内部客户机的申请查询。

（3）采用技术措施限制 DNS 动态更新。

（4）将区域传送限制在授权设备上。

（5）利用事务签名对区域传送和区域更新进行数字签名。

（6）隐藏服务器上的 bind 版本。

（7）删除运行在 DNS 服务器上的不必要服务，如 FTP、TELNET 和 HTTP。

（8）在网络外围和 DNS 服务器上使用防火墙，将访问限制在那些 DNS 功能需要的端口上。

4）直接使用 IP 地址访问

对个别信息安全等级要求十分严格的 Web 站点尽量不要使用 DNS 进行解析。由于 DNS 欺骗攻击中不少是针对窃取客户的私密数据而来的，而多数用户访问的站点并不涉及这些隐私信息，因此当访问具有严格保密信息的站点时，可以直接使用 IP 地址而无须通过 DNS 解析，这样所有的 DNS 欺骗攻击可能造成的危害就可以避免了。另外，应该做好 DNS 服务器的安全配置项目和升级 DNS 软件，合理限定 DNS 服务器进行响应的 IP 地址区间，关闭 DNS 服务器的递归查询项目等。

5）对 DNS 数据包进行监测

在 DNS 欺骗攻击中，客户端会接收到至少两个 DNS 的数据响应包，一个是真实的数据包，另一个是攻击数据包。欺骗攻击数据包为了抢在真实应答包之前回复给客户端，它的信息数据结构与真实的数据包相比十分简单，只有应答域，而不包括授权域和附加域。因此，可以通过监测 DNS 响应包，遵循相应的原则和模型算法对这两种响应包进行分辨，从而避免虚假数据包的攻击。

四、DNS 安全协议

为了防止针对 DNS 系统的攻击，强化域名系统的安全性，互联网诞生了 4 种提升 DNS 安全性的协议，分别是 DNSSEC，DNSCrypt，DNS over TLS 和 DNS over HTTPS。

1. DNSSEC

DNSSEC 是“domain name system security extensions”的缩写，代表域名系统安全扩展，允许域名所有者对 DNS 记录进行数字签名，签名 DNS 记录的私有签名密钥通常仅由合法域名所有者持有，因此可防止未经授权的第三方修改 DNS 条目。

DNSSEC 诞生于 1997 年，已经列入互联网标准化文档（参考 RFC 4033、RFC 4034、RFC 4035），是最早大规模部署的 DNS 安全协议，所有的根域名服务器都已经部署了 DNSSEC。

虽然 DNSSEC 已经诞生 20 年，但 APNIC 统计其采用率几乎不到 19.3%，ICANN 敦促业界普及使用 DNSSEC 协议。不过，DNSSEC 协议仅提供真实性和完整性的校验，无法确保 DNS 流量通信的机密性。

2. DNSCrypt

DNSCrypt 是 OpenDNS 发布的加密 DNS 工具。与 SSL 将 HTTP 流量转换为 HTTPS 加密流量的原理相同，DNSCrypt 也是将常规 DNS 流量转换为加密 DNS 流量，这样可以防止窃听和中间人攻击。它不需要对域名或它们的工作方式进行任何更改，只是提供了一种方法，安全加密客户端与 DNS 服务器之间的通信。在一定程度上，DNSCrypt 比 DNSSEC 的保密性更强，因为 DNSSEC 只做数字签名的校验，而 DNSCrypt 既能加密 DNS 流量也能确保完整性。

不过，DNSCrypt 客户端必须明确信任所选提供者的公钥，想使用哪个 DNSCrypt 服务器，就需要预先安装该服务器的公钥，而不是通过常规浏览器中受信任证书颁发机构列表获取信任。此外，DNSCrypt 未申请列入标准化文档，在大规模的应用场景中存在一定的局限性。

3. DNS over TLS

DNS over TLS（简称 DoT）是一项安全协议，它可以强制所有和 DNS 服务器相关的链接都使用 TLS，已列入标准文档（参见 RFC 7858 和 RFC 8310）。

DNS over TLS 就是基于 TLS 隧道之上的域名协议，由于 TLS 本身已经实现了保密性与完整性，因此 DoT 自然也就具有这两项特性。DoT 通过 TLS 协议及 SSL/TLS 证书实现安全加密和身份验证，实现保密性和完整性。

与前述两项协议相比，DNS over TLS 更具优势：和 DNSSEC 相比，DNS over TLS 具备了保密性；与 DNSCrypt 相比，DNS over TLS 已经形成标准化文档。不过，目前支持 DNS over TLS 的客户端还不够多，主流浏览器还没有计划增加对 DNS over TLS 的支持。

4. DNS over HTTPS

很多人将 DNS over HTTPS 和 DNS over TLS 混为一谈，事实上二者是两种不同的协议，DNS over TLS 使用 TCP 作为基本的连接协议，而 DNS over HTTPS 使用 HTTPS 和 HTTP/2 进行连接；DNS over TLS 有自己的端口 853，DNS over HTTPS 则使用 HTTPS 标准端口 443。

不过，两种协议都是通过 TLS 加密和 SSL/TLS 证书来实现保密性与完整性。目前，DNS over HTTPS 已经形成相应的草案，但还没有形成 RFC 标准化文档正式发布，但已经受到主流浏览器的青睐。

第七节 电子商务安全

一、电子商务安全的主要问题

随着我国经济的发展和社会的进步，网络技术迅速崛起、快速发展，网上购物等活动日益普及，成为支持我国经济增长的重要组成部分，然而这也给电子商务安全带来了很多问题。

（1）网络协议安全性问题：由于 TCP/IP 本身的开放性，企业和用户在电子交易过程中的数据是以数据包的形式来传送的，恶意攻击者很容易对某个电子商务网站展开数据包拦截，甚至对数据包进行修改和假冒。

（2）用户信息安全性问题：目前最主要的电子商务形式是基于 B/S（Browser/Server）结构的电子商务网站，用户使用浏览器登录网络进行交易，由于用户在登录时使用的可能是公共计算机，那么如果这些计算机中有恶意木马程序或病毒，这些用户的登录信息如用户名、口令可能会有丢失的危险。

（3）电子商务网站的安全性问题：有些企业建立的电子商务网站本身在设计制作时就会有一些安全隐患，服务器操作系统本身也会有漏洞，不法攻击者如果进入电子商务网站，大量用户信息及交易信息将被窃取。

二、电子商务安全问题的具体表现

对电子商务安全存在的问题进行深度剖析，其具体表现在以下方面。

1．信息窃取、篡改与破坏

电子的交易信息在网络上传输的过程中，可能会被他人非法修改、删除或重放，从而使信息失去了真实性和完整性，包括：网络硬件和软件的问题而导致信息传递的丢失与谬误，以及一些恶意程序的破坏而导致电子商务信息遭到破坏。

2．身份假冒

如果不进行身份识别，第三方就有可能假冒交易一方的身份，以破坏交易，败坏被假冒一方的声誉或盗窃被假冒一方的交易成果等。

3．诚信安全问题

电子商务的在线支付形式有电子支票、电子钱包、电子现金、信用卡支付等。但是采用这几种支付方式，都要求消费者先付款，然后商家再发货。因此，诚信安全也是影响电子商务快速发展的一个重要问题。

4．交易抵赖

电子商务的交易应该同传统的交易一样具有不可抵赖性。有些用户可能对自己发出的信息进行恶意的否认，以推卸自己应承担的责任。交易抵赖包括多个方面，如发信者事后否认曾经发送过某条信息或内容，收信者事后否认曾经收到过某条消息或内容，购买者做了订货单却不承认，商家卖出的商品因价格差而不承认原有的交易等。

5．病毒感染

各种新型病毒及其变种迅速增加，不少新病毒直接利用网络作为自己的传播途径。我国计算机病毒主要是蠕虫等病毒。蠕虫主要是利用系统的漏洞进行自动传播复制，由于传播过程中产生巨大的扫描或其他攻击流量，从而使网络流量急剧上升，造成网络访问速度变慢甚至瘫痪。

6．黑客

黑客指的是一些以获得对其他人的计算机或者网络的访问权为乐的计算机爱好者。而其他一些被称为“破坏者”（cracker）的黑客则怀有恶意，他们会摧毁整个计算机系统，窃取或者损害保密数据，修改网页，甚至最终导致业务的中断。

7．特洛伊木马程序

特洛伊木马程序简称特洛伊，是破坏性代码的传输工具。特洛伊表面上看起来是无害的或者有用的软件程序，例如计算机游戏，但是它们实际上是“伪装的敌人”。特洛伊可以删除数据，将自身的副本发送给电子邮件地址簿中的收件人，以及开启计算机进行其他攻击。只有通过磁盘，从互联网上下载文件，或者打开某个电子邮件附件，将特洛伊木马程序复制到一个系统，才可能感染特洛伊。

8．恶意破坏程序

网站提供一些软件应用（例如 ActiveX 和 Java Applet），由于这些应用非常便于下载和运行，从而提供了一种造成损害的新工具。恶意破坏程序是指会导致不同程度的破坏的软件应用或者 Java 小程序。一个恶意破坏程序可能只会损坏一个文件，也可能损坏大部分计算机系统。

9．网络攻击

电子商务网站每时每刻都面临着来自网络上直接攻击的威胁，包括：探测式攻击，访问攻击和拒绝服务（DoS）攻击等，这些攻击行为给电子商务安全带来了极大的威胁。

三、电子商务安全技术措施

电子商务的安全性策略可分为两大部分：第一部分是计算机网络安全，第二部分是商务交易安全。电子商务中的安全性技术主要有以下几种。

1．数据加密技术

对数据进行加密是电子商务系统最基本的信息安全防范措施。其原理是利用加密算法将信息明文转换成按一定加密规则生成的密文后进行传输，从而保证数据的保密性。使用数据加密技术可以解决信息本身的保密性要求。数据加密技术可分为对称密钥加密和非对称密钥加密。

2．数字签名技术

数字签名是通过特定密码运算生成一系列符号及代码组成电子密码进行签名，来代替书写签名或印章，对于这种电子式的签名还可进行技术验证，其验证的准确度是一般手工签名和图章的验证所无法比拟的。数字签名技术可以保证信息传送的完整性和不可抵赖性。

3．认证机构和数字证书

基于 PKI（public key infrastructure）公开密钥基础架构技术，向 CA 认证机构申请数字证书，利用数字证书、非对称和对称加密算法、数字签名、数字信封等加密技术，建立起安全程度极高的加解密和身份认证系统，确保电子交易有效、安全地进行。

4．安全认证协议

目前，电子商务中经常使用的有安全套接层 SSL 协议和安全电子交易 SET（secure electronic transaction）协议两种安全认证协议。

5．其他安全技术

电子商务安全中，常用的方法还有网络中采用防火墙技术、虚拟专用网技术、防病毒保护等。如果单纯依靠某个单项电子商务安全技术是不够的，还必须与其他安全措施综合使用才能为用户提供更为可靠的电子商务安全基石。

电子商务的安全是一个复杂系统工程，仅从技术角度防范是远远不够的，还必须完善电子商务方面的立法，以规范飞速发展的电子商务现实中存在的各类问题，从而引导和促进我国电子商务快速健康发展。

四、安全电子交易协议 SET

SET 协议是指为了实现更加完善的即时电子支付应运而生的。SET 协议是由 Master Card 和 Visa 联合网景、微软等公司，于 1997 年推出的一种新的电子支付模型。SET 协议是 B2C 上基于信用卡支付模式而设计的，它保证了开放网络上使用信用卡进行在线购物的安全。SET 主要是为了解决用户、商家、银行之间通过信用卡的交易而设计的，它具有保证交易数据的完整性、交易的不可抵赖性等种种优点，因此成为公认的信用卡网上交易的国际标准。

1. SET 协议的主要目标

（1）防止数据被非法用户窃取，保证信息在互联网上安全传输。

（2）SET 中使用了一种双签名技术保证电子商务参与者信息的相互隔离。客户的资料加密后通过商家到达银行，但是商家不能看到客户的账户和密码信息。

（3）解决多方认证问题。不仅对客户的信用卡认证，而且要对在线商家认证，实现客户、商家和银行间的相互认证。

（4）保证网上交易的实时性，使所有的支付过程都是在线的。

（5）提供一个开放式的标准，规范协议和消息格式，促使不同厂家开发的软件具有兼容性和互操作功能。可在不同的软硬件平台上执行并被全球广泛接受。

2. SET 协议的安全服务

SET 协议为电子交易提供了许多保证安全的措施。它能保证电子交易的机密性，数据完整性，交易行为的不可否认性和身份的合法性。SET 协议设计的证书包括：银行证书及发卡机构证书、支付网关证书和商家证书。

（1）保证客户交易信息的保密性和完整性。SET 协议采用了双重签名技术对 SET 交易过程中消费者的支付信息和订单信息分别签名，使得商家看不到支付信息，只能接收用户的订单信息；而金融机构看不到交易内容，只能接收到用户支付信息和账户信息，从而充分保证了消费者账户和订购信息的安全性。

（2）确保商家和客户交易行为的不可否认性。SET 协议的重点就是确保商家和客户的身份认证和交易行为的不可否认性。其理论基础就是不可否认机制，采用的核心技术包括 X.509 电子证书标准、数字签名、报文摘要、双重签名等技术。

（3）确保商家和客户的合法性。SET 协议使用数字证书对交易各方的合法性进行验证。通过数字证书的验证，可以确保交易中的商家和客户都是合法的，可信赖的。

3. 使用 SET 协议的交易流程

SET 交易过程中要对商家，客户，支付网关等交易各方进行身份认证，因此它的交易过程相对复杂。

（1）客户在网上商店看中商品后，和商家进行磋商，然后发出请求购买信息。

（2）商家要求客户用电子钱包付款。

（3）电子钱包提示客户输入口令后与商家交换握手信息，确认商家和客户两端均合法。

（4）客户的电子钱包形成一个包含订购信息与支付指令的报文发送给商家。

（5）商家将含有客户支付指令的信息发送给支付网关。

（6）支付网关在确认客户信用卡信息之后，向商家发送一个授权响应的报文。

（7）商家向客户的电子钱包发送一个确认信息。

（8）将款项从客户账号转到商家账号，然后向顾客送货，交易结束。

从上面的交易流程可以看出，SET 交易过程十分复杂，在完成一次 SET 协议交易过程中，需验证电子证书 9 次，验证数字签名 6 次，传递证书 7 次，进行签名 5 次，4 次对称加密和非对称加密。通常完成一个 SET 协议交易过程大约要花费 1.5～2min 甚至更长时间。由于各地网络设施良莠不齐，因此，完成一个 SET 协议的交易过程可能需要耗费更长的时间。

4．SET 协议的安全性分析

1）采用信息摘要技术保证信息的完整性

SET 协议是通过数字签名方案来保证消息的完整性和进行消息源的认证的，数字签名方案采用了与消息加密相同的加密原则，即数字签名通过 RSA 加密算法结合生成信息摘要，信息摘要是消息通过 HASH 函数处理后得到的唯一对应于该消息的数值，消息中每改变一个数据位都会引起信息摘要中大约一半数据位的改变。而两个不同的消息具有相同的信息摘要的可能性极其微小，因此 HASH 函数的单向性使得从信息摘要得出信息的计算是不可行的。信息摘要的这些特征保证了信息的完整性。

2）采用双重签名技术保证交易双方的身份认证

SET 协议应用了双重签名（dual signatures）技术。在一项安全电子商务交易中，持卡人的定购信息和支付指令是相互对应的。商家只有确定了持卡人支付指令对应的定购信息才能够按照定购信息发货；而银行只有确认了与该持卡人支付指令对应的定购信息是真实可靠的才能够按照商家的要求进行支付。为了达到商家在合法验证持卡人支付指令和银行在合法验证持卡人订购信息的同时不会侵犯顾客的私人隐私这一目的，SET 协议采用了双重签名技术来保证顾客的隐私不被侵犯。

SET 协议是由美国的公司发起并联合开发的，因此，SET 协议支持信用卡支付这一支付方式比较符合欧美各国的使用情况。可是实际应用上，SET 要求持卡人在客户端安装电子钱包，增加了顾客交易成本，交易过程又相对复杂，因此比较少的顾客接受这种网上即时支付方式。

而在中国，信用卡支付这种方式还没有普及，因此 SET 协议在我国的使用也相对较少。电子支付无论要采取哪种支付协议，都应该考虑到安全因素、成本因素和使用的便捷性这三方面，由于这三者在 SET 协议和 SSL 协议里的任何一个协议里面无法全部体现，这就造成现阶段 SSL 协议和 SET 协议并存使用的局面。

第八节　即时通信服务的安全

一、即时通信概述

广义的即时通信包括网络聊天室、网络会议系统等所有联机即时通信软件和应用。狭义的即时通信一般指由一组 IM 服务器控制下的若干 IM 客户端软件应用程序组成的系统。IM 服务器管理 IM 账户、认证等信息。IM 客户端必须登录到服务器才能提供各种服务。

一般的即时通信系统提供的基本服务包括：定位和在线状态信息服务、文本信息会话、文本留言、音频/视频会话、文件传送、表情和动画效果、群组功能等。多数即时通信系统还利用掌握的客户账号提供在线游戏、在线购物、虚拟社区、移动短信等多种增值服务。有的 IM 应用还集成了电子钱包、手机支付和在线支付功能等。IM 客户端正在逐渐代替浏览器的地位。

计算机媒介沟通（computer-mediated communication，CMC）是计算机应用技术的重要领域，E-mail、BBS、IM 都是 CMC 的重要形式。即时通信系统的安全可靠性方面存在极大的漏洞，这些问题有的是技术层面的，也有的是安全管理层面的。

即时通信首先是一种 Internet 的通信应用软件，涉及 IP/TCP/UDP/Sockets、无线通信技术、P2P、C/S、多媒体音视频编解码/传送、Web、Web Service、普适计算、多代理等各种技术及研究领域，可以说是各种网络和软件技术的集大成者。IM 基本上属于 C/S 或者 P2P 应用一类，由此两方面的特性带来了各种各样的安全威胁。作为网络软件，它有很多与生俱来的安全缺陷，如信息泄露、易受垃圾信息攻击等。即时通信的文件传送功能尤其易于病毒的传播，特别是新的即时通信软件一般都具有各种脚本执行功能、智能升级和插件功能。

二、即时通信安全威胁

与即时通信的广泛应用所不同的是，其安全防护非常薄弱。在即时通信系统中，因系统设计安全级别低、用户缺乏安全防护意识与知识、应用广泛等原因，存在大量的安全威胁。而企业即时通信系统则因为承载了大量企业的业务甚至关键业务，其安全漏洞的威胁性更大。

IM 的安全威胁分为 3 个类别，即对 IM 用户的威胁、对 IM 运营商的威胁以及对 IM 用户所在网络的安全威胁。

1. IM 用户面临的威胁

IM 用户的信息和隐私包括：

（1）用户 ID/密码。当用户 ID 被攻击者掌握则可以据此发起垃圾信息攻击或者欺骗攻击等。

（2）用户主机地址。攻击者可以据此发起垃圾信息攻击或者蠕虫攻击。

（3）用户个人信息。如年龄、性别、职业等个人信息。

（4）用户关系。如好友关系、亲属关系信息。

（5）文本会话信息、音/视频多媒体会话信息。

（6）传送的文件。

（7）用户主机中的所有文件、数据库等信息。

针对以上每种信息都有特殊的攻击行为，最常见的是信息窃听。下面列出了针对 IM 用户的攻击行为。

（1）窃听、信息泄露。信息泄露可能发生在两个阶段，即传输阶段和中转阶段。部分即时通信应用的 IM 系统对文本聊天的信息都是不加密的，而仅对口令加密，因此在传输阶段文本会话通信或者音/视频通信中的信息极易泄露。利用简单的网络嗅感软件和简单的协议分析就可以还原出聊天信息。对于 C/S 方式的 IM 应用，所有信息都经过 IM 服务器，服务器完全可以记录下这些通信信息。通信行为本身就包含一定的安全隐患，如一个用户订阅了另一个用户的联机状态信息，第三方可以通过监视联机状态信息的传递发现前两者之间存在联系。文本文件传送中也会发生信息泄露，而大多数 IM 系统都提供文件共享功能，甚至有的木马病毒能够在用户不知情的情况下修改共享文件的设置，使整个设备被共享。

（2）身份伪冒。通过注册名字或含义令人误导的 IM 账号来冒充别人，骗取通信对方的信任，套取有价值的信息。

（3）身份劫持。通过各种手段窃取合法用户的账号，窃取身份。

（4）蠕虫病毒与木马病毒等恶意软件攻击。即时通信最大的特点是安全威胁传播速度极快。普通的蠕虫传播的一个重要步骤是扫描目标机，利用 IM 进行蠕虫传播，借助于 IM 系统的联系人列表和在线状态可以成百倍地提高发现目标机的速度和效率，大大加快传播速度。

（5）恶意脚本病毒。利用 IM 脚本执行引擎的漏洞搜集用户信息，并复制传播。

（6）专门针对即时通信应用的恶意软件，如 QQ 尾巴等。

（7）垃圾信息和 DoS 攻击。向即时通信客户端发送大量垃圾消息，阻塞带宽，使客户端不能正常使用。

2. IM 运营商面临的安全性威胁

IM 运营商（IM service provider，IMSP）面临的安全威胁种类虽然较少，但因其为大量用户提供服务，并掌握有大量用户的个人信息，使得这些攻击的威胁性显得更为巨大。

IMSP 面临的安全性威胁如下。

（1）DoS 和 DDoS 攻击。攻击者可以模拟正常用户的行为向服务器发送信息或者请求认证等，占用服务器处理时间和网络带宽，造成正常用户不能获得服务。

（2）个人信息滥用。IM 服务器中存储了大量的个人信息以及用户之间的关系信息，这些都属于个人隐私，有的 IM 客户端还捆绑了在线支付、短信支付等功能，如果 IM 运营商发生信息泄露就会造成大范围的伤害。

三、即时通信的安全解决方案

1. IM 外部解决方案

针对现有 IM 应用的外部安全解决方案首先是一个管理问题，组织应当制订合适的安全策略来约束组织成员的网络行为。基本的做法是完全禁止 IM 在内部网络的使用，通过防火墙封阻 IM 相应的端口是一种方式。但这种做法往往效果不佳，使很多依赖于 IM 的正常业务不能开展。

进一步的措施是通过代理服务器等方式根据安全策略对企业内部的 IM 通信进行限制或过滤，限定特定的应用和用户可以运用 IM。因为 IM 一般都支持代理服务器连接，所以具有身份认证的 HTTP 代理服务器都可以承担此任务。这种方式的缺点是不对 IM 通信的内容进行检查，如果是恶意用户、病毒或通信对方欺骗仍然可造成威胁。

更高级的方式是利用应用层网关（application layer gateway，ALG）对 IM 的内容进行日志记录、过滤、监视和审计。这种方式已经有一些硬件和软件产品，如 Akonix 的 L7CM5000 和 Face-time 的 IM Auditor 都是基于硬件的 IM 过滤器。

另一类研究是根据文本通信的内容来试图判定通信对方是否在进行欺骗。基于文本的欺骗检测试图通过文本的一些特征，如语速、字长、用词范围等来侦测通信内容是否具有欺骗性。

2．IM 内部解决方案

各个阶段的安全协议中不同的 IM 协议中都有不同程度的安全考虑，能够解决一些安全威胁问题。

（1）登录身份认证协议。身份认证是计算机网络安全技术中发展比较成熟的领域。IM 系统在登录与身份认证阶段一般工作于 C/S 模式，大多采用成熟的身份认证协议。此外，因即时通信往往集成多个服务供应商的多种应用与服务，一般都提供单点登录（single-sign-on，SSO）的功能。

（2）数据加密与签名协议。数据加密有独立于 IM 的网络层/传输层加密和 IM 自带的应用层加密两种方案：在网络层，IPSec 协议可以作为数据加密机制；在传输层，SSL/TLS 是大多数 IM 系统所采用的数据加密协议。SSL/TLS 建立在 TCP 之上，对于一些使用 UDP 的 IM 系统如 QQ 则可能采用 Socks5 协议或者是自定义安全协议。

第九节　网络服务器安全配置

网络服务器存储着大量重要的数据，加强服务器的安全是提高网络安全的重要环节。服务器操作系统本身的安全性还是很高的，但如果不进行相应的安全配置，则达不到可信任计算机系统评估标准。因此，需要在多个方面对服务进行安全配置，提升服务器安全水平。

一、基本安装配置

（1）安装操作系统时注意安装正版操作系统，并且在服务器上只安装一种操作系统，过多的操作系统只会给入侵者更多的机会攻击服务器，致使服务器重新启动到没有安全配置的操作系统，从而破坏操作系统。

（2）给服务器硬盘分区时一定要使用 NTFS 分区。对于黑客来说存储在 FAT 格式的磁盘分区里的数据要比存储在 NTFS 格式的磁盘分区的数据更容易访问，也更容易破坏。因此，在进行分区和格式化时一定要采用 NTFS 分区格式，这种分区格式比 FAT 格式具有更多的安全配置功能，可以针对不同的文件夹设置不同的访问权限，大大提高服务器的访问安全。

（3）做好数据的备份策略，提高硬盘数据安全性。在考虑服务器硬盘配置时，应该考虑多个硬盘通过 RAID 方式进行数据的冗余。另外，为避免硬盘损坏或者被盗，按照“不要把所有鸡蛋放到同一个篮子”的理论，应该使用单独的专门设备保存这些珍贵数据，如多机备份、磁带备份等。

（4）安装各种应用软件完成后，尽快安装补丁程序。

（5）安装杀毒软件和软件防火墙，及时升级病毒库，可以有效清除病毒、木马、后门程序等。

二、用户密码安全设置

1. 用户安全配置

（1）禁用 guest 账号。有很多入侵都是通过这个账号进一步获得管理员密码或者权限的。如果不想把自己的计算机给别人当玩具，那还是禁止的好。

（2）创建两个管理员账号。创建一个一般权限用户用来收信以及处理一些日常事务，另一个拥有 Administrators 权限的用户只在需要的时候使用。

（3）限制不必要的用户。去掉所有的 DuplicateUser 用户、测试用户、共享用户等。用户组策略设置相应权限，并且经常检查系统的用户，删除已经不再使用的用户。这些用户很多时候都是黑客们入侵系统的突破口。

（4）把系统 Administrator 用户更名。Windows server 的 Administrator 用户是不能被停用的，这意味着别人可以一遍又一遍地尝试这个用户的密码。尽量把它伪装成普通用户，将 Administrator 账号改名可以防止黑客知道自己的管理员账号，这会在很大程度上保证计算机安全，如图 3-10 所示。

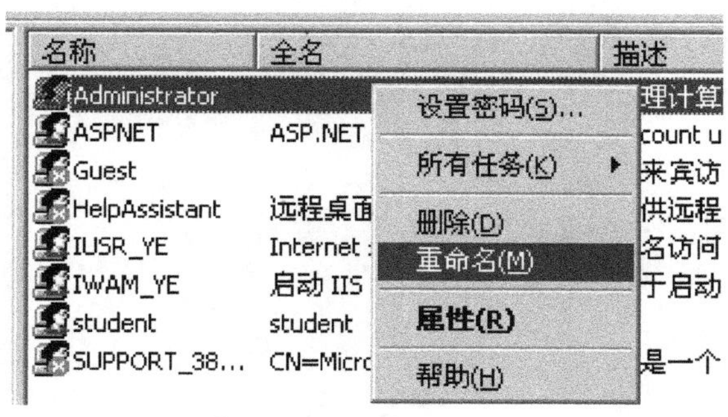

图 3-10　Administrator 用户更名

（5）创建陷阱用户。创建一个名为“Administrator”的本地用户，把它的权限设置成最低，并且加上一个超过 10 位的超级复杂密码。这样可以让那些黑客们忙上一段时间，借此发现它们的入侵企图。

（6）把共享文件的权限从 Everyone 组改成授权用户。任何时候都不要把共享文件的用户设置成“Everyone”组，包括打印共享，默认的属性就是“Everyone”组的，一定要修改。

（7）开启用户策略。使用用户策略，分别设置复位用户锁定计数器时间为 20min，用户锁定时间为 20min，用户锁定阈值为 3 次，如图 3-11 所示。

（8）不让系统显示上次登录的用户名。默认情况下，登录对话框中会显示上次登录的用户名。这使得别人可以很容易地得到系统的一些用户名，进而做密码猜测。可以通过修改注册表不让对话框里显示上次登录的用户名。

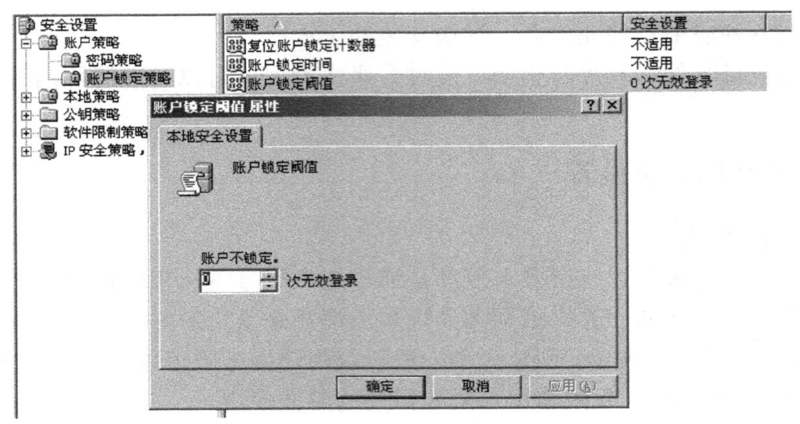

图 3-11　用户策略设置

2．密码安全设置

（1）使用安全密码，注意密码的复杂性。一些网络管理员创建账号的时候往往用公司名、计算机名做用户名，然后又把这些用户的密码设置得太简单，比如“welcome”等。因此，要注意密码的复杂性，还要记住经常改密码，如图 3-12 所示。

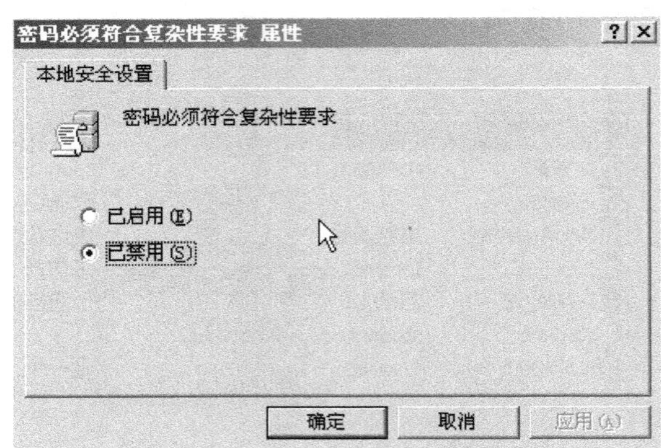

图 3-12　密码复杂性设置

（2）设置屏幕保护密码。这是一个很简单也很有必要的操作。设置屏幕保护密码也是防止内部人员破坏服务器的一个屏障。

（3）考虑使用智能卡来代替密码。对于密码，总是使安全管理员进退两难，密码设置简单容易受到黑客的攻击，密码设置复杂又容易忘记。如果条件允许，用智能卡来代替复杂的密码是一个很好的解决方法。

（4）开启密码策略控制。密码策略控制是否允许用户重新使用旧的密码，在两次更改密码之间的时间，最小密码长度，以及用户是否必须混合使用大小写字母、数字和特殊字符。最低要求，应该要求每 45 天更改一次密码，或要求至少 8 个字符的密码，并确保开启的密码必须满足复杂性要求设置，如图 3-13 所示。

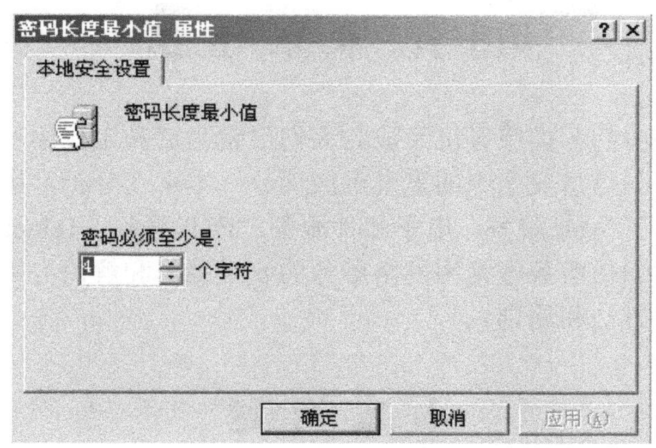

图 3-13　密码长度设置

3. 系统安全设置

（1）关闭默认共享。默认共享的初衷是便于网管进行远程管理，它虽然方便了局域网用户，但对服务器来说这样的设置是不安全的。如果计算机联网，网络上的任何人都可以通过共享硬盘，随意进入你的计算机。更为可怕的是，黑客可以通过连接你的计算机实现对这些默认共享的访问。所以有必要关闭这些共享。可以通过使用 www.idczq.com 建立一个批处理文件放在启动项目中的方法来删除默认共享。

（2）禁止用户从软盘、优盘、光驱启动系统。一些第三方的工具能通过引导系统来绕过原有的安全机制。

三、服务安全设置

（1）把敏感文件存放在另外的文件服务器中。虽然现在服务器的硬盘都很大，但还是应该考虑是否有必要把一些重要的用户数据存放在另外一个安全的服务器中，并且经常备份它们。

（2）禁止建立空连接，在默认情况下，任何用户都可以通过空连接连上服务器，进而枚举出账号，猜测密码，可以通过修改注册表来禁止建立空连接。

（3）关闭不必要的端口，开放的端口越多，入侵者通过这些端口入侵的机会越多。我们可以根据相应的服务开相应的端口，比如说一台 Web 服务器需要开放 80 端口，其他端口就关闭。通过本地网络自带的 Windows 防火墙、核心交换机的 ACL 来设置哪些服务允许访问哪些端口。

（4）根据“最少的服务+最小的权限=最大的安全”的原则，可以把一些不需要的服务停止，减少入侵者入侵的机会。服务器和人一样，做的事越多，就越容易出现差错；做的事越少则越专精，就越不会发生错误。

四、安全管理制度

从管理的角度，通过一些文字性的规章制度规范、制约各种与网络服务有关的行为。加强网络服务器的实体安全，如防水、防震、防盗、防火等，如服务器机房的安全制度、上网行为管理制度、应急方案等。另外，有条件的应该实施 24h 机房值班制度。

第十节　本 章 小 结

互联网和互联网中的各类服务已经成为人们日常生活和工作中不可或缺的一部分，网络服务安全是网络与信息安全中的重要组成部分。本章在分析常用网络服务安全风险的基础上，重点介绍了 Web 服务、电子邮件服务、FTP 服务、Telnet 服务、DNS 服务、电子商务，以及即时通信服务等常用网络服务的安全隐患和解决方案，并介绍了网络服务器常规的安全配置方法和原则。

本 章 习 题

1．什么是网络服务？网络服务面临的安全风险包括哪些？

2．实施跨站脚本攻击的原理是什么？包括几种类型？请概述防御跨站脚本攻击的几种方法。

3．Cookies 的作用是什么？Cookies 可能带来什么安全威胁？

4．什么是 Web 浏览器的同源策略？

5．SQL 注入攻击的原理是什么？并简述该攻击的防御方法。

6．文件上传漏洞会带来哪些危害？

7．简述防御 DDoS 攻击的方法。

8．HTTP 协议的安全缺陷有哪些？HTTPS 协议是如何改进的？

9．简述防御 Web 欺骗的几种方法。

10．电子邮件服务常见的安全问题包括哪些？

11．如何防范 FTP 反弹攻击？

12．简述 FTP 服务中“保护用户名攻击”的原理及防范措施。

13．在侦测到网络中可能有 DNS 欺骗攻击后，可以采取什么防范措施？

14．电子商务安全问题的具体表现包括哪些？

15．安全配置服务器用户密码需要注意哪些方面？

16．请列举出一种网络服务，说明其面临的安全风险并尝试给出解决方案。

第四章　网络安全漏洞检测与防护

随着网络的普及和网络应用的快速发展，人们对计算机网络的依赖程度日渐加深。然而，由于网络设计的先天缺陷以及计算机软件的复杂性，导致网络中存在许许多多的安全漏洞。有关统计表明，漏洞是网络安全的最大威胁，绝大多数的网络入侵攻击都是针对网络安全漏洞展开的。但另一方面，安全管理人员又可以利用漏洞检测来及时发现安全问题并及时修补，从而防患于未然。本章将从计算机网络中安全漏洞的基本定义和概念出发，在给出网络安全漏洞分级方法和指标的基础上，介绍常见的安全漏洞，并重点阐述网络安全漏洞的检测技术。

第一节　网络安全漏洞基本概念与分类

一、网络安全漏洞定义

漏洞就是系统软件或硬件存在着某种形式的脆弱性，这种脆弱性存在的直接后果就是允许非法用户在未经过授权就获取或提高访问权限。漏洞是系统的弱点，不管是软件还是硬件，每种平台都有漏洞。总之，没有绝对安全的系统。

安全漏洞：指信息系统在生命周期的设计（硬件、软件、协议）、具体实现、运维（安全策略配置）等各个阶段出现的缺陷和不足，这些问题会对系统的安全（机密性、完整性、可用性）产生影响。安全漏洞是相对系统安全而言，从广义的角度来看，一切可能导致系统安全性受影响或破坏的因素都可以视为安全漏洞。

网络安全漏洞形成的原因主要有 3 个。

（1）网络协议本身的缺陷给系统带来的隐患。网络协议是计算机之间为了互联共同遵守的规则。目前计算机网络所采用的主流协议 TCP/IP，由于在其设计初期过分强调开放性，并没有仔细考虑安全性，因此存在着许多原始的安全漏洞，留下了许多安全隐患。

（2）设计实现时，由于程序员编程的疏忽或为了自身方便而设计一些“后门”，这类漏洞很难发现，同时也很难弥补，是威胁极大的安全漏洞。这种漏洞只有依靠重新设计和实现来弥补。

（3）配置漏洞。这是攻击者最喜欢的漏洞，也是最常见的漏洞。配置漏洞来源于管理员或用户错误地设置。许多产品制造商在产品出厂时往往为用户设置了许多默认参数，这些设置基于对用户环境的充分信任，以方便新用户的使用。但这些出厂设置可能会带来严重的安全隐患。

二、漏洞特点

1．危害性大

软件漏洞一旦被攻击者利用，会威胁软件系统的安全。软件漏洞的恶意利用影响人们的工作、生活，甚至给社会、国家带来重大损失。

2．影响广泛

计算机系统中的软硬件都离不开软件程序，大多数硬件的正常运行也离不开硬件控制程序。因而，软件漏洞会影响绝大多数的软硬件设备，包括操作系统本身及其支撑软件、网络和服务器软件以及路由器、安全防火墙等。

3．存在的长久性

漏洞随着软件系统的发布而不断暴露出来，软件系统的漏洞会伴随系统整个生命周期。在推出新版系统弥补旧版本中漏洞的同时，也会引入一些新的漏洞。

4．极具隐蔽性

漏洞本身的存在没有危害，在通常情况下不会对系统安全造成危害，只有在一定条件下被触发、利用才会影响系统安全。因此，这些软件漏洞具有很大的隐蔽性。

三、网络安全漏洞分类

网络安全漏洞分类是基于漏洞产生或触发的技术原因对漏洞进行的划分，其分类如图 4-1 所示。此处，采用树形导图对漏洞进行分类：从根节点开始，根据漏洞成因将漏洞归入某个具体的类别。如果该类型节点有子类型节点，且漏洞成因可以归入该子类型，则将漏洞划分为该子类型，如此递归，直到漏洞归入的类型无子类型节点或漏洞不能归入子类型为止。

1．代码问题

此类漏洞指网络产品或系统的代码开发过程中因设计或实现不当而导致的漏洞。

1）资源管理错误

此类漏洞指因对系统资源（如内存、磁盘空间、文件、CPU 使用率等）的错误管理导致的漏洞。

2）输入验证错误

此类漏洞指因对输入的数据缺少正确的验证而产生的漏洞，主要包含缓冲区错误、注入。

（1）缓冲区错误。

此类漏洞指在内存上执行操作时，因缺少正确的边界数据验证，导致在其相关联的其他内存位置上执行了错误的读写操作，例如缓冲区溢出、堆溢出等。

（2）注入。

此类漏洞指在通过用户输入构造命令、数据结构或记录的操作过程中，由于缺乏对用户输入数据的正确验证，导致未过滤或未正确过滤掉其中的特殊元素，引发的解析或解释方式错误问题。

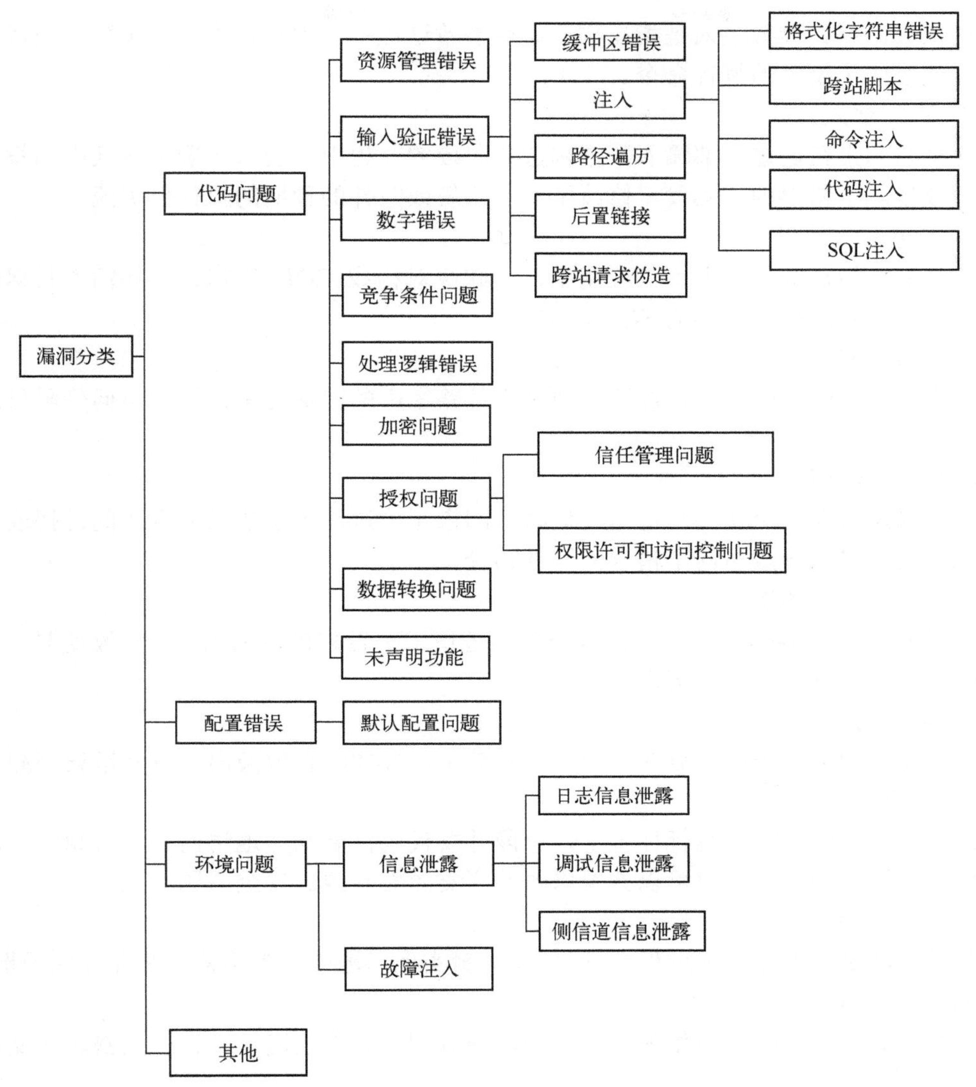

图 4-1 网络安全漏洞分类图

① 格式化字符串错误。

此类漏洞指接收外部格式化字符串作为参数时，因参数类型、数量等过滤不严格导致的漏洞。

② 跨站脚本。

此类漏洞是指在 Web 应用中，因缺少对客户端数据的正确验证，导致向其他客户端提供错误执行代码的漏洞。

③ 命令注入。

此类漏洞指在构造可执行命令过程中，因未正确过滤其中的特殊元素，导致生成了错误的可执行命令。包含操作系统命令注入和参数注入，操作命令注入是指在构造操作系统可执行命令过程中，因未正确过滤其中的特殊字符、命令等，导致生成了错误的操作系统执行命令。参数注入是指在构造命令参数过程中，因未正确过滤参数中的特殊字符，导致生成了错误的执行命令。

④ 代码注入。

此类漏洞指在通过外部输入数据构造代码段的过程中，因未正确过滤其中的特殊元素，导致生成了错误的代码段，修改了网络系统或组件的预期的执行控制流。

⑤ SQL 注入。

此类漏洞指在基于数据库的应用中，因缺少对构成 SQL 语句的外部输入数据的验证，导致生成并执行了错误的 SQL 语句。

（3）路径遍历。

此类漏洞指因未能正确地过滤资源或文件路径中的特殊元素，导致访问受限目录之外的位置。

（4）后置链接。

此类漏洞指在使用文件名访问文件时，因未正确过滤表示非预期资源的链接或者快捷方式的文件名，导致访问了错误的文件路径。

（5）跨站请求伪造。

此类漏洞指在 Web 应用中，因未充分验证请求是否来自可信用户，导致受欺骗的客户端向服务器发送非预期的请求。

3）数字错误

此类漏洞指因未正确计算或转换所产生数字，导致的整数溢出、符号错误等漏洞。

4）竞争条件问题

此类漏洞指因在并发运行环境中，一段并发代码需要互斥地访问共享资源时，因另一段代码在同一个时间窗口可以并发修改共享资源而导致的安全问题。

5）处理逻辑错误

此类漏洞是在设计实现过程中，因处理逻辑实现问题或分支覆盖不全面等原因造成。

6）加密问题

此类漏洞指未正确使用相关密码算法，导致的内容未正确加密、弱加密、明文存储敏感信息等问题。

7）授权问题

此类漏洞指因缺少身份验证措施或身份验证强度不足而导致的安全问题。

（1）信任管理问题。

此类漏洞是因缺乏有效的信任管理机制，导致受影响组件存在可被攻击者利用的默认密码或者硬编码密码、硬编码证书等问题。

（2）权限许可和访问控制问题。

此类漏洞指因缺乏有效的权限许可和访问控制措施而导致的安全问题。

8）数据转换问题

此类漏洞是指程序处理上下文因对数据类型、编码、格式、含义等理解不一致导致的安全问题。

9）未声明功能

此类漏洞指通过测试接口、调试接口等可执行非授权功能导致的安全问题。例如，若测试命令或调试命令在使用阶段仍可用，则可被攻击者用于显示存储器内容或执行其他功能。

2．配置错误

此类漏洞指网络系统、网络产品或组件在使用过程中因配置文件、配置参数等不合理导致的漏洞。这类错误中，最常见的是默认配置错误，它指因默认不安全的配置状态而产生的漏洞。

3．环境问题

此类漏洞指因受影响组件部署运行环境的原因导致的安全问题。

1）信息泄露

此类漏洞是指在运行过程中，因配置等错误导致的受影响组件信息被非授权获取的漏洞。

（1）日志信息泄露。

此类漏洞指因日志文件非正常输出导致的信息泄露。

（2）调试信息泄露。

此类漏洞指在运行过程中因调试信息输出导致的信息泄露。

（3）侧信道信息泄露。

此类漏洞是指功耗、电磁辐射、I/O 特性、运算频率、时耗等侧信道信息的变化导致的信息泄漏。

2）故障注入

此类漏洞是指通过改变运行环境（如温度、电压、频率等，或通过注入强光等方式）触发，可能导致代码、系统数据或执行过程发生错误的安全问题。

4．其他

暂时无法将漏洞归入上述任何类别，或者没有足够充分的信息对其进行分类，漏洞细节未指明。

四、漏洞库

随着漏洞的增加，漏洞需要统一的命名和管理规范，以便开展针对性研究，提升漏洞检测水平，并为系统使用者和厂商提供有关漏洞的确切信息。在这种需求推动下，多个机构和相关国家建立了漏洞数据库，这些数据库分为公开的和某些组织机构私有的不公开数据库。公开的数据库包括 CVE、NVD、BugTraq、CNNVD、CNVD 等。除了公开来源外，还有大量没有对公众开放的漏洞数据库，例如，IBM 建立的内部专用漏洞库 Vulda 等。这些漏洞信息数据库，提供操作系统和应用程序特定版本包含的漏洞信息，有的还提供针对某些漏洞的专家建议、修复办法和专门的补丁程序，极少数洞库提供检测、测试漏洞的 POC（proof-of-concepts）样本验证代码。下面介绍几个国内外著名的漏洞数据库。

1．CVE

MTRE 公司建立的通用漏洞列表 CVE（common vulnerabilities & exposure）应用广泛，相当软件漏洞的行业标准，它实现了安全漏洞命名机制的规范化和标准化，为每个漏洞确定了唯一的名称和标准化的描述，为不同漏洞库之间的信息录入及数据交换提供了统一的标识，使不同的漏洞库和安全工具更容易共享数据，成为评价相应入侵检测和漏洞扫描等工具和数据库的基准。CVE 中漏洞条目有如下命名过程：首先是 CVE 编委从一些讨论组、软件商发布的技术文件和一些个人或公司提供的资料中找到存在的安全问题，给这种安全问题分配 CVE 候补名称（CAN 名称），相关的信息也会按照 CVE 条目的格式写成 CAN 条目（CVE candidate entry）。如果经过 CVE 编委讨论并投票通过，CAN 条目就成为正式的 CVE 条目，在条目名称上相应地把 CAN 改为 CVE。

目前，大量的公司和组织宣布他们的产品或数据库被 CVE 兼容，如 Security Vulnerability Database、CERT/CC Vulnerability Notes Dalebaselb、X-Force Database、Cisco Secure Intrusion Detection System、BUGTPAQ。与 CVE 兼容是指能够利用 CVE 中漏洞名称同其他 CVE 兼容的产品进行交叉引用。CVE 漏洞库的链接为 http//www.cve.mitre.org。

2. NVD

美国国家漏洞数据库 NVD（national vulnerability database）是国家标准与技术局（NIST）于 2005 年创建，由国土安全部 DHS 的国家赛博防卫部和 US-CERT 赞助支持。

NVD 同时收录 3 个漏洞数据库的信息：CVE 漏洞公告、US-CERT 漏洞公告和 US-CERT 安全警告。同时，自己发布的漏洞公告和安全警告也是目前世界上数据量最大、条目最多的漏洞数据库之一。NVD 漏洞库与 CVE 是同步和兼容的，CVE 发布的新漏洞都会同步到 NVD 漏洞库中。所以，NVD 能够第一时间发布最新的漏洞公告，信息发布的速度快，条目多且信息准确可靠，信息权威性高。NVD 的网址是 http://nvd.nist.gov/。

3. CNNVD

中国国家信息安全漏洞库 CNNVD（china national vulnerability database of information security）隶属于中国信息安全测评中心，是中国信息安全测评中心为切实履行漏洞分析和风险评估的职能，负责建设运维的国家级信息安全漏洞库，为我国信息安全保障提供基础服务。CNNVD 信息安全漏洞定向通报服务是测评中心面向各级政府机关及企事业单位，及时、准确推送以漏洞信息为核心的各类数据及应用服务。CNNVD 的网址是 http://www.cnnvd.org.cn。

4. CNVD

国家互联网应急中心（CNCERT 或 CNCERT/CC）成立于 1999 年 9 月，国家信息安全漏洞共享平台 CNVD（china national vulnerability database）是 CNCERT 联合国内重要信息系统单位、基础电信运营商、网络安全厂商、软件厂商和互联网企业建立的信息安全漏洞信息共享知识库，致力于建立国家统一的信息安全漏洞收集、发布、验证、分析等应急处理体系。CNVD 网站为 http://www.cnvd.org.cn。

5. Bug Traq

安全焦点（security focus）是赛门铁克公司 2002 年收购的著名安全网站，其所包含的漏洞列表量位居世界前列。security focus 的 Bug Traq 邮件列表是整个安全社区重要的信息来源和技术讨论区，很多最新的技术讨论都发布在那里，也有很多 0day 漏洞出现在这里。Bug Traq 的网址为 http://www.securityfocus.com/。

6．其他漏洞库

除了上述权威漏洞库，很多安全机构和企业也有自己的漏洞库。例如，EDB（exploit database）漏洞库（http://www.exploit-db.com/、微软安全公告板和微软安全建议（http://www.microsoft.com/china/technet/security/current mspx）、绿盟科技的中文安全漏洞库（http://www.nsfocus.net/vulndb）、启明星辰的中文安全公告库（http://www.venustech.com.cn/）等。

第二节　网络安全漏洞分级

一、网络安全漏洞分级

网络安全漏洞分级根据漏洞分级的场景不同，分为技术分级和综合分级两种分级方式，每种分级方式均包括超危、高危、中危和低危 4 个等级。其中，技术分级反映特定产品或系统的漏洞危害程度，用于从技术角度对漏洞危害等级进行划分，主要针对漏洞分析人员、产品开发人员等特定产品或系统漏洞的评估工作。综合分级反映在特定时期特定环境下漏洞危害程度，用于在特定场景下对漏洞危害等级进行划分，主要针对用户对产品或系统在特定网络环境中的漏洞评估工作。漏洞技术分级和综合分级均可对单一漏洞进行分级，也可对多个漏洞构成的组合漏洞进行分级。

（1）超危：漏洞可以非常容易地对目标对象造成特别严重后果。

（2）高危：漏洞可以容易地对目标对象造成严重后果。

（3）中危：漏洞可以对目标对象造成一般后果，或者比较困难地对目标造成严重后果。

（4）低危：漏洞可以对目标对象造成轻微后果，或者比较困难地对目标对象造成一般严重后果，或者非常困难地对目标对象造成严重后果。

网络安全漏洞分级包括分级指标和分级方法两方面内容。分级指标主要阐述反映漏洞特征的属性和赋值，包括被利用性指标类、影响程度指标类和环境因素指标类等 3 类指标。分级方法主要阐述漏洞技术分级和综合分级的具体步骤和方法，包括漏洞指标类评级方法、漏洞技术分级方法和漏洞综合分级方法，其中，漏洞指标类评级方法是对上述 3 类指标进行评级的方法，是漏洞技术分级和综合分级的必要步骤。

二、网络安全漏洞分级指标

1．被利用性

1）访问路径

“访问路径”指触发漏洞的路径前提，反映漏洞触发时，需要与受影响组件的最低接触程度。访问路径的赋值包括网络、邻接、本地和物理。通常可通过网络触发的漏洞被利用性可能性高于可通过邻接网络触发的漏洞，可通过本地触发的网络安全漏洞次之，可通过物理接触触发的漏洞被利用可能性最低，如表 4-1 所列。

表 4-1　访问路径赋值说明表

赋值	描述
网络	网络安全漏洞可以通过网络远程触发
邻接	网络安全漏洞需通过共享的物理网络或逻辑网络触发
本地	网络安全漏洞需要在本地环境中触发
物理	网络安全漏洞需通过物理接触/操作才能触发

2）触发要求

“触发要求”是指漏洞成功触发对受影响组件所在系统环境、配置等限制条件的需求程度，指标反映由于受影响组件及其所在系统环境的版本、配置等原因，漏洞成功触发的要求。

触发要求的赋值包括低和高，通常触发要求低的漏洞危害程度高，如表 4-2 所列。

表 4-2　触发要求赋值说明表

赋值	描述
低	漏洞触发对受影响组件的配置参数、运行环境、版本等无特别要求，包括默认的配置参数、普遍的运行环境
高	漏洞触发对受影响组件的配置参数、运行环境等有特别要求，包括不常用的参数配置、特殊的运行环境条件

3）权限需求

“权限需求”是指触发漏洞所需的权限，反映漏洞成功触发需要的最低的权限。

权限需求的赋值包括无、低和高，通常所需要的权限越少，漏洞危害程度越高，如表 4-3 所列。

表 4-3　权限需求赋值说明表

赋值	描述
无	网络安全漏洞触发无需特殊的权限，只需要公开权限和匿名访问权限
低	网络安全漏洞触发需要较低的权限，需要普通用户权限
高	网络安全漏洞触发需要较高的权限，需要管理员权限

4）交互条件

“交互条件”是指漏洞触发是否需要外部用户或系统的参与、配合，反映漏洞触发时，是否需要除触发漏洞的主体之外的其他主体（如系统用户、其他系统等）参与。

交互条件的赋值包括不需要和需要。通常不需要交互条件就能够触发的漏洞危害程度较高，如表 4-4 所列。

表 4-4　交互条件赋值说明表

赋值	描述
不需要	网络安全漏洞触发无需用户或系统的参与或配合
需要	网络安全漏洞触发需要用户或系统的参与或配合。例如：通常跨站脚本漏洞、跨站请求伪造漏洞等需要用户的参与

5）影响程度

“影响程度”指触发漏洞对受影响组件造成的损害程度。影响程度根据受漏洞影响的各个对象承所载信息的保密性、完整性、可用性等 3 个指标决定，每个指标的影响赋值为：严重、一般和无，如表 4-5～表 4-7 所列。

表 4-5　保密性影响赋值说明表

赋值	描述
严重	信息保密性影响严重。例如：保密性完全丢失，导致受影响组件的所有信息资源暴露给攻击者；或者攻击者只能得到一些受限信息，但被暴露的信息可以直接导致严重的信息丢失
一般	信息保密性影响一般。例如：保密性部分丢失，攻击者可以获取一些受限信息，但是攻击者不能控制获得信息的数量和种类。被暴露的信息不会引起受影响组件直接的、严重的信息丢失
无	信息保密性无影响。漏洞对保密性不产生影响

表 4-6　完整性影响赋值说明表

赋值	描述
严重	信息完整性破坏严重，例如：完整性完全丢失，攻击者能够修改受影响组件中的任何信息；或者，攻击者只能修改一些信息，但是，能够对受影响组件带来严重的后果
一般	信息完整性破坏程度一般，例如：完整性部分丢失，攻击者可以修改信息，信息修改不会给受影响组件带来严重的影响
无	信息完整性无影响。漏洞对完整性不产生影响

表 4-7　可用性影响赋值说明表

赋值	描述
严重	信息可用性破坏严重。可用性完全丧失，攻击者能够完全破坏对受影响组件中信息资源的使用访问；或者，攻击者可破坏部分信息的可用性，但是能够给受影响组件带来直接严重的后果
一般	信息可用性破坏程度一般。可用性部分丧失，攻击者能够降低信息资源的性能或者导致其可用性降低。受影响组件的资源是部分可用的，或在某些情况下是完全可用的，但总体上不会给受影响组件带来直接严重的后果
无	信息可用性无影响。漏洞对可用性不产生影响

“保密性影响”指标反映漏洞对受影响实体（如系统、模块、软硬件等）承载（如处理、存储、传输等）信息的保密性的影响程度。

“完整性影响”指标反映漏洞对受影响实体（如系统、模块、软硬件等）承载（如处理、存储、传输等）信息的完整性的影响程度。

“可用性影响”指标反映漏洞对受影响实体（如系统、模块、软硬件等）承载（如处理、存储、传输等）信息的可用性的影响程度。

6）环境因素

（1）被利用成本。

被利用成本包括低、中和高。通常成本越低，漏洞的危害越严重，如表 4-8 所列。“被利用成本”指标反映，在参考环境下（例如：当前全球互联网环境；或者某企业内网环境等），漏洞触发所需的成本。例如：是否有公开的漏洞触发工具、漏洞触发需要的设备是否容易获取等。

表 4-8　被利用成本赋值说明表

赋值	描述
低	漏洞触发所需资源很容易获取，成本低，通常付出很少的成本即可成功触发漏洞。例如：漏洞触发工具已被公开下载、漏洞脆弱性组件暴露在公开网络环境下等
中	漏洞触发所需的部分资源比较容易获取，成本不高，在现有条件基础上通过一定的技术、资源投入可以触发漏洞。例如：漏洞触发原理已公开但是无相应工具、漏洞触发需要某种硬件设备、漏洞触发需要一定的网络资源等
高	漏洞触发需要的资源多，成本高，难于获取。例如：漏洞脆弱性组件未暴露在公开网络、漏洞触发工具难以获取等

（2）修复难度。

修复难度包括高、中和低。通常漏洞修复的难度越高，危害越严重，如表4-9所列。

“修复难度”指标反映，在参考环境下（例如，当前全球互联网环境；或者某企业内网环境等），修复漏洞所需的成本。

表4-9　修复难度赋值说明表

赋值	描述
高	缺少有效、可行的修复方案，或者修复方案难以执行。例如：无法获取相应的漏洞补丁、由于某种原因无法安装补丁等
中	虽然有修复方案，但是需要付出一定的成本，或者修复方案可能影响系统的使用，或者修复方案非常复杂，适用性差。例如：虽然有临时漏洞修复措施但是需要关闭某些网络服务等
低	已有完善的修复方案。例如：已有相应漏洞的补丁等

（3）影响范围。

影响范围包括高、中、低和无。通常漏洞对环境的影响越高，危害越严重，如表4-10所列。

影响范围指标描述反映漏洞触发对环境的影响，漏洞受影响组件在环境中的重要性。

表4-10　影响范围赋值说明表

赋值	描述
高	触发漏洞会对系统、资产等造成严重影响。例如：对环境中大部分资产造成影响，通常高于50%；或者受影响实体处于参考环境的重要位置，或者具有重要作用
中	触发漏洞会对系统、资产等造成中等程度的影响。例如：对环境中相当部分资产造成影响；通常介于10%～50%；或者受影响实体处于参考环境的比较重要位置，或者具有比较重要的作用
低	触发漏洞只会对系统、资产等造成轻微的影响。例如：只对环境中小部分资产造成影响；通常低于10%；或者受影响实体处于参考环境的不重要位置，或者具有不重要作用
无	触发漏洞不会对系统、资产等造成任何资产损失

第三节　常见安全漏洞

漏洞种类繁多，下面着重介绍几种常见的安全漏洞。

一、缓冲区溢出漏洞

缓冲区是一块连续的内存区域，用于存放程序运行时加载到内的运行代码和数据。缓冲区溢出是指程序运行时，向固定大小的缓冲区写入超过其容量的数据，多余的数据会越过缓冲区的边界覆盖相邻内存空间，从而造成溢出。

缓冲区的大小是由用户输入的数据决定的，如果程序不对用户输入的超长数据做长度检查，同时用户又对程序进行了非法操作或者错误输入，就会造成缓冲区溢出。

缓冲区溢出攻击是指发生缓冲区溢出时，溢出的数据会覆盖相邻内存空间的返回地址、函数指针、堆管理结构等合法数据，从而使程序运行失败，或者发生跳转执行其他程序代码，或者执行预先注入到内存缓冲区中的代码。缓冲区溢出后执行的代码，会以原有程序的身份权限运行。如果原有程序是以系统管理员身份运行，那么攻击者利用缓冲区溢出攻击后执行的恶意程序，就能够获得系统控制权，进而执行其他非法操作。

造成缓冲区溢出的根本原因，是出于效率的考虑缺乏类型安全功能的程序设计语言（C、C++等）部分函数不对数组边界条件和函数指针引用等进行边界检查，例如，C 语言标准库与和字符串操作有关的函数，例如 strpy，strcat，sprintf，gets 等函数中，数组和指针都缺乏自动边界检查。程序员开发时必须自己进行边界检查，防范数据溢出，否则所开发的程序就存在缓冲区溢出的安全隐患。然而，实际应用中，程序员会忽略这种检查或者检查不充分。

1．栈溢出漏洞

当被调用的子函数中写入数据的长度大于栈帧的基址到ESP之间预留的保存局部变量的空间时，就会发生栈溢出。要写入数据的填充方向是从低地址向高地址增长，多余的数据就会越过栈帧的基址，覆盖基址以上地址空间。如果返回地址被覆盖，覆盖后的地址是个无效地址，则程序运行失败；如果返回地址的是恶意程序的入口地址，源程序将转向执行恶意程序。

栈的存取策略为“先进后出”，栈常保存函数调函数参数、返回地址等信息，函数中的非静态局部变量存放在栈中。下面举例说明栈溢出。

```
void stack overflow（char* argument）
{
char local[4]
for(int i=0；argument[i]；i++)
local[i]=argument[i]；
}
```

上述样例程序中，函数 stack overflow 被调用时使布局如图 4-2 所示。图中 local 是栈中保存局部变量的缓冲区。根据 char local[4]预先分配的大小为 4 字节，当向 local 中写入超过 4 字节的字符时，就会发生溢出。例如，AAAABBBBCCCCDDDD 为参数调用，当函数执行后，栈顶布局如图 4-2 所示。可以看出输入参数中 CCCC 覆盖了返回地址，当 stack_overflow 执行结束，根据栈中返回地址返回时，程序将转到地址 CCCC 并执行此地址指向的程序，如果 CCCC 地址为攻击代码的入口地址，会调用攻击代码。

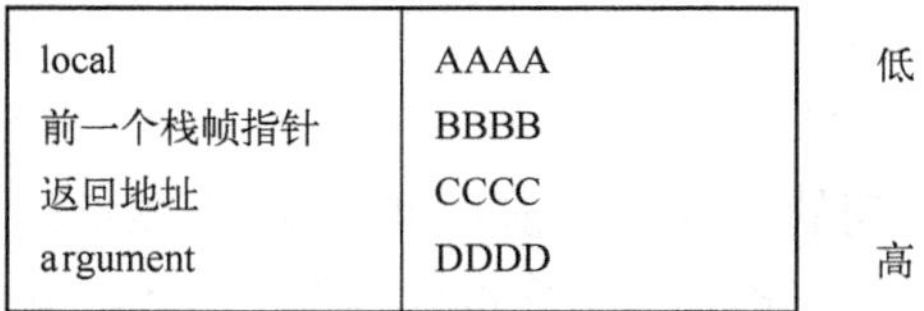

local
前一个栈帧指针
返回地址
argument
AAAA
BBBB
CCCC
DDDD
低
高

图 4-2　栈溢出前后堆栈布局

2．堆溢出漏洞

堆溢出是指在堆中发生的缓冲区溢出。由于堆与栈结构的不同，堆溢出不同于栈溢出。相比栈溢出，堆溢出的实现难度大，而且往往要求进程在内存中具备特定的组织结构。堆溢出攻击也已经成为缓冲区溢出的主要攻击方式之一。利用堆溢出可以有效绕过基于栈溢出的缓冲区溢出防范措施。

堆是内存空间中用于存放动态数据的区域。与栈不同的是，程序员自己完成堆中变量的分配与释放。对于堆内存分配，操作系统有堆管理结构，用来管理空闲内存地址的链表。

下面以 Windows 中覆盖堆管理结构的堆溢出代码为例说明堆溢出的原理。

```
void heap overflow()
{
char *butter1, * buffer2;
buffer1(char * )malloc8）;  //为 buffer1 在堆中分配 8 字节
char s[]="AAAAAAAABBBBBBBBCCCCDDDD";
memcpy(bufferl, s, 24); //向 buffer1 复制 24 字节
butfer2(char *)malloc8）;  //为 buffer2 在堆中分配 8 字节
free(buffer1);
free(buffer2);
return;
}
```

为 buffer1 分配内存后，堆内存布局如图 4-3 所示。

buffer1的堆 管理结构	buffer1占用 空间	下一个空闲块 堆管理结构	空闲块双链表 指针

图 4-3　buffer1 分配后堆内存布局

执行 memcpy，堆溢出后堆内存布局如图 4-4 所示。

buffer1的堆 管理结构	AAAA AAAA	BBBB BBBB	CCCC DDDD

图 4-4　memcpy 执行后堆内存布局

堆内存分配时会调用函数 RtlAllocHeap，该函数从空闲堆链上摘下一空闲块，它执行如下操作。

```
mov dword ptr [edi], ecx
pov dword ptr [ecx+4], edi
```

其中，ecx 为空闲可分配的堆区块的前指针，edi 为该堆区块的后指针。

为 buf2 分配内存空间时，空闲块双链指针已经被 memcpy 覆盖为 CCCCDDDD，也就是说 RtlAllocHeap 执行上述操作时，edi 为 DDDD，ecx 为 CCCC，这样指令 mov dword ptr[edi]，ecx 就意味着将 CCCC 写入[DDDD]=[0x44H4444]，从而实现了利用堆溢出向内存单元写入任意数据，实现改写内存中的关键数据，达到攻击的目的。

程序实例如下（用 VC+6.0 实现的源码，DEBUG 模式）。

```
#include<iostream>
#include<stdio.h>
#include<stdlib.h>
#include<string.h>
#include<memory.h>
```

```
#define FILENAME "myoutfile"
int main(int argc, char *argv[])
{FILE *fd;
long diff;
char bufchar[100];
char *buf1 =(char*)malloc(20);
char *buf2=(char*)malloc(20);
diff=(long)buf2-(long)buf1;
strcpy(buf2, FILENAME);
printf(” --信息显示--\n");
printf("buf1 存储地址：%p\n", buf1);
printf( “buf2 存储地址:%p, 存储内容为文件名：%s\n” , buf2, buf2);
printf("两个地址之间的距离：%d 个字节\n", diff);
printf("------信息显示------\n\n");
if(argc <2)
{
printf("请输入要写入文件%s 的字符串:\n", buf2);
gets(bufchar);
strcpy(buf1, bufchar);
}
else
{
strcpy(buf1, argv[1]);
}
printf(” ------信息显示------ \n");
printf("buf1 存储内容：%s\n", buf1);
printf("buf2 存储内容：%s\n” , buf2);
printf("----信息显示----\n” );
printf("将%s\n 写入文件名%s 中\n\n", buf1, buf2),
fd=fopen(buf2, "a");
if(fd= =NULL)
{
fprintf(stderr, ” %s 打开错\n” , buf2);
if(diff<=strlen(bufchar))
{
printf("提示:buf1 内存溢出！ \n");
}
getchar();
exit(1);
}
fprintf(fd, "%s\n\n", buf1);
fclose(fd);
if(diff <=strlen(bufchar))
{
printf("提示：buf1 溢出, 溢出部分覆盖 buf2 中的 myoutfile\n")
}
```

```
getchar();
return 0;
}
```

从上述代码中可以看出，通过 malloc 命令，申请了两个堆的存储空间。在这里要注意分配堆的存储空间时，存在一个顺序问题。buf2 的申请命令虽然在 buf1 的申请命令前，但是在运行过程中内存空间中 buf2 是在高地址位，buf1 是在低地址位。这个随操作系统和编译器的不同而不同。接着定义了 diff 变量，它记录了 buf1 和 buf2 之间的地址距离。fopen 语句将 buf2 指向的文件打开，打开的形式是追加行，用了关键字 a，即打开这个文件后，如果这个文件是以前存在的，那么写入文件就添加到已有的内容之后；如果是以前不存在的，则创建文件并写入相应内容。用 fprintf 语句将 buf1 中已经获得的语句写入这个文件。然后关闭文件。程序的执行效果如图 4-5 所示。输入字符串的长度为大于 72 字节，而且可以构造一个自定义的字符串 hostility，是输入为“72 字节填充数据”+“hostility”。内容长度是超过 72 字节，buf2 内容变成 hostility。按照程序的流程，将会把内容写入文件名为 hostility 文件中，如图 4-6 所示。

C:\Users\admin\Desktop\Debug\test.exe
--信息显示--
buf1存储地址:00552A88
buf2存储地址:00552AE0，存储内容为文件名:myoutfile
两个地址之间的距离:88个字节
----信息显示----
请输入要写入文件myoutfile的字符串:

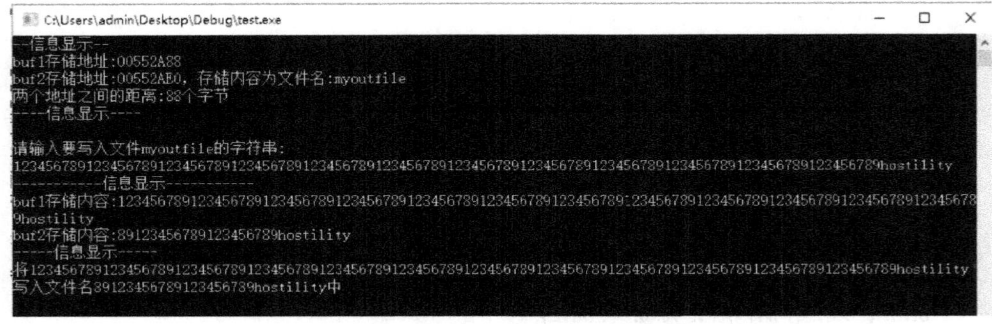

图 4-5　程序执行情况

C:\Users\admin\Desktop\Debug\test.exe
--信息显示--
buf1存储地址:00572A88
buf2存储地址:00572AE0，存储内容为文件名:myoutfile
两个地址之间的距离:88个字节
----信息显示----
请输入要写入文件myoutfile的字符串:

图 4-6　写入文件情况

首先 buf1 填充了大于 48 学节的字符串，余下的 hostility 扩展到 buf2 的空间中。但是原 buf2 中的内容有一个\0 表示字符串的结束，\0 落在 hostility 的\0 后边，系统当看到 hostility 后边的\0 时认为字符串结束，输出的是 hostility。buf1 中由于未遇到\0，继续读至遇见\0。此时，读取长度超出存储空间长度，原内容被覆盖，产生基于堆的溢出。

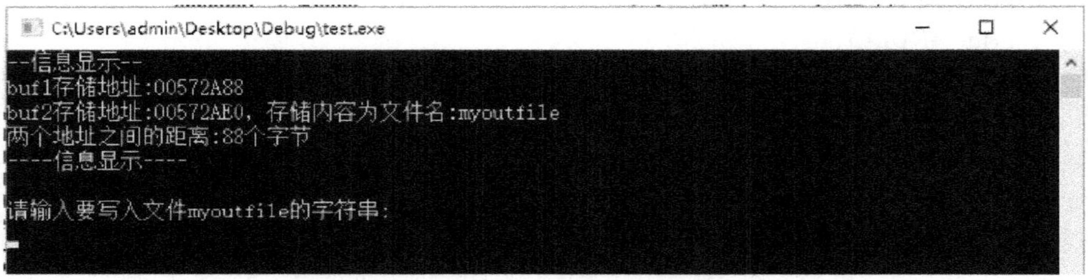

3．单字节溢出漏洞

单字节溢出是指程序中的缓冲区仅能溢出一个字节，其原理通过如下实例阐述。

```
void single func(char *src)
{
char buf[256];
int i;
for(i=0;i<=256;i++)
buf[i]=src[i];//复制 257 字节到 256 字节的缓冲区
}
```

缓冲区溢出通常通过覆盖堆栈中的返回地址，使程序跳转到 shellcode 或指定程序处执行。单字节溢出时溢出的字节必须与栈指针紧挨。

二、格式化字符串漏洞

格式化字符串漏洞与栈溢出漏洞相似，利用了程序员疏忽大意改变程序运行流程，它是早期 C 语言的常见攻击方式。下面结合实例阐述其原理。

以 printf 函数为例，printf()函数形式为 printf（"format"，输出列表），format 的结构为%[标志][输出最小宽度][.精度][长度]类型，常见类型如下。

%d 整型输出，%ld 长整型输出
%o 八进制数输出整数
%x 十六进制输出整数
%u 十进制输出 unsigned 型数据（无符号数）
%c 输出一个字符
%s 输出一个字符串
%f 输出实数，以小数形式输出

printf("my printf name is %s"，"wangluoanquan")语句执行后，返回 my name is wangluoanquan。这个语句中第一个参数就是格式化字符串，标明程序将数据以什么格式输出。

C 语言中*printf 族函数（包括 printf，fprintf，sprintf，snprintf 等）允许可变参数，其根据传入的格式化字符串获知可变参数的个数和类型，并依据格式化符号进行参数输出。如果调用函数给出格式化符号串但未提供对应参数，则这些函数会将格式化字符串后面的多栈中的内容弹出作为参数，并根据格式化符号将其输出。

例 1：

```
void formatstring func1(char *buf)
{
char mark[]="ABCD";
printf(buf);
}
```

如果调用时传入%x%x...%x，则 printf 会打印出堆栈中的内容，不断增加%x 的个数会逐渐显示堆栈中高地址的数据，从而导致堆栈中的数据泄露。更危险的格式化符号是%n，其作用将输出字符串长度写入参数指定位置。%n 不向 printf 传递格式化信息，而是令 printf 把打印出的字符总数放到变元指向的整型变量中，如 printf（"Jamsa%n"，&first count）将向整型变量 first count 处写入整数 5。

例 2：

```
int formatstring func2(int argc，char * argv[])
{
char buffer[100];
sprint(buffer，aargv[1]);
}
```

sprintf 函数的作用是把格式化的数据写入某个字符串缓冲区。假设 aaaabbbbcc%n 作为命令行参数，则 10 被写入地址为 0x61616161（aaaa）的内存单元。因为这段程序执行时，首先将 aaaabbbbcc 写入 buffer，而后从堆栈中取参数，将其当作整数指针使用。这里由于调用 sprintf 没有传入下一个参数，buffer 中的前 4 个字节被当作参数，则输出字符串 10 被写入内存地址 0x61616161。通过这种格式化字符串方式，可实现向任意内存写入任意数值。由此可见格式化字符串漏洞与缓冲区溢出漏洞类似，都利用用户提供的数据作为函数参数。

三、整数溢出漏洞

高级程序语言中，整数分为无符号数和有符号数，有符号负整数最高位为 1，正整数最高位为 0，无符号整数无限制。整型类型较多，每种类型整型均有一定范围，当对整数进行加乘等运算时，计算的结果如果大于该类型的整数表示范围，则出现整数溢出。根据溢出原理不同，整数溢出分为如下 3 类。

1）*存储溢出*

存储溢出是使用另外数据类型存储整型数据造成的。例如，将大变量放入小变量存储区域，最终只能保留小变量能够存储的位，其他位无法存储，从而造成安全隐患。

2）*运算溢出*

运算溢出是对整型变量进行运算时未考虑到边界范围，造成运算后的数值范围超出了其存储范围。

3）*符号问题*

程序员忽略符号而带来的问题，通常这类问题在进行安全检查判断时会出现。

下面举例说明整数溢出漏洞。

```
char *integer overflow(int * data, unsigned int len)
{
unsigned int size=len+1;
char *buffer=(char *)malloc(size);
if(!buffer)
return    NULL;
memcpy(buffer, data, len);
buffer[len]='\0';
return buffer;
}
```

上例中，函数将用户输入数据复制到缓冲区，并在最后写入结尾符 0。如果攻击者将 0xFFFFFFFF 作为参数传入 len，当计算 size 时会发生整型溢出，malloc 会分配大小为 0 的内存块，而后执行 memcpy 时将发生溢出。整数溢出一般不能被单独利用，通常用来绕过目标程序中条件检测，实现其他攻击（如上例利用整数溢出引发缓冲区溢出）。

第四节　网络安全漏洞检测技术

网络安全漏洞检测技术主要采用模拟攻击式、主动查询式等各种方法，对目标可能存在的已知安全漏洞进行逐项检测。这里的检测目标是操作系统、工作站、服务器、交换机、数据库系统、应用服务（例如，Web、FTP、SMTP、DNS）、用户口令等。网络安全漏洞检测技术最早出现且产生重要影响的是 1995 年发布的 SATAN，其专门用于扫描远程 UNIX 系统漏洞，包括 FTPD 脆弱性、可写的 FTP 目录、NFS 脆弱性、NIS 脆弱性、RSH 脆弱性、Sendmail 脆弱性等。ISS 公司推出 Internet Scanner 和 Database Scanner，其中 Internet Scanner 用于网络服务、网络设备及口令等方面的检测，Database Scanner 用于对数据库存在的各种漏洞进行检测。任何对系统安全（机密性、完整性、可用性）产生影响的因素都可以视为安全漏洞。

一、主机存活探测

主机存活探测技术主要用于判断目标网络可达主机。只有确定主机正常运行，才能够继续进行后续的各种扫描功能。主机存活扫描的原理就是利用互联网控制报文协议（internet control messages protocol，ICMP）的特性，即针对网络层的错误诊断、拥塞控制、路径控制和查询服务 4 项功能，获得并分析主机或路由器差错情况和有关异常情况的报告，判断主机是否存活。通常，ICMP 报文提供针对网络层的错误诊断、拥塞控制、路径控制和查询服务 4 项功能。一台主机向某个节点发送 ICMP 响应请求报文，如果途中没有异常（例如，被路由器丢弃、目标不回应 ICMP 或传输失败），目标返回 ICMP 应答报文，则说明这台主机存活。此外，可以通过 Tracert 命令计算 ICMP 报文通过的节点，确定主机与目标之间的网络距离。常用的主机存活扫描手段有 ICMP Echo 扫描、ICMP Sweep 扫描、Broadcast ICMP 扫描，具体介绍如下。

（1）ICMP Echo 扫描。通过简单地向目标主机发送 ICMP Echo Request 数据包，并等待回复的 ICMP Echo Reply 包（如 Ping），确定主机存活情况，该方法精度相对较高。

（2）ICMP Sweep 扫描。ICMP 进行并发扫描，使用 ICMP Echo Request 一次探测多个目标主机。通常，这种探测包会并行发送，以提高探调效率，适用于较大范围的评估。

（3）Brondeast ICMP 扫描。利用了一些主机在 ICMP 实现上的差异，设置 ICMP 请求包的目标地址广播地址或网络地址，可以探测广播域或整个网络范围内的主机，子网内所有主机都会给予回应。这种情况只适合于 UNIX 或 Linux 系统。

二、端口信息获取

端口扫描是获取主机信息的重要办法之一，搜集目标系统的相关信息，例如，各种端口的分配、提供的服务、软件的版本、系统的配置、匿名用户是否可以登录等，以推测主机运行的操作系统、服务等，掌握局域网的结构，从而发现目标系统潜在的安全漏洞。

端口扫描的基本原理是利用操作系统提供的 connect()系统调用，与每一个目标主机的端口进行连接。如果端口处于侦听状态，那么 connect()就能成功调用。否则，这个端口不能用，即没有提供服务。这种技术不需要任何使用权限，系统中的任何用户都有权利使用这个调用。常用的端口扫描手段如下。

（1）TCP connect 扫描。这种类型也称为开放扫描，它是最传统的扫描技术，程序调用 connect()将套接口函数连接到目标端口，形成完整的 TCP 三次握手过程。能够成功建立连接，目标的端口就是开放的。在 UNIX下使用这种扫描方式不需要任何权限，可以同时使用多个套接口进行连接，加快扫描速度。然而，它不存在隐蔽性，所以不可避免地要被目标主机记录下连接信息、错误信息或被防护系统拒绝。

（2）TCP SYN 扫描。这种类型也称为半开放式扫描（half-open scanning），原理是往目标端口发送 SYN 分组，若得到来自目标端口返回的 SYN/ACK 响应包，则目标端口开放；若得到 RST 响应，则目标端口未开放。在 UNIX 下执行这种扫描必须拥有 root 权限。由于它并未建立完整的 TCP 三次握手过程，很少会有操作系统记录到。因此，比 TCP connect 扫描隐蔽得多。

（3）TCP FIN 扫描。程序向一个目标端口发送 FIN 分组，若此端口开放，则包将被忽略，否则将返回 RST 分组。这是某些操作系统 TCP 实现存在的缺陷，并非所有的操作系统都存在这个缺陷。此方法通常用在 UNIX 系统中。

（4）TCP Reverse-ident 扫描。ident 协议是一种确认用户连接到自己的协议，允许通过 TCP 连接得到进程所有者的用户名，即使该进程不是连接发起方。此方法可用于得到 FTP 所有者信息，以及其他需要的信息等。

（5）TCP Xmas Tree 扫描。程序向目标端口发送 FIN、URG 和 PSH 分组，若其关闭，将返回 RST 分组。

（6）TCP NULL 扫描。程序向目标端口发送没有任何标志位的 TCP 包，如果目标端口关闭，将返回 RST 数据包。

（7）TCP ACK 扫描。这种扫描技术往往用来探测防火墙的类型，根据 ACK 位的设置情况可以确定防火墙是简单的包过滤还是状态检测机制的防火墙。

（8）TCP 窗口扫描。由于 TCP 窗口大小报告方式不规则，这种扫描方法可以检测一些类 UNX 系统（AIX、FreeBSD 等）打开的端口以及是否过滤的端口。

（9）TCP RPC 扫描。UNX 系统特有的扫描方式，可以用于检测和定位远程过程调用（remote procedure call，RPC）端口及其相关信息。

（10）UDP ICMP 端口不可达扫描。此方法利用 UDP 本身是无连接的协议，所以打开的 UDP 端口不会返回任何响应包。如果目标端口关闭，某些系统将返回 ICMP PORT UNREACH 信息。但是由于 UDP 是不可靠的非面向连接协议，所以这种扫描方法可靠性不高。

（11）UDP recvfrom()和 write()扫描。由于 UNIX 下的非 root 用户无法读到端口不可达信息，网络扫描工具 NMAP 提供了这种仅在 Linux 下才有效的方式。在 Linux 下，一个 UDP 端口关闭，则第二次 write()操作会失败。并且，当调用 recvfrom()的时候，若未收到 ICMP 错误信息，一个非阻塞的 UDP 套接字一般返回 EAGAIN（"TryAgain"，error=13）；若收到 ICMP 的错误信息，则套接字会返回 ECONNREFUSED（“Connection refused"，error=11I）。通过这种方式，NMAP 将得知目标端口是否打开。

（12）分片扫描。这是其他扫描方式的变形体，可以在发送一个扫描数据包时，通过将 TCP 包头分为几段，放入不同的 IP 包中，使得一些包过滤程序难以对其进行过滤。这个办法能绕过一些包过滤程序。

（13）FTP 跳转扫描。FTP 协议支持代理（Proxy），可以连接提供 FTP 服务的一个服务器，让该服务器向目标主机发送数据。若需要扫描主机的端口，可以使用 PORT 命令声明主机的端口开放。若此端口确实开放，FTP 服务器将返回 150 和 226 信息，否则返回错误信息：“425 Can't build data connection：Connection refused”。这种方式具有较好的隐蔽性，在某些条件下也可以突破防火墙进行信息采集，缺点是速度较慢。

三、漏洞扫描

漏洞扫描为管理员自动检查安全问题、了解系统的安全隐患提供了便利，单纯依靠用户手动排查系统存在的漏洞不仅费时费力，同时要求用户有相当多的安全知识。因此，漏洞评估类软件逐渐开始普及，与防火墙、入侵检测技术并列为计算机安全的主流产品，成为安全检测与风险评估工作必不可少的工具。漏洞的发现不仅仅局限于常见的操作系统，还要不断地向新的应用领域扩展，包括移动应用、工业控制系统、物联网、云平台等。根据漏洞检测原理，目前的漏洞扫描产品主要有主动模拟攻击式漏洞扫描、主动查询式漏洞扫描和被动监听式漏洞扫描 3 类。

1．主动模拟攻击式漏洞扫描

该方式属于主流的漏洞扫描方式，是网络管理员查找和分析安全问题的首选工具。它采用主动探测技术依次执行网络信息收集、攻击测试和生成评估报告，以完成信息系统的漏洞评估，实现信息系统安全问题识别。主动探测型漏洞评估系统涉及具有一定破坏性的模拟攻击测试，容易造成评估目标运行的不稳定，大量端口扫描、漏洞测试可能会影响路由器交换机等网络设备的正常工作。市场上涌现的漏洞评估产品大多为主动模拟攻击式，著名的产品有 ISS 的 Internet Scanner，CyberCop 的 ASaP、Nessus，以及天镜分布式漏洞扫描与安全评估系统等。

2．主动查询式漏洞扫描

基于检测目标的系统配置信息，包括操作系统、服务配置应用软件、补丁等，根据漏洞存在所需要的系统条件，执行逻辑判断进而识别系统漏洞。

比较典型的工作就是 Mitre 公司组织开发的开放漏洞评估语言（open vulnerability assessment language，OVAL），并且为不同操作系统开发了相应的检测原型。该方法不会额外增加网络负担，不需要发送恶意的网络数据包，对被检测系统的网络性能“零”影响，适合于管理员评估分析所管辖网络的安全状况。

3．被动监听式漏洞扫描

在数据包层监测网络流量，分析数据报文的特征字符串，以确定系统的服务和漏洞。

工作原理和网络入侵检测系统（NIDS）比较相似，不同的是它需要数据包来检测漏洞，如果被测试主机没有进行网络通信，哪怕有许多漏洞也无法被检测出来。但在某些情况下主机进行扫描不被允许。网络的变化也可能会带来扫描完不久产生新的漏洞。因此，在主动扫描不能使用时，被动式监听漏洞扫描是一种弥补。典型的产品有被动式漏洞扫描系统 NEVO、GourdScan、Hunter 等。

第五节　本 章 小 结

本章从计算机网络中安全漏洞的基本定义和概念出发，介绍了网络安全漏洞的特点和分类，讲述了漏洞的分级指标和常见的漏洞类型，并对 3 种常见的安全漏洞发现与识别技术进行了详细的介绍。

本 章 习 题

1．什么是漏洞？请查阅资料，详细描述一种近年来发现的网络安全漏洞。
2．漏洞具有什么特点？
3．网络安全漏洞通常包含哪几类？
4．网络安全漏洞分级的依据是什么？
5．缓冲区溢出漏洞的原理是什么？
6．格式化字符串漏洞与栈溢出漏洞有哪些异同？
7．网络安全漏洞检测的目标包含哪些？
8．如何实现主机存活探测？
9．如何实现端口漏洞获取？
10．如何实现漏洞扫描？
11．如何预防或者减少网络安全漏洞带来的危害？

第五章　虚拟专用网技术

VPN 技术允许用户在公共物理网络上建立一条临时的虚拟专用连接进行数据传输，并且对传输的数据进行加密。它在满足企业对于外部员工访问内部资源的基础上，可以保证企业内部数据的安全。虚拟专用网费用低廉，而且能够满足用户的安全需求，这些优势使得 VPN 能够快速发展。本章将较为系统地介绍 VPN 的基本概念和技术原理，着重介绍几种常见的 VPN 技术，并对其部署方式和发展趋势开展讨论。

第一节　VPN 概述

随着信息化的快速发展，一些企业组织的各分支机构之间需要进行跨地区的通信，一些单位的员工需要远程接入内部网络进行移动办公。为了保证不同分支机构间通信的安全，最初，企业采用的方式是向电信运营商租赁专线，为企业提供二层链路，这种方式建设周期长、价格昂贵且难于管理，无法满足企业对于网络灵活性和经济性的需求。随着异步传输模式（ATM）和帧中继技术的兴起，电信运营商开始使用虚电路的方式来为企业建立点到点的二层链路。此种方式有许多改进之处，比如运营商提供服务的建设时间短、价格低且能在不同专网之间共享运营商的网络结构，但这种虚电路的方式依赖于专用的传输介质。

企业对网络的灵活性、安全性、经济性和扩展性等方面提出了新的需求，虚拟专用网（virtual private network，VPN）技术应运而生。VPN 不是一种独立的组网技术，它只是一组通信协议，其目的是在 Internet 等公共网络中虚拟出一条专用通道，供通道的两个端点之间安全地传输信息。

一、VPN 的基本概念

对于虚拟专用网技术，可以把它理解成是虚拟出来的企业内部专线。它可以通过特殊的加密通信协议在位于 Internet 不同位置的两个或多个企业内联网络之间建立专有的通信线路。就好像架设了一条专线一样，但是它并不需要真正地铺设光缆之类的物理线路。这好比去电信局申请专线，但是不用支付铺设线路的费用，也不用购买路由器等硬件设备。由此可以看出，VPN 不是一个物理意义上的专用网络，但它却具有与物理专用网络相同的功能。

从实现方法来看，VPN 是指依靠 ISP（internet service provider，互联网服务提供商）和 NSP（network service provider，网络服务提供商）的网络基础设施，在公共网络中建立专用的数据通信通道。在 VPN 中，任意两个节点之间的连接并没有传统的专用网络所需的端到端的物理链路，只是在两个专用网络之间或移动用户与专用网络之间，利用 ISP 和 NSP 提供的网络服务，通过专用 VPN 设备和软件，根据需求构建永久的或临时的专用通道，如图 5-1 所示。

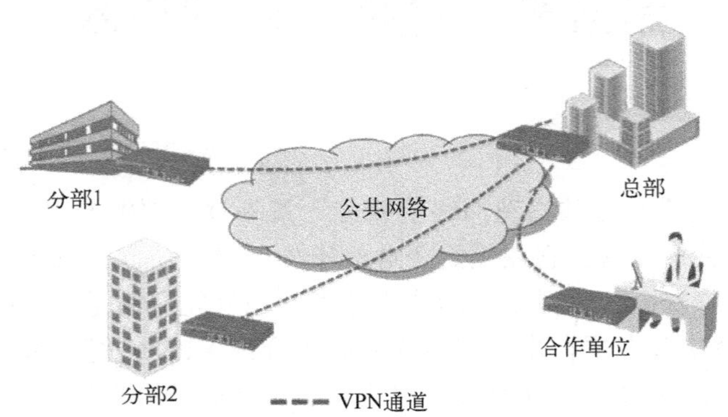

图 5-1　一个典型 VPN 示意图

VPN 对用户透明，用户感觉不到其存在，就好像使用了一条专用线路在自己的计算机和远程的企业内部网络之间，或者在两个异地的内部网络之间建立连接，以进行数据的安全传输。

虚拟是指 VPN 用户与企业内部网络的通信是通过在公共的基础网络上建立逻辑连接，而不是实际上的物理网络。这个公共的基础网络（VPN 骨干网）同时也被其他的非 VPN 用户使用，但这并不影响在逻辑上独立的 VPN 专网。

专用网络是指用户可以为自己制定一个最符合自己需求的网络。对于 VPN 用户来说，使用 VPN 与使用传统专网的目的相同，均是实现在企业外部访问内部数据。但 VPN 技术的实现上与传统专用网络不同，VPN 与底层承载网络之间保持资源独立，在正常传输的情况下，VPN 资源不会被网络中其他 VPN 用户或者非 VPN 用户使用。VPN 会为传输的数据提供安全保障。

总之，VPN 可以构建在两个端系统之间、两个组织机构之间、一个组织机构内部的多个端系统之间、跨越互联网的多个组织之间，为企业之间通信构建了一个相对安全的数据通道。

二、VPN 的分类

VPN 既是一种组网技术，又是一种网络安全技术。随着 VPN 技术的广泛应用，需要应用这一技术的业务场景越来越多。按照不同的角度，可以将 VPN 分为多种类型。

1. 按应用平台分类

根据应用平台，可将 VPN 分为软件 VPN 和硬件 VPN。

1）软件 VPN

当 VPN 对数据速率、性能和安全性要求不高时，可以利用软件 VPN 实现简单的 VPN 功能，或者利用 Windows、Linux 系统自带的 VPN 功能。

此类 VPN 一般性能较差，数据传输速率较低，同时安全性也比较低，一般仅适用于连接用户较少的小型企业或者个人用户。

2）硬件 VPN

在硬件 VPN 中，有专门的 VPN 设备，也有集成在交换机、路由器或防火墙设备中的 VPN 功能。有些 VPN 不需要接入软件，仅需要客户端有支持 SSL 协议的安全浏览器。硬件平台的 VPN 功能可以满足企业和个人用户对数据安全及通信性能的需求。

2．按业务场景分类

这是最常用的分类方法。根据应用的业务场景不同，VPN 大致可分为 3 种类型，即企业内部 VPN（Intranet VPN）、企业扩展 VPN（Extranet VPN）、远程接入 VPN（Access VPN）。

1）企业内部 VPN

通过公用网络进行企业内部多个分支机构与公司总部网络的互连，是传统专网或其他企业网的扩展或替代形式。使用 Intranet VPN，企业总部、分支机构或移动办公人员可以通过公共网络组成企业内部网络。

Intranet VPN 通过公共网络实现点对点的网络互连，建立连接容易，并可以对每个分支机构设置相应的网络访问权限，其典型结构如图 5-2 所示。

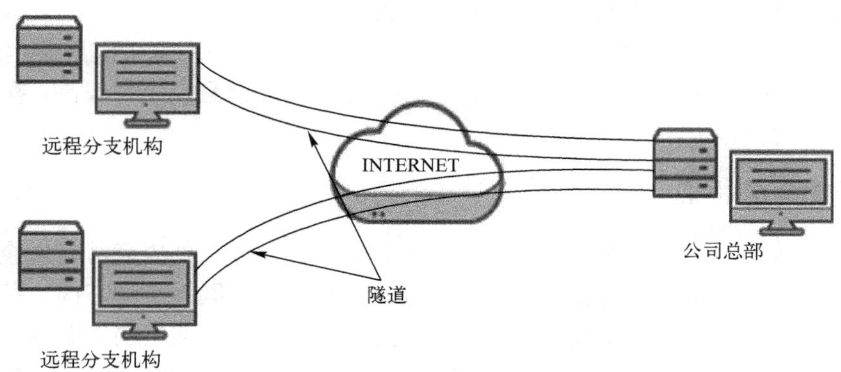

图 5-2 Intranet VPN 典型网络结构

2）企业扩展 VPN

企业扩展 VPN（Extranet VPN）的基本网络结构与 Intranet VPN 一样，只是连接的对象有所不同。利用 Extranet VPN 将企业网延伸至供应商、合作伙伴与客户处，在具有共同利益的不同企业间通过公共网络构建 VPN，使部分资源能够在不同 VPN 用户之间共享。

3）远程接入 VPN

远程接入 VPN 也称拨号 VPN，是指企业员工或企业的小分支机构通过公共网络远程拨号的方式构建的虚拟专用网。这种方式能够使用户随时随地按需访问企业资源，支持使用传统有线接入、无线接入和有线电视电缆等拨号技术。Access VPN 是一种二层（数据链路层）VPN 技术，可以实现点到点、端到站点或者是站点到站点的远程连接，如图 5-3 所示。

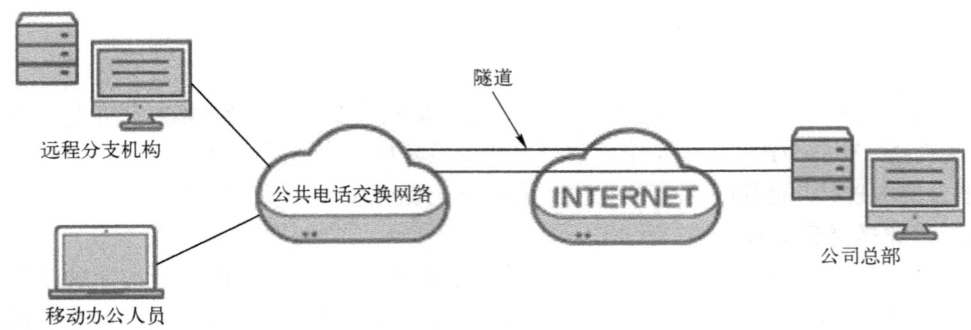

图 5-3　Access VPN 典型网络结构

3．按实现层次分类

按照 VPN 技术实现的网络层次，可以将 VPN 分为基于数据链路层的 VPN、基于网络层的 VPN、基于应用层的 VPN。

（1）基于数据链路层的 VPN。是指在计算机网络体系结构中的数据链路层实现的 VPN，实现技术很多，主要有 L2TP VPN、L2F VPN 和 PPTP VPN 等。

（2）基于网络层的 VPN。是指在计算机网络体系结构中的网络层实现的 VPN，主要的实现技术有 GRE VPN、IPSec VPN、MPLS VPN 等。

（3）基于应用层的 VPN。也称 SSL VPN，SSL VPN 是一种基于应用层实现的 VPN 技术，工作在传输层和应用层之间。因其部署简单、结构灵活且安全性较高，被很多 VPN 安全接入产品所使用。

三、VPN 的特点

随着商务活动的日益频繁，各企业开始允许其生意伙伴、供应商访问本企业的局域网，简化信息交流的途径，增加信息交换速度。这些合作和联系是动态的，并依靠网络来维持和加强，于是各企业发现，这样的信息交流不但带来了网络的复杂性，还带来了管理和安全性的问题，因为 Internet 是一个全球性和开放性的、基于 TCP/IP 技术的、极难管理的国际互连网络，所以基于 Internet 的商务活动就面临非善意的信息威胁和安全隐患。还有一类用户，随着自身的发展壮大及国际化特征日益明显，企业的分支机构不仅越来越多，而且相互间的网络基础设施互不兼容也更为普遍。总之，用户的信息技术部门在连接分支机构方面感到日益棘手。

Access VPN、Intranet VPN 和 Extranet VPN 为用户提供了 3 种 VPN 组网方式，但在实际应用中，用户所需要的 VPN 又应当具备哪些特点呢？一般而言，一个高效、成功的 VPN 应具备以下几个主要特点。

1）具备完善的安全保障机制

实现 VPN 的技术和方式很多，所有的 VPN 均应保证通过公用网络平台传输数据的专用性和安全性。在非面向连接的公用 IP 网络上建立一个逻辑的、点到点的连接，称为建立一个隧道，可以利用加密技术对经过隧道传输的数据进行加密，以保证数据仅被指定的发送者和接收者了解，从而保证数据的私有性和安全性。

2）具备用户可接受的服务质量保证

VPN 应当为企业数据提供不同等级的服务质量保证，不同的用户和业务对服务质量保证的要求差别较大。例如，对于移动办公用户，提供广泛的连接和覆盖性是Access VPN保证服务的一个主要因素；而对于拥有众多分支机构的Intranet VPN或基于多家合作伙伴的Extranet VPN而言，能够提供良好的网络稳定性是满足交互式的企业网应用首要考虑的问题；另外，对于其他诸如视频等具体应用则更对网络提出了明确的要求，包括网络时延及误码率等。所有以上的网络应用均要求VPN网络根据需要提供不同等级的服务质量。在网络优化方面，构建VPN的另一重要需求是充分、有效地利用有限的广域网资源，为重要数据提供可靠的带宽。广域网流量的不确定性使其带宽的利用率较低，在流量高峰时引起网络拥塞，产生网络瓶颈，难以满足实时性要求高的业务服务质量保证；而在流量低谷时又造成大量的网络带宽空闲。服务质量（QoS）通过流量预测与流量控制策略，可以按照优先级分配带宽资源，实现带宽优化管理，使得各类数据能够被合理地按序发送，并预防拥塞的发生。

3）总成本低

VPN在设备的使用量及广域网络的带宽使用上，均比专线式的架构节省，故能使网络的总成本比LAN-to-LAN连接时成本节省30%～50%；对远程访问而言，使用VPN更能比直接接入到企业内联网络节省60%～80%的成本。

4）可扩充性、安全性和灵活性

VPN较专线式的架构有弹性，当有必要将网络扩充或是变更网络架构时，VPN可以轻易地达到目的。VPN（特别是硬件VPN）的平台具备完整的扩展性，从总部的设备到各分部，甚至个人拨号用户，均可被包含于整体的VPN架构中。同时，VPN的平台也具有能够很好地适应未来广域网络带宽的扩充及连接、更新的架构的特性。

优良的安全性。VPN架构中采用了多种安全机制，确保信息在公众网络中传输时不至于被窃取。退一步说，即使被窃取，对方也无法读取封装在数据包内的信息。

VPN能够支持通过Intranet和Extranet任何类型的数据流，方便增加新的节点，支持多种类型的传输媒介，可以满足同时传输语音、图像和数据等新应用对高质量传输及带宽增加的需求。

5）管理便捷

VPN简化了网络配置，在配置远程访问服务器时省去了调制解调器和电话线路。远程访问客户端可灵活选择通信线路，如模拟拨号、ISDN、ADSL和移动IP等任何ISP支持的接入方式。这使得网络的管理变得较为轻松。不论连接的是什么用户，均需通过VPN隧道的路径进入内联网络。

四、VPN的原理

在VPN定义的基础上来分析一下VPN的原理。一般来说，两台具有独立IP并连接上互联网的计算机，只要知道对方的IP地址就可以进行直接通信。但是，位于这两台计算机之下的网络是不能直接互连的。原因是这些私有网络和公用网络使用了不同的地址空间或协议，即私有网络和公用网络之间是不兼容的。

VPN的基本原理是利用隧道技术对数据进行封装，在Internet中建立虚拟的专用通路，使数据在具有认证和加密机制的隧道中穿越，从而实现点到点或端到端的安全连接。

私有网络之间的通信内容经过发送端计算机或设备打包，通过公用网络的专用通道进行传输，然后在接收端解包，还原成私有网络的通信内容，转发到私有网络中。这样对于两个私有网络来说，公用网络就像普通的通信电缆，而接在公用网络上的两台私有计算机或设备则相当于两个特殊的节点。由于 VPN 连接的特点，私有网络的通信内容会在公用网络上传输，出于安全和效率的考虑，一般通信内容需要加密或压缩。而通信过程的打包和解包工作则必须通过一个双方协商好的协议进行，这样在两个私有网络之间建立 VPN 通道将需要一个专门的过程，依赖于一系列不同的协议。这些设备和相关的设备及协议组成了一个 VPN 系统。一个完整的 VPN 系统一般包括以下 3 个单元：

（1）VPN 服务器端。VPN 服务器端是能够接收和验证 VPN 连接请求，并处理数据打包和解包工作的一台计算机或设备。要求 VPN 服务器已经接入 Internet，并且拥有一个独立的公网 IP。

（2）VPN 客户机端。VPN 客户机端是能够发起 VPN 连接请求，并且也可以进行数据打包和解包工作的一台计算机或设备。要求 VPN 客户机已经接入 Internet。

（3）VPN 数据通道。VPN 数据通道是一条建立在公用网络上的数据链接。其实，服务器端和客户机端在 VPN 连接建立之后，在通信过程中扮演的角色是一样的，区别仅在于连接是由谁发起的而已。

五、VPN 的关键技术

VPN 是在互联网等公共网络基础上，综合利用隧道技术、加密技术和身份认证技术来实现的。

1．隧道技术

隧道（tunneling）技术是 VPN 的核心技术，它是利用互联网等公共网络已有的数据通信方式，在隧道的一端将数据进行封装，然后通过已建立的虚拟通道（隧道）进行传输。在隧道的另一端，进行解封操作，将得到的原始数据交给对端设备，如图 5-4 所示。

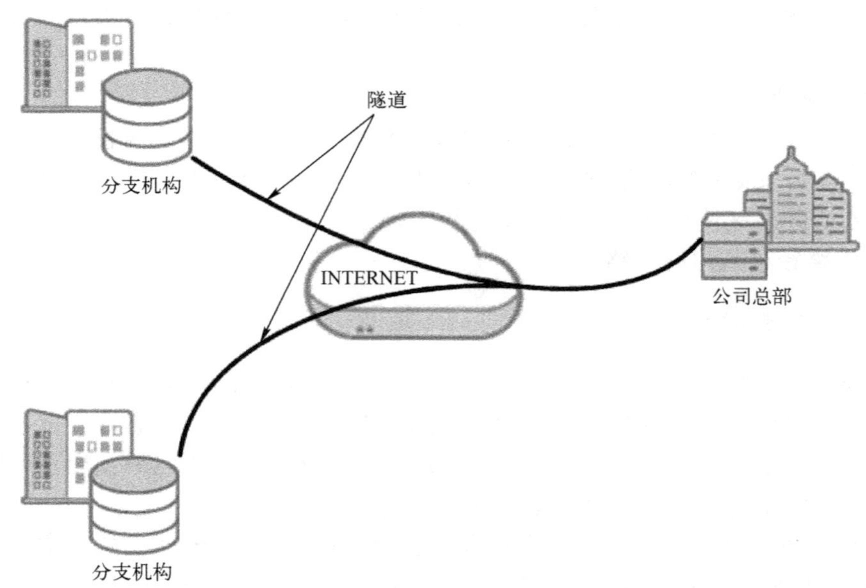

图 5-4　VPN 隧道示意图

隧道技术是一种通过使用互联网基础设施在网络之间传递数据的方式。使用隧道传递的数据可以是不同协议的数据帧或包，隧道协议将这些协议的数据帧或包重新封装在新的包头中发送，新的包头提供了路由信息，使封装的负载数据能够通过互联网络传递。

被封装的数据包在隧道两个端点之间通过互联网进行路由。被封装的数据包在互联网上传递时所经过的逻辑路径称为隧道。一旦到达网络终点，数据将被解包并转发到最终目的地。隧道技术是指包括数据封装、传输和解包在内的全过程。

在进行数据封装时，根据在 OSI 参考模型中位置的不同，可以分为第二层隧道技术和第三层隧道技术两种类型，如图 5-5 所示。

其中，第二层隧道技术是在数据链路层使用隧道协议对数据进行封装，然后再把封装后的数据作为数据链路层的原始数据，并通过数据链路层的协议进行传输。第二层隧道协议主要用于构建远程接入 VPN，包括 PPTP 协议、L2TP 协议等。

第三层隧道技术是在网络层进行数据封装，即利用网络层的隧道协议将数据进行封装，封装后的数据再通过网络层的协议（如 IP）进行传输。第三层隧道协议主要用于构建企业内部 VPN 和扩展 VPN，主要包括 GRE 协议、IPSec 协议等。

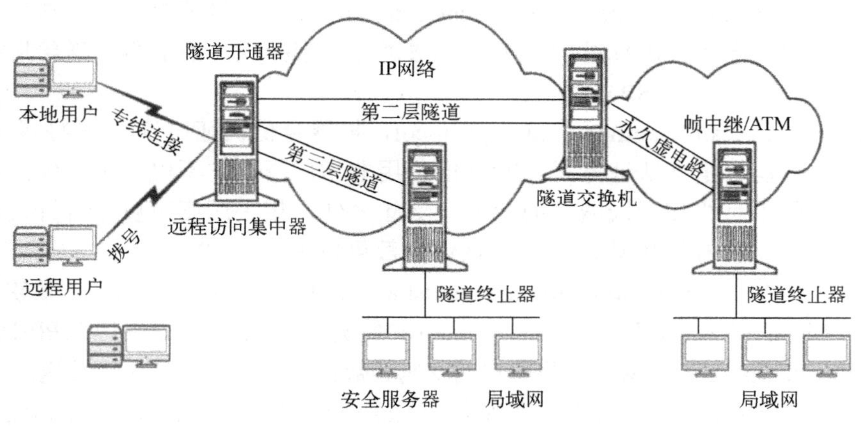

图 5-5　隧道构成示意图

2．加密技术

为了保证重要的数据在公共网络上传输时不被他人窃取，VPN 采用了加密机制以确保网络上其他未授权的实体无法读取该信息。

在现代密码学中，加密算法分为对称加密算法和非对称加密算法。对称加密算法采用同一密钥进行加密和解密，优点是速度快，但密钥的分发与交换难于管理。而采用非对称加密算法进行加密时，通信各方使用两个不同的密钥，一个是只有发送方知道的专用密钥 d，另一个则是对应的公用密钥 e，任何人都可以获得公用密钥。专用密钥和公用密钥在加密算法上相互关联，一个用于数据加密，另一个用于数据解密。非对称加密还有一个重要用途是进行数字签名。实际应用时一般是将对称加密技术和非对称加密技术混合使用，利用非对称加密技术进行密钥的协商和交换，而采用对称加密技术进行用户数据的加密。

在 VPN 解决方案中最普遍使用的对称加密算法主要有 DES、3DES、AES、RC4、

RC5、IDEA 等算法。使用的非对称加密算法主要有 RSA、Diffie-Hellman、椭圆曲线等。

3．身份认证技术

VPN 系统中的身份认证技术包括用户身份认证和信息认证两个方面。其中，用户身份认证用于鉴别用户身份的真伪，而信息认证用于保证通信双方的不可抵赖性和信息的完整性。从实现技术来看，目前采用的身份认证技术主要分为非 PKI 体系和 PKI 体系两类，其中非 PKI 体系主要用于用户身份认证，而 PKI 体系主要用于信息认证。

其中非 PKI 体系一般采用“用户 ID+密码”的模式，目前在 VPN 系统中采用的非 PKI 体系的认证方式主要包括以下几种。

（1）PAP（password authentication protocol，密码认证协议）。PAP 是一种不安全的身份验证协议。当使用 PAP 时，客户端的用户账号名称和对应的密码都以明文形式进行传输。由于采用了未加密的明文传输方式，所以 PAP 协议存在不安全性。

（2）SPAP（shiva password authentication protocol，Shiva 密码认证协议）。SPAP 是针对 PAP 的不足而设计的，当采用 SPAP 进行身份认证时，SPAP 会加密从客户端发送给服务器端的密码，所以 SPAP 比 PSP 安全。

（3）CHAP（challenge-handshake authentication protocol，挑战握手认证协议）。CHAP 会将客户端用户的密码采用标准的 MD5 算法进行加密处理，然后再发送给服务器端。所以，CHAP 要比 PAP 和 SPAP 安全。

（4）EAP（extensible authentication protocol，扩展身份认证协议）。EAP 允许用户根据自己的需要来自行定义认证方式。EAP 的使用非常广泛，它不仅用于系统之间的身份认证，而且还用于有线和无线网络的验证。除此之外，相关厂商可以自行开发所需要的 EAP 认证方式，例如视网膜认证、指纹认证等都可以使用 EAP。

（5）MS-CHAP（microsoft challenge handshake authentication protocol，微软挑战握手认证协议）。MS-CHAP 是微软公司针对 Windows 系统来设计的，它是采用 MPPE（microsoft point-to-point encryption）加密方法将用户的密码和数据同时进行加密后再发送。

PKI 体系主要通过 CA，采用数字签名和 Hash 函数保证信息的可靠性和完整性。由于 Hash 函数的特性，使得要找到两个不同的报文具有相同的摘要是困难的。例如，目前用户普遍关注的 SSL VPN 就是利用 PKI 支持的 SSL 协议实现应用层的 VPN 安全通信。有关 PKI 的内容在此不详述。

第二节　PPTP VPN

第二层隧道协议是在 OSI 参考模型的第二层（数据链路层）实现的隧道协议。由于数据链路层的数据单位为帧，所以第二层隧道协议是以帧为数据交换单位来实现的。用于实现 VPN 的第二层隧道协议主要有 PPTP、L2TP 和 L2F，这里主要介绍 PPTP VPN。

由于 PPTP 是在 PPP 基础上发展起来的，所以在介绍 PPTP 之前对 PPP 进行简要的介绍。PPP 是互联网中使用的一个点对点的数据链路层协议，其目的是在 TCP/IP 网络中的一个物理节点实现对上层数据（IP 数据报）的封装，然后通过已确定的物理链路将封装后的数据发送到下一个物理节点。在下一个物理节点进行解封装操作后，将封装前的数据（IP 数据报）提供给该节点的上一层（网络层）进行处理。为此，PPP 的主要功能是在 TCP/IP 网络中实现两个相邻物理节点（路由器或计算机）之间的通信，它只负责在两个物理节点之间“搬运”上层数据，并不关心上层数据的具体内容。

PPTP（point-to-point tunneling protocol，点对点隧道协议）是建立在 PPP（point-to-point）协议和 TCP/IP 协议之上的第二层隧道协议，1996 年成为 IETF 草案。PPTP 是 PPP 的一种扩展，提供了在 IP 网上建立多协议的安全 VPN 通信方式，远端用户能够通过任何支持 PPTP 的 ISP 访问企业的专用网络，它在 PPP 的基础上增强了认证、压缩、加密等功能，提高了 PPP 协议的安全性。PPTP 协议是一个第二层的隧道协议，它提供了 PPTP 客户端与 PPTP 服务器之间的加密通信，允许在公共 IP 网络（如 Internet）上建立隧道。PPTP 支持 TCP/IP、IPX/SPX、Appletalk、NetBEUI 等多种网络协议。

一、工作过程

微软公司是 PPTP 协议的主要发起者，所以 Windows 操作系统都支持 PPTP 协议。PPTP 中创建的隧道属于主动式隧道，一般由 PPTP 客户机发起隧道建立连接请求，在得到 PPTP 服务器认证后才能建立隧道。

PPTP 提供了在 IP 网络中建立多协议的安全 VPN 的通信方式，远端用户能够通过任何支持 PPTP 的 ISP 访问企业内部网络。PPTP 提供了 PPTP 客户机与 PPTP 服务器之间的安全通信。其中，PPTP 客户机是指运行 PPTP 协议的计算机，而 PPTP 服务器是指运行 PPTP 协议的服务器。通过 PPTP，客户机可以采用 PSTN、ISDN、xDSL、以太网、无线等连接，以拨号方式接入公共 IP 网络。拨号客户机首先按正常的网络接入方式拨号到 ISP 的网络接入服务器（NAS），建立 PPP 连接；在此基础上，客户机进行第二次拨号建立到 PPTP 服务器的连接，该连接称为 PPTP 隧道。PPTP 隧道实质上是基于 IP 协议的另一个 PPP 连接，其中 IP 数据报可以封装成 TCP /IP、IPX/SPX、NetBEUI 等多种协议数据。如果客户机是直接接入到本地局域网，而且本地局域网已连接到 IP 网络，这时客户机则不需要第一次的 PPP 拨号连接，可以直接与 PPTP 服务器建立隧道。

对于基于 PPTP 的 VPN 而言，由于客户机是通过拨号方式接入到 VPN 服务器，所以该 VPN 服务器也称为 VPDN（virtual private dial-up network，虚拟专用拨号网）服务器。下面以 Windows 操作系统为例，介绍基于 PPTP 协议的 VPN 的实现过程。如图 5-6 所示，基于 PPTP 协议的 VPN 是一种客户机/服务器（Client/Server）的结构，包括 PPTP 服务器（VPDN 服务器）和 PPTP 客户机两部分。具体工作过程如下。

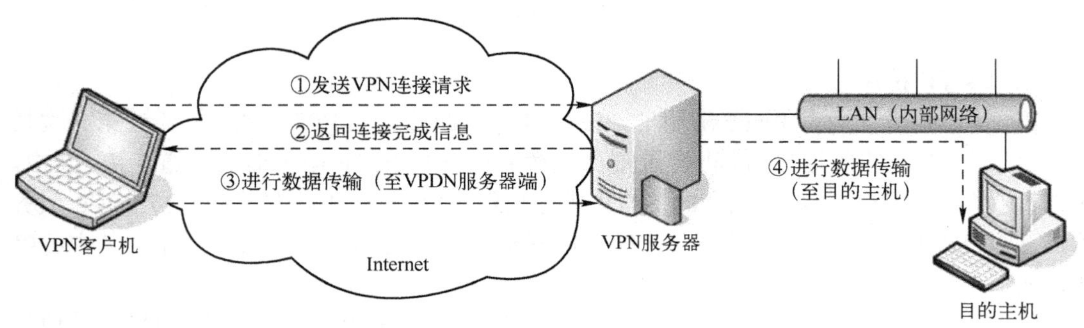

图 5-6　基于 PPTP 隧道的 VPN 工作示意图

（1）发送建立连接请求。在此之前，需要在 VPDN 服务器端为 PPTP 客户机建立好用户账户（包括登录账号和对应的密码）。PPTP 客户机向 VPDN 服务器发起连接请求，具体可利用客户端 VPN 连接软件来实现（Windows 操作系统自带）。在输入 VPDN 服务器的 IP 地址后，首先要将登录账号和密码发送到 VPDN 服务器端进行用户认证，以防止非法用户侵入受保护的内部网络。

其中，PPTP 用户的认证可以使用多种方法，如 PAP、SPAP、CHAP、MS-CHAP、EAP 等。

（2）返回连接完成信息。当 VPDN 服务器验证了用户的合法性后，返回连接完成信息，表示已经正式建立了 VPN 连接。

（3）数据传输至 VPDN 服务器端。在接收到连接完成信息后，表示 VPN 安全隧道已经建立，这时就可以进行正常的数据通信。在 VPN 客户机与 VPDN 服务器之间进行数据通信时，为了保证数据传输的安全性，可以选用 MPPE、RSA、DES 等算法对 IP 数据报进行加密。其中，在 Windows 操作系统中多使用微软公司自己的 MPPE（microsoft point-to-point encryption，微软点对点加密）算法进行数据的加密处理。

（4）数据传输至目的主机。当 VPDN 服务器接收到远程用户机发送过来的 PPTP 数据报后开始对其进行处理。首先进行解封操作，从 PPTP 数据报中取出本地内部网络中计算机的 IP 地址（私有 IP 地址）或计算机名称信息，然后根据此信息将其中的 PPP 数据报转发到目的主机。

二、报文格式

在 PPTP 客户机与 PPTP 服务器之间传输的报文分为两种类型，即控制报文和数据报文，如图 5-7 所示。

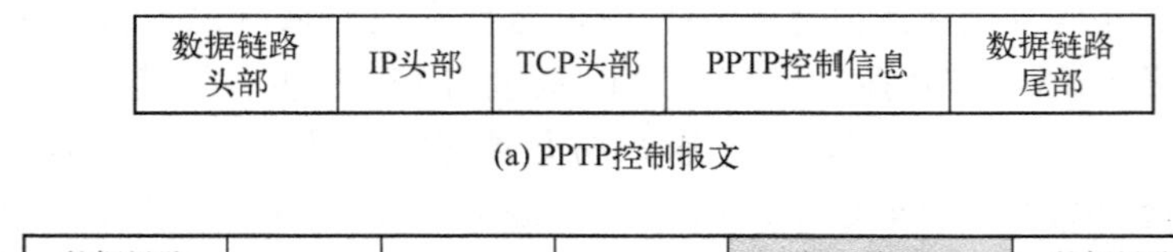

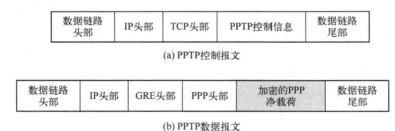

(a) PPTP控制报文

(b) PPTP数据报文

图 5-7　PPTP 报文格式

1. PPTP 控制报文

PPTP 控制报文负责 PPTP 隧道的建立、维护和断开。当 PPTP 客户机通过第一次拨号建立了与 IP 网络的连接后，再通过第二次拨号建立与 PPTP 服务器的隧道连接。其中，第二次拨号通过 PPTP 客户机上的 PPTP 拨号软件（使用 TCP 动态端口）与 PPTP 服务器的 TCP 1723 端口建立控制连接。PPTP 控制报文的结构如图 5-7（a）所示，其中各字段的定义如下。

（1）IP 头部。标明参与隧道建立的 PPTP 客户机和 PPTP 服务器的 IP 地址及其他相关信息。

（2）TCP 头部。标明建立隧道时使用的 TCP 端口等信息，其中 PPTP 服务器的端口为 1723。

（3）PPTP 控制信息。携带了 PPTP 呼叫控制和管理信息，用于建立和维护 PPTP 隧道。

（4）数据链路头部和数据链路尾部。用数据链路层协议对连接数据包（IP 头部、TCP 头部和 PPTP 控制信息）进行封装，从而实现相邻物理节点之间的数据包传输。

PPTP 控制连接的建立过程如下。

（1）在 PPTP 客户机上动态分配的 TCP 端口（1024 以上）与 PPTP 服务器上的 TCP 1723 端口之间建立一个 TCP 连接。

（2）PPTP 客户机发送一个用以建立 PPTP 控制连接的 PPTP 消息。

（3）PPTP 服务器向 PPTP 客户机返回一条 PPTP 消息，对连接请求进行响应。

（4）PPTP 客户机在接收到 PPTP 服务器的响应后，再向 PPTP 服务器发送另一条 PPTP 消息，并且选择一个对 PPTP 隧道进行标识的调用 ID，用以从 PPTP 客户机向 PPTP 服务器发送数据。

（5）当 PPTP 服务器接收到该消息后，通过另一条 PPTP 消息进行应答。并且为自己选择一个对 PPTP 隧道进行标识的调用 ID，用以从 PPTP 服务器向 PPTP 客户机发送数据。

（6）PPTP 客户机发送一条 PPTP Set-Link-Info 消息，以便指定 PPP 协商选项。

2．PPTP 数据报文

PPTP 数据报文负责传输用户的数据，其报文结构如图 5-7（b）所示。在利用 PPTP 控制报文完成隧道的建立后，初始的用户数据（如 TCP/IP 数据报、IPX/SPX 数据报或 NetBEUI 数据帧等）经过加密后，形成加密的 PPP 净载荷。然后，添加 PPP 头部信息，封装形成 PPP 帧；PPP 帧再进一步添加 GRE 头部信息，经过第二次封装便形成 GRE 报文；第三次封装将添加 IP 头部信息，其中 IP 头部信息包含数据包的源 IP 地址和目的 IP 地址；数据链路层封装是对 IP 数据报根据网络连接的情况，添加相应的数据链路头部和数据链路尾部信息。

在进行第二次封装时使用了 GRE（generic routing encapsulation，通用路由封装）协议。当通过 PPTP 连接发送数据时，PPP 帧将利用 GRE 协议进行封装，其中 GRE 头部信息中包含了对 PPTP 隧道进行标识的信息。

当 PPTP 服务器接收到 PPTP 数据包时，通过以下过程进行解封装操作。

（1）处理并去掉数据链路层头部和尾部信息。

（2）处理并去掉 IP 头部信息。

（3）处理并去掉 GRE 和 PPP 头部信息。

（4）如果需要的话，对 PPP 有效净载荷（用户数据）进行解密或解压缩处理，具体根据 PPTP 客户机对用户数据的处理情况而定。

（5）对用户数据进行接收或转发处理。

三、PPTP 的优势

（1）PPTP 协议应用简单，为远程用户和远程计算机提供访问服务，协议不要求交易应用证书服务器，也不要求任何类型的认证服务器，可以在远程访问中使用简单的Windows认证。

（2）PPTP 建立隧道或进行协议封装，远程运行依赖特殊网络协议的应用程序，隧道服务器执行安全检查，启用数据加密，保障信息安全，还可以使用 PPTP 建立专用 LAN 到 LAN 的网络。

（3）在客户端连接到互联网后，使用 PPTP 协议不需要再次拨号连接，如果计算机直接连接到 IP 局域网，而且可以访问服务器，则可以通过局域网建立 PPTP 隧道。

第三节　IPSec VPN

一、IPSec 的体系结构

IPSec（IP Security）是 IETF 的 IPSec 工作组于 1998 年制订的一组基于密码学的开放网络安全协议。IPSec 工作在网络层，为网络层及以上层提供访问控制、无连接的完整性、数据来源认证、防重放保护、保密性、自动密钥管理等安全服务。IPSec 是一套由多个子协议组成的安全体系。

IPSec 作为网络安全的一个重要协议组，定义了在网络层使用的安全服务，其功能体现了网络安全的大部分需求，包括数据加密、对网络单元的访问控制、数据源地址验证、数据完整性检查和防止重放攻击。

IPSec 是一个关于开放标准的框架，它给出了应用于 IP 层上网络数据安全的一整套体系结构，包括 AH 协议和 ESP 协议、密钥管理协议等，以及用于用户身份认证和数据加密的一系列算法。

IPSec 体系结构如图 5-8 所示。

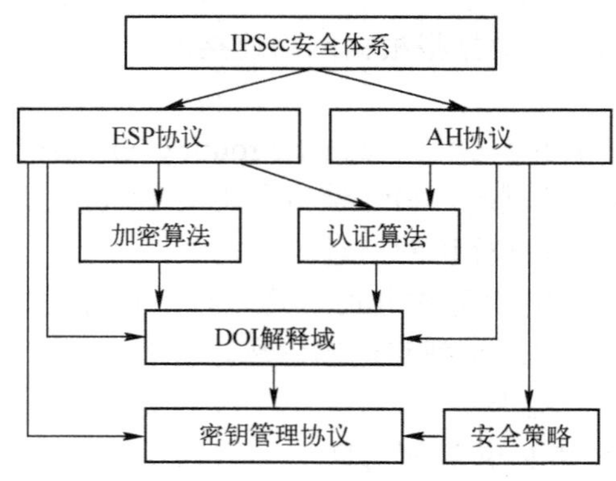

图 5-8　IPSec 体系结构

（1）AH 协议。AH 为 IP 数据报提供无连接的数据完整性和数据源身份认证，同时具有防重放（replay）攻击的能力。可通过消息认证（如 MD5）产生的校验值来保证数据完整性；通过在待认证的数据中加入一个共享密钥来实现数据源的身份认证；通过 AH 头部的序列号来防止重放攻击。AH 的详细内容可参看 RFC 2402 文档。

（2）ESP 协议。ESP 为 IP 数据报提供数据的保密性（通过“加密算法”来实现）、无连接的数据完整性和数据源身份认证以及防重放攻击保护。与 AH 相比，数据保密性是 ESP 的新增功能。ESP 中的数据源身份认证、数据完整性校验和防重放攻击保护的实现与 AH 相同。ESP 的详细内容可参看 RFC 2406 文档。

（3）加密算法。描述如何将 AES、DES、3DES 等加密算法应用于 ESP 协议中。

（4）认证算法。描述如何将 MD5、SHA2 等各种身份验证算法用于 AH 协议和 ESP 协议中。

（5）密钥管理协议。密钥管理协议用于在两个通信实体之间密钥的生成、分发、更新等管理，如 IKE（internet key exchange，Internet 密钥交换）协议，在通信系统之间建立安全关联，提供密钥确定、密钥管理的机制，是一个产生和交换密钥并协调 IPSec 参数的框架。IKE 的详细内容可参看 RFC 2409 文档。

（6）DOI（domain of interpretation，解释域）。用于存放密钥管理协议协商的参数，如加密及认证算法的标识符、运作参数等。

（7）安全策略（security policy，SP）。用于决定两个通信实体之间如何通信，安全策略的核心由 3 个部分组成：SA（security association，安全关联）、SAD（security association database，安全关联数据库）和 SPD（security policy database，安全策略数据库）。

需要说明的是，AH 和 ESP 既可以单独使用，也可以配合使用。由于 ESP 提供了对数据的保密性，所以在目前的实际应用中多使用 ESP，而很少使用 AH。

二、IPSec 的工作模式

IPSec 在对数据进行封装时采用传输（transport）和隧道（tunnel）两种不同的模式。

1. 传输模式

传输模式 IPSec 主要对上层协议提供保护，通常用于两个主机之间端到端的通信。传输模式使用原来的 IP 头部，把 AH 或 ESP 头部插入到 IP 头部与 TCP 端口之间，为上层协议提供安全保护。传输模式保护的是 IP 数据报中的有效载荷（上层的 TCP 报文段或 UDP 数据报）。传输模式的 IPSec 如图 5-9 所示。

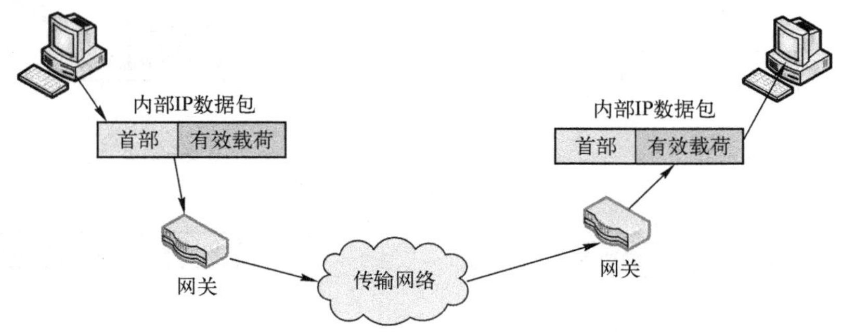

图 5-9　IPSec 传输模式

封装方法：当数据包从传输层递给网络层时，AH 和 ESP 会进行“拦截”，在 IP 头与上层协议头之间需插入一个 IPSec 头（AH 头或 ESP 头）。

封装顺序：当同时应用AH和ESP传输模式时，应先应用ESP，再应用AH，这样数据完整性可应用到ESP载荷。

如图5-10所示，AH模式时，对整个TCP数据报头和TCP数据部分进行认证，认证信息生成AH头。ESP模式时，对整个TCP数据报头和TCP数据部分首先进行加密，附加信息生成ESP的尾部，然后对加密后的数据及ESP尾部信息进行认证，生成ESP认证数据。

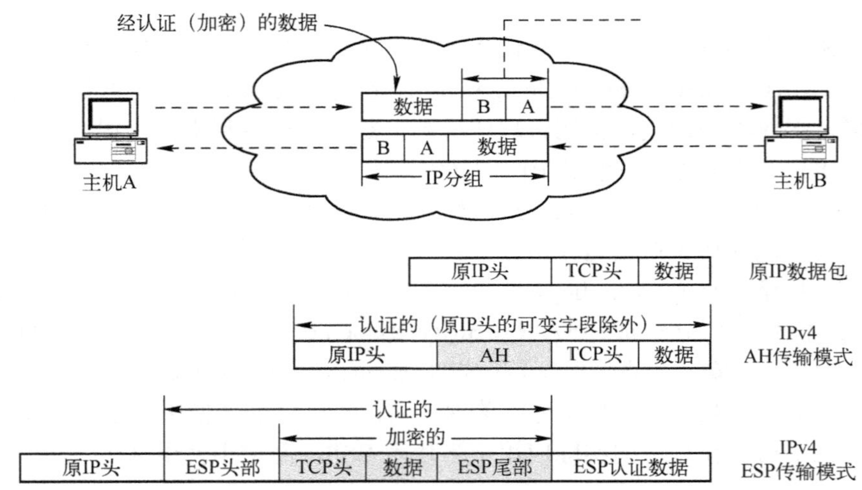

图5-10　IPSec传输模式下的AH、ESP数据封装格式

2. 隧道模式

隧道模式下的安全协议用于保护整个IP数据包，即用户的整个IP数据包都被用来计算安全协议头，生成的安全协议头以及加密的用户数据被封装在一个新的IP数据包中。这种模式通常用在隧道的其中一端或两端是安全网关（防火墙、路由器等）的网络环境中。隧道模式的IPSec如图5-11所示。

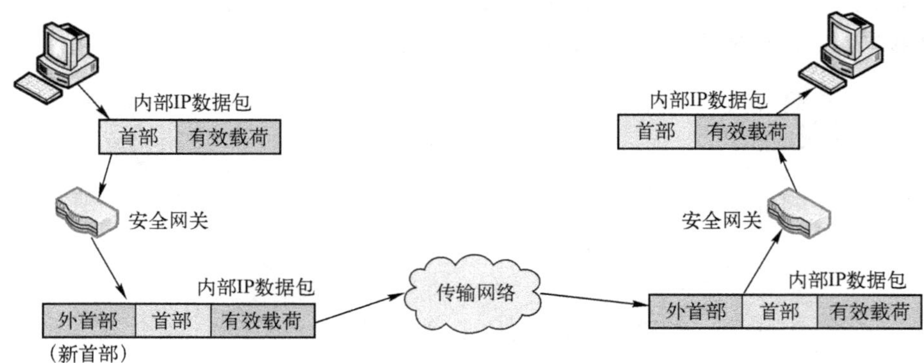

图5-11　IPSec隧道模式

封装方法：它将整个IP数据包（称为内部IP头）进行封装，然后增加一个IP头（称为外部IP头），并在外部与内部IP头之间插入一个IPSec头。该模式的通信终点由受保

护的内部 IP 头指定，而 IPSec 终点则由外部 IP 头指定。如果 IPSec 终点为安全网关，则该网关会还原出内部 IP 包，再转发到最终的目的地。如图 5-12 所示。

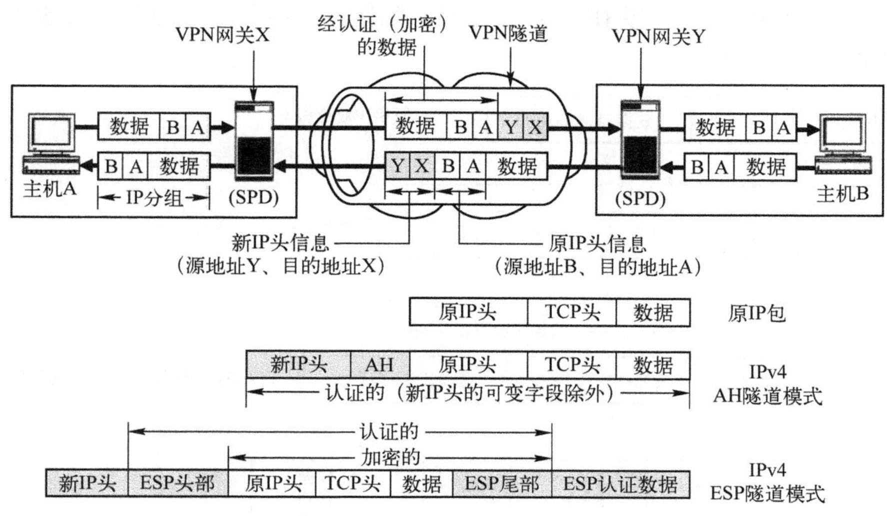

图 5-12　IPSec 隧道模式下的 AH、ESP 数据封装格式

隧道模式首先为原始 IP 数据报增加 AH 或 ESP 头部，然后再在外部添加一个新 IP 头部。原来的 IP 数据报通过这个隧道从 IP 网络的一端传递到另一端，途中所经过的路由器只检查最外面的 IP 头部（新 IP 头部），而不检查原来的 IP 数据。IPSec 支持嵌套隧道，即对已隧道化的数据包再进行隧道化处理。

3．两种模式的比较

从安全性来讲，隧道模式优于传输模式。因为传输模式下的 IPSec 数据包未对原始 IP 头部提供加密和认证，因而存在利用 IP 头部信息进行网络攻击的隐患。隧道模式可以对整个原始 IP 数据包进行认证和加密，隐藏主机的私网 IP 地址。

从性能来讲，隧道模式有一个额外的 IP 头，所以对系统的开销较大，传输效率较低。

三、AH 协议

在 IPSec 安全体系中，AH（authentication header）通过验证算法为 IP 数据报提供了数据完整性和数据源身份认证功能，同时还提供了防重放攻击能力。AH 的保护服务中不包括数据加密，因此使用 AH 在公网上传的数据是非常有限的，AH 通常在一个网络的内部使用。

数据完整性是指保证数据在存储或传输过程中，其内容未被有意或无意改变。数据源身份认证是指对数据的来源进行真实性认证，认证依据主要有源主机标识、用户账户、网络特性（IP 地址、接口的物理地址等）。重放攻击是指攻击者通过重放消息或消息片段达到对目标主机进行欺骗的攻击行为，其主要用于破坏认证的正确性。

AH 的工作原理是在每一个数据包上添加一个身份验证报头。此报头包含一个带密钥的 Hash 散列（可以将其当作数字签名，只是它不使用证书），此 Hash 散列在整个数据包中计算，因此对数据的任何更改将致使散列无效，这样就提供了完整性保护。

1. AH 协议格式

在传输模式中，AH 头部位于 IP 头部和传输层协议（TCP）头部之间，而在隧道模式中，AH 位于新 IP 头部与原 IP 数字报之间，如图 5-13 所示。AH 可以单独使用，也可以与 ESP 协议结合使用。

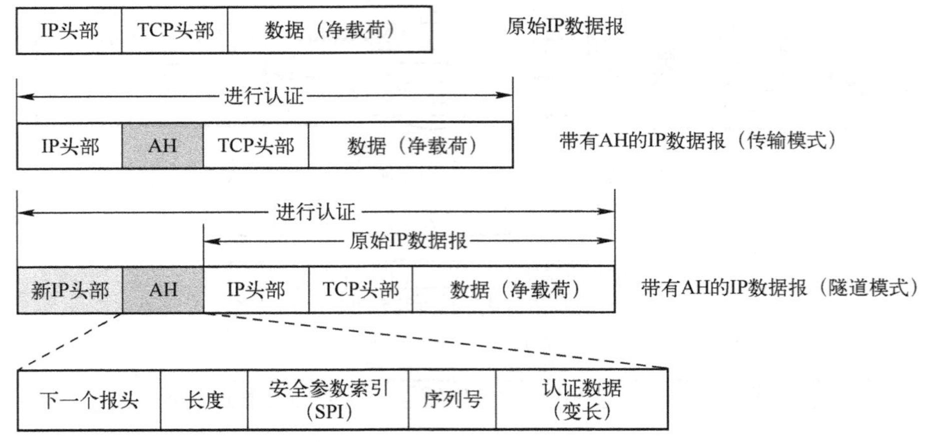

图 5-13　AH 的封装结构及协议格式

AH 报头字段包括：

（1）下一个报头（next header）。用于识别在 AH 后面的 IP 数据报的类型。在传输模式下，是原始 IP 数据报的类型，如 TCP 或 UDP；在隧道模式下，如果采用 IPv4 封装，这一字段值设置为 4，如果采用 IPv6 封装，这一字段值设置为 41。

（2）长度（length）。AH 头部信息的长度。由于在 AH 头部信息中还设置了“保留”字段（图 5-13 未标出），在不同应用中 AH 头部的长度是不确定的，所以对于某一个具体应用来说，需要标明整个 AH 头部的长度值。

（3）安全参数索引（security parameters index，SPI）。在 AH 头部中，SPI 字段的长度为 32 位。SPI 的值可以任意设置，它与 IP 头部（如果是隧道模式，则为“新 IP 头部”）中的目的 IP 地址一起用于识别数据报的安全关联。其中，SPI 为 0 被保留，用来表示“没有安全关联存在”。

（4）序列号（sequence number）。序列号字段的长度为 32 位，它是一个单向递增的计数器，不允许重复，用于唯一地标识每一个发送数据包，为安全关联提供防重放攻击的保护。接收端通过校验序列号，确定使用某一序列号的数据包是否已经被接收过，如果已接收过，则拒收该数据包，避免了重放攻击的发生。

（5）认证数据（authentication data）。认证数据字段是一个可变长度的字段，但该字段中包含一个非常重要的项，即完整性验证值（ICV），它是一个 Hash 函数值。接收端在接收到数据包后，首先执行相同的 Hash 运算，将运算值再与发送端所计算的 ICV 值进行比较，如果两者相同，表示数据完整。如果数据在传输过程中被篡改，则两个计算结果将不一致。

AH 用于传输模式时，提供基于主机到主机的安全通信。AH 头紧跟在 IP 头之后，上层协议头部（如 TCP）之前，对这个数据包进行保护。

AH 用于隧道模式时，提供基于网关和主机的安全通信。AH 协议封装整个 IP 数据报，并在 AH 头部外再封装一个 IP 头，内部 IP 头的源和目的 IP 地址是最终的通信两端的 IP 地址，而外部 IP 头的源和目的 IP 地址是隧道的起止端点的 IP 地址。

2. AH 处理流程

AH 的工作主要涵盖了对于数据包的发送处理和接收处理。发送时主要添加相应的 AH 头，接收时主要是提供相应的数据解码处理。

1）发送数据包的处理流程

根据 AH 协议中各字段的出现顺序，AH 对于发送数据包的处理过程如下。

（1）下一个头字段的取值来自跟在 AH 头后的数据的协议号，载荷长度代表从序列号字段开始的 AH 长度（以 32bit 为单位）。安全参数索引的赋值来自 AH SA 中的 SPI。

（2）创建一个外出 SA：发送者的计数器被置零初始化，每次利用这个 SA 构造一个 AH 之前，发送者将计数器加 1 并将新值填入序号域，这样保证每个 AH 头中的序列号是唯一、非零、单调递增的。根据是否提供防重传服务，发送方对序列号的溢出处理不同。

（3）在进行完整性验证值（ICV）计算之前，AH 头中的认证数据域必须被置为 0。与 ESP 相比，AH 将鉴别服务覆盖范围扩展到之前的 IP 头，因此必须将 IP 头中取值不定的字段清零。

（4）根据认证算法的需要，在 ICV 计算之前，隐式填充数据被添加到包的尾部，填充长度由算法决定，内容必须置零，并且不随包一起传输；而显式填充的长度取决于 ICV 的长度和 IP 协议版本（IPv4 或 IPv6），填充的内容可以任意选择，位于认证数据之后的这些填充数据包含在 ICV 计算中，并且随包一起传送。

（5）计算好的 ICV 被复制到 AH 头中的认证数据域。

2）接收数据包的处理流程

在 AH 处理之前，可能需要重组收到的 IP 数据包。对于接收方 AH 而言，必须丢弃需要处理的 IP 数据包的分片。根据 AH 处理之前检索到的 AH SA，对接收包的处理过程如下。

（1）若接收方指定这个 SA 禁止防重传服务，则无须对序列号进行检查；反之，对接收到的每个包的处理，必须首先验证包中的序列号确保在该 SA 的作用时间内该序列号没有重复出现。检查重复的数据报，使用滑动接收窗口和位掩码。若检查失败，则这个包被丢弃。

（2）对通过序列号检查的包进行 ICV 验证：首先将认证数据中的 ICV 值保存下来，然后将该字段清零；接收方根据 AH SA 指定的认证算法，选择与发送方一致的计算域（可能需要隐式填充）进行 ICV 计算，计算的结果与保存的 ICV 值相比较，若两者不一致，则接收方丢弃这个无效的 IP 数据报；否则，表明 ICV 检查成功。接收方更新接收窗口。

（3）ICV 校验完成之后，应比较 SA 所对应的 SPD 条目所运用的安全策略和这一分组所采取的保护方式之间的异同，完成对两种安全方式的一致性检验。

四、ESP 协议

ESP（encapsulating security payload）提供了与 AH 协议同类型的服务，ESP 协议提供的保护服务除数据完整性服务、数据验证、防止数据重放攻击之外，还有数据加密，可以看作是“超级 AH”。

ESP 的加密服务是可选的，但如果启用加密，则也就同时选择了完整性检查和认证。因为如果仅使用加密，入侵者就可能伪造包以发动密码分析攻击。需要注意的是，ESP 的数据验证和完整性服务只包括 ESP 头和有效载荷——不包括外部的 IP 头。因此，如果外部 IP 头被破坏，ESP 无法检测到而 AH 可以。

1．ESP 协议格式

ESP 协议的格式如图 5-14 所示。

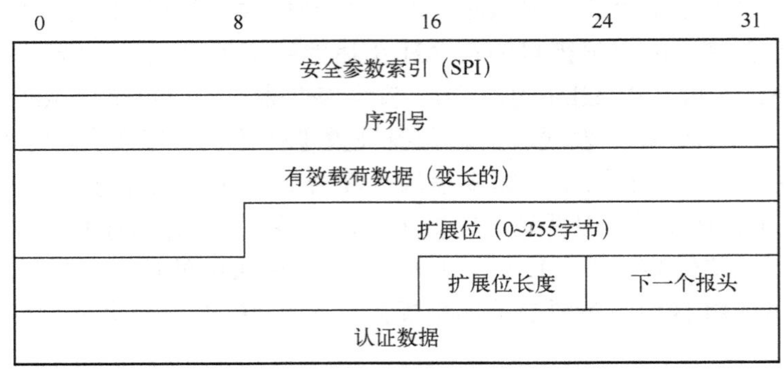

图 5-14　ESP 协议的格式

ESP 报头字段包括以下内容。

（1）安全参数索引（SPI）：为数据包识别安全关联。

（2）序列号：从 1 开始的 32 位单增序列号，不允许重复，唯一地标识了每一个发送数据包，为安全关联提供抗重放保护。接收端校验序列号，判断该字段值的数据包是否已经被接收过，若是，则拒收该数据包。

ESP 尾部包括以下内容。

（1）扩展位（padding）：其值在 0～255 字节之间。主要是在进行数据加密处理的过程中，为了使加密数据的长度符合某一加密算法的要求（如 512 的整数倍），或在加密时隐藏用户数据的真实长度，就使用扩展位来填充。

（2）扩展位长度（Padding Length）。它是 ESP 尾部的必选字段，表示扩展位的长度值。如果该字段值为 0，表示没有扩展（没有使用填充）。

（3）下一个报头（Next Header）。用于识别在 ESP 后面的一个 IP 数据报的类型，具体含义与 AH 协议中的下一个报头的定义相同。

ESP 认证部分仅包含一个认证数据（authentication data）字段，只有在安全关联（SA）中启用了认证功能时，才会有此字段。其功能与 AH 中的数据认证字段的定义相同，但要认证的字段包括 ESP 头部、原始 IP 数据报和 ESP 尾部。

如图 5-15 所示，ESP 工作方式包括传输模式和隧道模式两种，它们的差别决定了 ESP 保护的真正对象是什么。

在传输模式中，ESP 用于对 IP 携带的数据（如 TCP 报文段）进行加密和可选的认证。对于使用 IPv4 的情况，ESP 报头被插在 IP 包中传输层报头（如 TCP、UDP）之前的位置，ESP 尾部（填充、填充长度和下个报头字段）放置在 IP 包之后。如果选择了认证服务，则 ESP 认证数据字段被附加在 ESP 尾部之后。整个传输层报文段加上 ESP 尾部被加密，认证覆盖了所有的密文与 ESP 报头。

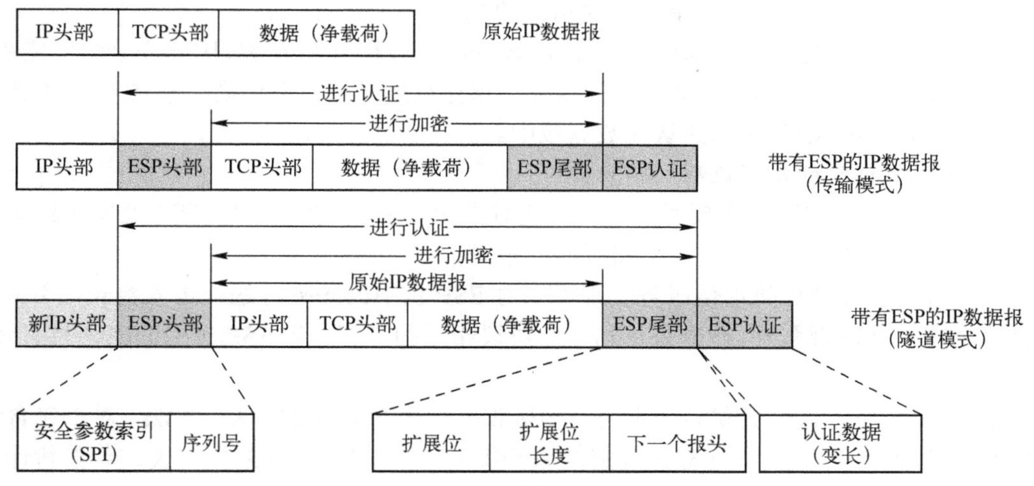

图 5-15 ESP 封装结构

传输模式操作为使用它的任何应用程序提供了机密性，因此避免了在每一个单独的应用程序中实现机密性，这种模式的操作也是相当有效的，几乎没有增加 IP 包的总长度。这种模式的一个缺陷在于对传输的数据包进行通信量分析是可能的。

在隧道模式中，ESP 用于对整个 IP 包进行加密。在这种模式下，在包的前面加上 ESP 头，然后对包加上 ESP 的尾部进行加密；由于 IP 报头中包含了目的地址、可能的源站路由选择等信息，如果 IP 报头是加密的，中间的路由器不能处理这样的包，因此用一个新的 IP 报头来包装整个块，这个新的 IP 报头将包含足够的信息用于路由选择，但不能进行通信量分析。

传输模式对于保护两个支持 ESP 的主机之间的连接是合适的，而隧道模式对于那些包含了防火墙或其他种类的安全网关的配置是有用的。在后一种情况下，加密只发生在主机和安全网关之间或者两个安全网关之间，这样使得内部网络的主机解脱了处理加密的责任，并且通过减少需要密钥的数量而简化密钥分配的任务。

2. ESP 处理过程

1）发送数据包的处理流程

ESP 对发送数据包的处理可以分为三部分，即序列号生成、包加密、ICV 计算，具体步骤如下。

（1）对于发出包的序列号管理，ESP 处理与 AH 处理完全相同。

（2）加密处理前，发送方首先构造 ESP 包，其中将 SA 中的 SPI 复制到 SPI 域，ESP SA 中计数器加 1 后的新值被填入序列号域。对于 IPv4 头，源和目的 IP 地址依赖于 ESP SA。若包被转发，封装前后 TTL 值需减 1。

（3）根据需要，可能要添加填充数据，填充内容可以不同，但扩展位长度字段必须赋值。

（4）加密处理则利用 ESP SA 指定的加密密钥、加密算法、加密模式和可能的初始化矢量加密上述操作后的数据，包括载荷数据、填充、填充长度、下一个头。若 ESP SA 同时提供认证服务，则加密处理执行在前，认证处理在后，认证数据没有被加密。这样安排便于接收方及时发现、拒绝重传或伪造的包。

（5）发送方对 ESP 包中去除认证数据后剩下部分进行 ICV 计算，因此安全参数索引、序列号和加密的载荷数据、可能出现的填充、填充长度、下一个头均包含在 ICV 的计算中。ICV 被复制到 ESP 尾部的认证数据域中。

2）接收数据包的处理流程

在 ESP 处理之前可能需要对包的分片进行重组，对每个接收包的 ESP 处理大致可以分为三部分，即序列号验证、ICV 验证、包解密。

（1）若接收方禁止防重传服务，则无须对 ESP 包中的序列号进行进入检查，否则，需要检查序列号是否重复，检查采用与 AH 协议相同的方式。若 ESP 包中的序列号有效，接下来进行其他处理。

（2）若 ESP SA 同时提供认证服务，则接收方利用 SA 指定的认证算法，对不包含认证数据的 ESP 包进行 ICV 计算，并将结果和 ESP 包中的认证数据相比较。若重新计算的 ICV 和接收到的 ICV 相同，则认为数据有效，可以接受；否则丢弃整个包。

（3）接收方利用 SA 指定的密钥、加密算法、算法模式等解密载荷数据、填充、填充长度、下一个头等数据，得到明文。然后处理加密算法规范可能使用的填充数据，最后是重构原始的 IP 数据报。

（4）如果 SA 同时提供加密和认证服务，解密和验证操作可以并行执行，此时验证操作必须在解密包被送往下一步处理之前完成。在某些情况下，解密操作不一定会成功，此时后续协议负责处理解密后的包，判断解密的结果是否正确。

五、IKE 协议

1. IKE 协议概述

IPSec 的安全关联可以通过手工配置的方式建立，但是当网络中节点增多时，手工配置将非常困难，而且难以保证安全性。这时就要使用 IKE 协议自动地进行安全关联建立与密钥交换的过程。

IKE（internet key exchange，互联网密钥交换）协议是 IPSec 规定的一种用来动态创建安全关联（SA）的密钥协商协议。在 IPSec 系统中，IKE 对 SA 进行协商，并对安全关联数据库（SAD）进行维护。IKE 是 IETF 提出的一种混合型协议，按照其框架设计，采用 3 个 RFC 文档来定义 IKE 协议。

（1）ISAKMP（internet security association and key management protocol）：定义了一个密钥交换的基本框架，包括报文格式、报文如何解析、密钥协商过程等。

（2）IPSec DOI（IPSec domain of interpretation）：它是对 ISAKMP 应用于 IPSec 解释域的描述，规定了 ISAKMP 和 IKE 究竟要协商什么。

（3）IKE：是符合 ISAKMP 的一个密钥交换协议。IKE 是在 ISAKMP 的框架下定义的，它的某些细节又在 IPSec DOI 中进行描述。同时，IKE 还采用了 Oakley（Oakley 密钥管理协议）的部分交换模式，以及 SKEME 协议的共享和密钥更新技术。

IKE 协议对 VPN 通信双方进行密钥交换和管理，主要包括 3 个功能。

（1）对使用的协议、加密算法和密钥进行协商。

（2）方便的密钥交换机制（这可能需要周期性地进行）。

（3）跟踪对以上这些约定的实施。

IKE协议的实现原理：IKE利用Diffie-Hellman密钥交换算法和各种身份认证方法（如数字签名），可以在一条不保密的、不受信任的通信信道上（如Internet），为交换双方建立起一个安全的、共享秘密的会话，对密钥的管理是通过管理安全联盟实现的。

IKE是IPSec协议族中的一种，IKE与IPSec的关系如图5-16所示。

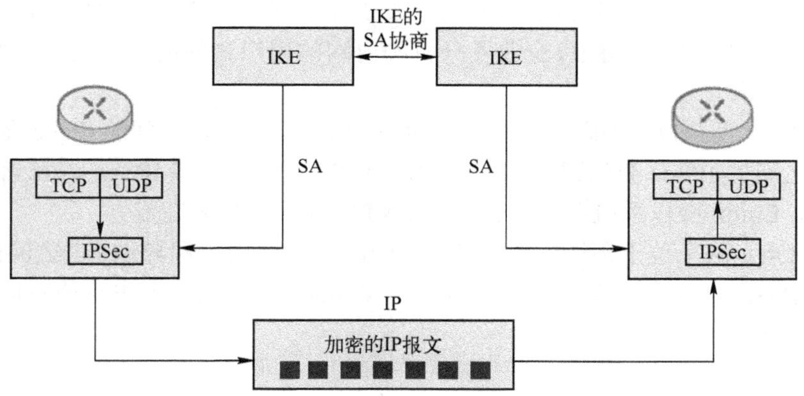

图5-16　IKE与IPSec的关系

IKE是UDP上的一个应用层协议。IKE为IPSec协商建立SA，并将建立的参数及生成的密钥交给IPSec，IPSec使用IKE建立的SA对IP报文加密或验证处理。

2．IKE协商SA的两个阶段

（1）第一阶段的主要目的在于验证对方的身份，从而得到ISAKMP SA，为第二阶段建立一个安全信道。

（2）第二阶段是在第一阶段协商的基础上，利用找到的IPSec安全策略库中的相应策略进行协商，建立实际使用的IPSec SA，一个ISAKMP SA可用来建立多个IPSec SA。

3．模式

IKE协议规定了4种模式，即主模式、野蛮模式、快速模式和新群模式。

其中第一阶段只能采用主模式或野蛮模式中的一种，两种模式的区别是：主模式包括6条消息，交换过程提供身份认证；野蛮模式只包括3条消息，如果不使用公钥验证方法，交换过程不提供身份认证功能。第二阶段只能采用快速模式。新群模式既不属于第一阶段，也不属于第二阶段，它跟在第一阶段之后，利用第一阶段的协商结果来协商新的群参数。

4．验证方法

IKE协议指定第一阶段可以使用下列方式进行验证。

（1）预共享密钥：通信双方通过某种安全途径获取交换双方唯一共享的密钥，通过Hash运算来完成认证。

（2）数字签名：通信双方利用自己的私钥对特定的信息进行签名，对方利用获得的公钥进行解密处理，以确定对方的身份，完成认证过程。

（3）公钥加密：通信双方利用对方的公钥来加密特定的信息，同时根据对方返回的结果以确定对方的身份。在IKE协议中可采用两种加密方法，一种是一次公钥加密，一次私钥解密；另一种是两次公钥加密，两次私钥解密。

六、IPSec VPN的应用

IPSec VPN是IPSec的一种应用方式，其目的是为IP远程通信提供高安全性。其应用场景可以分为3种。

（1）点对点：例如，企业的多个机构分布在互联网的多个不同的地方，各使用一个应用层网关相互建立VPN隧道，企业各分机构内网的用户之间的数据通过这些网关建立的IPSec隧道实现安全互联。

（2）端对端：两个位于不同网络的PC之间的通信由两个PC之间的IPSec会话保护，而不是由网关之间的IPSec会话保护。这种IPSec VPN是通过一些IPSec VPN客户端软件，如Windows、Linux操作系统中自带的IPSec VPN客户功能来完成。

（3）端对点：两个位于不同网络的PC之间的通信由网关和异地PC之间的IPSec进行保护。在IPSec VPN客户端方面同样可利用Windows、Linux操作系统中自带的IPSec VPN客户功能来完成。

第四节　MPLS VPN

MPLS VPN是基于MPLS协议构建的一种站点到站点的VPN技术，它继承了MPLS网络的优势，具有扩展性强、易于实现服务质量、服务等级和流量工程等特点，目前在电信网络中得到了广泛应用，同时在大型企业等园区网络中的应用也非常普及。

一、MPLS协议概述

多协议标签交换（multi-protocol label switching，MPLS）是一种用于快速数据包交换和路由的体系，它为网络数据流提供了目标、路由、转发和交换等能力。此外，它还具有管理各种不同形式通信流的机制。

在传统的IP网络中，IP数据包每到达一个路由器后，都必须提取出其目的地址，按目的地址查找路由表，并按照“最长前缀匹配”的原则找到下一跳的IP地址。当网络很大时，查找含有大量项目的路由表要花费很多的时间。在出现突发性的通信量时，还会引起数据包丢失、传输时延增大和服务质量下降。

MPLS是一种特殊的转发机制，它为进入网络中的IP数据包分配标签，并通过对标签的交换来实现IP数据包的转发。标签位于IP数据包的头部，在MPLS内部通过标签来替代原有的IP地址进行寻址。在MPLS网络内部，带有标签的数据包在到达某一节点（如路由器）时，节点通过交换数据包的标签（而不是IP地址）来实现转发。当数据包要离开MPLS网络时，数据包被去掉标签，继续按照IP包的路由方式到达目的网络。

MPLS提供了一种方式，将IP地址映射为简单的具有固定长度的标签，用于不同的包转发和包交换技术。它结合了第二层交换和第三层路由的特点，将第二层的基础设施和第三层的路由有机地结合起来。MPLS 独立于第二层和第三层协议，诸如 ATM 和 IP。

MPLS 协议的基本原理：在 MPLS 域的入口处，给每一个 IP 数据报打上固定长度“标记”，然后对打上标记的 IP 数据报用硬件进行转发。采用硬件技术对打上标记的 IP 数据报进行转发就称为标记交换。“交换”也表示在转发时不再上升到第三层查找转发表，而是根据标记在第二层（链路层）用硬件进行转发。

MPLS 域（MPLS domain）是指该域中有许多彼此相邻的路由器，并且所有的路由器都是支持 MPLS 技术的标记交换路由器 LSR（label switching router）。LSR 同时具有标记交换和路由选择这两种功能，标记交换功能是为了快速转发，但在这之前 LSR 需要使用路由选择功能构造转发表。

如图 5-17 所示，MPLS 的基本工作过程如下。

（1）MPLS 域中的各 LSR 使用专门的标记分配协议 LDP 交换报文，并找出标记交换路径 LSP。各 LSR 根据这些路径构造出分组转发表。

（2）分组进入到 MPLS 域时，MPLS 入口节点把分组打上标记，并按照转发表将分组转发给下一个 LSR。给 IP 数据报打标记的过程称为分类（classification）。

（3）一个标记仅仅在两个标记交换路由器 LSR 之间才有意义。分组每经过一个 LSR，LSR 就要做两件事：一是转发，二是更换新的标记，即把入标记更换成为出标记。

（4）当分组离开 MPLS 域时，MPLS 出口节点把分组的标记去除，再以后就按照一般分组的转发方法进行转发。

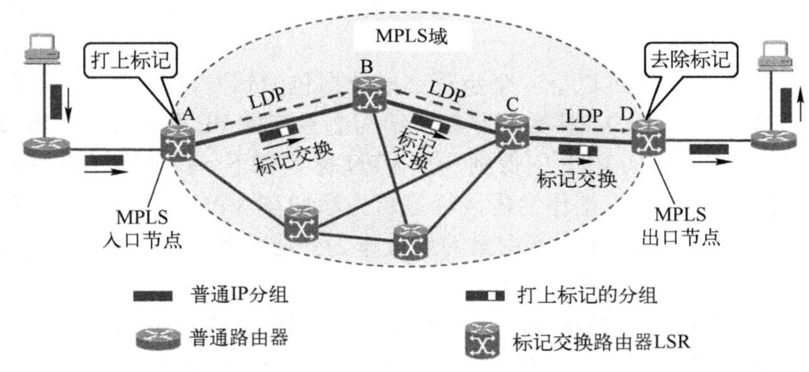

图 5-17　MPLS 的工作过程

二、MPLS VPN 的原理

在学习了 MPLS 的相关知识后，我们学习 MPLS VPN 的有关内容。MPLS VPN 是利用 MPLS 中的 LSP 作为实现 VPN 的隧道，用标签和 VPN ID 将特定 VPN 的数据包进行唯一识别。在无连接的网络上建立的 MPLS VPN，所建立的隧道是由路由信息的交互而得的一条虚拟隧道（LSP）。

与本章前面介绍的基于第二层和第三层隧道协议的 VPN 相比较，MPLS VPN 可以充分利用 MPLS 技术的一些优势，为用户提供更安全、可靠的隧道连接服务。例如，MPLS 的流量工程控制、服务质量（QoS）等。对于电信运营商来说，只需要在网络边缘设备

（LER）上启用 MPLS 服务，对于大量的中心设备（LSR）不需要进行配置，就可以为用户提供 MPLS VPN 等服务业务。根据电信运营商边界设备是否参与用户端数据的路由，运营商在建立 MPLS VPN 时有两种选择：第二层的解决方案，通常称为第二层 MPLS VPN；第三层解决方案，通常称为第三层 MPLS VPN。在实际应用中，MPLS VPN 主要用于远距离连接两个独立的内部网络，这些内部网络一般都提供有边界路由器，所以多使用第三层 MPLS VPN 来实现。下面将以第三层 MPLS VPN 为例进行介绍。

一个 MPLS VPN 系统主要由以下几个部分组成：用户边缘（custom edge，CE）设备、提供商边缘（provider edge，PE）设备、提供商（provider，P）设备、用户站点（site）。

（1）CE 设备属于用户端设备，一般由单位用户提供，并连接到电信运营商的一个或多个 PE 路由器。通常情况下，CE 设备是一台 IP 路由器或三层交换机。

（2）PE 路由器为其直连的站点维持一个虚拟路由转发表（VRF），每个用户链接被映射到一个特定的 VRF。需要说明的是，一般在一个 PE 路由器上同时会提供多个网络接口，而多个接口可以与同一个 VRF 建立联系。PE 路由器具有维护多个转发表的能力，以便每个 VPN 的路由信息之间相互隔离。

（3）P 路由器是电信运营商网络中不连接任何 CE 设备的路由器。由于数据在 MPLS 主干网络中转发时使用第二层的标签堆栈，所以 P 路由器只需要维护到达 PE 路由器的路由，并不需要为每个用户站点维护特定的 VPN 路由信息，P 路由器相当于 MPLS 中的 LSR。

（4）用户站点是在一个限定的地理范围内的用户子网，一般为单位用户的内部局域网。

在 MPLS VPN 中，通过以下 4 个步骤完成数据包的转发。

（1）当 CE 设备将一个 VPN 数据包转发给与之直连的 PE 路由器后，PE 路由器查找该 VPN 对应的 VRF，并从 VRF 中得到一个 VPN 标签和下一跳（下一节点）出口 PE 路由器的地址。其中，VPN 标签作为内层标签首先添加在 VPN 数据包上，接着将在全局路由表中查到的下一跳出口 PE 路由器的地址作为外层标签再添加到数据包上。于是，VPN 数据包被封装了内、外两层标签。

（2）主干网的 P 路由器根据外层标签转发 IP 数据包。其实，P 路由器并不知道它是一个经过 VPN 封装的数据包，而把它当作一个普通的 IP 分组来传输。当该 VPN 数据包到达最后一个 P 路由器时，数据包的外层标签将被去掉，只剩下带有内层标签的 VPN 数据包，接着 VPN 数据包被发往出口 PE 路由器。

（3）出口 PE 路由器根据内层标签查找到相应的出口后，将 VPN 数据包上的内层标签去掉，然后将不含标签的 VPN 数据包转发给指定的 CE 设备。

（4）CE 设备根据自己的路由表将封装前的数据包转发到正确的目的地。

综上所述，MPLS VPN 的优势在于：可以通过相同的网络结构来支持多种 VPN，并不需要为每一个用户分别建立单独的通道；服务提供商可以为租用者配置一个网络以提供专用的 IP 网服务，而无须管理隧道；QoS 服务可与 MPLS VPN 无缝结合，为每个 VPN 网络提供特有的业务策略；MPLS VPN 用户能够使用他们专有的 IP 地址上网，无须网络地址转换（NAT）帮助。但是，MPLS VPN 本身没有采用加密机制，因此并不十分安全。

第五节　VPN 的部署

VPN 主要有 3 种部署解决方案。

（1）采用纯软件方式，总部安装 VPN 总部网关，分部安装 VPN 分部网关，移动用户（包括在外的便携式计算机和远程的单机）安装 VPN 客户端。这种方案可以用 Windows 操作系统来实现，也可以用第三方开发的 VPN 服务与客户端软件。

（2）总部采用带 VPN 功能防火墙，分部用带 VPN 功能的宽带路由器，移动用户安装的防火墙带 VPN 客户端。VPN 防火墙这类设备相对一般的带 VPN 功能的宽带路由器来说比较专业。较著名的品牌有：NetScreen、Nokia、安氏等。这些产品都能支持 100 条以上的 VPN，数据吞吐率有较高表现，适用于企业机构的网络核心。

（3）总部采用带 VPN 功能的宽带路由器，分部用带 VPN 功能的宽带路由器，移动用户安装 Windows 带的 VPN 客户端。

综上所述，规模较大或在网络性能方面有较高需求的企业可以选择第二种方案，小企业一般采用第三种方案就足够，市面上支持第三种方案的产品种类非常丰富。

在选择 VPN 产品时，可从以下几个方面来考虑。

（1）产品定位。首先应考察产品定位问题，像其他网络产品一样，不同的 VPN 产品有不同的定位，按从高端到低端的顺序，依次为电信级、企业级、中小企业、办公室或 SOHO。当然，中小企业一般选择中小企业及以下级别的产品。

（2）支持的应用类型。VPN 有 3 种应用类型：LAN 到 LAN、客户到 LAN 和客户到客户。这里的客户指的是 VPN 网络中的移动用户和远程办公用户。目前，多数 VPN 产品都支持 LAN 到 LAN 和客户到 LAN，而支持客户到客户的产品不多。这一点在有些应用场合很重要，例如企业的远程办公用户之间需要交流保密信息，客户到客户的 VPN 方案是一种很好的解决手段。

（3）支持的协议。自建 VPN 应根据需要选择隧道协议，目前 PPTP、L2TP 和 IPSec 是比较常用的协议。一般远程访问 VPN（客户到 LAN）多选择 L2TP 协议，为安全起见，还需选择 IPSec 来提供加密。网络互联（LAN 到 LAN）和端到端连接多选择 IPSec 协议。

PPTP 由于简单易用，而且支持 NAT 路由，因此在有些场合下也使用。总之，IPSec 是最安全的隧道协议，多数 VPN 产品都支持该协议。当然越来越多的 VPN 产品开始支持 PPTP 和 L2TP 协议。除隧道协议之外，还要考察 VPN 可承载协议、NAT（网络地址转换）以及路由协议的支持情况。许多 VPN 产品的可承载协议除 IP 协议之外，还支持 IPX、NetBIOS 等网络协议。对 NAT 的支持对于一些网络共享的应用非常重要，IPSec 本身并不支持 NAT，但可在 VPN 产品中添加这一功能。网络地址端口转换（NAPT）和网络地址转换（NAT）在宽带网络中应用很广，许多网络服务供应商都使用这种技术。IPSec VPN 方案如果不支持 NAPT，在这些场合就没有意义了。

第六节　VPN 的发展趋势

随着市场的日益扩大与技术日新月异的发展，VPN 产品与技术正朝向多用途、简单易用、功能强大等多样化的趋势不断发展。目前，国内的VPN应用主要集中在大型企业、跨国集团以及行业用户。一些垂直行业用户还能借助VPN创造其他价值。

一般来说，企业在选用一种远程网络互联方案时希望能够对访问企业资源和信息的权限加以控制。所选用的方案应当既能够实现授权用户与企业局域网资源的自由连接，不同分支机构之间的资源共享，又能够确保企业数据在公共互联网络或企业内部网络上传输时的安全性不受破坏。因此，一个成功的VPN方案需要满足以下几个要求。

（1）用户验证：VPN方案必须能够验证用户身份，并严格控制只有授权用户才能访问VPN。

（2）地址管理：VPN方案必须能够为用户分配专用网络上的地址，并确保地址的安全性。

（3）数据加密：对通过公共互联网络传递的数据必须经过加密，确保网络其他未授权的用户无法读取该信息。

（4）密钥管理：VPN方案必须能够生成并更新客户端和服务器的加密密钥。

（5）多协议支持：VPN方案必须支持公共互联网络上普遍使用的协议，包括IP、IPX等。

由于VPN体系的复杂性和融合性，VPN服务的成长速度将超越VPN产品，成为VPN发展的新动力。目前，大部分的VPN市场份额仍以VPN产品为主，在未来的若干年里，VPN服务所占的市场份额将超过VPN产品，这也体现了信息安全服务成为竞争焦点的趋势。

1．运营商建设专有VPN网络

MPLS VPN引起了全球运营商的普遍关注，国外的大运营商，如AT&T、Sprint等都应用了MPLS VPN。我国运营商中最早推出MPLS VPN的是中国网通，随着对市场前景的日益明朗，中国电信、中国铁通也开始提供这项服务。后来，国家对电信业的重组改制，国家工信部批准了民营企业进入，通过引入竞争，使国内的IP VPN业务得到良性发展。

在公共信息基础平台上发展专有网络已经是大势所趋，唯一让用户担心的是安全性。实际上，MPLS VPN针对一般用户，已经可以提供虚电路级的安全性。

2．大型企业的VPN网络需求

对于企业来说，MPLS VPN只是信息化的基础部分，未来的大型企业本身要集中管理，统一管理企业的人员、设备、供应链、市场等。需要搭建一个统一的网络平台，实现企业的信息化，与企业实际应用结合，融合通信以及大型企业ERP的需求。考虑到MPLS VPN技术的先进性、可靠性、安全性等都可以满足企业未来发展的需求，会有越来越多的企业考虑应用MPLS VPN方案，以满足未来信息化建设的需要。

3．VPN厂商的竞争及技术发展

随着整合式安全设备的发展，VPN将被更多地集成在整体式安全体系中，而各种安全协议和语言的分裂融合将更加激烈。VPN厂商将根据形式转换角色，可能出现专门进行技术设计、系统制造和增值服务的不同类型的厂商。

由于承载VPN流量的非专用网络通常不提供QoS保障，所以VPN解决方案必须整合QoS解决方案才能够具有足够可用性，才具备实际应用价值。

第七节　典型应用案例

VPN 利用加密管道在互联网内传播信息，使用本地数据线的架设和租借，来满足世界范围内的数据传输要求。VPN 还可以实现远程的网络访问服务，这种服务相对于以往的跨地域网络访问服务具有较高的性价比。VPN 在资源利用率、安全性、扩展性方面具有较好的表现，近年来得到广泛应用。下面主要针对企业安全邮件场景给出应用案例，了解 VPN 的实际应用环境与解决方案。

一、需求分析

邮件系统是现代企业内外信息交流的必备工具之一。随着互联网的迅速普及以及企业自身信息化建设的进展，大型企业对邮件系统提出了更高的要求。并且在不同行业领域中，邮件系统也呈现了不同的行业需求。

在大型企业中，由于人员众多，层级复杂，分支机构庞大，业务分布地域广，从而要求邮件系统必须有助于提升企业的信息共享和办公效率，安全稳定，并且应用丰富，与现有协同办公系统集成，同时满足随时随地移动办公的需求。

政府部门为了实现组织结构和工作流程的重组优化，建立精简、高效、公平的政府运作模式，纷纷开展电子政务系统建设。在中国，电子政务建设已经成为今后一个时期信息化工作的重点。政府先行，将带动国民经济和社会发展信息化。而邮件系统作为电子政务的基础工具，正是利用信息技术实现高效办公、提升服务水平、实施信息化管理的关键环节。

用户需求主要体现为以下两个方面。

1）企业办公安全性

企业内部很多重要的数据需要通过邮件系统传递和共享，但是邮件收发过程也是这些数据最易被攻击、窃取的关键过程。所以，提高邮件在传输、下载、外发等过程中的安全可靠性就显得十分重要。

越来越多的企业员工通过移动终端进行邮件收发，移动终端也就变成了安全隐患。因为移动终端携带木马病毒，导致下载到本地的敏感数据被窃取，这种事件频频发生。在移动办公的大趋势下，提升移动终端的安全性，对落地数据进行加密以防止泄露，显得尤为重要。

传统邮件都是通过公共网络传输的，即使经过加密处理，也因为密钥算法强度太低而易被攻破。将邮件系统与 SSL VPN 相结合，在传输中采用国密算法，可以大大提升破解难度，解决传输安全问题。

2）企业办公易用性

员工在差旅中无法及时收发邮件，进行日程管理和会议安排。在移动办公环境下，需要通过移动终端连接 VPN 进行远程办公，以提升办公便捷性。企业的 OA、财务、IM、ERP 等众多系统需要分别登录，十分烦琐，需要通过邮件系统实现横向整合。此外，超大附件无法上传，经常造成网络拥堵。海外邮件经常发生丢信、退信现象。邮件系统容易宕机，严重影响公司日常业务沟通。这些问题都需要加以解决。

二、解决方案

图 5-18 所示解决方案是针对目前的移动办公需求以及企业邮件办公安全需求，实现企业移动办公安全性、快速性、易用性、全面性，在保障移动办公人员高效访问办公业务的同时，可以提供更为安全可靠、用户体验更佳的一体化安全邮件解决方案。

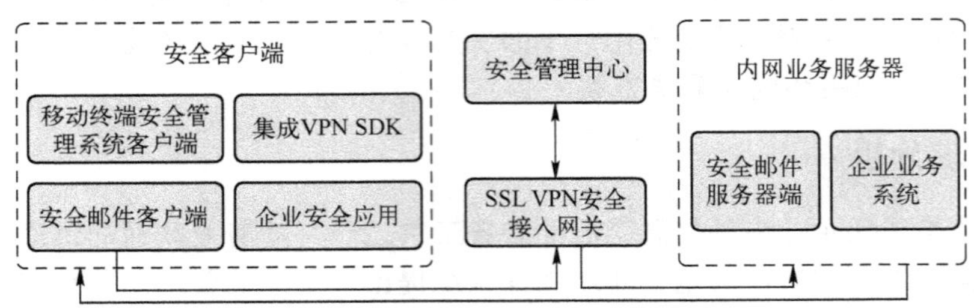

图 5-18　安全邮件解决方案部署框架

在安全客户端中，已经集成了 VPN SDK，并且已安装安全邮件客户端，客户端作为工作区的唯一入口。当用户完成认证，进入工作区时，SSL VPN 会在后台自动建立连接。

用户发起访问请求时，会先进行工作区认证，认证通过后，请求到达 SSL VPN 接入网关进行终端准入策略校验。SSL VPN 设备与移动终端安全管理系统管理平台部署在同一区域，终端准入策略信息可实时共享。当移动终端安全管理系统管理平台通过终端准入策略校验后，会告知 SSL VPN 设备，完成 SSL VPN 隧道的建立。随后，请求被发送到邮件服务器，最终将应用数据返回终端。

图 5-18 所示方案有以下几个优势。

（1）统一的安全管理平台。通过移动终端安全管理系统提供统一的安全管理平台，企业管理员可以高度灵活可控地管理多种多样的移动终端设备，包含市场上主流的 Android、iOS 系统终端。

（2）灵活的注册方式。可以以多种灵活的方式注册、下载、安装、激活移动终端安全管理系统，例如短信、邮件或二维码。

（3）安全数据防泄密机制。通过终端工作区落地数据加密、链路 VPN 隧道传输加密和服务端邮件加密，实现数据全方位防护。并且，安全邮件专用客户端基于 IBC 非对称加密技术，采用 SM9 算法，可对邮件正文和附件进行加密后再发送邮件。该技术除了可对邮件加密以外，还可进行数字签名和身份认证，从而全方位保证邮件安全。

（4）企业内部应用统一下发。企业可通过移动终端安全管理系统应用市场统一封装、分发企业合规应用，防止盗版软件对终端数据的窃取。

（5）病毒查杀技术。移动终端安全管理系统集成了专业的防病毒引擎，能够无死角查杀恶意代码，实现了新病毒秒级查杀和系统修复功能，能够保障设备免受病毒侵扰，避免移动终端被攻击者利用，成为渗透企业内网的跳板。

（6）高可用性。采用灵活的组织通信录管理、高级日程会议功能，多组织多域名，可实现跨部门/区域轻松沟通。支持海外镜像加速、全球 AWS（Amazon Web Service，亚马逊 Web 服务）云服务群技术，对海外邮件场景也有良好的可用性。

第八节　本 章 小 结

通过本章的学习，要求掌握 VPN 的基本概念和分类，了解构建 VPN 的各种隧道协议，掌握 PPTP VPN、IPSec VPN 和 MPLS VPN 的概念、工作原理和优缺点。IPSec VPN 既适合于构建 LAN-to-LAN 型的 VPN 连接，也适合于构建 Client-LAN 型的 VPN 连接；PPTP VPN 则仅支持 Client-LAN 型的 VPN 连接；MPLS VPN 适用于用户数量众多、流量很大、媒体格式多样的城域网应用，也可以与 IPSec VPN 结合起来使用，以获得更高的安全性。在实际应用中，究竟选择何种类型的 VPN，需要根据企业或组织的安全策略和安全需求而定。

本 章 习 题

1．什么是 VPN？VPN 由哪几个部分组成？

2．请列举出 VPN 的几个应用领域。

3．简述 VPN 的分类及特点。

4．简述 VPN 的关键技术。

5．试述 PPTP 协议的工作过程。

6．IPSec 的体系结构是什么？画图描述 IPsec 的传输模式和隧道模式下的数据包封装方法。

7．说明 AH 的传输模式和隧道模式，它们的数据包格式是什么样的？

8．IKE 的作用是什么？

9．简述安全关联（SA）机制内涵。

10．简述 ESP 的功能及实现方法。

11．介绍 MPLS VPN 的技术优势及实现原理。

12．结合 MPLS VPN 的实现原理，介绍 MPLS VPN 的数据转发过程。

13．VPN 主要有哪几种部署解决方案？

14．VPN 中通常采用什么方法进行身份验证？

15．利用单位网络已有的条件组建一台 VPN 服务器，供用户在外部拨号访问内部的网络资源。

第六章　防火墙技术

随着计算机网络技术及应用的飞速发展，越来越多的网络被连接到一起完成更为复杂的任务。然而不同网络从属于不同的安全域，将不可信的外部网络与可信的内部网络进行连接将会给可信网络带来安全风险。在当今各种网络安全技术中，作为保护内部网络安全的第一道屏障与实现网络安全的一个有效手段，防火墙技术应用最为广泛，也备受青睐。目前，互联网上几乎所有的网络都是由某种防火墙加以保护的。本章将深入介绍防火墙的基本概念、关键技术和发展历程，讨论其部署结构和配置方法。此外，作为与防火墙实现网络的逻辑隔离相对应，还将介绍实现网络物理隔离的物理隔离技术。

第一节　防火墙基本概念

当一个用户计算机或内联网络连接到外联网络后，它就可以通过外联网络访问其他主机或网络并与之通信。同时，外界的主机也可以访问到这台联网主机或内联网络。为了安全起见，需要在本地计算机或内联网络与外联网络之间设置一道防护的屏障，保护本地计算机或内联网络免遭来自外联网络的威胁和入侵，这道屏障就称为防火墙。

一、防火墙基本定义

在古代，防火墙指的是构筑和使用房屋的时候，为防止火灾在相邻的房子之间蔓延，人们在房屋周围砌的砖或石头墙。在现代，防火墙被定义为由不燃烧材料构成的，为减小或避免建筑、结构、设备遭受热辐射危害和防止火灾蔓延，设置的竖向分隔体或直接设置在建筑物基础上或钢筋混凝土框架上具有耐火性的墙面。

本书中描述的防火墙并非建筑学意义上的防火墙，而是指一种被广泛应用的计算机网络安全技术及采用这种技术的安全设备，只是借用了建筑学上防火墙这个名词而已。这是因为两者之间具有类比性：建筑防火墙可以凭借高大厚实而且耐燃的墙体阻隔火势向受其保护的房屋蔓延，计算机网络防火墙可以依据访问控制策略为内联主机或网络提供保护，使其免遭非法探测和攻击。

严格来说，防火墙技术是指置于两个网络之间的一组构件或一个系统，保护敏感数据不被窃取和篡改，保护内部网络和主机免遭网络攻击。

防火墙是目前主要的一种网络防护技术，采用该技术的网络安全系统称为防火墙系统，包括硬件设备、相关的软件代码和安全策略。在不引起歧义的情况下，这里统一地称其为防火墙。防火墙是技术与设备的系统集成，而并非单指某一个特定的设备或软件。

防火墙之内的网络称为内部网络或内网，一般为局域网，默认为安全区域；防火墙之外的网络称为外部网络或外网，一般为互联网，默认为风险区域；此外，为了配置管理方便，内网中需要向外网提供服务的服务器（如 WWW、FTP、SMTP、DNS 等）往往放在互联网与内部网络之间一个单独的网段，这个网段通常称为非军事化区（demilitarized zone，DMZ）。

为了抵御来自外联网络的威胁和入侵，防火墙的“法宝”是访问控制策略。访问控制策略是控制内联主机进行网络访问的原则和措施，即决定允许哪一台内联主机以什么样的方式访问外联网络；允许外联主机以什么样的方式访问内联网络。访问控制策略依据企业或组织的整体安全策略制定，是企业或组织对网络与信息安全的观点与思想的表达，具体体现为防火墙的过滤规则。防火墙依据过滤规则检查每个经过它的数据包，符合过滤规则的数据包允许通过，不符合过滤规则的数据包一律拒绝其通过防火墙。如果因为将其比喻为墙而对其封闭性产生困惑的话，也可以将防火墙看作是一扇受访问控制策略控制的门。当过滤规则允许的数据到来的时候，门就打开让其通过；当过滤规则不允许的数据到来的时候，门就关闭不让其通过。

二、防火墙的分类

根据参照标准的不同，防火墙有多种类型划分方式。下面选取几种主要的划分方式进行详细描述。

1．按防火墙的形式划分

（1）软件防火墙。软件防火墙的产品形式是软件代码，它不依靠具体的硬件设备，而纯粹依靠软件来监控网络信息。软件防火墙固然有安装、维护简单的优点，但对于安装平台的性能要求较高。例如，常见的 Windows 操作系统都会自带一个软件防火墙。

（2）独立硬件防火墙。独立硬件防火墙则需要专用的硬件设备，一般采用 ASIC 技术架构或者网络处理器，它们都为数据包的检测进行了专门的优化。从外观上看，独立硬件防火墙与集线器、交换机或者路由器类似，只是只有少数几个接口，分别用于连接内联网络和外联网络。它的处理速度较快，但是安装、维护比较复杂，而且所需费用也较高。

（3）模块化防火墙。目前，很多路由器都已经集成了防火墙的功能，这种防火墙往往作为路由器的一个可选配的模块存在。当用户选购路由器的时候，可以根据需要选购防火墙模块来实现自身网络的安全防护，这将大大降低网络设备的采购成本。

2．按受防火墙保护的对象划分

（1）单机防火墙。单机防火墙的设计目的是保护单台主机网络访问操作的安全。单机防火墙一般是以装载到受保护主机硬盘里的软件程序的形式存在，也有做成网卡形式的单机防火墙，但是不是很多。受到载机性能所限，单机防火墙性能不会很高，无法与下面讲述的网络防火墙相比。

（2）网络防火墙。网络防火墙的设计目的是保护相应网络的安全。网络防火墙一般采用软件与硬件相结合的形式，也有纯软件的防火墙存在。网络防火墙处于受保护网络与外联网络相接的节点上，对于网络负载吞吐量、过滤速度、过滤强度等参数的要求比单机防火墙高。目前，大部分的防火墙产品都是网络防火墙。

3．按防火墙的使用者划分

（1）企业级防火墙。企业级防火墙的设计目的是为企业内联网提供安全访问控制服务。此外，根据企业的安全要求，企业级防火墙还会提供更多的安全功能。例如，企业为了保证客户访问的效率，第一时间响应客户的请求，一般要求支持千兆高速转发；为了与企业伙伴之间安全地交换数据，要求支持 VPN；为了维护企业利益，要对进出企业内联网络的数据进行深度过滤等。可以说，防火墙产品功能的花样翻新与企业需求的多种多样是直接相关的，防火墙所有功能都会在企业的安全需求中找到。

（2）个人防火墙。个人防火墙主要用于个人使用计算机的安全防护，实际上与单机防火墙是一样的概念，只是看待问题的出发点不同而已。

4．按防火墙采用的主要技术划分

（1）包过滤型防火墙。包过滤型防火墙工作在 ISO 七层模型的传输层下，根据数据包头部各个字段进行过滤，包括源地址、端口号及协议类型等。包过滤方式不是针对具体的网络服务，而是针对数据包本身进行过滤，适用于所有网络服务。目前，大多数路由器设备都集成了数据包过滤的功能，具有很高的性价比。

包过滤方式也有明显的缺点：过滤判别条件有限，安全性不高；过滤规则数目的增加会极大地影响防火墙的性能；很难对用户身份进行验证；对安全管理人员素质要求高。

（2）代理型防火墙。代理型防火墙采用的是与包过滤型防火墙截然不同的技术。代理型防火墙工作在 ISO 七层模型的最高层，即应用层上。它完全阻断了网络访问的数据流：它为每一种服务都建立一个代理，内联网络与外联网络之间没有直接的服务连接，都必须通过相应的代理审核后再转发。

代理型防火墙的优点非常突出：它工作在应用层上，可以对网络连接的深层的内容进行监控；它阻断了内联网络和外联网络的连接，实现了内、外网络的相互屏蔽，避免了数据驱动类型的攻击。

不幸的是，代理型防火墙的缺点也十分明显：代理型防火墙的速度相对较慢，当网关处数据吞吐量较大时，防火墙就会成为瓶颈。

5．按防火墙部署的位置划分

（1）单接入点的传统防火墙。单接入点的传统防火墙是防火墙最普遍的表现形式。它通常位于内联网络与外联网络相交的边界，独立于其他网络设备，实施网络隔离。

（2）混合式防火墙。混合式防火墙依赖于地址策略，将安全策略分发给各个站点，由各个站点实施这些策略。其代表产品为 CHECKPOINT 公司的 FIREWALLI 防火墙。它通过装载到网络操作中心上的多域服务器来控制多个防火墙用户模块。多域服务器有多个用户管理加载模块，每个模块都有一个虚拟 IP 地址，对应着若干防火墙用户模块。安全策略通过多域服务器上的用户管理加载模块下发到各个防火墙用户模块。防火墙用户模块执行安全策略，并将数据存放到对应的用户管理加载模块的目录下。多域服务器可以共享这些数据，使得防火墙的多点接入成为可能。

混合式防火墙将网络流量分担给多个接入点，降低了单一接入点的工作强度，安全性、管理性更强，但网络操作中心是系统的单失效点。

（3）分布式防火墙。分布式防火墙是一种较新的防火墙实现方式：防火墙是在每一台连接到网络的主机上实现的，负责所在主机的安全策略的执行、异常情况的报告，并收集所在主机的通信情况记录和安全信息；同时，设置一个网络安全管理中心，按照用户权限的不同向安装在各台主机上的防火墙分发不同的网络安全策略；此外，还要收集、分析、统计各个防火墙的安全信息。

分布式防火墙的突出优点在于：可以使每一台主机得到最合适的保护，安全策略完全符合主机的要求；不依赖于网络的拓扑结构，接入网络完全依赖于密码标志而不是 IP 地址。

分布式防火墙的不足在于：难以实现；安全数据收集困难；网络安全中心负荷过重。

三、防火墙的部署位置

1．防火墙的物理位置

从物理角度看，防火墙的物理实现方式有所不同。通常来说，防火墙是一组硬件设备，即路由器、计算机或者配有适当软件的网络设备的多种组合。但是从部署位置上来看，作为内联网络与外联网络之间实现访问控制的一种硬件设备，防火墙通常安装在内联网络与外联网络的交界点上。

防火墙通常位于等级较高的网关位置或者与外联网络相连接的节点处，这样做有利于防火墙对全网（内联网络）信息流的监控，进而实现全面的安全防护。但是，防火墙也可以部署在等级较低的网关位置或者与数据流交汇的节点上，目的是为某些有特殊要求的子系统或内联子网提供进一步的保护。随着个人防火墙的流行，防火墙的位置已经扩散到每一台联网主机的网络接口上了。图 6-1 所示为防火墙在网络中常见的位置。

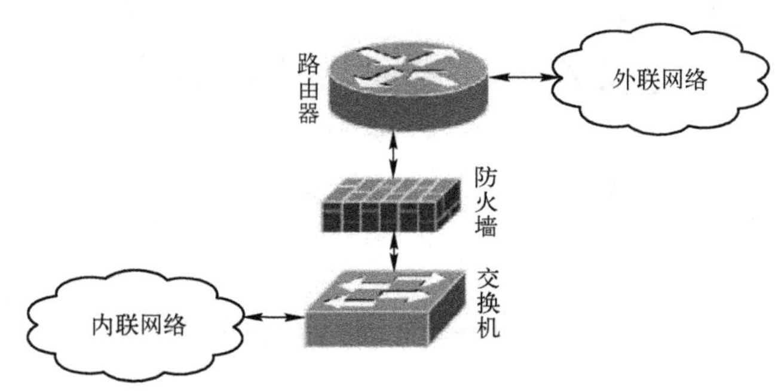

图 6-1　防火墙在网络中的常见位置

从具体实现角度看，防火墙由一个独立的进程或者一组紧密联系的进程构成。它运行于路由器、堡垒主机或者任何提供网络安全的设备组合上。堡垒主机是指一种配置了安全防范措施的网络计算机，它为网络之间的通信提供了一个阻塞点。这些设备或设备组一边连接着受保护的网络，另一边连接着外联网络或者内联网络的其他部分。对于个人防火墙来说，防火墙一般是指安装在单台主机硬盘上的软件系统。防火墙在这些关键的数据交换节点或者网络接口上控制着经过它们的各种各样的数据流，并且为安全管理提供详细的系统活动记录。在很多中、小规模的网络配置方案中，从安全与服务实现成本控制的角度考虑，防火墙服务器还经常作为公共 WWW 服务器、FTP 服务器或者 Email 服务器使用。

2．防火墙的逻辑位置

防火墙的逻辑位置指的是防火墙与网络协议相对应的逻辑层次关系。处于不同网络层次的防火墙实现不同级别的网络过滤功能，表现出的特性也不同。例如，网络层防火墙可以进行快速的数据包过滤，但是却无法理解数据包内容的含义，因此也就无法进行更深入的内容检查；而代理型防火墙与包过滤型防火墙大相径庭，这种类型的防火墙位于应用层上，虽然有过滤速度慢的缺点，但是却可以理解数据流的含义，进而能够对其进行更加深入的检测和控制。

四、特性与功能

从广泛、宏观的意义上说，防火墙是隔离在内联网络与外联网络之间的一个防御系统。防火墙拥有内联网络与外联网络之间的唯一进出口，因此能够使内联网络与外联网络，尤其是与互联网互相隔离。它通过限制内联网络与外联网络之间的访问来防止外部用户非法使用内部资源，保护内联网络的设备不被破坏，防止内联网络的敏感数据被窃取，从而达到保护内联网络的目的，如图 6-2 所示。

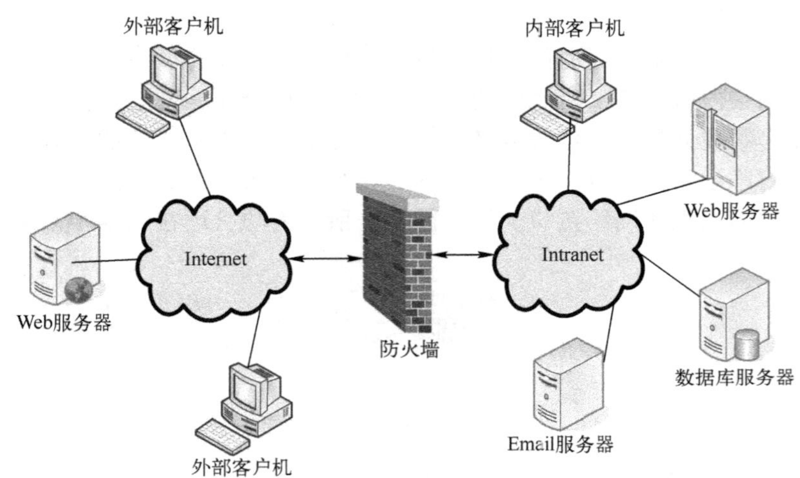

图 6-2　防火墙是 Internet 与 Intranet 之间的唯一出入口

1．防火墙的特性

一个好的防火墙系统应具备以下 3 种特性。

（1）内部和外部之间的所有网络数据流必须经过防火墙。这是防火墙所处网络位置特性，同时也是一个前提。因为只有当防火墙是内、外部网络之间通信的唯一通道，才可以全面、有效地保护企业网内部网络不受侵害。

（2）只有符合安全策略的数据流才能通过防火墙。防火墙最基本的功能是确保网络流量的合法性，并在此前提下将网络的流量快速地从一条链路转发到另外的链路上去。因此，从这个角度上来说，防火墙是一个类似于桥接或路由器的、多端口的转发设备，它跨接于多个分离的物理网段之间，并在报文转发过程之中完成对报文的审查工作。

（3）防火墙自身应对渗透（penetration）免疫。这是防火墙之所以能担当内部网络安全防护重任的先决条件。防火墙处于网络边缘，每时每刻都要面对黑客的入侵，这样就要求防火墙自身要具有非常强的对渗透免疫的能力。如果防火墙自身都不安全，就更不可能保护内部网络安全。

从实质上说，防火墙就是一种能够限制网络访问的设备或软件。如今市面上路由器、交换机、调制解调器等很多设备中均含有简单的防火墙功能，许多流行的操作系统也含有软件防火墙。此外，还有很多公司开发了多种功能强大的专业防火墙系统。

2. 防火墙的功能

一般来讲，现有的防火墙功能大致包含以下几个方面。

（1）用户认证功能。在防火墙中，用户认证是外部网络用户接入内部网络、进行授权访问服务的第一道安全检查关卡。它接受外部网络用户的连接请求，按照相应的认证策略对接入用户进行身份认证；认证通过后，用户才能得到防火墙进一步检查以获得对内部网络中受限的网络资源进行访问的特权。

（2）过滤功能。过滤功能包括包过滤和内容过滤两种。包过滤即在网络中的适当位置对数据包实施有选择地通过；内容过滤则是防火墙的可选功能项，主要通过对访问内容合法性的检查与判断来限制用户的访问行为。

（3）NAT 功能。NAT（network address translation，网络地址转换）功能的主要作用是将有限的 IP 地址动态或静态地与内部的 IP 地址对应起来，不仅可以解决 IP 地址短缺的问题，而且还能隐藏内部网络部署的拓扑结构。

（4）监控审计功能。防火墙能够记录下所有通过它的访问并作出日志记录，同时提供网络使用情况的统计数据。当发生可疑访问动作时，防火墙能够进行适当的报警，并提供网络是否受到探测和攻击的详细信息。

（5）应用层协议代理功能。通过对应用层各个协议提供相应的代理程序，防止网络攻击与病毒入侵。常见的应用代理服务包括 HTTP 代理、FTP 代理、SMTP 代理和 POP3 代理等。

（6）入侵检测和 VPN 功能。入侵检测和 VPN 功能是随着网络安全技术的发展，集成到防火墙中的可选功能项，它们和防火墙一起协调、联动工作，保证内部网络的信息安全。

五、优缺点分析

1. 防火墙的优点

使用防火墙有以下的好处。

（1）过滤易受攻击的服务。防火墙可以过滤不安全的服务来降低子网上主系统所冒的风险。如禁止某些易受攻击的服务进入或离开受保护的子网。防火墙还可以防护基于路由选择的攻击，如源路由选择和企图通过 ICMP 改向把发送路径转向遭致损害的网络节点。

（2）集中安全性。防火墙闭合的安全边界保证可信网络和不可信网络之间的流量只有通过防火墙才有可能实现。因此，可以在防火墙设置统一的策略管理，而不是分散到每个主机中。

（3）增强的保密、强化私有权。使用防火墙系统，站点可以防止 Finger 以及 DNS 域名服务。Finger 会列出当前使用者名单、他们上次登录的时间及是否读过邮件等信息。防火墙也能封锁域名服务信息，从而使互联网外部主机无法获取站点名和 IP 地址。

（4）有关网络使用、滥用的记录和统计。因为用户对互联网的往返访问都通过防火墙，因此防火墙可以记录各次访问的信息，并提供有关网络使用率的统计数字。如果一个防火墙能在可疑活动发生时发出音响报警，则还提供防火墙和网络是否受到试探或攻击的细节。采集网络使用率统计数字和试探的证据是很重要的，这有很多原因。最为重要的是可以知道防火墙能否抵御试探和攻击，并确定防火墙上的控制措施是否得当。网络使用率统计数字也很重要的，因为它可作为网络需求研究和风险分析活动的输入。

（5）政策执行。防火墙可提供实施和执行网络访问政策的工具。事实上，防火墙可向用户和服务提供访问控制。如果没有防火墙，这样的访问政策将完全取决于用户的协作。

2．防火墙的缺点

当然，防火墙也不是万能的，它存在以下缺点。

（1）不能防范内部攻击。内部攻击不经过防火墙，因此防火墙无法防范。事实上来自网络内部的攻击是任何基于网络隔离的防范措施都无能为力的。

（2）不能防范不通过它的连接。防火墙能够有效地防止通过它进行传输信息，然而不能防止不通过它而传输的信息。

（3）不能防备全部的威胁。防火墙主要被用来防备已知的网络威胁，但没有一个防火墙能自动防御所有新的威胁。

（4）防火墙不能防范病毒。病毒依附在软件或者文件上，对于防火墙而言它只是一段无意义的数据，针对网络流量设计的过滤规则不能防止感染了病毒的软件或文件的传输。

（5）防火墙不能防止数据驱动式攻击。如果用户下载了一个包含恶意代码的程序在本地运行，那么防火墙是无法防范该程序的恶意攻击行为的。这些程序与病毒类似，在防火墙看来都只是一些数据，只有在本地运行时才体现出威胁。随着 Java、JavaScript 和 Active X 控件的大量使用，这一问题变得更加突出和尖锐。

第二节　防火墙关键技术

防火墙技术的发展经历了一个从简单到复杂、并不断借鉴和融合其他网络安全技术的过程，主要包括包过滤技术、应用代理技术、状态检测技术、网络地址转换技术。

一、包过滤技术

1．基本概念

包过滤技术是最早的、也是最基本的访问控制技术，又称为报文过滤技术，防火墙就是从这一技术开始产生发展的。包过滤技术的作用是执行边界访问控制功能，即对网络通信数据进行过滤（filtering），也称为筛选。具体一点说，过滤就是使符合按照组织或机构的网络安全策略预先制定的安全过滤规则的数据包通过，拒绝那些不符合安全过滤规则的数据包通过，并且根据预先的定义执行记录该信息、发送报警信息给管理人员等操作。

包过滤技术的工作对象是数据包。网络中任意两台计算机如果要进行通信，都会将要传递的数据拆分成数据片断，并且按照某种规则发送这些数据片断。为了保证这些片断能够正确地传递到对方并且重新组织成原始数据，在每个片断的前面还会增加一些额外的信息以供中间转接节点和目的节点进行判断。这些添加了额外信息的数据片断称为数据包，增加的额外信息称为数据包包头，数据片断称为数据载荷，而拆分数据、数据包头的格式及传递和接收数据包所要遵循的规则就是网络协议。

对于最常用到的 TCP/IP 族来说，包过滤技术主要是对数据包包头的各个字段进行操作，包括源 IP 地址、目的 IP 地址、数据载荷协议类型、IP 选项、源端口、目的端口、TCP 选项及数据包传递的方向等信息。包过滤技术根据这些字段的内容，以安全过滤规则为评判标准，来确定是否允许数据包通过。

安全过滤规则是包过滤技术的核心，是组织或机构的整体安全策略中网络安全策略部分的直接体现。实际上，安全过滤规则集就是访问控制列表，该表的每一条记录都明确地定义了对符合该记录条件的数据包所要执行的动作——允许通过或者拒绝通过，其中的条件则是对上述数据包包头的各个字段内容的限定。包过滤技术的具体实现如图 6-3 所示。

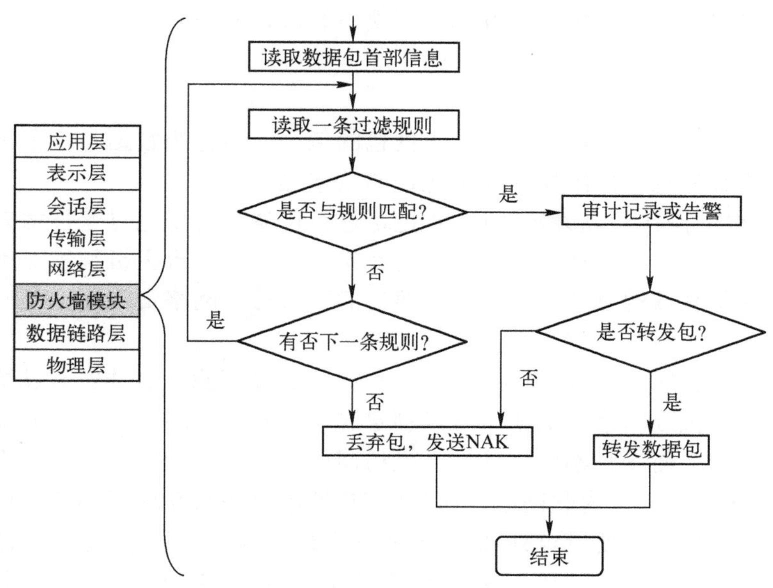

图 6-3　包过滤技术的实现

包过滤技术必须在操作系统协议栈处理数据包之前拦截数据包，即防火墙要在数据包进入系统之前处理它。由于数据链路层和物理层的功能实际上是由网卡来完成，以上的各层协议的功能由操作系统实现，所以说实现包过滤技术的防火墙模块要在操作系统协议栈的网络层之前拦截数据包。这就是说，防火墙模块应该被设置在操作系统协议栈的网络层之下、数据链路层之上的位置。

实现包过滤技术的防火墙模块首先要做的是将数据包的包头部分剥离。然后，按照访问控制列表的顺序，将包头各个字段的内容与安全过滤规则逐条进行比较判断。这个过程一直持续直至找到一条相符的安全过滤规则为止，接着按照安全过滤规则的定义执行相应的动作。如果没有相符的安全过滤规则，就执行防火墙默认的安全过滤规则。

为了保证对受保护网络能够实施有效的访问控制，执行包过滤功能的防火墙应该被部署在受保护网络或主机和外联网络的交界点上。在这个位置上可以监控到所有的进出数据，从而保证了不会有任何不受控制的旁路数据的出现。

具体实现包过滤技术的设备有很多，一般来说分成以下两类：

（1）过滤路由器。路由器总是部署在受保护网络的边界上，容易实现对全网的安全控制。最早的包过滤技术就是在路由器上实现的，也是最初的防火墙方案。

（2）访问控制服务器。这又分成两种情况：一是指一些服务器系统提供了执行包过滤功能的内置程序，比较著名的有 Linux 的 IPChain 和 NetFilter；二是指服务器安装了某些软件防火墙系统，如 CheckPoint 等。

下面将对包过滤技术具体的过滤内容及其优缺点展开详细论述。

2．过滤对象

通过上述内容可知，包过滤技术主要通过检查数据包包头各个字段的内容来决定是否允许该数据包通过。下面将按照过滤数据使用的协议的不同分别论述包过滤技术的具体执行特性。

1）针对 IP 的过滤

针对 IP 的过滤操作是查看每个 IP 数据包的包头，将包头数据与规则集相比较，转发规则集允许的数据包，拒绝规则集不允许的数据包。

针对 IP 的过滤操作可以设定对源 IP 地址进行过滤。对于包过滤技术来说，阻断某个特定源地址的访问是没有什么意义，入侵者完全可以换一台主机继续对用户网络进行探测或攻击。真正有效的办法是只允许受信任的主机访问网络资源而拒绝一切不可信的主机的访问。

针对 IP 的过滤操作也可以设定对目的 IP 地址进行过滤。这种安全过滤规则的设定多用于保护目的主机或网络。例如，可以制定这样的安全策略，只允许外部主机访问屏蔽子网中的服务器，而绝对不允许外部主机访问内联网络中的主机。具体实现的时候只需要将所有源 IP 地址不是内联网络，而目的 IP 地址恰巧落在内联网络地址范围内的数据包拒绝即可。当然，还要设定外部 IP 地址到屏蔽子网内的服务器的访问规则。

针对 IP 的过滤操作还需要注意的问题是关于 IP 数据包的分片问题。分片技术增强了网络的可用性，使得具有不同 MTU 的网络可以实现互连互通。随着路由器技术的改进，分片技术已经很少用到了。但是，攻击者却可以利用这项技术构造特殊的数据包对网络展开攻击。由于只有第一个分片才包含了完整的访问信息，后续的分片很容易通过包过滤器，所以攻击者只要构造一个拥有较大分片号的数据包就可能通过包过滤器访问内联网络。对此应该设定包过滤器要阻止任何分片数据包或者要在防火墙处重组分片数据包的安全策略。后一种策略需要精心地设置，若配置不好会给用户网络带来潜在的危险——攻击者可以通过碎片攻击的方法，发送大量不完全的数据包片段，耗尽防火墙为重组分片数据包而预留的资源，从而使防火墙崩溃。

2）针对 ICMP 的过滤

ICMP 负责传递各种控制信息，尤其是在发生了错误的时候。ICMP 对网络的运行和管理是非常有用的。但是，它也是一把双刃剑——在完成网络控制与管理操作的同时也会泄露网络中的一些重要信息，甚至被攻击者利用做攻击用户网络的武器。

最常用的 Ping 和 Traceroute 实用程序使用了 ICMP 的询问报文。攻击者可利用这样的报文或程序探测用户网络主机和设备的可达性，进而可以勾画出用户网络的拓扑结构与运行态势图。这些内容为攻击者确定攻击对象和手段提供了极为重要的信息。因此，应该设定过滤安全策略，阻止类型 8 回送请求 ICMP 报文进出用户网络。

与类型 8 相对应的类型 0 回送应答 ICMP 报文也值得注意。很多攻击者会恶意地将大量的类型 8 的 ICMP 报文发往用户网络，使得目标主机疲于接收处理这些垃圾数据而不能提供正常的服务，最终造成目标主机的崩溃。

另一个需要重点处理的是类型 5 的 ICMP 报文，即路由重定向报文。如果防火墙允许这样的报文通过，那么攻击者完全可以采用中间人（man in the middle）攻击的办法，伪装成预期的接收者截获或篡改正常的数据包，也可以将数据包导向受其控制的未知网络。

还有一个需要注意的是类型 3 目的不可达 ICMP 报文。攻击者往往通过这种报文探知用户网络的敏感信息。

总之，对于 ICMP 报文包过滤器要精心地进行设置。阻止存在泄露用户网络敏感信息危险的 ICMP 数据包进出网络；拒绝所有可能会被攻击者利用、对用户网络进行破坏的 ICMP 数据包。

3）针对 TCP 的过滤

TCP 是目前互联网使用的主要协议，针对 TCP 进行控制是所有安全技术的一个重要任务。因此，包过滤技术不仅限于网络层协议，如 IP 的过滤，也可以对传输层协议，如 TCP 和 UDP 进行过滤。

针对 TCP 的过滤首先可以设定对源端口或者目的端口的过滤，这种过滤方式也称为端口过滤或者协议过滤。通常 HTTP、FTP、SMTP 等应用协议提供的服务都在一些知名端口上实现，如 HTTP 在 80 号端口上提供服务，而 SMTP 在 25 号端口上提供服务。只要针对这些端口号进行过滤规则的设置，就可以实现针对特定服务的控制规则，如拒绝内部主机到某外部 WWW 服务器 80 号端口的连接，即可实现禁止内部用户访问该外部网站。

针对 TCP 的过滤更为常见的是对标志位的过滤。而这里最常用的就是针对 SYN 和 ACK 的过滤。TCP 是面向连接的传输协议，一切基于 TCP 的网络访问数据流都可以按照它们的通信进程的不同划分成一个一个的连接会话。即两个网络节点之间如果存在基于 TCP 的通信的话，那么一定存在着至少一个会话。会话总是从连接建立阶段开始的，而 TCP 的连接建立过程就是 3 次握手的过程。在这个过程中，TCP 报文头部的一些标志位的变化需要注意。

（1）当连接的发起者发出连接请求时，它发出的报文 SYN 位为 1，而包括 ACK 位在内的其他标志位为 0。该报文携带发起者自行选择的一个通信初始序号。

（2）当连接请求的接收者接受该连接请求时，它将返回一个连接应答报文。该报文的 SYN 位为 1 而 ACK 位为 1。该报文不但携带对发起者通信初始序号的确认（加 1），且携带接收者自行选择的另一个通信初始序号。如果接收者拒绝该连接请求，则返回的报文 RST 位要置 1。

（3）连接的发起者还需要对接收者自行选择的通信初始序号进行确认，返回该值加 1 作为希望接收的下一个报文的序号。同时，ACK 位要置 1。

值得注意的是，除了在连接请求的过程中之外，SYN 位始终为 0。再结合上述的

3 次握手的过程可以确定：只要通过对 SYN 位为 1 的报文进行操作，就可以实现对连接会话的控制。拒绝这类报文，就相当于阻断了通信连接的建立。这就是利用 TCP 标志位进行过滤规则设定的基本原理。

（4）针对 UDP 的过滤。UDP 与 TCP 有很大的不同，因为它们采用的是不同的服务策略。TCP 是面向连接的，相邻报文之间具有明显的关系，数据流内部也具有较强的相关性。因此，过滤规则的制定比较容易；而 UDP 是基于无连接服务，一个 UDP 用户数据包报文中携带了到达目的地所需的全部信息，不需要返回任何的确认，报文之间的关系很难确定。因此，很难制定相应的过滤规则。究其根本原因是这里所讲的包过滤技术是指静态包过滤技术，它只针对数据包本身进行操作，而不记录通信过程的上下文，也就无法从独立的 UDP 用户数据包中得到必要的信息。对于 UDP，只能是要么阻塞某个端口、要么听之任之。多数人倾向于前一种方案，除非有很大的压力要求允许进行 UDP 传输。

3．包过滤技术的优点

总的来说，包过滤技术具有以下几个优点。

（1）包过滤技术实现简单、快速。经典的解决方案只需要在内联网络与外联网络之间的路由器上安装过滤模块即可。

（2）包过滤技术的实现对用户是透明的。用户不需要改变自己的网络访问行为模式，也不需要在主机上安装任何的客户端软件，更不用进行任何的培训。

（3）包过滤技术的检查规则相对简单，因此检查操作耗时极短，执行效率非常高，不会给用户网络的性能带来不利的影响。

4．包过滤技术的局限性

随着网络攻防技术的发展，包过滤技术的缺点也越来越明显。

（1）包过滤技术过滤思想简单，对信息的处理能力有限。只能访问包头中的部分信息，不能理解通信的上下文，因此不能提供更安全的网络防护能力。

（2）当过滤规则增多的时候，对于过滤规则的维护是一个非常困难的问题。不但要考虑过滤规则是否能够完成安全过滤任务，而且要考虑规则之间的关系，防止冲突的发生，而这个问题是非常难以解决的。

（3）包过滤技术控制层次较低，不能实现用户级控制，特别是不能实现对用户合法身份的认证及对冒用的 IP 地址的确定。

在这里所论述的包过滤技术都是最早的静态包过滤技术。由于它存在着上述的种种缺陷，目前它已经不能够为用户提供较高水平的安全保护了。为了解决这些严重的问题，人们又采用了动态包过滤技术/状态检测技术，在下一节中将对此技术进行讲解。

二、应用代理技术

1．代理技术概述

代理（Proxy）技术与前面所述的基于包的过滤技术完全不同，是基于另一种思想的安全控制技术。采用代理技术的代理服务器运行在内联网络和外联网络之间，在应用层实现安全控制功能，起到内联网络与外联网络之间应用服务的转接作用。

1）代理的执行

代理的执行分为以下两种情况。

一种情况是代理服务器监听来自内联网络的服务请求。当请求到达代理服务器时，按照安全策略对数据包中的首部和数据部分信息进行检查。通过检查后，代理服务器将请求的源地址改成自己的地址再转发到外联网络的目标主机上。外部主机收到的请求将显示为来自代理服务器而不是内部源主机。代理服务器在收到外部主机的应答时，首先要按照安全策略检查包的首部和数据部分的内容是否符合安全要求。通过检查后，代理服务器将数据包的目的地址改为内部源主机的 IP 地址，然后将应答数据转发至该内部源主机。

另一种情况是内部主机只接收代理服务器转发的信息而不接收任何外部地址主机发来的信息。这个时候外部主机只能将信息发送至代理服务器，由代理服务器转发至内联网络，相当于代理服务器对外联网络执行代理操作。具体来说，所有发往内联网络的数据包都要经过代理服务器的安全检查，通过后将源 IP 地址改为代理服务器的 IP 地址，然后这些数据包才能被代理服务器转发至内联网络中的目标主机。代理服务器负责监控整个的通信过程以保证通信过程的安全性。

2）代理程序

代理技术是通过在代理服务器上安装特殊的代理程序来实现的。对于不同的应用层服务需要有不同的代理程序。防火墙管理员可以通过配置不同的代理程序来控制代理服务器提供的代理服务种类。代理程序的实现可以只有服务器端代码，也可以同时拥有服务器端和客户端代码。服务器端代理程序的部署一般需要特定的软件。对于客户端代理程序的部署有以下两种方式。

（1）在用户主机上安装特制的客户端代理服务程序，该软件将通过与特定的服务器端代理程序相连接为用户提供网络访问服务。

（2）重新设置用户的网络访问过程。此方式需要用户先以标准的网络访问方式登录到代理服务器上，再由代理服务器与目标服务器相连。最经典的例子就是在 Internet Explorer 的选项卡中设置代理服务器再进行 WWW 访问。

3）代理服务器的部署与实现

代理服务器通常安装在堡垒主机或者双宿主网关上。

双宿主网关是一台具有最少两块网卡的主机。其中一块网卡连接内联网络，另一块网卡连接外联网络。双宿主网关的 IP 路由功能被严格禁止，网卡间所有需要转发的数据必须通过安装在双宿主网关上的代理服务器程序控制。由此实现内联网络的单接入点和网络隔离。

如果将代理服务器程序安装在堡垒主机上，则可能采取不同的部署与实现结构。比如说采用屏蔽主机或者屏蔽子网方案，将堡垒主机置于过滤路由器之后。这样，堡垒主机还可以获得过滤路由器提供的、额外的保护。缺点则是如果过滤路由器被攻陷，则数据将会被旁路，即代理服务器将不起作用。

4）代理技术与包过滤技术的安全性比较

代理技术能够提供与应用相关的所有信息，并且能够提供安全日志所需的最详细的管理和控制数据，因此相对于包过滤技术而言，代理技术能够为用户提供更高的安全等级。

首先，代理服务器不仅扫描数据包头部的各个字段，还要深入到包的内部，理解数据包载荷部分内容的含义。这可以为安全检测和日志记录提供最详细的信息。包过滤技术由于采用的是基于包头信息的过滤机制，所以很难与代理技术相提并论。

其次，对于外联网络来说，都只能见到代理服务器而不能见到内联网络；对于内联网络来说，也只能见到代理服务器而不能见到外联网络。这不但实现了网络隔离，使得用户网络无需与外联网络直接通信，降低了用户网络受到直接攻击的风险。而且对外联网络隐藏了内联网络的结构及用户，进一步降低了用户网络遭受探测的风险。而包过滤技术在网络隔离和预防探测方面做得都不是很好。

再次，包过滤技术通常由路由器实现。如果过滤机制被破坏，那么内联网络将毫无遮拦地直接与外联网络接触，将不可避免地出现网络攻击和信息泄露的现象。而代理服务器要是被损坏的话，只能是内联网络与外联网络的连接中断，但无法出现网络攻击和信息泄露的现象。从这个角度看，代理技术比包过滤技术更安全。

2．代理技术的具体作用

1）隐藏内部主机

代理服务器的作用之一是隐藏内联网络中的主机。由于有代理服务器存在，所以外部主机无法直接连接到内部主机。它只能见到代理服务器，因此只能连接到代理服务器上。这种特性是十分重要的，因为外部用户无法进行针对内联网络探测，也就无法对内联网络上的主机发起攻击。代理服务器在应用层对数据包进行更改，以自己的身份向目的地重新发出请求，彻底改变了数据包的访问特性。

2）过滤内容

在应用层进行检查的另一个重要的作用是可以扫描数据包的内容。这些内容可能包含敏感的或者被严格禁止流出用户网络的信息，以及一些容易引起安全威胁的数据。后者包括不安全的 Java Applet 小程序、Active X 控件及电子邮件中的附件等。而这些内容是包过滤技术无法控制的。支持内容的扫描是代理技术与其他安全技术的一个重要区别。

3）提高系统性能

虽然从访问控制的角度考虑，代理服务器因为执行了很细致的过滤功能而加大了网络访问的延迟。但是它身处网络服务的最高层，可以综合利用缓存等多种手段优化对网络的访问，由此还进一步减少了因为网络访问产生的系统负载。因此，精心配置的代理技术可以提高系统的整体性能。

4）保障安全

安全性的保障不仅指过滤功能的强大，还包括对过往数据日志的详细分析和审计。这是因为从这些数据中能够发现过滤功能难以发现的攻击行为序列，及时提醒管理人员采取必要的安全保护措施；还可以对网络访问量进行统计进而优化网络访问的规则，为用户提供更好的服务。代理技术处于网络协议的最高层，可以为日志的分析和审计提供最详尽的信息，由此提高了网络的安全性。

5）阻断 URL

在代理服务器上可以实现针对特定网址及其服务器的阻断，以实现阻止内部用户浏览不符合组织或机构安全策略的网站内容。

6）保护电子邮件

电子邮件系统是互联网最重要的信息交互系统之一，但是它的开放性特点使得它非常脆弱，经常被攻击者作为网络攻击的重要途径。代理服务器可以实现对重要的内部邮件服务器的保护。通过邮件代理对邮件信息的重组与转发，使得内部邮件服务器不与外联网络发生直接的联系，从而实现保护的目的。

7）身份认证

代理技术能够实现包过滤技术无法实现的身份认证功能。将身份认证技术融合进安全过滤功能中能够大幅度提高用户的安全性。支持身份认证技术是现代防火墙的一个重要特征。具体的方式有传统的用户账号/口令、基于密码技术的挑战/响应等。

8）信息重定向

代理技术从本质上是一种信息的重定向技术。这是因为它可以根据用户网络的安全需要改变数据包的源地址或目的地址，将数据包导引到符合系统需要的地方去。这在基于 HTTP 的多 WWW 服务器应用领域中尤为重要。在这种环境下，代理服务器起到负载分配器和负载平衡器的作用。

3．代理技术的种类

1）应用层网关

应用层网关代理防火墙工作于 OSI 模型的应用层，针对特定的应用层协议，如超文本传输（HTTP）、文件传输（FTP）等，如图 6-4 所示。

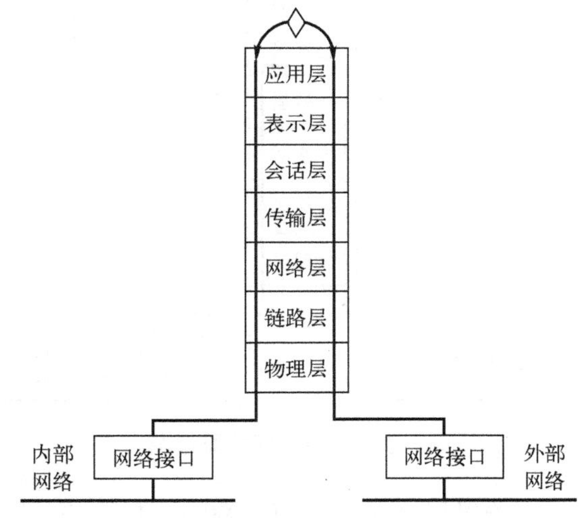

图 6-4　应用层网关原理图

对用户来说应用层网关是一台真实存在的服务器，而对于服务器来说它又是一台客户端。当应用层网关接收到用户对某站点的访问请求后，会检查该请求是否符合防火墙策略规则。如果允许用户访问该站点，应用层网关会充当客户端去该站点取回用户所需的信息，并充当服务器转发给用户。

最常用的应用层网关是 HTTP 代理服务器，端口通常为 80 或 8080。在 Web 浏览器中设置一个 HTTP 代理服务器后，访问 Internet 上任何站点时发出的请求，都不会直接发给远程的 WWW 服务器，而是被送到了代理服务器上。代理服务器分析该请求，先查看自己缓存中是否有请求数据。如果有就直接传送给客户端，如果没有就代替客户端向远程的 WWW 服务器提出申请。服务器响应以后，代理服务器将响应的数据传送给客户端，同时在自己的缓存中保留一份该数据的拷贝。如果下一次有人再访问该站点，这些内容便会直接从代理服务器中获取，而不必再连接相应的网站。代理服务器在此过程中充当了网络缓冲的作用，它可以节约网络带宽，提高访问速度。

记录和控制所有进出流量的能力是应用层网关的主要优点，这对于某些环境来说非常关键。例如，它可以对电子邮件中的关键词进行过滤、指定专门的数据通过网关、对网页的查询进行过滤、剔除危险的电子邮件附件等。

对于不同的服务来说，应用层网关需要专门的用户程序和不同的用户接口，这是应用层网关的主要缺点。这意味着应用层网关只能支持一些非常重要的服务，对于一些专用的协议或应用，将无法加以过滤。

2）电路层网关

电路层网关又称为线路级网关，它工作在 OSI 模型的会话层。电路层网关在网络的传输层上实施访问策略，是在内、外网络主机之间建立一个虚拟电路进行通信，相当于在防火墙上直接开了个口子进行传输，不像应用层防火墙那样能严密地控制应用层的信息，如图 6-5 所示。

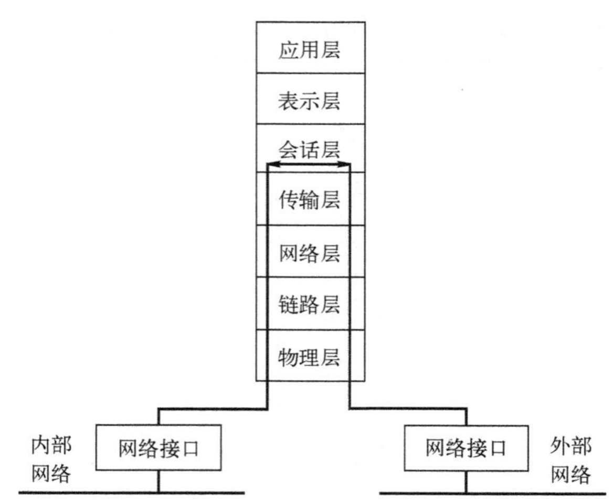

图 6-5　电路层网关原理图

在许多方面，电路级网关仅仅是包过滤防火墙的一种扩展，除了进行基本的包过滤检查外，电路级网关还要增加对连接建立过程中的握手信息以及序列号的合法性验证。

一种典型的电路级网关是 SOCKS，主要用于中继 TCP 数据段。它不需要在应用层上做修改，而只需要对客户程序的 TCP 协议进行修改，使其能够工作。SOCKS 与应用无关，只要客户程序使用的是 TCP 协议，均可使用 SOCKS。SOCKS 还可以进行应用程序的访问控制，即在应用程序进程开始建立的时候控制数据续传，从而实现访问权限的控制。

电路层网关的主要优点是其对网络性能的影响比应用层网关小，且比普通的包过滤防火墙有更高的安全性。缺点则是无法对数据内容进行检测，且由于工作层次的问题，只能提供低度到中度的安全性。因此，电路层网关常用于向外连接，这时网络管理员对内部用户是信任的。其优点是堡垒主机可以被设置成混合网关，对于内连接支持应用层或代理服务，而对于外连接则支持电路层功能。这使防火墙系统对于要访问外部网络服务的内部用户来说使用起来很方便，同时又能提供保护内部网络免于外部攻击。

4．代理技术的优、缺点

1）优点

（1）代理服务提供了高速缓存。由于大部分信息都可以重新使用，所以对同一个信息有重复的请求时，可以从缓存获取信息而不必再次进行网络连接，提高了网络的性能。

（2）代理服务器屏蔽了内联网络，阻止了一切对内联网络的探测活动。

（3）代理服务建立在应用层上，可以更有效地对内容进行过滤。

（4）代理服务器禁止内联网络与外联网络的直接连接，减少了内部主机受到直接攻击的危险。

（5）代理服务可以提供各种用户身份认证手段，从而加强服务的安全性。

（6）因为连接是基于服务而不是基于物理连接的，所以代理防火墙不易受 IP 地址欺骗攻击。

（7）代理服务位于应用层，提供了详细的日志记录，有助于进行细致的日志分析和审计。

（8）代理防火墙的过滤规则比包过滤防火墙的过滤规则更简单。

2）缺点

（1）可扩展性差：代理服务程序很多都是专用的，不能够很好地适应网络服务和协议的不断发展，并且有些协议还不能够完全支持。

（2）降低系统性能：在访问数据流量较大的情况下，代理技术会增加访问的延迟，影响系统的性能。

（3）访问不透明：应用层网关需要用户改变自己的行为模式，不能够实现用户的透明访问。

（4）依赖于操作系统：代理系统对操作系统有明显的依赖性，必须基于某个特定的系统及其协议。

（5）执行速度慢：相对于包过滤技术来说，代理技术执行的速度是较慢的。

三、状态检测技术

为了解决静态包过滤技术安全检查措施简单、管理较困难等问题，计算机安全界又提出了状态检测技术（stateful inspection）的概念。它能够提供比静态包过滤技术更高的安全性，而且使用和管理也很简单。这体现在状态检测技术可以根据实际情况，动态地自动生成或删除安全过滤规则，不需要管理人员手工设置。同时，它还可以分析高层协议，能够更有效地对进出内联网络的通信进行监控，并且提供更好的日志和审计分析服务。早期的状态检测技术被称为动态包过滤（dynamic packet filter）技术，是静态包过滤技术在传输层的扩展应用。后期经过进一步的改进，又可以实现传输层协议报文字段细节的过滤，并可实现部分应用层信息的过滤。到这个时候才真正地成为状态检测技术。下面将对状态检测技术的原理、状态的定义及状态检测技术的优、缺点等问题进行论述。

1．基本原理

状态检测技术根据连接的“状态”进行检查，状态的具体定义参见下文。当一个连接的初始数据报文到达执行状态检测的防火墙时，首先要检查该报文是否符合安全过滤规则的规定。如果该报文与规定相符合，则将该连接的信息记录下来并自动添加一条允许该连接通过的过滤规则，然后向目的地转发该报文。以后凡是属于该连接的数据包防火墙一律予以放行，包括从内向外的和从外向内的双向数据流。在通信结束、释放该连接以后，防火墙将自动删除关于该连接的过滤规则。动态过滤规则存储在连接状态表中并由防火墙维护。为了更好地为用户提供网络服务及更精确地执行安全过滤，状态检测技术往往需要查看网络层和应用层的信息，但主要还是在传输层上工作。

2．状态的概念

“状态”这个词在安全领域并没有一个精确的定义，在不同的条件下有不同的表述方式，而且各个厂商对其的观点也各有不同。笼统地说，状态是特定会话在不同传输阶段所表现出来的形式和状况。状态根据使用协议的不同而有不同的形式，可以根据相应协议的有限状态机来定义，一般包括 NEW、ESTABLISHED、RELAFED 和 CLOSED 等。

防火墙通常可以依据数据包的源地址、源端口号、目的地址、目的端口号、使用协议五元组来确定一个会话，但是这些对于状态检测防火墙来说还不够。它不但要把这些信息记录在连接状态表里并为每个会话分配一条表项记录，而且还要在表项中进一步记录该会话当前的状态属性、顺序号、应答标记、防火墙的执行动作及最近数据报文的寿命等信息。这些信息组合起来才能够真正地唯一标识一个会话连接，而且也使得攻击者难于构造能够通过防火墙的报文。

下面将介绍不同协议状态的不同表现情况。

1）TCP 及状态

TCP 是一个面向连接的协议，对于通信过程各个阶段的状态都有很明确的定义，并可以通过 TCP 的标志位进行跟踪。TCP 共有 11 个状态，这些状态标识由 RFC 793 定义，分别解释如下。

（1）CLOSED　　在连接开始之前的状态；

（2）LISTEN　　等待连接请求的状态；

（3）SYN-SENT　　发出 SYN 报文后等待返回响应的状态；

（4）SYN-RECEIVED　收到 SYN 报文并返回 SYN-ACK 响应后的状态；

（5）ESTABLISHED　连接建立后的状态，即发送方收到 SYN-ACK 后的状态，接收方在收到 3 次握手最后的 ACK 报文后的状态；

（6）FIN-WAIT-1　　关闭连接发起者发送初始 FIN 报文后的状态；

（7）CLOSE-WAIT　　关闭连接接收者收到初始 FIN 并返回 ACK 响应后的状态；

（8）FIN-WAIT-2　　关闭连接发起者收到初始 FIN 报文的 ACK 响应后的状态；

（9）LAST-ACK　　关闭连接接收者将最后的 FIN 报文发送给关闭连接发起者后的状态；

（10）TIME-WAIT　　关闭连接发起者收到最后的FIN报文并返回ACK响应后的状态；

（11）CLOSING　　采用非标准同步方式关闭连接时，在收到初始 FIN 报文并返回 ACK 响应后，通信双方进入 CLOSING 状态。在收到对方返回的 FIN 报文的 ACK 响应后，通信双方进入 TIME-WAIT 状态。

以上述状态为基础，结合相应的标志位信息，再加上通信双方的 IP 地址和端口号，即可很容易地建立 TCP 的状态连接表项并进行精确地跟踪监控。当 TCP 连接结束后，应从状态连接表中删除相关表项。为了防止无效表项长期存在于连接状态表中给攻击者提供进行重放攻击的机会，可以将连接建立阶段的超时参数设置得较短，而连接维持阶段的超时参数设置得较长。最后连接释放阶段的超时参数也要设置得较短。

2）UDP 及状态

UDP 与 TCP 有很大的不同，它是一种无连接的协议，其状态很难进行定义和跟踪。通常的做法是将某个基于 UDP 会话的所有数据报文看作是一条 UDP 连接，并在这个连接的基础之上定义该会话的伪状态信息。伪状态信息主要由源 IP 地址、目的 IP 地址、源端口号及目的端口号构成。双向的数据流源信息和目的信息正好相反。由于 UDP 是无连接的，所以无法定义连接的结束状态，只能是设定一个不长的超时参数，在超时到来的时候从状态连接表中删除该 UDP 连接信息。此外，UDP 对于通信中的错误无法进行处理，需要通过 ICMP 报文传递差错控制信息。这就要求状态检测机制必须能够从 ICMP 报文中提取通信地址和端口号等信息来确定它与 UDP 连接的关联性，判断它到底属于哪一个 UDP 连接，然后再采取相应的过滤措施。这种 ICMP 报文的状态属性通常被定义为 RELATED。

3）ICMP 及状态

ICMP 与 UDP 一样是无连接的协议。此外，ICMP 还具有单向性的特点。在 ICMP 的 13 种类型中，有 4 对类型的报文具有对称的特性，即属于请求/响应的形式。这 4 对类型的 ICMP 报文分别是回送请求/回送应答、信息请求/信息应答、时间戳请求/时间戳回复和地址掩码请求/地址掩码回复。其他类型的报文都不是对称的，是由主机或节点设备直接发出的，无法预先确定报文的发出时间和地点。因此，ICMP 的状态和连接的定义要比 UDP 更难。

ICMP 的状态和连接的建立、维护与删除与 UDP 类似。但是，在建立的过程中不是简单地只通过 IP 地址来判别连接属性。ICMP 的状态和连接需要考虑 ICMP 报文的类型和代码字段的含义，甚至还要提取 ICMP 报文的内容来决定其到底与哪一个已有连接相关。其维护和删除过程一是通过设定超时计时器来完成，二是按照部分类型的 ICMP 报文的对称性来完成。当属于同一连接的 ICMP 报文完成请求-应答过程后，即可将其从状态连接表中删除。

3. 深度状态检测

以上所论述的状态检测技术围绕着 IP、ICMP、TCP 和 UDP 的首部字段进行，是对静态包过滤技术的改进，属于动态包过滤技术的范畴。而本小节将要介绍的是对动态包过滤技术的重大改进，即真正的状态检测技术——深度状态检测。

首先，目前的状态检测技术能够针对 TCP 的顺序号进行检测操作。TCP 的顺序号是保证 TCP 报文能够按照原有顺序进行重组的重要条件。每次初始化一个 TCP 连接的时候，通信双方都将随机选择一个以己方为发起者的通信信道的顺序号。顺序号在通信过程中的变化受到通信窗口大小和接收方的限制。通信窗口分为接收窗口和发送窗口，是接收方和发送方数据报文处理能力的体现。而网络传输采用由接收方进行流量控制的原则，接收方将根据自己的实际情况动态地改变发送方发送窗口的大小以达到控制发送方发送报文的速率的目的。发送方通过被确认的最近报文的顺序号和接收窗口值来保证报文落在接收方的接收窗口中，即发送的报文就是接收方想要的报文。状态检测机制将根据以上的原则，通过 TCP 报文的顺序号字段跟踪监测报文的变化，防止攻击者利用已经处理的报文的顺序号进行重放攻击。具体的顺序号变化细节信息请参见计算机网络相关教材。

其次，对于 FTP 的操作。目前的状态检测机制可以深入到报文的应用层部分来获取 FTP 的命令参数，从而进行状态规则的配置。FTP 有两种连接建立方式，即主动连接和被动连接。主动连接需要通过 21 号端口先建立控制连接，再通过该连接传递建立数据连接的端口参数等信息，最终按照这些信息建立 FTP 的数据连接。数据连接的端口号是随机选择的，无法预先确知。被动连接更具有随机性，是由服务器主动地传回随机选取的连接建立端口信息的。这些端口信息都包含在 FTP 的命令数据里。状态检测机制可以分析这些应用层的命令数据，找出其中的端口号等信息，从而精确地决定打开哪些端口。

与 FTP 类似的协议有很多，如 RTSP、H.323 等。状态检测机制都可以对它们的连接建立报文的应用层数据进行分析来决定相关的转发端口等信息，因此具有部分的应用层信息过滤功能。

4．状态检测技术的优、缺点

1）优点

（1）安全性比静态包过滤技术高。状态检测机制可以区分连接的发起方与接收方，可以通过状态分析阻断更多的复杂攻击行为，可以通过分析打开相应的端口而不是“一刀切”：要么全打开要么全不打开。

（2）与静态包过滤技术相比，提升了防火墙的性能。状态检测机制对连接的初始报文进行详细检查，而对后续报文不需要进行相同的动作，只需快速通过即可。

2）缺点

（1）安全性不够高。主要工作在网络层和传输层，对报文的数据部分检查很少，安全性还不够高。

（2）对性能要求高。检查内容多，对防火墙的性能提出了更高的要求。

（3）执行速度慢。相对于包过滤技术来说，代理技术执行的速度是较慢的。

四、网络地址转换技术

网络地址转换技术是一种把内部私有网络地址（IP 地址）翻译成合法网络 IP 地址的技术。NAT 最初的设计目的是用来增加专用网络中的可用地址空间，允许专用网络（局域网）以一个地址出现在外部网络上，使局域网中的计算机共享外部网络连接，这一功能很好地解决了公共 IP 地址紧缺的问题。此外，NAT 还可以屏蔽内部网络，所有内部网络中的计算机对于公共网络来说是不可见的，在一定程度上保证了内部网络安全。虽然 NAT 技术并非专门为防火墙而设计，但正是由于 NAT 可以实现屏蔽内部网络的目的，所以防火墙中通常会集成 NAT 功能，使其成为防火墙实现中经常采用的核心技术之一。

当内部网络的计算机要访问外部网络时，NAT 可以将多个内部网络地址转换为 1 个

IP 地址，也可以实现 1 对 1 地址的转换，还可以实现多个内部网络地址翻译到多个外部 IP 地址池，即多对多的转换。这就带来了一个问题，当外部网络通过内部网络多台计算机共用的出口 IP 将数据返回到内部网络，NAT 要如何识别它们并送回内部网络的真实主机呢？NAT 的做法是让防火墙记住所有出去的数据包，因为每个数据包都有一个目的端口，每台主机的端口可能都不一样。还可以让防火墙记住所有出去的包的 TCP 序列号，不同主机发送的包的序列号不一样，防火墙会根据记录把返回的数据包送达正确的发送主机。

NAT 可以有多种模式，主要有如下 3 种。

（1）静态地址转换。静态 NAT 最为简单也最容易实现，这种模式中，内部网络中的每个主机都有一个从不改变的固定的转换表将其内部地址映射成外部网络中的某个合法的地址，一般静态 NAT 将内部地址转换成防火墙的外网接口地址。静态 NAT 是一种多对多的地址转换：若内部网络中存在多个主机，则要求用户拥有多个合法 IP 地址，显然违背了 NAT 的设计初衷。这种模式只适合于内部网络中主机数量较少情况，主要用于内部服务器向外提供网络服务。

（2）动态地址转换。在动态 NAT 中，用户可以拥有一组或一个合法的 IP 地址，当内部网络的主机需要访问外部网络时，动态 NAT 从这一组合法的 IP 地址中按照预定的算法挑选一个 IP 地址分配给该主机。与静态 NAT 相同，动态 NAT 也是一种多对多的地址转换，在这种工作模式中，合法 IP 地址的分配转换是随机变化的，而不是与某个内部地址绑定，相对来说更加灵活。但是无论是静态 NAT 还是动态 NAT，它们都是基于 IP 地址的替换，因此同一时刻一个合法的 IP 地址只能与一个内部网络主机绑定，虽然可不用考虑多个内部 IP 地址共享一个外部 IP 地址时出现的网络连接识别问题，但也限制了所能支持的内部网络的规模和性能，因此很少采用。

（3）端口复用地址转换。端口复用地址转换（network address port translation，NAPT）是一种多对 1 的转换，通过把内部网络的每个主机与不同的端口绑定，实现用一个合法 IP 地址代理多个内部网络主机的目的。端口复用 NAT 利用 TCP/IP 协议中的“端口”这一概念，要表示一个 TCP/IP 连接，除了 IP 地址外，还需要提供连接端口号，源地址、源端口、目的地址、目的端口这四者合一才能唯一地标识一个 TCP/IP 连接。根据这一原理，端口复用 NAT 建立了一种 IP 地址+端口的映射关系，每个内部网络发送的数据报文的源 IP 地址和源端口都被一对外部网络的 IP 地址和端口所替换。

与前两种 NAT 模式相比，端口复用 NAT 实现最复杂也最灵活，它使用一个 IP 地址就能实现内部网络中多台主机访问外部网络的目的。只要端口选择和端口分配的算法合理，保证为每一个连接分配的端口和 IP 地址的组合在 NAT 协议栈的范围内是唯一的，就不会发生路由错误的情况。

NAT 技术主要优势是可有效解决 IP 地址不足和屏蔽内部网络结构，但也存在如下不足：会导致网络连接产生较大的延迟；丢失了端到端的 IP 跟踪过程，不能够支持一些特定的应用（如 SNMP）；也可能使某些需要使用内嵌 IP 地址的应用不能正常工作。

五、WAF 防火墙

由于 WWW 应用的快速发展，针对 Web 服务出现了一种特殊的防火墙技术，称为 WAF（Web 应用防火墙。WAF 一般针对的是应用层而非网络层的入侵，从技术角度应该称之为 Web IPS，它通常用来屏蔽常见的网站漏洞攻击，如 SQL 注入、XML 注入、XSS 等。

WAF 产品部署在 Web 服务器的前面，采取串行接入，不仅在硬件性能上要求高，而且不能影响 Web 服务，所以 HA 功能、Bypass 功能都是必须的，而且还要与负载均衡、Web Cache 等 Web 服务器前的常见的产品协调部署。

WAF 的主要技术是对入侵的检测能力，尤其是对 Web 服务入侵的检测；其最大的挑战是识别率。这并不是一个容易测量的指标，因为漏网进去的入侵者，并非都大肆张扬，比如给网页挂马，很难察觉进来的是哪一个，不知道当然也无法统计。对于已知的攻击方式，可以统计识别率；然而对未知的攻击方式，往往只好等它自己“跳”出来才知道。

现在市场上大多数的产品是基于规则的 WAF。其原理是每一个会话都要经过一系列的测试，每一项测试都由一个或多个检测规则组成，如果测试没通过，请求就会被认为非法并拒绝。基于规则的 WAF 很容易构建并且能有效地防范已知安全问题。但是因为它们必须要首先确认每一个威胁的特点，所以要由一个强大的规则数据库支持。WAF 生产商维护这个数据库，并且他们要提供自动更新的工具。

为了有效保护自己开发的 Web 应用或者零日漏洞，使用基于异常的 WAF 更加有效。异常保护的基本观念是建立一个保护层，能够根据检测合法应用数据建立统计模型，以此模型为依据判别实际通信数据是否是攻击。理论上，一旦构建成功，这个基于异常的系统应该能够探测出任何的异常情况。拥有了它，用户不再需要规则数据库而且零日攻击也不再成问题了。但基于异常保护的系统很难构建，所以并不常见。因为用户不了解它的工作原理也不相信它，所以它也就不如基于规则的 WAF 应用广泛。

WAF 产品在提供入侵防护的同时，还提供了另外一个安全防护技术，就是对 Web 应用网页的自动学习功能。由于不同的网站不可能一样，所以网站自身页面的特性没有办法提前定义，所以 WAF 采用设备自动预学习方式，从而总结出本网站的页面的特点。具体的做法是这样的：通过一段时间的用户访问，WAF 记录了常用网页的访问模式，如一个网页中有几个输入点，输入的是什么类型的内容，通常情况的长度是多少，等等；学习完毕后，定义出一个网页的正常使用模式，当今后有用户突破了这个模式，如一般的账号输入不应该有特殊字符，而 XML 注入时需要有“<”之类的语言标记，WAF 就会根据预先定义的方式预警或阻断；再如密码长度一般不超过 20 位，在 SQL 注入时加入代码会很长，同样突破了网页访问的模式。网页自学习技术从 Web 服务自身的业务特定角度入手，将不符合常规模式的访问认定为异常的，也是入侵检测技术的一种。比起单纯的 Web 防火墙来，不仅给入侵者“下通缉令”，而且建立进入自家的内部“规矩”。这种双向的控制显然比单向的控制要好。

第三节　防火墙的部署结构

在防火墙和网络的配置上，主要有以下 4 种典型的体系结构，即双宿/多宿主机体系结构、屏蔽主机体系结构、屏蔽子网体系结构和混合结构。

一、双宿/多宿主机体系结构

双宿/多宿主机体系结构的防火墙至少有两个网络接口，通常用一台装有两块或多块网卡的堡垒主机充当防火墙，每块网卡各自与受保护网络和外部网络连接。从该体系结构中可以看出，堡垒主机可以充当与这些网络接口相连的网络之间的路由器，但该功能是被禁止的，两个网络之间的通信通过应用层代理服务来完成。这种结构的防火墙弱点比较突出，即一旦黑客侵入堡垒主机并使其具有路由功能，则任何用户均可以随便访问内部受保护的网络，如图 6-6 所示。

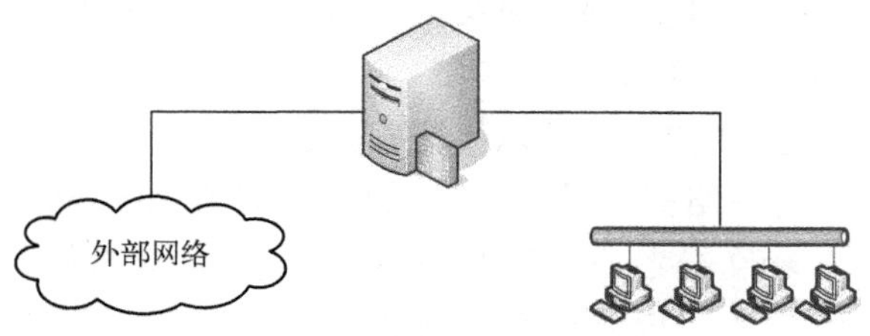

图 6-6　双重宿主主机体系结构

二、屏蔽主机体系结构

屏蔽主机体系结构防火墙比双宿/多宿主机体系结构防火墙更安全，屏蔽主机体系结构防火墙是在防火墙的前面增加了过滤路由器，防火墙不直接连接外部网络，使得屏蔽主机体系结构防火墙比双宿/多宿主机体系结构防火墙更安全，如图 6-7 所示。

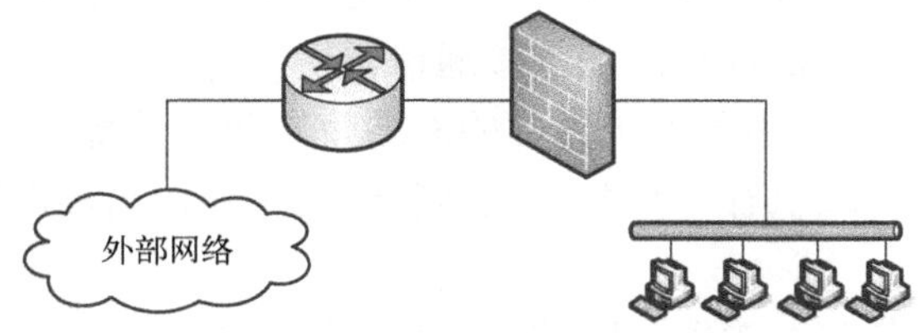

图 6-7　屏蔽主机体系结构

过滤路由器配置在内部网络和外部网络之间，通过在路由器上设立过滤规则，并使外部系统对内部网络的操作只能经过堡垒主机，确保了内部网络不受未被授权的外部用户的攻击，与堡垒主机配合使用，可实现网络层的安全（包过滤）和应用层的安全（代理服务）。屏蔽主机体系结构防火墙的主要缺点是需要严格保护过滤路由器的路由表，一旦路由表遭到破坏，则堡垒主机就有被越过的危险。

三、屏蔽子网体系结构

屏蔽子网体系结构在本质上与屏蔽主机体系结构一样，但添加了额外的一层保护体系——周边网络，用两台过滤路由器更进一步地把内部网络与外部网络隔离，如图 6-8 所示。

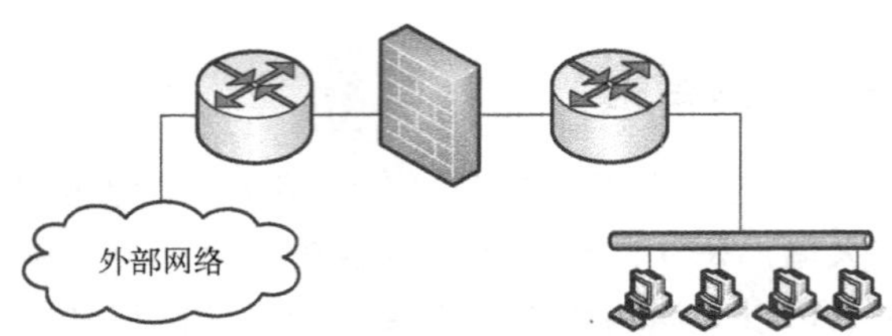

图 6-8　屏蔽子网体系结构

堡垒主机是用户网络上最容易受侵入的主机，通过增加一个周边网络，可减少在堡垒主机被侵入的影响。并且一旦堡垒主机被入侵者控制，攻击者仍不能直接侵入内部网络，内部网络仍受到过滤路由器的保护。

屏蔽子网体系结构的主要构成包括以下几部分。

（1）周边网络。周边网络是一个安全防护层，是在外部网络与被保护的内部网络之间的附加网络。如果攻击者成功地侵入用户的防火墙的外层领域，周边网络可在攻击者与内部网络系统之间提供一个附加的保护层。对于周边网络，如果攻击者侵入周边网络上的堡垒主机，他也仅能探听到周边网络上的通信，内部网络的通信仍是安全的。

（2）堡垒主机。堡垒主机是接受来自外界连接的主要入口，是整个防御体系的核心。从内部网络的客户端到外部网络上的服务器的出站服务按如下任一方法处理：在外部和内部的路由器上设置数据包过滤来允许内部的客户端直接访问外部的服务器；设置代理服务器在堡垒主机上运行来允许内部网络的客户端间接地访问外部的服务器。用户也可以设置数据包过滤来允许内部网络的客户端在堡垒主机上与代理服务器通信，反之亦然。但是禁止内部的客户端与外部世界之间直接通信。

（3）内部路由器。内部路由器保护内部的网络使之免受外部网络和周边网络的侵犯。内部路由器为用户的防火墙执行大部分的数据包过滤工作。这样即使堡垒主机被侵入，也可以保护内部网络。

（4）外部路由器。外部路由器有时被称为访问路由器，用于保护周边网络和内部网络使之免受来自外部网络的侵犯，主要执行的安全任务是阻止从外部网络上伪造源地址发送进来的任何数据包。

四、组合结构

建造防火墙时，一般很少采用单一的技术，通常是多种解决不同问题的技术的组合。这种组合主要取决于网管中心向用户提供什么样的服务，以及网管中心能接受什么等级风险。一般有以下几种。

（1）使用多堡垒主机。出于对堡垒主机性能、冗余和分离数据或者分离服务考虑，用户可以用多台堡垒主机构筑防火墙。这样外部网络的用户对内部网络的操作就不会影响内部网络用户的操作，并能实现负载平衡，提高系统效能。

（2）合并内部路由器与外部路由器。只有用户拥有功能强大并且很灵活的路由器，才能在屏蔽子网结构体系的防护墙中将内部路由器与外部路由器合并。这时，用户任由周边网络连接在路由器的一个接口上，而内部网络连接在路由器的另一个接口上。

（3）合并堡垒主机与外部路由器。该结构由双宿堡垒主机来执行原来的外部路由器功能。这种结构同屏蔽子网结构相比没有明显的新弱点，但堡垒主机完全暴露在外部网络上，因此需要更加小心对其进行保护。

（4）使用多台外部路由器。使用多台外部路由器与外部网络相连，不会带来明显的安全问题。虽然外部路由器受损害的机会增加了，但一个外部路由器受损害不会带来特别的威胁。

（5）使用多个周边网络。用户可以使用多个周边网络来提供冗余，设置两个（或两个以上）的外部路由器、两个周边网络和两个内部路由器可以保证用户与外部网络之间没有单点失效的情况，提高了网络的安全和可用性。

第四节　防火墙的发展历程

防火墙技术是建立在现代通信网络技术和信息安全技术基础上的应用性安全技术，在保护计算机网络安全技术性措施中，是最成熟、最早产品化的，并越来越多地应用于专用网络与公用网络的互连环境之中，尤其在局域网接入 Internet 网络时应用最多。防火墙产品的发展经历了不同的历史时期，通常认为到目前为止防火墙的发展历程经历了五代，如图 6-9 所示。

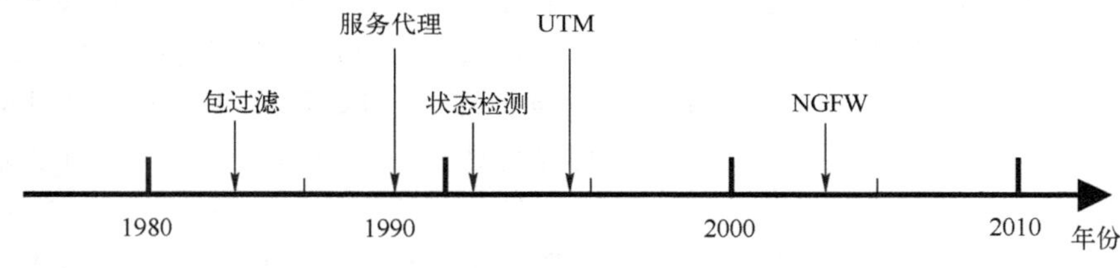

图 6-9　防火墙技术发展史

一、第一代：包过滤防火墙

20 世纪 80 年代，第一代防火墙技术几乎与路由器同时出现。它主要工作在网络层，采用静态包过滤技术（packet filter）技术，根据事先定义好的过滤规则 ACL（access control list，访问控制列表）审查每个数据包，确定其是否与某条包过滤规则匹配。包过滤规则主要基于数据包的报头信息，包括 IP 源地址、IP 目标地址、传输协议类型、TCP/UDP 源端口号、TCP/UDP 目标端口号、ICMP 消息类型等。

第一代防火墙设计简单，非常易于实现，而且价格便宜。但其缺点不容忽视，主要表现在：

（1）随着 ACL 复杂度和长度的增加，其过滤性能呈指数下降趋势。

（2）静态的 ACL 规则难以适应动态的安全要求。

（3）包过滤既不检查会话状态也不分析数据内容，更不能对用户身份进行鉴别。因此攻击者可以通过假冒 IP 地址等方式，很轻易就能通过防火墙的检查。

二、第二代：服务代理防火墙

针对第一代防火墙安全性不高的问题，20 世纪 90 年代人们提出第二代防火墙：服务代理防火墙。服务代理防火墙作用于应用层，其实质是把内部网络和外部网络用户之间直接进行的业务由一种代理（Proxy）服务器接管。Proxy 检查来自用户的请求，认证通过后，代表客户与真正的服务器建立连接，转发客户请求，并将真正服务器返回的响应回送给客户。Proxy 在外部网络向内部网络申请服务时发挥了中间转接的作用；同时，从内部发出的数据包经过 Proxy 处理后，就好像是源于防火墙外部网卡，从而达到隐藏内部网络结构的作用。

服务代理防火墙能够完全控制网络信息的交换，控制会话过程，具有较高的安全性，但其缺点同样突出，主要表现在：

（1）软件实现限制了处理速度，易于遭受拒绝服务攻击。

（2）需要针对每一种协议开发应用层代理，升级很困难。

三、第三代：状态检测防火墙

第一代防火墙和第二代防火墙在制定策略的时候除了制定从内向外连接的安全策略，还要制定从外向内的策略，这样制定策略存在严重安全隐患。20 世纪 90 年代中期，人们在包过滤防火墙的基础上进一步提出第三代防火墙，也就是状态监测防火墙。它不仅根据包过滤规则将每个数据包看成是独立单元进行数据包检查，而且还要考虑前后报文的历史关联性。状态检测防火墙使用各种状态表来追踪激活的 TCP 会话和 UDP 伪会话（在处理基于 UDP 协议包时为 UDP 建立虚拟连接，以对 UDP 连接过程进行状态监控的会话过程），由 ACL 表来决定哪些会话允许建立，只有与被允许会话相关联的数据包才被转发。

从外部网络向内看，状态检测防火墙更像一个代理系统，因为任何外部服务请求都来自同一主机；而由内部网络向外看，内部用户认为他们直接与外部网交互，因此状态检测防火墙又像一个包过滤系统。

第三代防火墙通过状态监测机制将数据流视为一个整体，为数据流的第一个报文建立会话，数据流内的后续报文就会直接匹配会话转发，不需要再进行规则的检测，直接穿过防火墙，因此提高了转发效率和安全性。

状态防火墙具有以下优点。

（1）速度快。状态防火墙对数据包进行 ACL 检查的同时，可以将包连接状态记录下来，后续包则无需再通过 ACL 检查，只需根据状态表对新收到的报文进行连接记录检查即可。检查通过后，该连接状态记录将被刷新，从而避免重复检查具有相同连接状态的包。连接状态表里的记录可以随意排列，这点与记录固定排列的 ACL 不同，于是状态防火墙可采用诸如二叉树或哈希（Hash）等算法进行快速搜索，提高了系统的传输效率。

（2）安全性较高。连接状态清单是动态管理的，会话完成时防火墙上所创建的临时返回报文入口随即关闭，这保障了内部网络的实时安全。同时，状态防火墙采用实时连接状态监控技术，通过在状态表中识别诸如应答响应等连接状态因素，增强了系统的安全性。

四、第四代：统一威胁管理

第三代防火墙实现了状态监测，但是其功能比较单一。于是，人们在状态监测防火墙上集成了 VPN、防病毒、邮件过滤关键字过滤等功能，目的是想实现对网络统一、全方位的保护，渐渐形成了第四代防火墙：UTM（unified threat management，统一威胁管理）。

UTM 能够防范多种网络安全威胁，并且能够同时更新所有的安全功能或者程序。

五、第五代：下一代防火墙（NGFW）

统一威胁管理防火墙的确实现了对网络全方位的保护，但是其多个防护功能一起运行，导致效率不高，而且统一威胁管理防火墙并没有集成深度报文检测功能，所以对数据包深度检测不足，于是又发展出了第五代防火墙：下一代防火墙。

下一代防火墙（Next Generation Firewall，NGFW），是一款可以全面应对应用层威胁的高性能防火墙。通过深入洞察网络流量中的用户、应用和内容，并借助全新的高性能单路径异构并行处理引擎，NGFW 能够为用户提供有效的应用层一体化安全防护，帮助用户安全地开展业务并简化用户的网络安全架构。

下一代防火墙就是目前最常见的防火墙，能为用户提供应用层一体化的防护，可解决统一威胁管理防火墙效率不足和报文深度检测能力不足的弱点。集成式入侵防御系统、可视化运用识别、智能防火墙、高性能等是下一代防火墙所具备的基本要素，在这些要素的整合下，实现对应用层安全威胁的防御。主要功能特性包括以下几个方面。

1．用户身份识别

下一代防火墙能对用户身份进行识别，这是下一代防火墙的另一大特性。本地通信设备、用户等如果不合法，则会给系统带来安全威胁，因此下一代防火墙中具备的认证系统，能够实现对网络进出通信的用户身份、类型识别，并对数据接收者的用户身份进行判断，而实现数据的有效传输，这些都是用户身份识别的表现。

2．恶意软件检测

下一代防火墙还具备恶意软件检测特性。根据业务行为学习构建动态安全模型，下一代防火墙对服务器等应用程序中出现的各种异常行为进行偏离度分析，从而对存在的恶意软件进行检测。如网络爬虫、扫描攻击、信息泄露等都能检测出来，以保证应用层的安全。

3．具备应用程序控制功能

企业信息化建设主要是提高企业管理水平、员工工作效率，因此就需要对应用程序进行控制，而下一代防火墙中则具备了应用程序控制功能。应用程序控制主要是以用户身份、角色、应用特征等为基础搭建出程序控制策略，也可以通过用户名、域名等的扩充、系统日志、系统报表等记录和表现出来应用程序日常情况，为应用程序控制奠定基础。

4．集成入侵防御系统（IPS）功能

操作系统、应用程序运行时面临着严重的安全隐患。黑客会根据系统、程序漏洞等进行网络攻击，给网络带来严重的安全隐患。在下一代防火墙中，集成式入侵防御系统的存在，则能有效应对Web、服务器等应用层面临的网络攻击。IPS的存在，能够对数据包进行拆分、检查，并对其类型进行识别，从而判断是否允许该数据包进入。在服务器网络保护方面，主要通过网站攻击防护、口令防护、权限控制、网站扫描、异常检测等方式实现。随着网络攻击方式等的不断变化，IPS特征库也不断处于更新中，如特洛伊、SQL注入等都包括在其中，因此集成入侵防御系统是下一代防火墙的一个重要特征。

5．具备桥接和路由模式

桥接、路由模式是下一代防火墙中的一个重要特性。企业当前实际部署使用的防火墙中，并非都是下一代防火墙，很多都是第一代防火墙。而要实现两代防火墙的过渡，则需要桥接或路由模式的实现，进而实现下一代防火墙的应用。

6．具备为受信远程用户提供应用程序可视化的能力

下一代防火墙还具备为受信远程用户提供应用程序可视化的能力，以实现应用的精细访问控制，保证宽带应用的合理性、安全性。其中，下一代防火墙的可视化能力主要有DPI、DFI两种。DPI即深度数据包监测，该监测除了具备第一代防火墙的作用外，还实现了应用层的分析，即将数据包进行拆分、识别，实现精细访问控制。DFI即流量特征监测，将流量特征和后台模型进行比较分析，实现精细识别控制。

7．具备使网络安全管理趋于简单

下一代防火墙中，融合了多种硬件设备，并能实现可视化的智能管理，因此下一代防火墙配置简单，管理方便，管理员无需掌握多种管理技术即可实现网络安全管理，因此下一代防火墙还具备网络安全管理趋于简单的特性。在这一特性下，企业在应用下一代防火墙时，只需对网络安全管理员进行简单培训，使其掌握下一代防火墙应用方法、网络实时监控、异常采取措施等，便能实现网络安全管理。

8．具备服务质量和带宽管理功能

下一代防火墙还具备服务质量和宽带管理功能特性。为了保证服务质量，下一代防火墙的应用，能够对企业内网用户应用进行相应控制，防止由于过多访问、下载现象所导致的占用宽带数据流量，从而影响网络其他程序的正常应用，从而保证系统应用的服务质量。同时，管理员也能对网络使用情况进行定期查看，并根据应用情况确定其合适的应用带宽，实现带宽的有效管理。

第五节　防火墙的配置

防火墙发挥作用的关键在于系统配置，尤其是对于过滤规则的配置。

一、基本配置原则

1．默认配置策略

如果防火墙的防护执行配置没有结合组织内部的需求而进行认真充分考虑，那么添加到防火墙的安全过滤规则就有可能允许不安全的服务和通信通过，从而导致不必要的安全风险；反之，如果防火墙事先设置了合理的过滤规则，它就能截住不合规则的数据报文，起到安全防护的作用。默认情况下，所有的防火墙都是按照以下两种策略配置的。

（1）拒绝访问一切未予特许的服务。在该规则下，防火墙阻断所有的数据流，只允许符合开放规则的数据流进出。这种规则创造了比较安全的内联网络环境，但用户使用的方便性很差，用户需要的新服务必须由防火墙管理员逐步添加。这个原则也被称为限制性原则。基于限制性原则建立的防火墙被称为限制性防火墙，其主要的目的是防止未经授权的访问。在这种“Deny All”的思想下，防火墙会默认地阻断任何通信，只允许一些特定的服务通过。

（2）允许访问一切未被特别拒绝的服务。在该规则下，防火墙只禁止符合屏蔽规则的数据流，而允许转发所有其他数据流。这种规则实现简单且创造了较为灵活的网络环境，但很难提供可靠的安全防护。这个原则也被称为连通性原则。基于连通性原则建立的防火墙被称为连通性防火墙，其主要的目的是保证网络访问的灵活性和方便性。在这种“Allow All”的思想下，防火墙会默认地让所有的连接通过，只会阻断屏蔽规则定义的通信。

如果侧重安全性，则第一种规则更加可取；如果侧重灵活性和方便性，则第二种规则更加合适。具体选择哪种规则，需根据实际情况决定。需要特别指出的是，如果采用限制性原则，那么用户也可以采用“最少特权”的概念。最少特权指设计一个系统，它具有最少的特权。最少特权降低了各种操作的授权等级，减少了拥有较高特权的进程或用户执行未经授权的操作的机会，具有较好的安全性。

大多数防火墙默认设置为拒绝所有的流量，即一旦防火墙安装完毕，必须打开一些必要的端口来使防火墙内的用户在通过验证之后才可以访问外部网络。例如，如果员工需要发送和接收电子邮件，则必须在防火墙上通过设置规则允许 POP3 和 SMTP 协议的数据包通过。

2．基本原则

配置防火墙要安全实用，从这个角度考虑，在防火墙的配置过程中需要坚持以下3 个基本原则。

（1）简单实用。对防火墙环境设计来讲，首要的就是越简单越好。越简单的实现方式越容易理解和使用；设计越简单，防火墙的安全功能越容易得到保证，管理也越可靠和简便。

（2）全面深入。单一的防御措施是难以保障系统安全的，只有采用全面、多层次的深层防御战略体系才能实现系统的真正安全。在防火墙配置中，不要停留在几个表面的防火墙语句上，而应当系统地看待整个网络的安全防护体系，尽量使各方面的配置相互加强，从深层次上防护整个系统：一是采用多层次的防火墙部署体系，充分运用互联网边界防火墙、部门边界防火墙和主机防火墙的一体化层次防御；二是将入侵检测、网络加密、病毒查杀等多种安全措施结合在一起的多层安全体系。

（3）内外兼顾。在现实网络环境中，80%以上的安全威胁都是来自于网络内部。因此，要树立防内的观念，从根本上转变防外不防内的传统观念。要求防火墙在配置时要引入全面防护，最好能部署与入侵检测、漏洞扫描、病毒查杀等防护手段一起联动的机制。

3．16 条守则

防火墙的部署需要遵守一些守则。

（1）当防火墙策略的行为和自己的期望不一致时，请仔细检查自己的配置。

（2）只允许需要的用户、源地址、目的地址和协议，仔细检查每一条规则，确保规则与需要一致。

（3）拒绝规则一般要放在允许规则前面。

（4）当需要使用拒绝规则时，显式拒绝是首要考虑的方式。

（5）在不影响防火墙策略执行效果的情况下，将匹配度更高的规则放在前面。

（6）在不影响防火墙策略执行效果的情况下，将针对所有用户的规则放在前面。

（7）尽量简化规则，执行一条规则的效率永远比两条规则高。

（8）永远不在实际运行网络中使用 Allow 4 ALL 规则（Allow all users use all protocols from all networks to all networks），这会让防火墙形同虚设。

（9）如果可以通过配置系统策略来实现，就没有必要再建立自定义规则。

（10）防火墙策略的每条访问规则都是独立的，执行每条访问规则时不会受到其他访问规则的影响。

（11）永远也不要允许任何网络访问本机的所有协议，内部网络也不是完全可信的。

（12）防火墙策略可能不能提交身份验证信息，因此当使用了身份验证时，需要配置 Web 代理客户端或者防火墙客户端。

（13）无论作为访问规则中的目的端还是源端，最好使用 IP 地址。

（14）如果一定要在访问规则中使用域名集或者 URL 集，最好将客户配置为 Web 代理客户。

（15）防火墙策略的最后最好增加一条 DENY 4 ALL 规则。

（16）配置完毕后必须选取典型案例对防火墙测进行详细的测试。

二、建立数据包过滤规则的步骤

防火墙配置的关键在于数据包过滤规则的设置，防火墙能否发挥预期的安全防护作用取决于过滤规则。以某公司（内网地址 12.34.56.0/24）为例说明建立防火墙包过滤规则的过程。假设该公司允许其员工访问互联网上的 Web 网站、发送/接收电子邮件，但是不允许其他的上网行为，一般而言，建立数据包过滤规则包括如下 4 个步骤。

1．安全需求分析，确定安全策略

用户从自身的需求出发，根据实际情况进行安全需求分析，最后得出描述准确的安全策略。在上述案例中，安全策略可以描述如下：

（1）允许内网用户访问 Web 网站。

（2）允许 POP3 协议数据包进入内网。

（3）允许内网用户通过 SMTP 协议发送邮件数据包。

（4）不允许其他任何数据包通过防火墙。

2．将安全策略转化为数据包分组字段的逻辑表达式

防火墙利用数据包分组中的源地址、源端口号、目的地址、目的端口号等关键字段进行过滤。上述 4 条安全策略可以转换为对应的逻辑表达式，可以用表格的方式描述如表 6-1 所列。

表 6-1　安全策略表

序号	源地址	源端口号	目的地址	目的端口号	协议	动作
1	12.34.56.0/24	*	*	80	TCP	允许
2	*	*	12.34.56.0/24	110	TCP	允许
3	12.34.56.0/24	*	*	25	TCP	允许
4	*	*	*	*	*	拒绝

3．用防火墙提供的过滤规则语法描述过滤逻辑

多数防火墙支持命令行的配置方式，有自己的过滤规则描述方式，不同的防火墙其过滤规则语法描述不尽相同。以华为 Quidway 防火墙为例，其命令格式为

```
access-list listnumber {permit | deny} protocol source=addr source-mask dest-addr dest-mast
[operator port]
```

其中：

（1）listnumber：为 100～199 的一个整数，表示一个扩展访问列表规则。

（2）protocol：表示协议名称，支持 TCP/UDP/ICMP，如果是 IP 则代表所有 IP 协议。

（3）operator：表示端口操作符，可以为 eq（等于）、gt（大于）、lt（小于）、neq（不等于）或者 range（介于）等。

据此，可以将上述 4 条逻辑表达式写为

（1）access-list 100 permit tcp 12.34.56.0 255.255.255.0 0.0.0.0 0.0.0.0 eq www

（2）access-list 101 permit tcp 0.0.0.0 0.0.0.0 12.34.56.0 255.255.255.0 eq pop3

（3）access-list 102 permit tcp 12.34.56.0 255.255.255.0 0.0.0.0 0.0.0.0 eq smtp

（4）access-list 103 deny ip 12.34.56.0 255.255.255.0 0.0.0.0 0.0.0.0

4．按照过滤逻辑对路由器进行设置

仍然以华为 Quidway 防火墙为例，进入配置模式，输入下列命令行即可。

（1）Quidway（config）# access-list 100 permit tcp 12.34.56.0 255.255.255.0 0.0.0.0 0.0.0.0 eq www

（2）Quidway（config）# access-list 101 permit tcp 0.0.0.0 0.0.0.0 12.34.56.0 255.255.255.0 eq pop3

（3）Quidway（config）# access-list 102 permit tcp 12.34.56.0 255.255.255.0 0.0.0.0 0.0.0.0 eq smtp

（4）Quidway（config）# access-list 103 deny ip 12.34.56.0 255.255.255.0 0.0.0.0 0.0.0.0

此外，大部分防火墙通常还支持通过 Web 页面进行配置，对于此类防火墙可以在第 2 步之后跳过第 3 步，直接在第 4 步中将表 6-1 中的规则对应录入过滤规则列表中即可。

三、防火墙配置实际案例与分析

假设某公司有一个 B 类网 123.45.0.0/16，该网的子网 123.45.6.0/24，有一合作网络 135.79.0.0/16，管理员希望：

（1）禁止一切来自 Internet 的对公司内网的访问。

（2）允许来自合作网络的所有子网 135.79.0.0/16 访问公司的子网 123.45.6.0/24。

（3）禁止合作网络的子网 135.79.99.0/24 的对 123.45.0.0/16 访问权（除对全网开放的特定子网外）。

请给出位于该公司网络入口的防火墙包过滤规则设置。

根据建立包过滤规则的一般流程，同时考虑防火墙的基本配置原则，将第一条安全需求调整到最后，我们得到对应 3 条安全策略的数据包分组字段逻辑表达式，如表 6-2 所列。

表 6-2　该公司网络的包过滤规则

规则	源地址	目的地址	过滤操作
A	135.79.0.0/16	123.45.6.0/24	允许
B	135.79.99.0/24	123.45.0.0/16	拒绝
C	0.0.0.0/0	0.0.0.0/0	拒绝

那么，这个包过滤规则集是否符合用户要求呢？我们需要进行测试。方法是：使用一些具有典型代表性的样本数据包对上表所列过滤规则的测试结果。例如，分别从公司网络及子网、合作网络及子网分别选择 135.79.1.1 与 135.79.99.1、123.45.1.1 与 123.45.6.1 共 4 个 IP 地址，然后分别按照 ABC 和 BAC 的顺序进行规则集匹配，并将行为操作结果与预期结果对比，如表 6-3 所列。

表 6-3　选取典型样本数据的测试结果

数据包	源地址	目的地址	预期结果	ABC 行为操作	BAC 行为操作
1	135.79.99.1	123.45.1.1	拒绝	拒绝（B）	拒绝（B）
2	135.79.99.1	123.45.6.1	允许	允许（A）	拒绝（B）
3	135.79.1.1	123.45.6.1	允许	允许（A）	允许（A）
4	135.79.1.1	123.45.1.1	拒绝	拒绝（C）	拒绝（C）

由上表可见，按 ABC 的规则顺序，能够得到想要的操作结果；而按 BAC 的规则顺序则得不到预期的操作结果，原本允许进入的数据包 2 被拒绝了。由此可见，完全相同的三条规则，不同的排列顺序会导致不同的操作结果。因此，必须通过测试慎重确定规则的先后排列顺序。

仔细分析可以发现，用来禁止合作网的特定子网的访问规则 B 是不必要的。它正是在 BAC 规则集中造成数据包 2 被拒绝的原因。如果删除规则 B，得到表 6-4 所列行为操作。

表 6-4　删除规则 B 后的行为操作

数据包	源地址	目的地址	预期结果	AC 行为操作
1	135.79.99.1	123.45.1.1	拒绝	拒绝（C）
2	135.79.99.1	123.45.6.1	允许	允许（A）
3	135.79.1.1	123.45.6.1	允许	允许（A）
4	135.79.1.1	123.45.1.1	拒绝	拒绝（C）

从这个例子我们可以得出两点结论：

（1）正确地制定过滤规则是困难的。

（2）过滤规则的重新排序使得正确地制定规则变得更加困难。

第六节　物理隔离技术

我国 2000 年 1 月 1 日起实施的《计算机信息系统国际联网保密管理规定》第二章保密制度第六条规定：“涉及国家秘密的计算机信息系统，不得直接或间接地与国际互联网或其他公共信息网络相连接，必须实行物理隔离”。国军标 GJB5612A—2021《军队计算机信息系统安全保密防护要求及检测评估方法》规定：实施二级以上安全防护的网络必须与互联网和军队一级网络物理隔离，与军内其他涉密网络逻辑隔离。所谓逻辑隔离就是采用防火墙技术进行网络安全过滤，那么到底什么是物理隔离呢？这就是本节介绍的内容。

一、物理隔离基本概念

1．定义

物理隔离是指两个或两个以上的计算机或网络在断开连接的基础上，实现信息交换和资源共享。它通常使用一种特殊设备架设在用户要保护的内部网络和常用外部网络的中间，通过共享存储的方式实现两个网络之间信息数据交换，实现对两个网络系统的网络隔离操作。可以把这种特殊的设备想象成为有一个人仅仅简单地用一张光盘在两个不相同的网络之间飞快高效地传递数据信息，而这两个网络并不直接相连。

物理隔离通常会把两个或两个以上可路由的网络（如 TCP/IP）通过不可路由的协议（如 IPX/SPX、NetBEUI 等）进行数据交换而达到隔离目的。其主要目标是：将有害的网络安全威胁隔离开，以保障数据信息在可信网络内进行安全交互。

物理隔离技术可以归纳为两个方面的内容：第一，通过网络与计算机硬件设备如交换机、路由器之间的分离来实现物理上网络的不相关即物理隔离。这里所说的分离只是内网和外网之间的连接在物理形态层面上的分离。第二，网络的数据上的分离是通过内网和外网之间的数据流在逻辑和数据连接层面两个方面上的隔离来实现的。这就确保了用户在同一个时间段要想同时连接内部网络和外部网络必须不在同一个空间内，同一个空间内要想同时连接内部网络和外部网络必须不在同一个时间段内，使得两个系统在空间上和时间上实行隔离，完全实现了内网和外网之间的物理隔离。

2．技术要求

物理隔离对安全性要求很高，因此其本身应当满足如下技术要求。

1）具有高度的自身安全性

物理隔离产品要保证自身具有高度的安全性，理论上至少要比防火墙高一个安全级别。从技术实现上，除了和防火墙一样对操作系统进行加固优化或采用安全操作系统外，关键在于它把外网接口和内网接口从一套操作系统中分离出来。也就是说至少要由两套主机系统组成：一套控制外网接口，另一套控制内网接口，然后在两套主机系统之间通过不可路由的协议进行数据交换。即便黑客攻破外网系统，仍然无法控制内网系统，达到了更高的安全级别。

2）内外网络之间必须是隔离的

保证网间隔离的关键是网络包不可路由到对方网络。无论中间采用了什么转换方法，只要最终使得一方的网络报文能够进入到对方的网络中，都无法称之为隔离，达不到隔离的效果。显然，只是对网间的包进行转发，并且允许建立端到端连接的防火墙，是没有任何隔离效果的。此外，那些只是把网络包转换为文本，交换到对方网络后，再把文本转换为网络包的产品也没有做到真正隔离。

3）内外网间只能交换应用数据

要达到物理隔离，就必须做到彻底防范基于网络协议的攻击，即不能够让网络层的攻击报文到达要保护的网络中。物理隔离要对网络报文进行协议分析，完成应用层数据的提取，然后进行数据交换，这样就把诸如 TearDrop\Land、Smurf 和 SYN Flood 等网络攻击报文彻底地阻挡在了可信网络之外。

4）内外网间的访问要有严格的控制和检查

物理隔离是一套适用于高安全度网络的安全设备，要确保每次数据交换都是可信的和可控制的，严格防止非法通道的出现，以此保证信息数据的安全和访问的可审计性。通常采用基于会话的认证技术和内容分析与控制引擎等技术，保证每一次数据交换过程都是可信的，并且内容是可控制的。

5）在坚持隔离的前提下保证网络畅通和应用透明

物理隔离产品会部署在多种多样的复杂网络环境中，并且往往是数据交换的关键点。因此，物理隔离应当具有很高的处理性能，不能够成为网络交换的瓶颈；要有很好的稳定性，不能够出现时断时续的情况；要有很强的适应性，能够透明接入网络，并且透明地支持多种应用。

3．技术发展历程

隔离概念是在保护高安全度网络环境的情况下产生的，而隔离产品的大量出现，也经历了五代隔离技术的不断的理论和实践相结合的过程。

1）第一代隔离技术——完全的隔离

此方法使得网络处于信息孤岛状态，做到了完全的物理隔离，一般需要至少两套网络和系统。优点是保持了网络间物理隔离的特性，有效防止了对涉密网络的直接网络攻击。但也存在明显的缺点，包括：延时长、速度慢、可靠性低；在防病毒、内容过滤等方面效果较差；人工操作带来的风险较高。信息交流的不便和成本的提高，给维护和使用带来了极大的不便。

主要解决方案是人工复制，广泛存在于对不同网络有明确级别划分的领域，如政府，电信，金融；他们用最原始也是最安全的方法来抵御物理隔离带来的数据交换瓶颈。

2）第二代隔离技术——硬件卡隔离

在客户机端增加一块硬件卡，客户机端硬盘或其他存储设备首先连接到该卡，然后再转接到主板上，通过该卡能控制客户机端硬盘或其他存储设备。而在选择不同的硬盘时，同时选择了该卡上不同的网络接口，连接到不同的网络。缺点是这种隔离产品有的仍然需要网络布线为双网线结构，产品存在着较大的安全隐患。此外，由于安全点分散容易造成管理困难。

3）第三代隔离技术——数据转播隔离

利用转播系统分时复制文件的途径来实现隔离。缺点是切换时间非常长，甚至需要手工完成。这不仅明显地减缓了访问速度，更不支持常见的网络应用，失去了网络存在的意义。

4）第四代隔离技术——空气开关隔离

通过使用单刀双掷开关、使得内外部网络分时访问临时缓存器来完成数据交换。但在安全和性能上存在有许多问题。

5）第五代隔离技术——安全通道隔离

通过专用通信硬件和专有安全协议等安全机制，来实现内、外部网络的隔离和数据交换。这种技术不仅解决了以前隔离技术存在的问题，并有效地把内、外部网络隔离开来，而且高效地实现了内、外网数据的安全交换，透明支持多种网络应用，成为当前隔离技术的主要发展方向。

二、物理隔离关键技术

无论物理隔离技术如何发展变化，物理隔离都需要考虑两个方面问题：一是为保证安全，要确保网络之间物理隔离；二是为满足使用，要保证网络之间通信畅通。为此，可使用如下关键技术。

1．基于代码、内容等隔离的反病毒和内容过滤技术

随着网络的迅速发展和普及，下载、浏览器、电子邮件、局域网等已成为最主要的病毒、恶意代码及文件的传播方式。防病毒和内容过滤软件可以将主机或网络隔离成相对“干净”的安全区域。

2．基于网络层隔离的防火墙技术

防火墙被称为网络安全防线中的第一道闸门，是目前企业网络与外部实现隔离的最重要手段。防火墙包括包过滤、状态检测、应用代理等基本结构。目前主流的状态检测不但可以实现基于网络层的 IP 包头和 TCP 包头的策略控制，还可以跟踪 TCP 会话状态，为用户提供了安全和效能的较好结合。

3．基于物理链路层的物理隔离技术

物理隔离的思路源于逆向思维，即首先切断可能的攻击途径（如，物理链路），再尽力满足用户的应用。

三、物理隔离的技术原理

物理隔离系统通常最少由三部分组成，即内网处理单元、外网处理单元和一个隔离设备，也就是“2+1”结构。一般来说，内外网处理单元是两个完全独立计算机系统，拥有各自独立的操作系统。内网处理单元与用户的内网相连，外网处理单元与外部网络相连，内外网处理系统之间通过隔离设备进行非协议的信息交换。数据首先从信息包里被剥离出来，然后经隔离设备交换。在物理隔离内部的两个处理单元间的数据交换是非标准协议的传输。由于标准协议要支持尽可能完善的网络功能以及适应不同的网络环境和协议，所以极其复杂，也容易造成漏洞；而且通用协议的漏洞被广泛地暴露和传播，非常易于被攻击。相反，在物理隔离的内部两个处理单元经由隔离设备的数据交换不存在适应不同的网络环境和协议的问题，只是内部数据的交换，因此既可以设计得更加简单和安全，又很容易避免设计的漏洞。下面通过一组图示说明物理隔离是如何实现的。

1．未连接时的初始状态

如图 6-10 所示，此时没有任何连接，内外网的结构从物理上完全分离。外网一般是安全性不高的互联网，内网是安全性很高的内部专用网络。正常情况下，隔离设备和外网、隔离设备和内网、外网和内网是完全断开的，即保证网络之间是完全断开的。隔离设备可以理解为纯粹的存储介质和一个单纯的调度和控制电路。

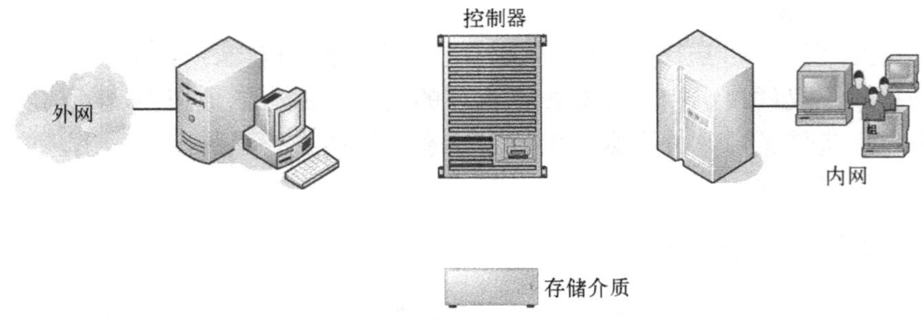

图 6-10　物理隔离初始状态

2．外网数据导入隔离设备

以电子邮件为例，当外网有数据需要导入内网时，外部服务器立即发起对隔离设备的非 TCP/IP 协议的数据连接，隔离设备将所有协议剥离，将原始数据写入存储介质，如图 6-11 所示。

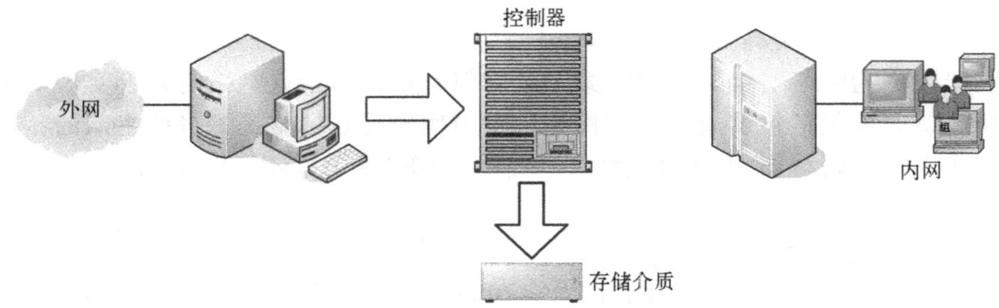

图 6-11　外网数据写入隔离设备

根据不同的应用；可能有必要对数据进行完整性和安全性检查，如防病毒和恶意代码等。

3．隔离设备中数据导入内网

一旦数据完全写入隔离设备的存储介质，隔离设备立即中断与外网的连接。转而发起对内网的非 TCP/IP 协议的数据连接。隔离设备将存储介质内的数据推向内网。内网收到数据后，立即进行 TCP/IP 的封装和应用协议的封装，并交给应用系统。此时，内网电子邮件系统就收到了外网的电子邮件系统通过隔离设备转发的电子邮件，如图 6-12 所示。

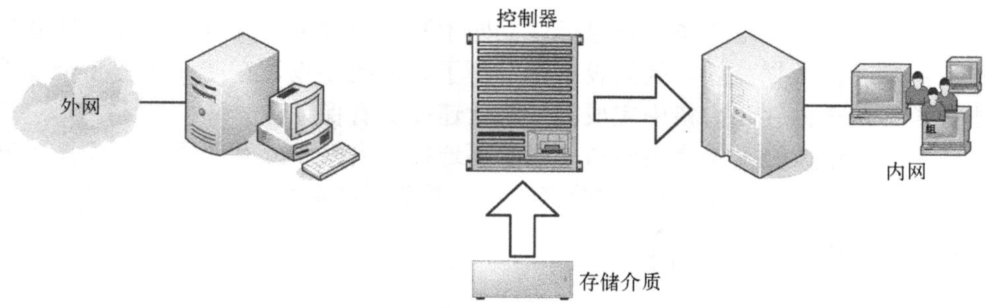

图 6-12　隔离设备中数据导入内网

在控制器收到完整的交换信号之后，隔离设备立即切断隔离设备与内网的直接连接，恢复到完全隔离状态。

4．内网数据导入隔离设备

如果内网有邮件要发出，隔离设备收到内网建立连接的请求之后，建立与内网之间的非 TCP/IP 协议的数据连接。隔离设备剥离所有的 TCP/IP 协议和应用协议，得到原始的数据，将数据写入隔离设备的存储介质。在进行防病毒处理和防恶意代码检查后，中断与内网的直接连接，如图 6-13 所示。

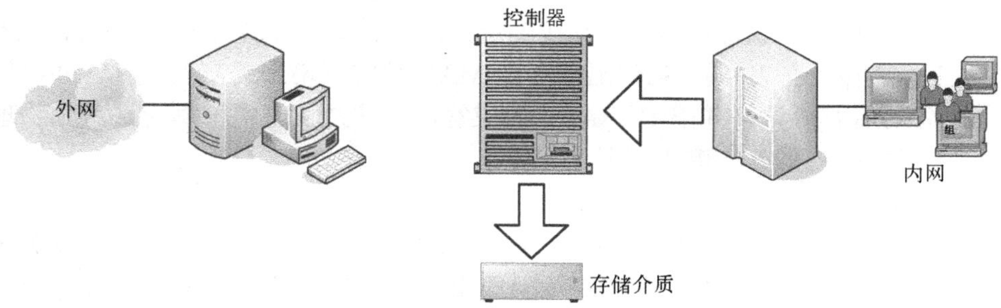

图 6-13　内网数据导入隔离设备

5．隔离设备中数据导入外网

一旦数据完全写入隔离设备的存储介质，隔离设备立即中断与内网的连接。转而发起对外网的非 TCP/IP 协议的数据连接。隔离设备将存储介质内的数据推向外网。外网收到数据后，立即进行 TCP/IP 的封装和应用协议的封装，完成数据的传递，如图 6-14 所示。

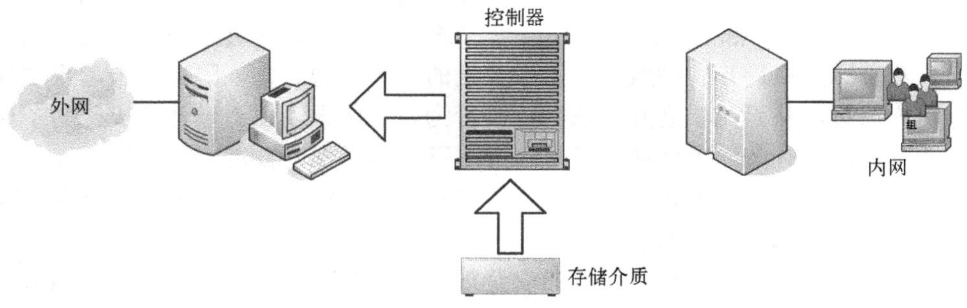

图 6-14　隔离设备中数据导入外网

控制器收到信息处理完毕的消息后，立即中断隔离设备与外网的连接，恢复到完全隔离状态。每一次数据交换，隔离设备都经历了数据的接收、存储和转发3个过程。由于这些规则都是在内存和内核中完成的，因此速度上有保证。

物理隔离的最大特征就是内网与外网永不连接，内网和外网在同一时间最多只有一个同隔离设备建立非TCP/IP协议的数据连接，其数据传输机制是存储和转发。

四、物理隔离与防火墙的比较

作为实现网络隔离的两种不同手段，物理隔离和防火墙技术都是在内联网络与外联网络之间设置屏障，通过检查内外网之间传递的数据来防范外来攻击。但是，这两种技术又有着很大的区别。

1. 指导思想不同

物理隔离的思路是在保障互联互通的前提下尽可能保证安全，真正做到了物理隔离；而防火墙恰恰相反，是在保障高度安全性的前提下尽可能互联互通，实质上只是一种逻辑隔离。

与防火墙相比，物理隔离在过滤颗粒度上面会更加细致，做到了层层设防。在应用层，物理隔离提供身份认证、内容监测、病毒检测多种策略进行严格检测，且各个厂家都支持根据特殊应用定制专用模块。在传输层，物理隔离也可以对IP端口进行限制，这和防火墙工作类似。在IP层，物理隔离通过MAC绑定策略来提高安全性，并可以剥离除ARP之外的所有协议，并限制了ARP的应答，使非授权主机根本无法获知物理隔离的存在，更不用提与另外一侧进行通信了。

2. 体系架构不同

物理隔离为了强调隔离，多采用“2+1”的硬件设计方式，即内网主机+专用隔离硬件（也称隔离岛）+外网主机，报文到达一侧主机后对报文的每个层面进行监测，符合规则的将报文拆解，形成裸数据，交由专用隔离硬件摆渡到另一侧。摆渡过程采用非协议方式，逻辑上内外主机在同一时刻不存在连接，起到彻底切断协议连接的目的。数据摆渡过来后内网对其进行应用层监测，符合规则的由该主机重新打包将数据发送到目标主机。而防火墙对数据包的处理是不会拆解数据包的，防火墙只是做简单的转发工作，对转发的数据包进行协议检查后符合规则的过去，不符合规则的丢掉，防火墙两边主机是直接进行通信的。

物理隔离由于切断了内外主机之间的直接通信，连接是通过间接地与物理隔离建立连接而实现的，所以外部网络是无法知道受保护网络的真实IP地址的，也无法通过数据包的指纹对目标主机进行软件版本、操作系统的判断。通过物理隔离攻击者无法收集到任何有用的信息，从而无法展开有效的攻击行为。而防火墙由于设计初衷是为了保证网络传输通畅，所以有些防火墙在大流量的情况下，为了保证性能，只对发起连接的前几个包进行规则过滤，而后继报文进行就直接转发，可以说这种设计相当不安全。

3. 安全规则配置的复杂程度不同

防火墙主要依据网络管理员配置的安全规则进行检查，其安全性的高低与规则配置情况密切相关。此外，防火墙规则配置十分复杂，规则最终能否达到预期安全需求不仅与每条规则有关，而且与每条规则的先后顺序、规则之间的相关性都有很大关系。而物理隔离设备则无需进行复杂的规则配置，只需设定一些内外网访问策略。物理隔离设备允许定制的信息进行交换，即使出现错误，至多也只是使数据不再继续传输，而不会造成重大安全事故。

4．实现方式不同

物理隔离通常采用硬件设计，没有软件物理隔离设备的说法；而防火墙则既可以通过硬件实现，也可以通过软件方式实现。

下面通过表 6-5 全面比较物理隔离与防火墙。

表 6-5　物理隔离与防火墙区别对应表

功能项	防火墙	物理隔离
产品定位	在保障互联互通的前提下，尽可能保障安全	在保证高度安全的前提下，尽可能实现互联互通
设计思想	网络访问控制设备。防火墙部署于网络边界，在保证双方网络访问连接的同时，根据策略对数据报文进行访问控制，并在不影响设备性能的前提下进行内容过滤	物理隔离交换设备。模拟人工复制实现数据信息在两个网络之间交换。对于网络间通过隔离设备实现数据同步的应用，隔离设备主动监控并读取所隔离的两个网络中的服务器数据从而实现数据同步，而非服务器主动发起连接请求；对于网络间的客户端和服务器之间通过隔离设备访问控制的应用，隔离设备的一个主机系统中断访问连接，另一主机系统重新建立连接，两主机系统在应用层进行数据报文重组，重在进行数据内容的检查
硬件结构设计	防火墙为单主机结构，报文在同一个主机系统上经过安全检测后，根据策略转发	隔离设备基于“2+1”的体系结构，即由两个主机系统和一个隔离交换硬件组成，网络隔离设备为专有硬件，不受主机系统控制。数据信息流经隔离设备时串行流经 3 个系统
操作系统设计	防火墙一般采用单一的专用操作系统	安全隔离网闸的两个主机系统各自有专用操作系统，相互独立
协议处理程度	不同类型的防火墙，可能分别或综合采用分组包过滤、状态包过滤、NAT、应用层内容检查等安全技术，工作在 OSI 协议栈的第三至七层，通过匹配安全策略规则，依据 IP 头、TCP 头信息、应用层明文信息，对进出防火墙的会话进行过滤	所有到达隔离设备外网的会话都被中断原有的 TCP/IP 连接，隔离设备将所有的协议剥离，将原始的数据写入存储介质。根据不同的应用，可能有必要对数据进行完整性和安全性检查，如防病毒和恶意代码等。对所有数据在应用层进行协议还原的基础上，以专有协议格式进行数据摆渡，综合了访问控制、内容过滤、病毒查杀等技术，具备全面的安全防护功能
安全机制	采用包过滤、代理服务、状态检测、NAT等安全机制	综合访问控制、内容过滤、病毒查杀等技术，具有全面的安全防护功能
抵御基于操作系统漏洞攻击行为	防火墙通过防止对内扫描等设置，可以部分防止黑客发现主机的操作系统漏洞，但无法阻止黑客通过防火墙允许的策略利用漏洞进行攻击	物理隔离的双主机之间是物理阻断、无连接的，因此黑客不可能扫描内部网络的所有主机的操作系统漏洞，无法攻击包括安全隔离设备在内的内部主机系统
抵御基于 TCP/IP 漏洞的攻击	防火墙需要制定严格的访问控制策略对连接进行检查以抵御 TCP/IP 漏洞攻击，只能对大部分已知 TCP/IP 攻击实施阻断	由于安全隔离设备的主机系统把 TCP/IP 协议头全部剥离，以原始数据方式在两主机系统间进行“摆渡”，隔离设备接受请求的主机系统与请求主机之间建立会话。因此，对于目前所有的 TCP/IP 漏洞攻击，如源地址欺骗、伪造 TCP 序列号、SYN 攻击等是完全阻断的
抵御木马将数据外泄	防火墙部署时，一般对于内部网络向外部的访问控制是全部开放的，因此内部主机上的木马会很容易将数据外泄，且黑客也容易通过木马主动建立的对外连接实现对内部主机的远程控制	安全隔离设备对于每个应用都是在应用层进行处理，并且策略需按照应用逐个下达，同时对于目的地址也要唯一性指定，因此内部主机上的木马是无法实现将数据外泄的，且木马主动发起的对外连接也将直接被隔离设备切断
抵御基于文件的病毒传播	防火墙可以根据应用层访问控制策略对经过防火墙的文件进行检查，或根据对文件类型的控制，只允许低级文件格式，如无病毒的文本格式内容穿过防火墙等方式来抵御病毒传播	安全隔离设备在理论上是完全可以防止基于文件的攻击，如病毒等。病毒一般依附在高级文件格式上，低级文件格式则不会有病毒，因此进行文件“摆渡”的时候，可以限制文件的类型，如只有文本文件才可以通过“摆渡”，这样就不会有病毒进入内网

续表

功能项	防火墙	物理隔离
抵御 DoS/DDoS 攻击	防火墙通过 SYN 代理或 SYN 网关等技术，可以较好地抵御现有的各种 DoS 攻击类型。但对于大规模 DDoS 攻击方式，还没有有效的防护手段	安全隔离设备自身特有的无连接特性，能够很好地防止 DoS 或 DDoS 攻击穿过隔离设备攻击服务器，但也不能抵御针对安全隔离设备本身的 DDoS 攻击
管理安全性	通过网络接口远程管理。但如果攻击者获得了管理权限，可以通过远程调整防火墙的安全策略，从而达到攻击目的	内外网主机系统分别有独立于网络接口的专用管理接口，同时对于运行的安全策略需要在两个系统分别下达，并通过统一的任务号进行对应
可管理性	管理配置有一定复杂性	管理配置更为简单
遭攻击后果	被攻破的防火墙将变成一个简单的路由器，将严重危及内网安全	即使系统的外网处理单元瘫痪，网络攻击也无法触及内网处理单元
与其他安全设备联动性	目前防火墙基本都可以与 IDS 设备联动	可结合防火墙、IDS、VPN 等安全设备运行，形成综合网络安全防护平台

第七节　本 章 小 结

防火墙技术是建立在现代通信网络技术和信息安全技术基础上的应用性安全技术，在保护计算机网络安全技术性措施中，是最成熟、最早产品化的技术。随着网络的广泛应用和普及、网络性能的日益提升，以及各种新网络入侵行为的出现，网络安全技术有一些新的发展。但是目前来看，防火墙仍然是网络防护的主要措施手段之一。

本 章 习 题

1. 什么是防火墙，它有哪些优缺点？
2. 防火墙主要具备哪些功能？
3. 包过滤防火墙主要根据哪些信息实现数据包的过滤？
4. 包过滤防火墙的工作流程是怎样的？
5. 什么是代理服务防火墙？包括哪两种类型？各自的原理是什么？
6. 简要描述电路层网关和应用层网关的主要区别，它们各自有何优缺点？
7. 什么是 NAT 技术？主要有哪几种模式？
8. 防火墙有哪几种常见的部署方式？简要说明各自的优缺点。
9. 什么是物理隔离？与防火墙有什么区别？
10. 你用过防火墙没有？如果用过，属于哪种类型？你认为它解决了你的什么问题？

第七章　入侵检测技术

传统基于防火墙和加密技术的网络安全防护方案已不能满足当前网络安全需要。要从根本上改善网络系统的安全状况，必须采用一定的主动防范措施。作为一种动态保证计算机系统中信息资源机密性、完整性与可用性的主动安全技术，入侵检测技术能够通过对网络和系统的运行状态进行监视来发现各种攻击企图、攻击行为或攻击的结果。它具有比各类防火墙系统更高的智能，并可以发现来自内部的网络攻击。同时，入侵检测系统可以有效地识别攻击者对各种系统安全漏洞进行利用的尝试，从而在破坏形成之前对其进行阻止。近年来，入侵检测系统（intrusion detection system，IDS）得到越来越多的重视并已经成为网络安全机制中的一个不可或缺的重要组成部分。本章将介绍入侵检测的基本概念和技术原理，并介绍 HIDS、NIDS 和分布式 IDS 等技术，最后介绍蜜罐、密网和密场等检测技术。

第一节　基 本 概 念

入侵检测系统起源于 20 世纪 80 年代，发展至今已完成从理论建模到实际应用的发展过程，用以弥补预防性防护策略的不足。1980 年，负责主持美国国防部计算机安全审计工作的 James Anderson 首次提出了入侵检测的概念。1986 年，斯坦福研究院的 Dorothy Denning 首次建立了一个完整的入侵检测系统模型，为入侵检测的发展奠定了基础。

入侵是指违背访问目标的安全策略的侵入行为。入侵检测是通过收集 OS 层、系统和应用层程序、网络数据包中的信息，发现系统中是否有违背系统安全策略或危及系统安全的行为。入侵检测系统是一种用于监控网络或计算机中恶意事件的软件应用程序或硬件设备，它能连续监测网络流量、发现系统活动中违反安全策略的异常行为和被攻击的迹象，并产生系统日志给管理单元，从而实现对入侵或攻击的及时响应和处理。

IDS 运用积极主动的安全防御技术为计算机或网络提供安全保护，其主要功能包括：①监视、分析系统和用户的行为；②检查系统漏洞和配置；③能识别攻击模式并且警告系统管理员；④对异常行为进行对比分析并存储；⑤根据已有信息库来评估现有系统化资源的完整性；⑥审计日志等系统文件，结合安全策略来判断是否为入侵；⑦响应并与其他防护产品的联动。

入侵检测系统一般采用层次结构，主要分为探测引擎、事件收集数据库、中心控制台这 3 个组件。入侵检测系统比较有代表性的模型有两种。其中一种是 Denning 和 Peter Nenmann 提出的一个实时入侵检测系统通用框架 IDES（入侵检测专家系统），如图 7-1 所示。

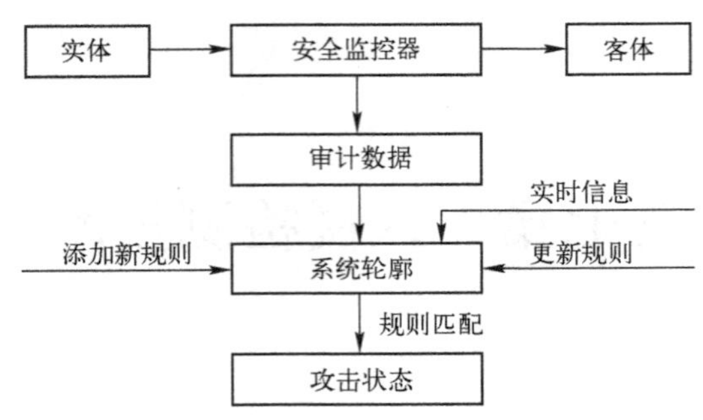

图 7-1　IDES 入侵检测模型

IDES 模型由主体、客体、活动规则对象、轮廓特征、审计记录、异常记录共六部分组成。该框架与系统平台、应用环境、系统脆弱性以及入侵类型无关，是一种通用的入侵检测系统框架。

另外一种是通用入侵检测框架 CIDF，如图 7-2 所示。

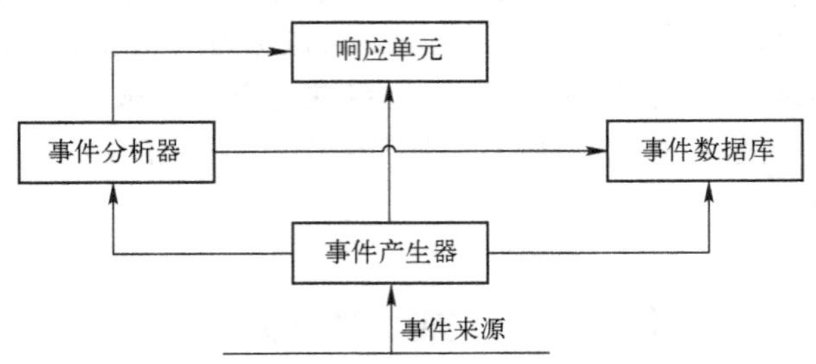

图 7-2　CIDF 入侵检测模型

CIDF 模型将 IDS 需要分析的数据统称为事件。在该模型中，事件产生器负责从整个计算环境中获得事件，并以特定格式向系统的其他部分提供此事件；事件分析器用于分析得到的数据，判断是否为违规、反常或是入侵，并依据最后的判断结果决定是否要产生警告；事件数据库负责存放各种中间和最终信息；响应单元根据警告信息作出反应，包括阻断、干扰攻击行为，甚至发出关闭相关设备的指令等。

为了适应网络安全的发展需求，Internet 工程任务部（IETF）的入侵检测工作组（IDWG）负责进行入侵检测响应系统之间共享信息数据格式和交换信息方式的标准制定，制定了入侵检测信息交换格式（intrusion detection message exchange format，IDMEF），IDMEF 与 CIDF 类似，也对组件间的通信进行了标准化，但是只标准了一种通用场景，即数据处理模块和告警处理模块之间的通信。制定入侵检测信息交换格式的目的在于定义入侵检测模块和响应模块之间，以及可能需要和这两者通信的其他模块的信息交换中的数据格式和交换过程。

入侵检测信息交换格式（IDMEF）描述了表示入侵检测系统输出信息的数据模型，并解释了使用此模型的基本原理。该数据模型用 XML 语言实现，并设计了一个 XML 文档类型定义。XML 是标准通用标记语言的简化版本，是 ISO8879 标准定义的一种语言，它允许用户自定义标记，还可以为不同类型的文档和应用程序定义标记。自动入侵检测系统可以使用 IDMEF 提供的标准数据格式对可疑事件发出警报，提高商业系统、开放资源和研究系统之间的互操作性。IDMEF 最适用于入侵检测分析器和接受报警的管理器之间的数据通信。IDMEF 对 IDS 的体系结构整理如下：分析器（analyzer）检测出入侵，并通过 TCP/IP 协议经过网络给管理器（manager）发送警告信息，警告的格式以及通信的方法就是 IDMEF 所要标准化的内容。

IDMEF 的主要工作围绕 3 点展开。

（1）制定入侵检测消息交换需求文档。该文档内容有入侵检测系统之间通信的要求说明，同时还有入侵检测系统和管理系统之间通信的说明要求。

（2）制定公共入侵语言规范。

（3）制定一种入侵检测消息交换的体系结构，使得最适合用于目前的协议，实现入侵检测系统之间的通信。

目前，IDMEF 已经完成入侵检测消息交换需求、入侵检测交换数据模型、入侵警告协议、基于 XML 的入侵检测消息数据模型等文档。

入侵检测技术不同于传统信息安全技术，IDS 通过对计算机、网络数据和网络行为等数据进行分析，从而辨别出正常网络行为和异常网络行为，提高网络系统的安全性，而传统的信息安全技术仅试图建立一个安全可靠的系统来拒绝网络破坏的行为。

第二节　入侵检测原理

一、入侵检测系统的基本原理

IDS 主要分为 4 个阶段，即数据收集、数据处理、数据分析和响应处理，其基本原理如图 7-3 所示。

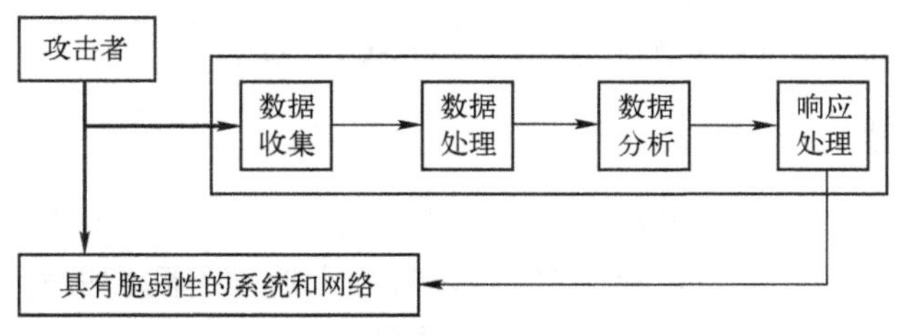

图 7-3　IDS 的基本原理

（1）数据收集。数据收集是 IDS 的基础，通过不同途径收集的数据，需要采用不同的方法进行分析。目前的数据主要有主机日志、网络数据包、应用程序数据、防火墙日志。

（2）数据处理。数据收集过程中得到的原始数据量一般非常大，而且还存在噪声。为了进行全面、进一步的分析，需要从原始数据中去除冗余、噪声，并且进行格式化及标准化处理。

（3）数据分析。采用统计、智能算法等方法分析经过初步处理的数据，检查数据是否正常，或显示存在入侵。

（4）响应处理。当发现入侵时，采取措施进行防护、保留入侵证据并通知管理员。采取措施包括切断网络连接、记录日志、通过电子邮件或电话通知管理员等。

二、入侵检测系统的基本工作模式

IDS 的基本工作模式如下。

（1）从系统的不同环节收集信息。

（2）分析该信息，试图寻找入侵活动的特征。

（3）自动对检测到的行为作出响应。

（4）记录并报告检测过程的结果。

IDS 的基本工作模式如图 7-4 所示。

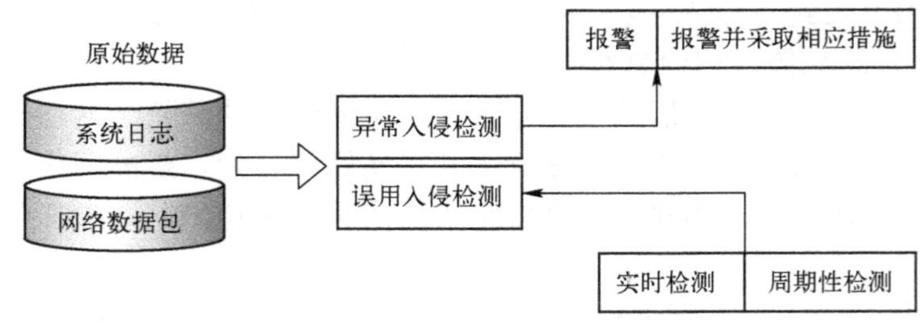

图 7-4　IDS 的基本工作模式

第三节　入侵检测技术分类

入侵检测技术经历了多年的发展，涌现多种的检测技术。入侵检测技术通常可以分为两类，即异常（anomaly）检测和误用（misuse）检测。

一、异常检测

异常检测假设入侵行为与正常行为之间存在差异，首先刻画正常行为的轮廓，将当前活动情况与刻画的正常行为轮廓比较，与正常行为轮廓不匹配的行为判定为异常行为。这种检测方法通用性较强，易于实现，运行速度快。由于不需要为每种入侵行为定义，因此可检测出一些未知攻击方法，这一优点使得异常检测成为当前研究的热点。但由于异常检测不可能对整个系统内所有用户进行全面的描述，所以异常检测的虚警率（false positive rate）较高。另外，由于统计简表需要不断更新，入侵者如果知道某系统在 IDS 的监视之下，就能慢慢地训练检测系统使其认为某一种行为方式是正常的。

主要的异常检测技术如下。

1. 基于特征选择的异常检测技术

基于特征选择异常检测技术是通过从一组度量中挑选能检测出入侵的度量，构成子集来准确地预测或分类入侵。异常检测方法的关键是在异常行为和入侵行为之间做出正确的判断。选择适合的度量是困难的，因为选择度量子集依赖于所检测的入侵类型，一个度量子集并不能适应所有的入侵类型，预先确定的度量可能会造成漏报情况。理想的入侵检测度量集需要动态地进行判断和决策。若与入侵潜在相关的度量有 n 个，则 n 个度量构成 2^n 个子集，由于搜索空间同度量数之间是指数关系，所以穷尽搜索理想的度量子集的开销是无法容忍的，因此，要使用诸如遗传算法或别的优化算法来搜索合适的特征子集。

2．基于贝叶斯推理的异常检测技术

基于贝叶斯推理的异常检测技术，是指在任意给定的时刻，测量 $A_1, A_2, \cdots, A_n$ 变量值，推理判断系统是否发生入侵行为。其中每个变量 A_i 表示系统某一方面的特征。假定变量 A_i 可以取两个值：1 表示异常，0 表示正常，令 I 表示系统当前遭受入侵攻击。每个变量 A_i 的异常可靠性和敏感性分别用 $P(A_i=1/I)$ 和 $P(A_i=1/\neg I)$ 表示。于是在给定每个 A_i 值的条件下，可由贝叶斯定理得到 I 的可信度。根据各种异常测量值、入侵的先验概率、入侵发生时每种测量得到的异常概率，能够判断系统的入侵概率。但为了保证检测的准确性，还需要考察各测量式的独立性，一种方法是通过相关性分析，确定各变量与入侵的关系。

3．基于贝叶斯网络的异常检测技术

贝叶斯网络是实现贝叶斯定理揭示的学习功能，发现大量变量之间的关系，进行预测、数据分类等的有力工具，基于贝叶斯网络的异常检测技术通过建立起异常入侵检测的贝叶斯网，然后通过它分析异常测量结果。它能方便地考虑到各随机变量的相关性、证据变量和结论的依赖，并具有一定的适应能力。

4．基于模式预测的异常检测技术

基于模式预测的异常检测技术的假设条件是事件序列不是随机的而是遵循可辨别的模式。该方法的特点是考虑了事件的序列及其相互联系。它通过归纳学习产生一些规则，并能动态地修改系统中这些规则，使之具有较高的预测性、准确性和可信性。如果观测到的事件序列匹配规则的左边，而后续的事件显著地背离根据规则预测到的事件，那么系统就可以检测出这种偏离，这就表明用户操作是异常的。由于不可识别行为模式能匹配任何规则的左边，从而导致不可识别行为模式作为异常判断，这是该方法的主要弱点。主要优点如下。

（1）处理变化多样的用户行为，并具有很强的时序模式。

（2）考察少数几个相关的安全事件，而不是关注可疑的整个登录会话过程。

（3）检测系统遭受攻击，具有良好的灵敏度。

5．基于神经网络的异常检测技术

基于神经网络入侵检测技术通过训练神经网络连续的信息单元（命令），来根据用户当前输入的命令和已执行过的 W 个命令预测下一个命令。其优点如下。

（1）不依赖任何有关数据种类的统计假设。

（2）能较好地处理噪声数据。

（3）能自然地说明各种影响输出结果的测量的相互关系。

其缺点是网络必须经过多次的反复训练，且 W 值难以设定。

6．基于机器学习的异常检测技术

基于机器学习异常检测技术通过机器学习实现入侵检测，主要有死记硬背式、监督学习、归纳学习、类比学习等。实验结果表明，该技术检测迅速，而且误检率低。然而，在用户动态行为变化以及单独异常检测方面还有待改善，复杂的相似度量和先验知识加入到检测中可能会提高系统的准确性，但需要做进一步的工作。

7．基于数据挖掘的异常检测技术

基于数据挖掘异常检测技术从审计数据或数据流中提取感兴趣的知识，这些知识是隐含的、事先未知的、潜在的有用信息，提取的知识表示为概念、规则、规律、模式等形式，并用这些知识去检测异常入侵和已知的入侵。基于数据挖掘的异常检测方法目前已有现成的知识挖掘算法可以借用，这些方法的优点是可适应处理大量数据的情况。但是，对于实时入侵检测还存在问题，需要开发出有效的数据挖掘算法和相适应的体系。数据挖掘的优点在于处理大量数据的能力与进行数据关联分析的能力。因此，基于数据挖掘的检测算法将会在入侵预警方面发挥优势。

除了上述技术，还有基于文本分类的异常检测、基于应用模式的异常检测、基于贝叶斯聚类的异常检测等。

二、误用检测

误用检测是通过分析各种类型的攻击手段，找出所有的“攻击特征”集合，并利用这些特征集合（或者是对应的规则集合）对当前的数据来源进行各种处理后再进行特征匹配（或者规则匹配）的工作方式。因此，使得基于误用的入侵检测系统能针对性地检测出入侵，所以检测的准确率和效率比较高，同时因为检测结果有了明显的参照，可以帮助系统管理员采取相应的措施来防止入侵。该方法的缺陷是只能检测已知的攻击方式，对未知的新的攻击无能为力。因此，误用检测方法要求系统具有扩展性，当新的攻击方法出现时，可以用更新模式库的方法来升级系统。

下面来介绍主要的误用检测技术。

1．基于条件概率的检测技术

基于条件概率的特征入侵检测技术将入侵方式对应于一个事件序列，然后通过观测到事件发生的情况来推测入侵，该技术依据的是外部事件序列，根据贝叶斯定理进行推理检测入侵。基于条件概率的特征入侵检测技术是在概率理论基础上的一个普遍方法，它是对贝叶斯理论的改进，其缺点是先验概率难以给出，而且事件的独立性难以满足。

2．基于专家系统的检测技术

入侵的特征抽取与表达是入侵检测专家系统的关键。在系统实现中，将有关入侵的知识转化为 if-then 结构（也可以是复合结构），条件部分为入侵特征，then 部分是系统防范措施。运用专家系统防范有特征入侵行为的有效性完全取决于专家系统知识库的完备性。

3．基于状态迁移分析的检测技术

状态迁移分析以状态图表示攻击特征，不同状态刻画了系统某一时刻的特征。初始状态对应于入侵开始前的系统状态，危害状态对应于已成功入侵时刻的系统状态。初始状态与危害状态之间的迁移可能有一个或多个中间状态。攻击者执行一系列操作，使状态发生迁移，可能使系统从初始状态迁移到危害状态。因此，通过检查系统的状态就能够发现系统中的入侵行为。采用该方法的入侵检测系统有 USTAT（state transition analysis tool for UNIX）。

4．基于键盘监控的检测技术

键盘监控的误用入侵检测技术假设入侵对应特定的击键序列模式，然后监测用户击键模式，并将这一模式与入侵模式匹配以此检测入侵。该技术的不利之处是，在没有操作系统支持的情况下，缺少捕获用户击键的可靠方法，存在无数击键方式表示同一种攻击。而且，没有击键语义分析，用户使用别名很容易欺骗这种技术，而且该方法不能够检测恶意程序的自动攻击。

5．基于模型特征的检测技术

该方法是通过建立特征证据模型，根据证据推理来做出入侵发生的判断结论。其要点是建立攻击剧本（attack scenarios）数据库、预警器和规划者，根据剧本判断入侵。这种方法的优点在于具有坚实的数学理论作为基础。对于专家系统不容易处理的未确定的中间结论，可以用模型证据推理解决，而且可以减少审计数据量。不足的地方是，增加了创建每一种入侵检测模型的开销，此外，这种方法的运行效率不能通过建造原型来说明。

6．基于规则的误用检测技术

基于规则的误用检测技术（rule-based misuse detection）将攻击行为或入侵模式表示成一种规则，只要符合规则就认定它是一种入侵行为。Snort 入侵检测系统就采用了基于规则的误用检测方法。基于规则的误用检测方法按规则组成方式分为以下两类。

（1）向前推理规则。根据收集到的数据，规则按预定结果进行推理，直到推出结果时为止。

（2）向后推理规则。由结果推测可能发生的原因，然后再根据收集到的信息判断真正发生的原因。

除了上述技术外还有模型误用推理及 Petri 网状态转换等的误用检测技术。

第四节　基于主机的入侵检测系统

一、HIDS 基础知识

基于主机的入侵检测系统（host-based intrusion detection system，HIDS）所检测的范围就是主机本身。检测原理是根据主机的审计数据和系统日志发现可疑事件，检测系统运行在被检测的单个主机上，当有文件被修改时，IDS 将新的记录条目与已知的攻击特征相比较，看它们是否匹配。如果匹配，就会向系统管理员报警或者做出适当的响应。这种类型的系统性能主要依赖于审计数据和系统日志的准确性和完整性以及安全事件的定义。典型的 HIDS 产品有：Snort、Dragon Squire、Emerald expert-BSM、NFR HID、Intruder Alert 等。基于主机的入侵检测体系结构如图 7-5 所示。

基于主机的入侵检测系统有以下优点。

（1）确定攻击是否成功。由于基于主机的 IDS 含有已发生事件信息，它可以比基于网络的 IDS 更加准确地判断攻击是否成功。

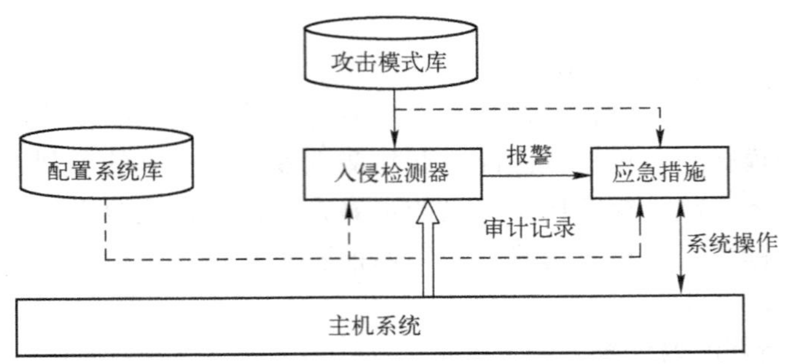

图 7-5　HIDS 体系结构

（2）监视特定的系统活动。基于主机的 IDS 监视用户和访问文件的活动，包括文件访问、改变文件权限，试图建立新的可执行文件，或者试图访问特殊的设备。例如，基于主机的 IDS 可以监督所有用户的登录及下网情况，以及每位用户在连接到网络以后的行为。基于主机技术还可监视只有管理员才能实施的非正常行为。操作系统记录了任何有关用户账号的增加、删除、更改的情况，改动一旦发生，基于主机的 IDS 就能检测到这种不适当的改动。基于主机的 IDS 还可审计能影响系统记录的校验措施的改变。最后，HIDS 可以监视主要系统文件和可执行文件的改变。系统能够查出欲改写重要系统文件或者安装特洛伊木马或后门的尝试并将它们中断。

（3）适用被加密的和交换的环境。由于 HIDS 安装在遍布企业的各种主机上，它们比基于网络的入侵检测系统更加适于交换的和加密的环境。交换设备可将大型网络分成许多的小型网络部件加以管理，所以从覆盖足够大的网络范围的角度出发，很难确定配置 NIDS 的最佳位置。业务映射和交换机上的管理端口有助于此，但这些技术有时并不适用。基于主机的入侵检测系统可安装在所需的重要主机上，在交换的环境中具有更高的能见度。某些加密方式也向基于网络的入侵检测发出了挑战。由于加密方式位于协议堆栈内，所以基于网络的系统可能对某些攻击没有反应，基于主机的 IDS 没有这方面的限制，当操作系统及基于主机的系统看到即将到来的业务时，数据流已经被解密了。

（4）近于实时的检测和响应。尽管基于主机的入侵检测系统不能提供真正实时的反应，但如果应用正确，反应速度可以非常接近实时。老式系统利用一个进程在预先定义的间隔内检查登记文件的状态和内容，与老式系统不同，当前基于主机的系统的中断指令，这种新的记录可被立即处理，显著减少了从攻击验证到做出响应的时间，在从操作系统做出记录到基于主机的系统得到辨识结果之间的这段时间是一段延迟，但大多数情况下，在破坏发生之前，系统就能发现入侵者，并中止他的攻击。

（5）不要求额外的硬件设备。基于主机的入侵检测系统存在于现行网络结构之中，这些使得基于主机的系统效率很高。因为它们不需要在网络上另外安装登记、维护及管理的硬件设备。

基于主机的入侵检测系统也有其缺点：基于主机的入侵检测系统需要安装在要保护的每台计算机上，全面布置基于主机的入侵检测系统代价较大；基于主机的入侵检测系统依赖于服务器的日志和审计数据源的采集能力，从一定程度上影响了系统的性能；另外，对操作系统有一定依赖性。

二、典型 HIDS

这里要讲的典型的 HIDS 是 Snort，Snort 采用基于规则的搜索机制，具体实现是运用对数据包进行基于内容的模式匹配，从而发现入侵行为。这种基于规则的入侵检测机制十分灵活、简单，能够实现实时的高效报警。

1．Snort 体系结构

Snort 主要由嗅探器、解码器、预处理器、检测引擎和报警输出 5 个基本功能模块组成，如图 7-6 所示。其中嗅探器是对数据包的采集，它是整个系统的基础，嗅探器要保证高速获取数据包，并且丢包率要低。这与硬件的处理能力和软件的效率有关。解码器和预处理插件可对数据进行预处理，便于检测引擎检测数据。检测引擎是整个系统的核心。Snort 的系统性能主要由检测引擎的准确性和效率决定。报警输出插件可以使用多种方法输出报警信息。

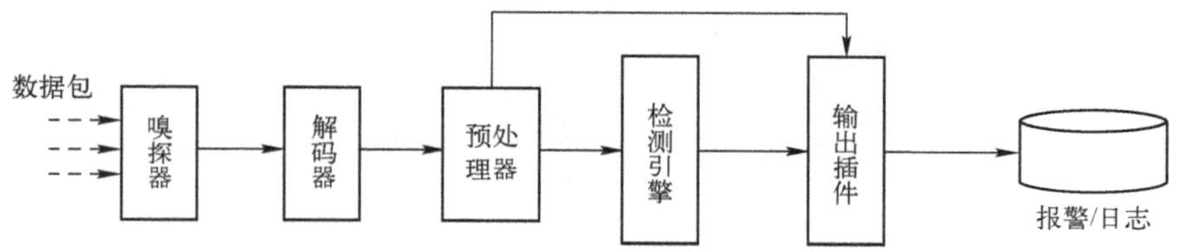

图 7-6　Snort 的体系结构

这些模块使用插件的模式，各个模块按照 Snort 提供的插件接口函数完成，可以根据实际需要动态地加载或者删除某个模块，这样系统的扩展性就非常好。这样做既能保证插件程序和核心代码的紧密相关性，又具有良好的模块化设计思想，使 Snort 整个体系结构组织非常清晰，充分体现了追求性能、简单灵活和可扩展性的设计思想。

2．Snort 工作流程

Snort 的工作流程如图 7-7 所示。主要有初始化工作，解析命令行，读入规则库，生成用于检测的三维规则链表，然后循环检测。

系统首先调用 Libpcap 接口函数从网络中捕获数据包，然后调用数据包解析函数对数据包进行解码分析。解析后的结构存放在 Packet 数据结构中，供后面的预处理和检测模块使用。数据包解析处理以后，就会预处理数据包，并且将预处理后的数据包的数据和预先生成的三维规则链表逐一比较。如果找到匹配的规则，说明这个数据包中有网络入侵行为。然后，根据响应方式由报警输出插件指定的方式发出警报，包括发送到屏幕显示，并同时记录日志到文件或者数据库。这样就结束了对一个包的处理，接着抓取下一个包。如果在匹配过程中没有匹配到任何规则条目，则说明此数据包正常，立即抓取下一个数据包进行处理。

3．Snort 组件

Snort 在逻辑上可以被分为多个组件。这些组件协同工作来探测入侵并且按照要求的形式输出报警。Snort 主要包括以下组件。

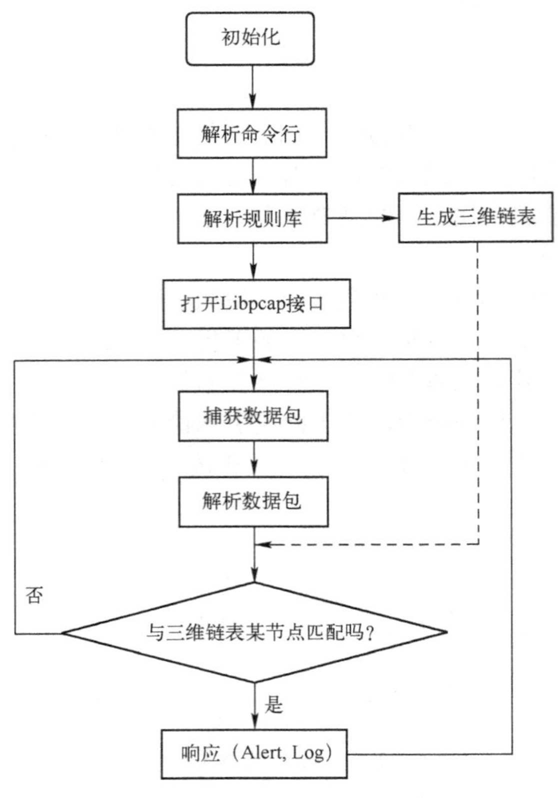

图 7-7　Snort 的工作流程

1）包解码器

包解码器从不同类型的网络协议中接收数据包，对数据包进行解码，为后续的预处理器和检测引擎做好准备。这些网络协议包括以太网、SLIP 和 PPP 等。

2）预处理器

预处理器是 Snort 在检测引擎处理之前对数据包进行排列和修改的插件。一些预处理器插件也能检测包头的异常发出警报。预处理器对于任何 IDS 来说都很重要，它可以为检测引擎准备数据包。

黑客有时会使用不同的技术来愚弄 IDS。例如，可能有一个规则是寻找 HTTP 包中的“scripts/iisadmin”。如果精确匹配字符串，黑客可以通过略微修改字符串就很容易地愚弄 IDS。比如，可将字符串修改为“scripts/./iisadmin”。为了使问题更复杂，黑客也可以把网络统一资源定位符（URI）、十六进制代码或者 Unicode 代码插入其中。这些情况下，Web 服务器是能够识别并且认为是合法的。因为网络服务器通常能够理解所有字符串，并且能够处理为字符串“scripts/iisadmin”。而如果 IDS 进行精确匹配的话，就不能识别这些攻击。预处理可以重新排列字符串，让 IDS 检测到这些攻击。

预处理器还能用于包的分片。当一个大的数据包传输到一个主机的时候，通常要把数据包进行分片。例如，在以太网上，默认的数据包的最大长度是 1500 字节。这是由网卡的最大传输单元（MTU）控制的。这意味着如果发出大于 1500 字节的数据包，它将会分片成许多小的数据包，让每个数据包的长度不大于 1500 字节。接收的主机能够把小的数据包重新组合，还原数据包。在 IDS 上，当应用规则来查找攻击特征的时候，必须组合数据包。因为有时候特征的一半在一个分片上，一半在另一个分片上。为了正确检测到这些特征，必须组合所有的数据包。黑客有时会使用分片来欺骗入侵检测系统。预处理器就是用于保护系统抵御这些攻击的。

Snort 中的预处理器可以重组数据包分片，解码 HTTP 的 URI，组合 TCP 的会话等。这些功能对于入侵检测系统来说都是很重要的。

3）检测引擎

检测引擎是 Snort 的核心部分。它的职能是检测数据包中是否存在入侵活动。检测引擎用规则来达到这个目的。这些规则以文件的形式储存。运行的时候，规则文件被读入形成内部的数据结构或者说是链表，用来匹配数据包。如果数据包匹配任何一条规则，就会采取相应的动作，否则数据包就会被丢弃。相应的动作可能是记录数据包或者触发报警。

检测引擎是时间要求很高的 Snort 组件。根据机器的性能和应用的规则，对于数据包产生响应可能会花费不同的时间。如果在 Snort 网络流量很大，可能会丢弃一些数据包，从而会漏掉一些警报。检测引擎的性能取决于以下因素：运行 Snort 的机器的性能、运行 Snort 的机器的内部总线速度和网络的负载和规则的数量。这些因素是设计入侵检测系统时需要考虑的因素。

Snort 的检测规则存储在许多文本文件中，可以用文本编辑器直接编辑。规则分类存储。不同类的规则存储在不同的文件中。这些文件在主配置文件 Snort.conf 中配置。Snort 会在启动的时候读取规则文件，生成内部的数据结构，把规则应用到捕获的数据包上检测入侵。寻找入侵特征并且把它们应用在规则中是一个精巧的工作。因为规则越多，就需要更多的 CPU 时间去实时处理捕获的数据包。所以就是用尽可能少的规则去发现尽可能多的入侵特征。Snort 有预定义的规则用于检测入侵，也可以添加自己的规则，或者删除某些预定义的规则避免错误报警。

入侵检测系统能分析数据包，对数据包的不同包头应用不同的规则。这些包头包括：IP 数据包头；传输层数据包头，包括 TCP 数据包头，UDP 数据包头和其他传输层数据包头，例如 ICMP 数据包头；应用层数据包头，包括 DNS 数据包头，FTP 数据包头，SNMP 数据包头，SMTP 数据包头。也可用一些间接的方法获得应用层数据包头，例如查找数据的偏移量等字段。另外，还可检测数据包负载。这意味着可以生成规则，把它用于检测系统来寻找含有某个字符串的数据包。

4）日志和报警系统

日志和报警系统根据检测引擎在数据包中发现的内容，可以把数据包计入日志或者产生报警。日志常常以文本文件、tcpdump 文件或者其他形式的文件存储。在默认状态下，所有的日志文件储存在/var/log/Snort 目录下。可以使用命令行配置修改日志和警报保存的目录。命令行中有很多选项可以修改日志和报警系统的详细信息。

5）输出模块

输出模块根据选择不同的日志和报警系统的储存方式来做出不同的操作。这些模块可以控制日志和报警系统输出的类型。根据配置，输出模块能作出以下输出：记录日志文件到/var/log/Snort /alerts 文件或者其他文件；发送 SNMP traps；发送信息到系统日志设备；把报警存入数据库，例如 MySQL 或 Oracle；产生 XML 格式的输出文件；修改路由器或者防火墙的配置；向 Windows 机器发送 SMP 信息。还可使用一些工具发送其他形式的信息，例如电子邮件，或者使用 Web 界面查看警报信息。

第五节　基于网络的入侵检测系统

一、NIDS 基础知识

基于网络的入侵检测系统（network-based intrusion detection system，NIDS）根据网络数据包、网络流量、协议分析、简单网络管理协议信息等数据检测入侵。它通常利用一个运行在混杂模式的网络适配器来实时监视并分析通过网络的所有通信业务。它的攻击识别模块通常使用 4 种常用技术来识别攻击标志：模式、表达式或字节匹配；频率或穿越阈值；低级事件的相关性；统计学意义上的非常规现象检测。如果资料包与特征库中的攻击特征相匹配，NIDS 应答模块通过通知、报警以及中断连接等方式来对攻击做出反应。典型的 NIDS 产品有 Cisco Secure IDS、Hogwash、Dragon、E-Trust IDS 等。基于网络的入侵检测体系结构如图 7-8 所示。

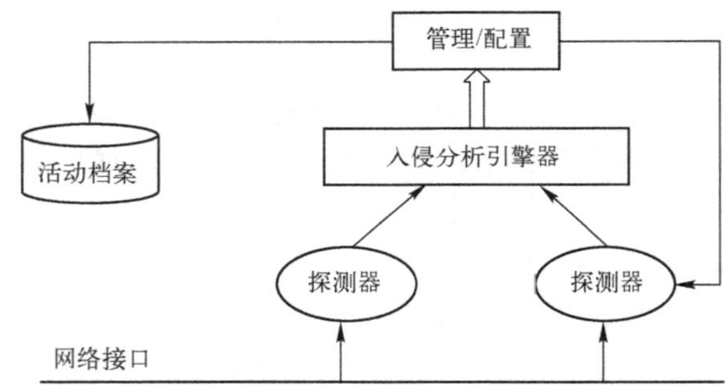

图 7-8　NIDS 系统结构

NIDS 的主要优点如下。

（1）拥有成本较低。基于网络的 IDS 可在几个关键访问点上进行策略配置，以观察发往多个系统的网络通信，NIDS 允许部署在一个或多个关键访问点来检查所有经过的网络通信。因此，NIDS 并不需要在所有的主机上进行安装，大大减少了安全和管理的复杂性。

（2）检测基于主机的系统漏洞的攻击。基于网络的 IDS 检查所有包的头部从而发现恶意的和可疑的行动迹象。基于主机的 IDS 无法查看包的头部，所以它无法检测到这一类型的攻击。基于网络的 IDS 可以检查有效负载的内容，查找用于特定攻击的指令或语法。例如，通过检查数据包有效负载可以查到黑客软件，而使正在寻找系统漏洞的攻击者毫无察觉。正如上面说的，基于主机的系统不检查有效负载，所以不能辨认有效负载中所包含的攻击信息。

（3）攻击者不易转移证据。基于网络的 IDS 使用正在发生的网络通信进行实时攻击的检测。所以攻击者无法转移证据。被捕获的数据不仅包括攻击的方法，而且还包括可识别黑客身份和对其进行起诉的信息。许多黑客都熟知审计记录，他们知道如何操纵这些文件掩盖他们的作案痕迹，以阻止需要这些信息的基于主机的系统去检测入侵。

（4）实时检测和响应。基于网络的 IDS 可以在恶意及可疑的攻击发生的同时将其检测出来，并做出更快的通知和响应。例如，一个基于 TCP 的对网络进行的拒绝服务攻击（DoS）可以通过将基于网络的 IDS 发出 TCP 复位信号，在该攻击对目标主机造成破坏前，将其中断。而基于主机的系统只有在可疑的登录信息被记录下来以后才能识别攻击并做出反应。而这时关键系统可能早就遭到了破坏，或是运行基于主机的 IDS 的系统已被摧毁。实时通知时可根据预定义的参数做出快速反应，这些反应包括将攻击设为监视模式以收集信息，立即中止攻击等。

（5）检测未成功的攻击和不良意图。基于网络的 IDS 系统增加了许多有价值的数据，以判别不良意图。即便防火墙可以正在拒绝这些尝试，位于防火墙之外的基于网络的 IDS 可以查出躲在防火墙后的攻击意图。基于主机的系统无法查到从未攻击到防火墙内主机的未遂攻击，而这些丢失的信息对于评估和优化安全策略是至关重要的。

（6）操作系统无关性。基于网络的 IDS 作为安全监测资源，与主机的操作系统无关。与之相比，基于主机的系统必须在特定的、没有遭到破坏的操作系统中才能正常工作，生成有用的结果。

基于网络的入侵检测系统也有其缺点：首先，它只检查它直接连接网段的通信，不能检测在不同网段的网段包，这在使用交换以太网的网络环境中将会很受限制。其次，网络入侵检测系统可能会将大量的数据传回分析系统中，精确度较差。最后，网络入侵检测系统处理加密的会话过程较困难，目前通过加密信道的攻击尚不多，但随着 IPv6 的普及，这个问题会越来越突出。

二、典型 NIDS

1. 总体结构

适应大型网络的需求，网络入侵检测系统总体结构一般分为 3 个层次，即代理监视器层、管理器层和控制台层，如图 7-9 所示。

代理监视器层由监视各网段的代理监视器构成。代理监视器负责监视网络资源的访问情况，发现异常行为，标定异常事件，经分析确定为入侵后，进行入侵跟踪，完成行为判定和报警等功能。

管理器层由若干管理器组成，每个管理器负责管理若干代理监视器。管理器主要完成与所管代理监视器相关的数据库和运行参数的管理，以及对报警的自动响应等功能。

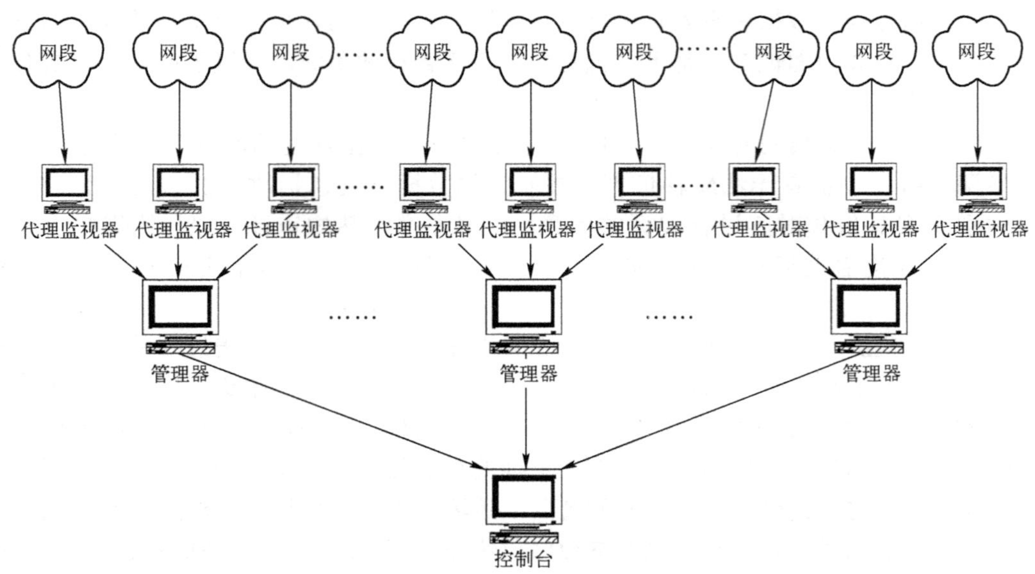

图 7-9　NIDS 的总体结构

中心控制台是本网络入侵检测系统的中心管理控制部分。它可以对多个管理器及其控制的代理监视器进行管理，进行远程的配置和控制。中心控制台的主要功能有对系统的参数进行设置、为系统设置攻击签名、生成可供管理员参考的总结报告以及整个网络的安全日志等功能。

2．工作模式

1）入侵发现模式

在检测过程中常采用的分析方法是异常检测技术和模式检测技术。异常检测技术前已阐述，这里就不再赘述。

模式检测技术，就是假设所有入侵行为和手段及其变种都能够表达为一种模式或特征，那么所有已知的入侵方法都可以用匹配的方法发现。模式发现的关键是如何表达入侵的模式，把真正的入侵与正常行为区分开来。模式发现优点是误报少，局限是它只能发现已知的攻击，对未知的攻击无能为力。

2）入侵发现过程

安装代理监视器的主机的网络适配卡连接到被监控的网段上。代理将网络适配卡设成混杂模式（promiscuous 模式），可收到本地网段上的所有数据流。当一个数据包符合当前有效的过滤规则时，会被解码并进行攻击特征识别分析。每个网络活动的过程都被保持和跟踪，这样含有攻击特征的数据包就可以被检测出来。因此，当一个“感兴趣事件”被检测到时，代理监视器会采取相应的动作。

3）响应特征

（1）当一个攻击或事件被检测到后，NIDS 将其记录到日志中，记录的内容包括日期、时间、源地址、目的地址、描述以及事件相关的原始数据，以供查询。

（2）一些预定义攻击特征可以根据网络的具体情况进行参数调整。比如，有些网络中 PointCast 下载会引发 SYN Flood 特征，此时可以通过调整 SYN Flood 的阈值来减少误报。即设定在指定长度的时间段内的外部连接次数阈值，由监视器监视已建立的 TCP 连接，当发现连接次数超过阈值时，就认为检测到了 SYN Flood。网络管理员可根据网络的情况调整合适的阈值。还有几种攻击与 SYN Flood 类似，可通过调整参数确定响应的条件。

（3）用户可以定义代理监视器过滤规则来忽略某些类型的数据流。可以通过指定协议、源地址、目的地址、源端口、目的端口定义忽略的数据流。对于规则匹配的数据流不进行预定义或用户定义特征分析。通过这种方式，可以将入侵监测系统配置为更适合用户的网络。

3．中心控制台

中心控制台是网络入侵检测系统的中心管理控制设备，在高层对整个网络入侵检测系统进行监控。它是系统管理员管理整个网络入侵检测系统的工具。中心控制台集中管理其他构件，产生入侵检测报告，提供用户和其他构件的管理接口，提供图形化工具及可视化的界面，提供用户查询信息以及配置网络入侵检测系统等功能。中心控制台结构如图 7-10 所示，由攻击签名定义工具、代理配置工具、报警分类处理机制、会话分拣机制、日志分拣机制以及高级用户应用界面组成。攻击签名定义工具用来定义入侵检测规则，所有的检测规则保存在管理器上的规则库中，规则的可定义性设计使网络入侵检测系统具有可扩展性。代理配置工具一方面向管理员反映当前的代理配置状态，另一方面可以使管理员对整个网络入侵检测系统的多个代理监视器进行动态配置和管理。

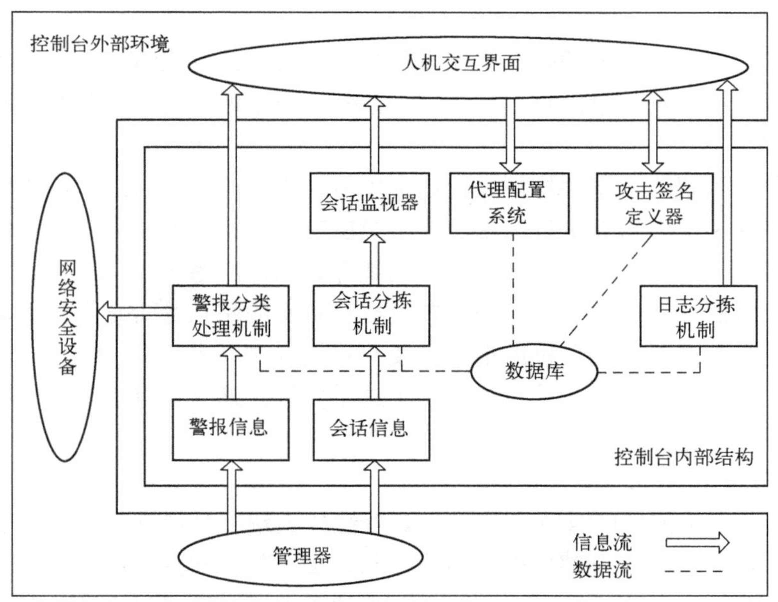

图 7-10　中心控制台结构

报警分类处理机制和会话分拣机制决策将从管理器获取原始信息进行整理和归并。

日志分拣机制负责记录中心控制台的工作情况。高级用户应用界面则以直观的图形化及报表形式显示告警事件，并且提示入侵事件类型和侵害程度；另外，当前的网络活动和被检测对象的当前状态，都可以通过控制台告知管理员。

中心控制台具备事件管理、安全管理、报告生成、误报警管理、部件管理、数据库管理等功能。

1）事件管理

控制台中的事件管理模块管理的事件是网络引擎和代理监视器产生的事件，这些事件包括入侵警报、可疑的网络行为。事件管理主要解决如何有效地显示信息，以及如何和用户进行良好交互的问题。

分类显示是控制台必备的功能，在分类设计中将警报事件可按几个主要条件分类，例如攻击签名、代理监视器、危害程度、应用时间、应用协议等。

图形显示是控制台为管理员提供的一个直观查看事件的显示方式。按不同的颜色区分不同应用协议的攻击，并分时间区域列出事件色条图。

对于事件管理，仅仅列出攻击本身的信息还不够。对于每一个攻击事件，事件管理模块还提供更多的信息给管理员，比如该攻击的解决方法，网络上的相关链接等。

2）安全管理

网络入侵检测系统部件之间使用 SSL（secure socket layer）来保证客户机和服务器之间的通信安全和相互认证。SSL 协议主要是使用公开密钥体制和 X.509 数字证书技术保护信息传输的机密性和完整性，它适用于点对点之间的信息传输。控制台登录的身份认证机制以及敏感信息的加密都属于安全管理的范畴。

3）报告生成

控制台设计有两种类型的报告，即事件检测报告和总结报告。事件检测报告提供关于检测的低层次的详细信息。总结报告则帮助分析员了解攻击者的趋势，确定哪里需要进行重点保护。

（1）事件检测报告。事件检测报告通常以事件为单位产生，或以一天的总结报告的形式产生。INIDS 能够对其进行加密。分析员应有机会检查控制台上显示的每一个检测事件，而且可以通过点击鼠标处理每个检测事件。然后，系统自动产生报告。

（2）周、月总结报告。管理部门通常对自己负责的站点是否正在受到攻击感兴趣。但是以事件为单位或以天为单位的报告需要花费很多时间来处理，而且无法帮助管理部门观察宏观的形势。周或月总结报告解决了这个问题。通常，管理者的级别越高，向他发送报告的频率就越低。

4）部件管理

NIDS 是一个可扩展的且具有良好可配置性的系统。系统部件管理本着界面一致，管理集中的原则，对每一个部件能够精确控制，每个部件在系统中是一个独立的实体。由于每个部件具有数量不定的属性，对于部件的管理正是通过设定这些属性的值来完成的。系统采用“名字=值”来记录部件的一个属性名称和值。部件管理还包括部件的添加、删除部件，以及启动、停止部件功能的任务。

5）误、漏报警管理

误报警的发生是不可避免的，但又不能简单地过滤掉，因为这样做可能产生漏报警。以 phf Web 攻击为例，如果编写的一个过滤器只对 cgi-bin 和 phf 进行检测，将会产生大量的误报警。为了减少误报警的发生，把过滤器改写为对 cgi-bi、phf 和/etc/passwd 进行检测。这样做能减少误报警，但又会引起漏报警的问题。因为攻击者想查看的可能不是/etc/passwd 文件，而是其他文件。

NIDS 控制台对误报警的有效管理一方面是通过设置进一步的限制条件，以降低误报警发生的概率，另一方面是提供全面的与误报警相关的材料，以辅助管理员对事件作进一步分析。当管理员选择的事件属于可能产生误报警的一类事件时，控制台不仅能显示常规信息，还能显示相关的附加信息，以便管理员作出正确的决定。

对误报警的控制很大程度上取决于系统攻击签名的定义。如果系统的攻击签名定义精确，将会极大地降低误报警的发生率。攻击签名的描述机制对攻击签名定义的精确度很高，能够有效降低误报率。

NIDS 控制漏报警的关键就是要看它的攻击签名库有多大，看它能识别多少种攻击方式。目前，攻击签名库内容庞大，能够应付针对主流系统的上百种攻击方式。但最重要的是，由于在控制台上设计了攻击签名动态自定义技术，因此攻击签名库的规模可以按需要不断扩容，漏报警的概率自然会被控制得很低。

6）数据库管理

检测日志数据、攻击签名信息数据、系统配置信息数据以及检测结果等海量数据信息都需要长期保存，以便于信息的查询和分析。中心控制台的数据管理功能包括：①数据汇总；②信息管理包括增、删、改；③信息查询；④统计分析；⑤关联分析。

4. 管理器

管理器（“manager”）是网络入侵检测系统的数据存储部分，它实现了对数据信息的管理工作，它的主要功能如下。

（1）存储由“控制台”设置的攻击签名并完成攻击签名的数字化工作。

（2）存储来自“控制台”的系统配置信息。

（3）存储来自“代理监视器”的攻击数据和检测信息。

（4）对检测的攻击自动响应。

（5）完成数据库系统部分的安全和加密工作。

（6）完成“控制台”和“代理监视器”之间的信息传递工作。

数据库管理系统的合理选择、数据库的合理定义、攻击签名的数字化等工作是管理器部分解决的关键问题。

1）数据库管理系统的选择

数据库是管理器的重要组成部分，它实现对数据信息的管理。代理监视器检测到的攻击信息、控制台的控制信息和攻击签名等重要的数据都是由数据库进行存储和管理的。所以选择恰当的数据库管理系统对网络入侵检测系统是尤为重要。

在数据库创建之前，所需克服的关键性的问题包括数据的载入、数据的缩减、性能效率问题和如何在巨大的数据库中快速找到数据。

（1）数据的载入。

当一个网络入侵检测系统想拥有数据库的能力时，它必须作出如下选择。

① 把原始数据写入数据库进行存储，并在数据库中完成过滤分析。

② 在数据库外进行过滤分析，在数据库中只存储分析的结果。

第一种选择的优点在于，一旦确定了如何加载原始数据并对其进行处理，就解决了数据的载入问题，而第二种选择的优点就是能得到很好的性能和灵活性，但只要有些事情发生了改变就必须处理数据载入的问题。

（2）数据的缩减。

对非近期数据进行缩减，即将数据库分成两个主要的存储装置，即操作数据存储器和数据仓库，其关系如图7-11所示。

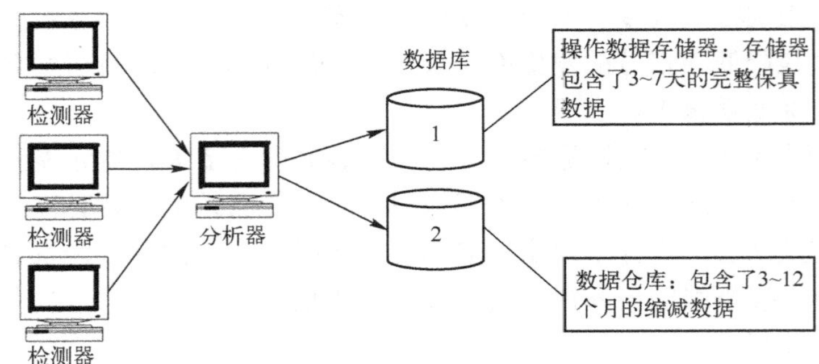

图7-11　数据缩减原理示意图

（3）操作数据存储器。

应建立多重索引和优化，以便能进行最有效的搜索。大多数的应用数据库的交互式查询都能应用于数据存储器，经过合理设计，可以允许大多数或者所有的相关搜寻线索的查询，这些相关的搜寻线索有源地址、欺骗包特征、新的攻击特征、时间周期、最后一次的连接时间记录等。

（4）数据仓库。

当数据被压缩成适合于长时间存储的格式后，就放入数据仓库中存储。即在数据仓库中保存简化的记录。数据仓库主要支持产生报告而不是交互式查询，还能帮助检测有可能漏掉的事件。

（5）交互性能。

数据库的最大优点在于对查询进行了封装，当报告了一个检测结果时，数据库可以进行搜索，看是否有来源于同一源地址的其他活动，并附在检测结果之后一起报告。

2）检测规则数据库的设计

整个网络入侵检测系统的数据库主要由两个库构成系统配置库和攻击信息库。

系统配置库是网络入侵检测系统的配置信息数据库，主要存储网络入侵检测系统的攻击签名信息以及代理的配置信息等。系统配置库包含如下6个表。

（1）攻击签名信息表。

（2）搜索原语信息表。

（3）值原语信息表。

（4）端口信息表。

（5）代理配置信息表。

（6）数字化攻击签名表。

攻击信息库存储的是网络入侵检测系统检测到的攻击信息。这里包括报警信息、捕获数据包信息以及警报日志信息等。攻击信息库包含如下 3 个表。

（1）警报日志信息表。

（2）攻击信息表。

（3）捕获数据包信息表。

3）攻击签名的数字化工作

攻击签名（attack signature），就是用一种特定的方法来表示已经知道的攻击方式，攻击签名是数据库管理系统的重要管理对象之一，需要把网络上的恶意行为抽象成具体的文本形式，以便形成规则。

NIDS 是通过检测网络中传送的数据包来发现攻击行为，对一个数据包或者数据流的分析是通过将数据和攻击签名比较来实现的，所以攻击签名一定要具有准确性和代表性。为了保证检测速度，攻击签名的表达必须要精练。

每检测一个数据包时，都要和攻击签名库中的特征表达式进行匹配，即分析表达式中的原语，判断原语类别，再从原语库中取出原语的相关信息，最后进行取值和匹配。另外，在攻击签名表达式解析过程中，应用程序不但要做大量的判断工作，还要频繁地访问数据库。

每一个攻击签名表达式由多个原语组成，这样在检测匹配的时候就需要多次访问数据库。一条访问数据库的操作，要花费微秒甚至秒级的时间单位，每条攻击至少需要访问两次数据库，而每一种协议一般涉及上百条攻击签名，网卡可能每秒钟接收数以千计的数据包，这样计算起来，访问数据库的时间将是一个天文数字，系统根本没有时间来处理如此多的数据包，而出现严重的丢包现象，甚至使系统处于瘫痪状态。

为了提高代理监视器的检测速度，将攻击签名的解析工作预先完成。这样代理监视器在检测的时候就不用频繁地做解码工作和频繁地访问数据库。为了达到这个目的，对控制台设置的原始攻击签名进行了数字化处理，并将其存放到了另外的一个表中，供代理监视器开始工作时使用。

数字化处理过程，实际上就是将原始的攻击签名转换成能够被代理监视器直接利用的字符串（完全由数字标识）特征表达式，该特征表达式包含了检测过程中所有需要的信息。

解析攻击签名表达式的过程实际上就是特征表达式的运算过程，运算的结果是判断该数据包是否是攻击的依据，结果为真，就断定是攻击；否则，认为是安全的数据包。为了进一步简化检测过程的运算量，将原始的检测规则表达式转换成逆波兰表达式的形式，也就是说将运算单元按照运算符的优先级排序，在运算的时候，只要按照顺序取出操作数即可。并且所有的运算符、原语、保留关键字等其他所有的相关信息在逆波兰表达式中均以数字来代替。

5．代理监视器

如果说控制台是整个系统的大脑，管理器是整个系统的心脏，那么代理监视器则是在大脑和心脏控制下工作的眼睛。代理监视器运行在专门的工作站上，对网络入侵进行检测和响应。每一个代理监视器监控一个网段，通过对网络上流过的数据包进行攻击特征的检测。当代理监视器检测到非法行为时立即做出响应，响应的方式包括中断非法连接，发出电子邮件或短信警告，记录非法操作过程，重新设置网络设备参数，执行用户指定的操作。另外，还可以向中心控制台或第三方管理控制台发出警报，由管理人员进行后续的处理和检查。

如何实现代理监视器的检测功能是整个网络入侵检测系统的核心问题，代理监视器如何接收数据、如何对数据进行检测、如何对攻击进行报警等关键性问题，都是入侵检测系统设计者最关心的问题。

代理监视器按照控制台的设置，从各个网段接收数据，这些数据处理后存入数据库中，供控制台使用。代理监视器主要分为系统配置模块、数据接收模块和数据检测模块。数据接收模块负责从网络流量中捕获各种类型的数据包，并将这些数据包交给数据检测模块进行检测。检测模块首先剥离数据包的帧头部，校验报文的完整性之后，根据报文所属的协议，分别将其送往相应的协议分析处理子模块。各个协议处理子模块针对具体的协议做出相应的处理。

1）配置模块

本模块的功能是从管理器的数据库中读取系统的运行参数和控制台为该代理设置的攻击签名。其中攻击签名在内存中的存储方式，是本模块工作实现的重点。因此，这里着重讨论一下实现它的技术。

（1）代理监视的运行参数。

当代理监视器开始运行时，首先从管理器的数据库中读取代理运行参数，其中包括管理器的地址、代理监视器的检测范围、服务器的地址、服务端口以及代理服务器地址等大量的参数。下面将对每一个参数的意义进行描述。

系统状态：标志代理监视器是否处于正常的工作状态。如果控制台设置该代理为不可用或者管理器异常停止运行的时候，用该参数告诉系统管理员系统处于异常状态，无法进行正常的检测。

检测地址范围：该参数标识了代理监视器所监视的网段的范围，并且该代理监视的网段的地址不一定是连续的，可以是间隔的。它的意义在于当接收模块接收到了目的地址不在该范围的数据包的时候，则将该数据包丢失掉，借此加速检测的速度。

管理器的地址：该参数标识监控该代理监视器的管理器的地址，使得代理监视器能和其管理器保持通信。

管理器的报警端口/侦听端口：该参数标识了代理监视器和管理器间通信的端口，该端口设置的意义在于避免和其他应用程序的应用端口发生冲突。因为，网络攻击中的绝大多数的攻击是对代理服务器和服务器展开的，所以对二者的保护尤为重要。

Web 服务器地址：设置该参数的目的在于加强对 Web 服务器的保护。因为有些攻击类型是仅仅对于 Web 服务器展开的，所以，如果目的 IP 地址不是 Web 服务器的 HTTP 协议数据包，则可以忽略该攻击签名的检测，有助于提高系统的检测效率。

Web 服务器的状态：该参数有两种设置——Web 服务器在检测的范围之内和 Web 服务器不在检测的范围之内。也就是，如果 Web 服务器不在检测的范围之内，那么所有和 Web 服务器相关的攻击签名的检测将全部忽略掉，这样，有助于代理监视器的检测效率。

代理服务器的地址：如果局域网络中使用了代理监视器，那么发现攻击的时候，可以根据该地址向代理服务器发送报警信息，使得代理服务器对攻击地址送来的数据包能做相应的处理。

代理监视的状态：该参数也有两种状态——不使用代理服务器和使用代理服务器。因为，有许多攻击是针对代理服务器发动的，因此，如果局域网中不使用代理服务器的话，那么所有和代理服务器相关的攻击签名的检测将被忽略掉，这样也有助于系统性能的提高。

代理服务器的服务端口：该参数使得代理监视器能够向代理服务器发送报警信息。

（2）攻击签名导入。

在检测过程中，如果大量访问数据库，这样做不仅不利于应用程序的安全性，而且还会使得系统的性能受到很大的影响。因此，采用将攻击签名及其详细信息一次性导入到内存中去，这样做的原因是攻击签名详细信息表达式是由一组数字化的文本表达式组成，不会占用大量的系统内存，并且从节省应用程序访问数据库的时间上考虑，额外占用这些内存也是合理的和值得的。

2）数据接收模块

实现网络监听的最主要的一个条件就是有能力接收网络上所有的报文，要满足此条件，就必须考虑到网络拓扑结构，传统的网络拓扑结构主要有 5 种：总线型、星型、环型、树型和网型。但从传输技术角度来说，基本上可以分为两类点到点的方式和广播方式。这两种方式直接影响到网络协议分析中监视器的设置。在点到点的方式中，网络监视器必须设置在网络的关键点上，使得所有报文传输通过此点，这样才可能接收所有报文。在广播方式中，这一问题就容易处理得多，因为任何主机发出的报文其他主机均能收到，只要将网络监视器加入此网络即可实现监视，以太网非常适合于进行网络监视，因为它是属于广播方式，实现起来相当简单，而且更有利的是，网络监视器的存在对网络的性能没有任何影响。因为以太网共享信道，网络上的任何一台主机均可以用作协议分析系统的监听主机。对于使用以太网交换机的网络而言，则可利用以太网交换机的镜像端口实现数据接收。

3）检测模块

该模块包含了统计子模块、特征模式匹配子模块以及 HTTP 协议处理子模块、FTP 协议处理子模块、Telnet 协议处理子模块等协议处理子模块，该模块的检测层次结构如图 7-12 所示。

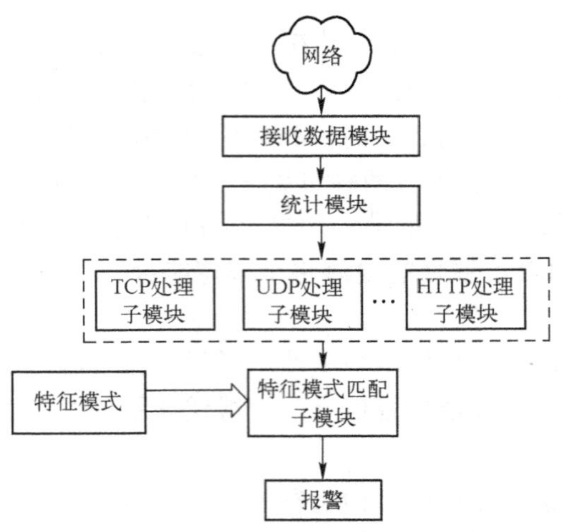

图 7-12　检测模块层次结构

（1）统计子模块。

该模块主要是对检测过程中的一些数据进行统计，例如：检测数据包的总数、丢弃数据包的总数、检测数据包中各种协议数据包的个数、检测到攻击的次数、攻击中各种协议所占的比例等数据。

（2）协议处理子模块。

该子模块主要完成以下两个工作：

一是协议的解码工作。例如对 HTTP 协议数据包，如果它的数据区包含了 unicode 编码，则 HTTP 协议模块可以对其进行解码。在 unicode 编码中，有一种奇怪的编码方式，如“%50%53H”“P%53%48”“PS%48”等形式，它们其实代表的都是“PSH”，如果不对其编码进行解码的话，系统则无法正确地检测。因此，HTTP 协议子模块必须对类似这类的编码进行解码。

二是对入侵行为的初步判定。在该子模块中，可以对一些简单的入侵行为进行判定，直接生成报警信息给管理器，而不必继续交付给特征模式匹配模块，这样既可以增强网络入侵检测系统的实时性，同时也减轻了特征匹配子模块的检测入侵行为的资源负担。

（3）模式匹配子模块。

模式匹配子模块是基于模式匹配入侵检测系统的核心环节，随着黑客的攻击手段的飞速增长，攻击特征库的容量越来越大，这就对攻击特征模式匹配的速度提出了很高的要求。

在检测过程中，根据攻击主机的攻击方式将攻击特征分为简单攻击（simple）和基于频率攻击（counter-based）。

一般攻击使用一种简单的表达式来检测网络的行为，这个表达式可以仅仅是包含一个简单的搜索原语、值原语、保留关键字或者是三者的简单结合。当整个攻击过程仅仅由一次简单的网络对话和数据帧来完成的时候，选择这种攻击行为。检测系统将对单个的数据帧进行模式特征匹配，简单攻击还可以具体分成基于内容和基于非内容两种。

基于非内容的简单攻击主要检测包头特征，有源 IP 地址、目的 IP 地址、源端口、目的端口、TCP 的标志位等，即可断定其结果，这种攻击比较容易被检测。基于内容的攻击主要检测负载数据部分，主要确定被攻击的位置，再提取被检测字符串进行匹配，此种攻击很难确定其攻击签名，要经过有权威的专家研究确定。

基于频率的攻击是在某一特定时间内重复发生的攻击手段。要确定这种攻击，必须定义在多长的时间内发生几次这种现象才能被确定为是一种攻击行为的发生。检测系统统计每一种定义的攻击现象发生的次数是否与定义的界限相匹配来完成对这种攻击的检测。这种类型也是用一种简单的表达式来检测网络攻击，这个表达式可以仅仅包含一个简单的搜索原语、值原语和保留关键字或者是三者的简单组合。

4）检测过程

（1）按协议进行分析。不管网上传输的数据内容是什么，都是通过协议传输的。所以，为了检测的方便，分析数据时，将数据按协议分类（因为每种协议都有各自包头格式）。TCP/IP 是一组不同层次多层协议的组合，上层协议的实现要通过下层协议的实现来完成。从分类上说，下层协议可以看成是上层协议数据包的大类，首先考虑下层协议的特征，然后再考虑上层协议的特征。

（2）按照数据包的基本信息过滤。在每接收到一个数据包的时候，通过协议分类后，首先判断它的地址信息、端口信息和方向信息是否和规则头部链表节点中的信息一致，如果一致，则进入到该节点的与或树链表中检测，如果没有和该数据包基本信息一致的节点，那么对该数据包的检测被忽略。

（3）与或树的检测过程。节点类型为 1 的与或链节点包含的检测内容全部是保留关键字中的 TCP 首部标志位部分，主要有 TCP_ACK、TCP_SYN、TCP_SYNACK、TCP_RST、TCP_FIN、TCP_PSH、TCP_URG；节点类型为 2 的节点主要检测的是编码表达式运算结果为“TRUE”和“FALSE”编码表达式，具体地说就是表达式最终进行的是逻辑“<”“<=”“>”“>=”“==”“!=”的表达式；节点类型为 3 的节点主要是搜索原语的匹配过程。

（4）基于频率攻击检测。如果匹配的攻击签名是基于频率检测的，那么检测流程则进入到基于频率检测的线程中去。

（5）报警。如果检测到了一般攻击或者基于频率攻击，那么代理监视器一边将检测的信息显示在报警窗口中，一边向管理器报警，由管理器做出相应处理。

第六节　分布式入侵检测系统

自 1988 年发生莫里斯蠕虫事件以后，网络安全才真正引起了军方、学术界和企业的高度重视。美国空军、国家安全局和能源部共同资助空军密码支持中心、加州大学戴维斯分校、劳伦斯利弗摩尔国家实验室、Haystack 实验室，开展对分布式入侵检测系统（distributed intrusion detection system，DIDS）的研究，将基于主机和基于网络的检测方法集成到一起。

1991 年，加州大学联合空军密码支持中心等部门发表了团队最初对于分布式入侵检测系统的研究。S.R.Snapp 和 J.Brentano 等给出了 DIDS 产生的背景原因、系统体系结构、性能和最早的原型讨论。同时还解决了网络用户识别问题，也就是用户跨网络移动跟踪问题。Steven R.Snupp 等研究的重点是将网络入侵检测概念从局域网 LAN 环境中引入到新的网络拓扑环境中，充分考虑了新一代的分布式环境的异类性，建立的分布式入侵检测系统的体系结构包括如下的部件：每个主机的主机管理器（后台运行的监视进程或采集进程）；系统中监视每个 LAN 的 LAN 管理器；设置在一个安全位置的中央管理器，中央管理器接收从不同的主机和管理器发来的报告，然后处理这些报告，找出其中的相关性用以检测入侵。很多分布式 IDS 结构是基于 CIDF 设计而成的，大致归纳为以下 3 类：

（1）集中分布式 IDS。结构的所有数据传感组件全部分布在网络中，并且数据处理的功能依赖于固定数量的组件来完成。其优点是可以充分利用组件提供的检测数据，再对数据进行融合处理后，快速地做出正确的判断。当传感组件数量较少时，具有很明显的优势。缺点是可能会出现单点失效问题以及扩展性比较差。

（2）层次分布式 IDS。相对于集中分布式，该结构主要是由数据传感层、数据分析层以及决策控制层组成。数据传感层负责收集数据，对其提炼、精简后，上传至数据分析层。数据分析层接收到数据后，对其做一个简单的处理，然后将结果上传给决策控制层。控制层负责控制和数据处理，对数据进行分析，并在入侵发生后采取一定的措施。其结构如图 7-13 所示。

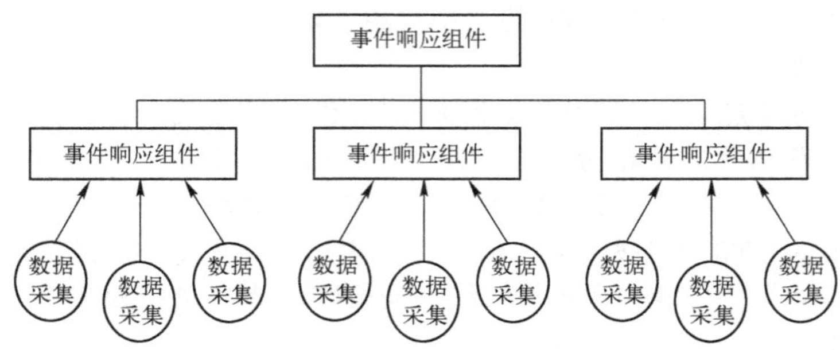

图 7-13　层次分布式 IDS 结构

（3）对等协作分布式 IDS。该系统结构的所有组件都是对等的，相互之间进行协作，不存在任何的上下级关系或者从属关系。这些 IDS 节点可以单独进行数据收集，处理数据并采取措施。对等协作分布式可以很好地改善系统的容错性。但当节点数据规模比较大时，会产生很大的通信量。其结构如图 7-14 所示。

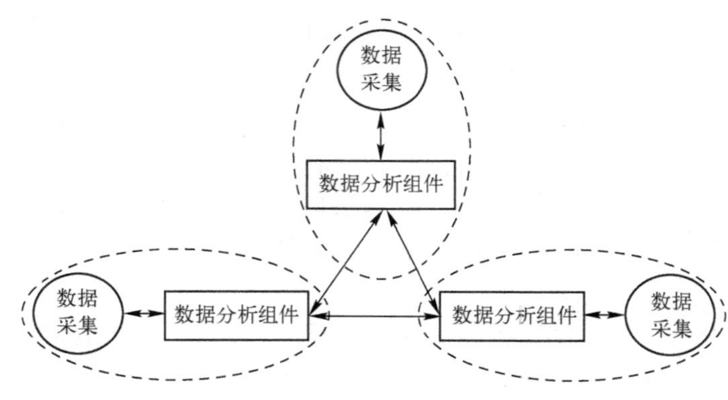

图 7-14　对等协作分布式 IDS 结构

近年来，网络规模的扩大，网络安全需求的日益增长，网络入侵的越发猖獗，分布式入侵检测系统的研究持续成为热点问题。伴随着研究的深入，分布式入侵检测的研究从各个角度，向各个领域进行深入。关于分布式入侵检测系统的研究包括但不限于下面几个领域和方向。

1．移动代理技术应用于 DIDS

为了减轻网络传输负担，出现了基于移动代理（mobile agent）技术的入侵检测系统，用移动代理代码来代替移动数据，在受保护主机上运行移动代理平台，移动代理服务器发布移动代理，移动代理根据运行状况自主地在各个受保护主机间移动，直接收集相关信息，提高监测效果。

移动代理技术主要是为了解决入侵检测的实时性差、容易造成瓶颈和单点失效的问题。对移动代理的研究包括数据处理算法、数据采集、协作机制、应用场景等方面。移动代理技术不是一种对入侵检测的颠覆性技术，而是一种 DIDS 的实现方法，在数据采集方面，可以用嗅探器作为传感器进行信息采集。人工智能技术也可以与移动代理技术相结合应用于 DIDS 中，应用于云计算中的时候，也显示出了一定的优越性。和在入侵检测系统中使用静态部件相比，基于移动代理的系统有降低网络负载、自主运算、平台无关、动态自适应、静态自适应、可扩展等优点。

2．DIDS 体系结构和拓扑结构的研究

标准 IDS 的结构包括事件产生器、分析模块、存储机制和响应模块。DIDS 是在 IDS 之上的增强，DIDS 的体系结构是在 IDS 的基础上增加分布式传感器、融合管理器、检测模块、入侵防御模块、中央数据库和前端用户。DIDS 体系结构和拓扑结构现今的发展从本质上没有突破，研究重点主要在于采用多级层次，混合管理等方法分散计算复杂度，避免单点失效。

伴随着网络的逐渐复杂，采用多级层次，混合模块综合实现入侵检测是 DIDS 体系结构发展的趋势。第一层是检测传感器，用统计的方法实现基本的处理，该层次直接和响应模块联系。中央处理部分应用于对特定的基于特征的入侵进行处理。这种分层混合的思想与中央处理和分布式处理相结合，用以解决分布式入侵检测数据处理困难的问题。常见的方法是某一层中采用无中心控制，某些层中采用中央分析处理。通过优化 DIDS 的体系结构达到优化系统性能，提高检测精度是体系结构发展的一个目标。

3．侧重智能检测的研究

目前，对于网络入侵基本上还是应用已检测出的入侵者的特征进行有准备的检测。而网络入侵的形式是多样的，方式也可能是未知的，因而将智能检测应用到分布式入侵检测中是非常必要的，且已经开始进行一些有意义的尝试。智能检测可以和移动代理结合起来，更灵活地进行数据分析。智能网络接口实现的分布式入侵检测可以获取更强的处理能力，对于下一代网络中 DIDS 的设计更有意义。而人工智能中语义网的技术加入到分布式入侵检测中来，无疑为入侵检测开拓了新的思路。

4．DIDS 与云的结合

网格运算指的是很多个计算机组织在一起解决一个问题，这些计算机可能是松散的，也可能属于一个内部互联的网络。分布式入侵检测是一个软件和硬件系统结合，用以检测非系统需要的访问、篡改，破坏或对网络提供服务能力的限制。系统通过加载到计算机、路由器、交换机之上的部件实现对网络通信量的监测，以发现潜在的威胁。在威胁检测方面，有的 IDS 可以通过防火墙限制或者是路由表阻塞来自恶意源的访问。对于分布式或云计算的应用，单一节点保护自身就不够了。当攻击技巧不断增加的时候，单一节点区分复杂信息的恶意攻击的能力就会下降。采用分布式云计算解决方案，可以使很多计算机同时监视网络流量，共享分析结果，确定可能存在的威胁。云计算与分布式入侵检测相结合的系统可以更好地满足网络环境的变化。

5．数据挖掘应用于 DIDS 中

现在大多数应用于商业目的的分布式入侵检测系统都是基于已知的入侵行为的规则进行的匹配技术，检测部件分布在需要检测的网络和主机中。IDS 中央管理控制平台负责平台配置。网络 IDS、防火墙和杀毒软件独立工作，在面临复杂攻击的时候，做出准确的判断是不容易的。无论是理论意义还是实践价值，基于数据挖掘的 DIDS 都很重要。

第七节　模式串匹配算法

现有的 IDS 中存在着比较多的检测方法和技术，其中基于模式匹配的检测方法的理论和技术已经达到了比较成熟的地步。目前，模式匹配已经成为入侵检测领域中极其重要又使用最为广泛的检测方法和机制之一，下面将从模式串匹配算法的原理、特点和实现等方面对基于模式匹配的入侵检测系统进行介绍。

一、模式串匹配算法概述

模式串匹配算法是一个基础算法，它的解决以及在这个过程中产生的方法对计算机的其他问题都产生了巨大影响。目前，已经有上百种算法，它们或在理论上有很好的结果，或在实践中有很好的性能。模式串匹配算法之所以会受到如此的重视是因为它的广泛应用和在计算机理论算法的基础地位：它是文本处理程序中必不可少的组成部分；网络内容分析和检索也要用到它，尤其是在 Internet 信息快速增长和网络内容安全日益重要的情况下，对于病毒防护和入侵检测、不良内容的过滤应用中，显得尤为重要。另外一个重要应用就是生物信息学，可以说功能基因组的查找就是字符串的匹配。由于基因序列很长，目前的超级计算机都很难在很短的时间内完成，所以必须研究更加有效的串匹配算法。

当前模式串匹配归属于串处理（string processing）和组合模式匹配（combinatorial pattern matching），其研究正处于高速发展的时期。许多国际会议，如 CPM1989～CPM2002、SPIRE2003 等，都对多模式匹配的理论、体系结构、算法、功能等展开了广泛的讨论。许多学者对模式匹配在不同环境下的快速算法进行了深入研究。

前面的定义只是给出了串匹配的一个定义，可以对它进行扩展。其实，可以把这个匹配过程看成一个信息串（不限字符串）的识别过程，比如二进制串、一个数或者一个更大的有复杂结构的信息单元。如果搜索的范围是多维数组，那么就是多维字符串的匹配问题，比如在一幅图像中搜寻人脸，图像表示为二维数组，要搜索的模式——人脸也是二维数组。如果有多个串要匹配，那么可以把多个串组合在一起搜索，而不是一个一个地搜索，这样可以节省搜索时间，这就是多串匹配。如果引入特殊符号和限制，就可以得到正则表达式匹配、完整单词匹配等。

如果考虑的是不完全匹配问题，那么可以扩展为近似模式串匹配问题。这种情况在基因串的搜索中常常遇到，因为子串完全匹配的概率非常低。如果把文本和模式都做一个变换——压缩，那么就是压缩字符串的搜索。网络中，为了节省传输时间常常把文件压缩后传递，那么要对这类信息进行监控就必须进行压缩字符串搜索。

根据串匹配算法是先对文本还是先对模式进行预处理，可以有两种方案：索引方案和非索引方案。索引方案是先对文本进行预处理，在生成的索引基础上进行匹配。本章中主要考虑的是非索引方案。这种方案不需要对搜索文本进行预处理，比较适用于网络的内容分析。

现在串匹配算法的主要工作思路是这样的：算法依据模式建立一个长度为 m 的窗口（window），然后扫描待搜索文本。当扫描到文本的 j 位置的时候，比较 j 位置前后的字符和模式窗口中字符，如果全部匹配，则报告发现模式；如果不存在匹配，则充分利用窗口中的信息和文本 j 位置前后的字符信息，尽最大可能向右移动窗口。从左到右重复这个过程，直到到达文本最右边。这种机制称为滑动窗口（sliding window）方案。当然，除了这种主要方案之外，还有其他方案。在滑动窗口方案中，各种方案的区别主要在于如何最大可能地向右移动窗口。

二、模式匹配在入侵检测中的应用

匹配问题是计算机科学中最基本的问题之一。模式匹配技术的发展是和它的应用密切相关的。是人们对算法的搜索速度不断追求的结果。最初模式匹配技术应用到了文字检索系统和图书目录查询系统中。后来随着网络技术和生物科学的发展，这些领域需要处理大规模的数据，模式匹配算法也随之应用到这些领域。

入侵检测技术是网络安全问题的一个主要研究方向之一。入侵检测技术的目的是对企图入侵、正在进行的入侵或者已经发生的入侵进行识别的技术。入侵检测系统就是这种能够执行入侵检测任务的软、硬件或者软件与硬件相结合的系统。入侵检测最常用的技术就是“数据监听”，这是一种通过监听网络数据或系统日志内容来搜索可能存在的对系统进行非法入侵的行为的技术，这个监听过程就是一个模式匹配过程。入侵检测系统对各种入侵行为的特点建立了一组入侵行为的特征模式集，模式匹配的匹配数据就是这组入侵行为的特征集。入侵检测系统对每种入侵行为都建立了一种安全规则库，库中存放对应入侵行为应该采取的措施。入侵检测系统的主要工作就是监听网络数据和系统日志，匹配特征模式集和安全规则库，最后根据检测到的入侵行为采取相应的措施来避免遭受攻击。模式匹配技术在这里得到应用，并且成为影响入侵检测系统性能的决定因素。

模式串匹配算法按照在匹配过程中同时匹配的模式串个数可分为单模式匹配算法和多模式匹配算法：单模式匹配算法就是一次只能在文本串中对一个模式串进行匹配的算法，多模式匹配算法是可同时对多个模式串进行匹配的算法。

依据其功能，模式匹配算法可分为精确串匹配算法和正则表达式匹配算法。精确串匹配算法是指在数据序列中查找出与一个或多个特定的模式串完全一致的子串及其出现的位置；正则表达式匹配算法是指根据正则表达式的描述，在数据序列中查找满足正则表达式的所有子串的出现位置。相对精确串匹配来说，正则表达式匹配功能更强大，同时运算成本也更高，速度更慢。所以，通常入侵检测系统首先将待检测数据进行精确串匹配，以便提前处理简单易描述的规则，对具有明显入侵特征的数据包进行处理，然后将顺利通过精确串检测的数据包交由成本更高的正则表达式匹配模块进行匹配。

三、单模式匹配算法

单模式串匹配问题可描述如下。

已知：有限字符集合Σ，

模式串 P：$P=p_0p_1\cdots p_{m-1}$，$p_i\in\Sigma$（$0\leqslant i\leqslant m-1$）

数据串 T：$T=t_0t_1\cdots t_{n-1}$，$t_j\in\Sigma$（$0\leqslant j\leqslant n-1$）

求解：出现位置集合 $O=\{i\}$，$t_{i+k}=p_k$（$0\leqslant k\leqslant m-1$）。即根据建立在一个有限的字符集合上的模式串和数据串，找到数据串中与模式串完全相等的所有子串的出现位置。

1．Brute Force 算法

BF 算法也称朴素模式匹配算法，是由 Bruce Force 提出来的，算法基本思想可描述如下。

（1）模式串 Pattern 和文本串 Text 按左对齐，使得 P_0 与 T_0 处于窗口的同一位置。

（2）比较 P_0 和 T_0，判断两个字符是否相同。如果相同，则比较 P_1 和 T_1；如果不相同，则使模式串 Pattern 向右移一位，重复步骤（2）；当字符 P_{m-1} 超出文本串的长度时，转向步骤（4）。

（3）在步骤（2）结束后，如果出现了 $P_{0,\ 1,\ \cdots,\ m}=T_{0,\ 1,\ \cdots,\ m}$，则表示匹配成功，输出结果；否则，匹配失败。

（4）算法结束。

算法的具体实现用伪代码表示如下。

```
BFMatch（char T[]，char P[]）
{
    int i←0，j←0，pos;
    pos←i;
    while i<n，j<m;//判断文本串中是否包含有模式串
        if（Ti==Pj）then do i++，j++;
        else do i=pos+1，j=0;
        end if
    end while
    if（j=m）//当前窗口比较结束后结果
    //找到一个模式串，但文本没有结束
        if（i<n）then do i←pos+1 return 1;
        //文本结束，没有模式串
            else do return 0;
```

```
            end if
        end if
    }
```

BF 算法的实质是将模式串和文本从左向右逐个搜索。若比较过程中某一位出现失配，则将模式串向右移动一位，继续从模式串的第一位开始从左向右比较。根据这个思想，BF 算法的检测结果是可以给以肯定的，所有与规则库匹配的入侵行为都可以检测出来。同时可以发现，算法的检测效率是比较低下的，模式串右移次数在最坏情况下要比较 $m^*(n-m+1)$ 次。下面以实际的例子来分析 BF 算法的匹配过程。

假设，P：chin　T：the chinese are all love china

匹配过程如下：

① T：the chinese are all love china

　P：chin

首先使模式串 P 和文本串 T 对齐，如步骤①所示。此时 T_0= 't' 与 P_0= 'c'，比较两个字符。比较发现 $T_0 \neq P_0$，根据 BF 算法运算法则，将模式串向右移一位，使得 P_0 与 T_1 对齐，移动结果如步骤②所示。

② T：the chinese are all love china

　P：chin

比较字符 T_1 和 P_0。发现 $T_1 \neq P_0$，继续将模式串右移一位，使得 P_0 与 T_2 对齐，移动结果如步骤③所示。

③ T：the chinese are all love china

　P：chin

根据算法要求继续比较，发现 $T_2 \neq P_0$，将模式串右移一位，使得 P_0 与 T_3 对齐，移动结果如步骤④所示。

④ T：the chinese are all love china

　P：　chin

比较发现 $T_3 \neq P_0$，将模式串右移一位，使得 P_0 与 T_4 对齐，移动结果如步骤⑤所示。

⑤ T：the chinese are all love china

　P：　chin

通过比较发现 $P_0=T_4$，让模式串指针和文本串指针同时向右移动一位，比较 P_1 是否等于 T_5；通过比较发现，$P_1=T_5$='h'，根据同样规则发现：$P_2=T_6$，$P_3=T_7$。由于这个时候模式串指针值和模式串长度值相等，完成了一次匹配，并且成功地找到了要查找的信息，输出结果反馈给网络管理员。虽然在第⑤步的时候找到了要匹配的结果，但由于文本串还没有匹配完成，因而继续按照上述方式匹配，直到文本串结束为止。

在本例中，模式串需要向右移动 29 次才能与文本串匹配完成，在经过第 28 次移动时又成功找出模式串信息，P 与 T 匹配完成时结果如下所示。

T：the chinese are all love china

P：chin

至此，文本串和模式串的匹配完成，成功查找到 2 次模式串信息，模式串向右移动 29 次。

根据上述实例分析发现：BF 算法的时间复杂度为 O（$m\times n$），而且在匹配的过程当中，文本串的指针经常需要回溯。从算法角度看，算法回溯次数越多，算法效率就越低下。BF 算法的效率是比较低下，但是，它的出现为后来算法效率的提高提供了现实的依据。

2．Knuth-Morris-Partt 算法

KMP 算法是由 D.E.Knuth、V.R.Partt 和 J.H.Morris 共同提出的。该算法是在分析 BF 算法的基础上进行改进得出的。由于 BF 算法在匹配的过程中经常发生回溯现象，学者们通过对 BF 算法匹配过程的分析，最终由上述 3 人共同提出了无回溯的 KMP 算法，KMP 算法是无回溯模式匹配算法中的代表，它通过利用模式的特征向量来提高算法的查找效率，其时间代价是目标串的线性函数，同时模式的特征向量计算与模式本身长度成正比。

KMP 算法的主要思想为：在匹配过程中，若在字符 P_j 处发现不匹配，则模式串的右移量未必是 1；当模式串右移后，重新匹配的首字符也未必为 P_0。算法在失配的情况下是借助一个辅助函数 Next[]来确定模式串 P 的右移量和移动后开始比较的位置。Next 函数的定义可以表示为

$$\text{Next}[j]=\begin{cases}-1, & j=0\\ \max\{k\mid 0<k<j\text{且}p_{0,1,\cdots,k-1}=p_{j-k+1,\cdots,j-1}\}, & \text{集合不空}\\ 0, & \text{其他情况}\end{cases}$$

在匹配的过程中，如果 $P_j\neq T_i$，若 Next[j]>0，则模式串的右移量为 j−Next[j]；若 Next[j]=−1，则将模式串右移 j+1 位，并且使 P_0 与 T_{i+1} 进行比较。

现假设模式串为“abbcabcdcab”，则根据 Next 函数得出 Next[j]值如表 7-1 所列。

表 7-1　模式串中各字符的 Next[]值

j	0	1	2	3	4	5	6	7	8	9	10
模式串	a	b	b	c	a	b	c	d	c	a	b
Next[j]	−1	0	0	1	0	1	2	2	0	1	2

根据上述分析结果可以知道，KMP 算法中的 Next 函数的伪码可表示如下。

```
int Next（char*P，int next[]）
{
    int j←0，next[0]←-1，k←0;
    while （j<strlen（P））do
        if（k=-1|Pj==Pk）do i++j++next[j]=k
            else do k=next[k]
        end if
    end while
}
```

在 Next 函数的构造过程中，最重要的步骤是求出子串的最大长度。所以对于任何一个子模式串都是唯一的，它的值只与模式串本身结构有关。

KMP 扫描算法如下。

```
int kmp（char P[]，char T[]，int next[]）
{
    int i，j，x，y;
    x=len（T）;
    y=lent（P）;
    while（i<m-1&&j<n-1）
        if（j==-1 || T[i]==P[j]）
        {
            i++;
            j++;
        }
        else j=next[j];
        if（j>=y-1）return（i-y+1）;
        else return（-1）;
}
```

以下举例说明了 KMP 算法的应用。

① *T*：C D B C B A B C D B C D B C A C A B C

　P：D B C D B C A C A B C

T[0]不等于 *P*[0]，模式 *P* 向右移动一位。

② *T*：C D B C B A B C D B C D B C A C A B C

　P：　D B C D B C A C A B C

子串（DBC）三个字符已经匹配，后面发现不匹配，在匹配部分（DBC）没有重复部分，则向右移动模式 *P*，将 *P*[0]与文本 *T* 中失配的字符对齐。

③ *T*：C D B C B A B C D B C D B C A C A B C

　P：　　　　D B C D B C A C A B C

P[0]与 *T*[4]不匹配，模式 *P* 向右移动一位。

④ *T*：C D B C B A B C D B C D B C A C A B C

　P：　　　　　D B C D B C A C A B C

子串（DBCDBC）6 个字符已经匹配成功；其中最长的重复部分是（DBCD）；则将模式 *P* 向右移动 3 个位置，与文本 *T* 重复部分（DBCD）对齐；

⑤ *T*：C D B C B A B C D B C D B C A C A B C

　P：　　　　　　　　D B C D B C A C A B C

匹配过程完成。

KMP 算法相比 BF 算法效率有较大的提高，它主要消除了 BF 算法中只要存在一个字符比较不相等就回溯的缺点。KMP 算法在最理想情况下的时间复杂度为 $O(m+n)$，空间复杂度为 $O(m)$。

3．Boyer-Moore 算法

BM（Boyer-Moore）算法是 Boyer 和 Moore 于 1977 年提出的。BM 算法从另外一个角度出发，提出一种比较新颖的方法来求解模式匹配问题。

BM 算法的基本思想是首先对模式 P 进行一些预处理，要求计算出两个偏移函数：Badchar 和 Goodsuffix，然后把文本 T 和模式 P 左边对齐，从右到左进行比较，当某一趟匹配失败时，按照两个偏移函数计算出的偏移值，取较大的偏移值。再把文本指针向右移，直到匹配成功或整个文本搜索完毕。

1）Badchar 函数

Badchar 函数计算出字符集 Σ 中每个字符所对应的偏移量 skip(x)。设 skip(x)表示为 P 右移的距离，m 表示为模式串 P 的长度，max(x)表示为字符 x 在 P 中的最右位置。skip(x)定义为

$$\text{skip}(x)=\begin{cases} m;\ x\neq p[j](1\leqslant j\leqslant m),\ x\text{在}P\text{中未出现} \\ m-\max(x);\ \{k\mid p[k]=x,1\leqslant k\leqslant m\},\ x\text{在}P\text{中出现} \end{cases}$$

位移函数 skip(B)：

（1）当 P 中第 j 个字符和 B 相等，skip(x)=m−j。

例子：

T：A D F A B D C A D

P：A D B A B

P：A D B A B

根据 Badchar 函数计算的偏移量，不匹配字符是 B，B 是在第 3 的位置上，计算的偏移值为：m=5，m−j=2，模式 P 往右移两位，正好对齐了模式 P 的失配字符 B 和正文 T 的 B 字符。

（2）当模式 P 中不包含 B，skip=m；

例子：

T：A D D A B D C A D B

P：A D A C C

P：A D A C C

根据 Badchar 函数计算的偏移量，不匹配字符是 B，在模式 P 中不存在：m 为 5，模式 P 往右移 5 位，正好把模式移到了坏字后面。

2）Goodsuffix 函数

好后缀函数能够计算出模式当中的一个后缀被匹配成功时，它的文本指针能够右移的偏移量 Shift(j)，它利用已成功匹配的字符，将已匹配的部分看作整个模式的子模式，考虑模式串前缀中是否有与此模式相匹配的子串。

设 Shift(j)为 P 右移的距离，m 为模式串 P 的长度，j 为当前所匹配的字符位置。Shift(j)定义为

Shift(j)=min{s | (P[j+1⋯m] = P[j−s+1⋯m−s])&& (P[j] ≠ P[j−s])(j>s)P[s+1⋯m] = P[1⋯m] (j⩽s)}

例子：

T：A A B B A C D A D

P：B A C A A C

P：B A C A A C

模式 P 中和文本 T 匹配的是 AC，但是模式 P 从右边起第一个已经匹配的字串的前缀是 A，所以不可以匹配。但是 P 中从右边起第二个已经匹配的字串的前缀是 B，需要把模式 P 向右移动，使它们对齐。

如果模式中没有已经匹配的字串或者已经匹配的字串的前缀是 A，就要用模式 P 中的前缀对齐文本 T 的后缀，向右移动过程速度很快。

例子：

T：A C B A C A B

P：A B A A C

P：A B A A C

从上面例子中能够看出，已经匹配的字串 AB 仅在模式 P 中出现一次，因为它的前缀是 A，所以不可以用 1）的办法。应该直接将模式 P 向右移动，使它的前缀和文本 T 已经匹配的字串的后缀对齐。

在 BM 算法匹配的过程中，取 skip(x)与 shift(j)两者中的较大者作为向右移动的距离。

BM 算法实现关键代码如下。

```
int dist (char ch，char*T) //skip 函数
{
    int k=-1，t1;
    tl=strlen(T);
    for (int i=0; i<t1-1; i++)
    {
        if (ch==T[i]&&i<t1)
        k=i+1;
        if (ch==T[i]&&i==t1-1)
        k=0;
    }
    if (k==-1) k=0;
    return t1-k;
}

void BM (char*S，char*T) //BM 算法
{
    int S1，t1;
    Sl=strlen(S);
    tl=strlen（T）;
    int j，i=t1;
    while (i<s1)
    {
        j=tl-1;
        while (j>=0&&S[i]==T[j])
        {
            i--;
            j--;
        }
```

```
            if (j==-1)
            {
                cout<< "匹配的起始下标为：" <<i+2<<endl;
                break;
            }
            else
                i=i+dist (S[i], T);
        }
        if (i>=s1) cout<< "匹配不成功" <<endl;
    }
```

BM 算法预处理阶段时间复杂度为 $O(m+s)$，空间复杂度为 $O(s)$。最好情况下时间复杂度 $O(n/m)$，最差的情况下时间复杂度为 $O(m\times n)$。BM 算法使用了两个启发性规则，在进行算法匹配时，文本串指针不需要回溯，从而减少了很多的比较次数，较大地提高了匹配效率。

4．BM-Horspool 算法

经典的 BM 算法经历了几年的发展，不断涌现了多种改进的算法，这些当中 Horspool 改进的 BMH（BM-Horspool）算法效率最高。而且仅仅采用坏字符启发已经对 BM 算法有比较明显的改进了。

BMH 算法核心思想是：首先左边对齐文本串 T 和模式串 P，从右至左匹配，当匹配失败时，判断 T 中参加匹配的最末位字符 $T[i+m-1]$有没在 P 中出现，如果没有出现，P 向右移动步长 m。否则，右移对齐该字符，其移动步长=匹配串中最右端的该字符到末尾的距离+1。

BMH 算法实现关键代码如下。

```
void BMH（char t[], char p[]）
{
    int len_t, len_p;
    int i, j, skip, pos, tem, count, cou;
    len_t=strlen（t）;
    len_p=strlen（p）;
    skip=0;
    count=0;
    cou=0;
    j=len_p-1;
    i=j;
    for（pos=len_p;i<pos&&pos<=len_t;）
    {
        tem=i;
        while（j>=0）
        {
            if（t[i]==p[j]）
            {
                i--;
                j--;
```

```
                    //continue;
                }
                else
                {
                    skip=compp（t[pos-1]，len_p，p）；
                    break;
                }
            }
            if（j<0）
            {
                count++;
            }
        printf（"BMH 成功匹配%d 次："，count）；
        printf（"BMH 比较了%d 次："，cou）；
    }
    int compp（char x，int y，char b[]）//x 为最末尾字符，y 为 p 中不匹配的位置
    {
        int a，i，next;
        a=y;
        for（i=a-2;i>=0;i--）
        {
            if（x==b[i]）
            {
                next=（a-i-1）；
                break;
            }
            Else
            next=a;
        }
        return next;
    }
```

BMH 算法举例如下：

设文本串 T=“FOLLOASAMASFLOMESAMPLE”，模式串 P=“SAMPLE”，按照 BMH 模式匹配算法思想，匹配过程如表 7-2 所列。

表 7-2 BMH 算法的匹配过程

	0	1	2	3	4	5	6	7	8	9	10	11	12	13	14	15	16	17	18	19	20	21
	F	O	L	L	O	A	S	A	M	A	S	F	L	O	M	E	S	A	M	P	L	E
1	S	A	M	P	L	E																
2					S	A	M	P	L	E												
3									S	A	M	P	L	E								
4															S	A	M	P	L	E		
5																	S	A	M	P	L	E

BMH 算法预处理时间复杂度为 $O(m+\sigma)$，空间复杂度 $O(\sigma)$的。查找阶段时间复杂度为 $O(mn)$，在一般情况下，BMH 算法比 BM 具有更好的性能，它只使用了一个数组，简化了初始化过程。

四、多模式串匹配算法

多模式串匹配问题可描述如下。

已知：有限字符集合Σ

模式串 P：$P=\{p_i\}$，$p_i = p_i^0 p_i^1 \cdots p_i^{m_i-1}, p_i^j \in \Sigma$（$0 \leqslant i \leqslant m-1$）

数据串 T：$T=t_0 t_1 \cdots t_{n-1}$，$t_j \in \Sigma$（$0 \leqslant j \leqslant n-1$）

求解：出现位置集合 $O=\{o_{ij}\}$，使得 $\forall o_{ij} \in O, t_{j+k} = p_i^k$（$0 \leqslant k \leqslant m-1$）。

即根据建立在一个有限的字符集合上的模式串和数据串，找到数据串中与模式串完全相等的所有子串的出现位置。

1．蛮力法

多模式串匹配问题的蛮力法是单模式串匹配蛮力算法的扩展。由于在匹配窗口内需要匹配的模式串不是唯一的，所以多模式串的蛮力算法需要增加一层循环，以便对每一个模式串进行匹配。多模式串的蛮力算法代码如下所示。

```
char *pattern，*text;
int windows_position，offset;
for （windows_position=0; windows_position<n−m+1; windows_position++）
{
     for （int iPat=0; iPat<iPatternNumber;iPat++）
     {
          Pattern=patternarray[iPat];
          for （offset=0; offset<m; offset++）
          {
          if （text[windows_position+offset]!=pattern[offset]）break;
          }
          if （offset>=m）Findat（windows_position，iPat）;
     }
}
```

2．Aho-Corasick 算法

Aho-Corasick（AC）算法是 KMP 算法向多模式匹配算法的扩展，它是一种最经典的多模式匹配算法。算法使用一种特殊的自动机，称为 Aho-Corasick 自动机，是 FSA（finite state automata，有限状态自动机）的一种。该自动机是 Aho 等对 trie 结构进行扩展后形成的，自动机的基本结构是由所有模式串 P 所构成的树形结构，只不过它的每个节点比 trie 结构增加了一个转移指针（失效指针）。这个转移指针指向它的失效节点，表示该节点对应子串在 KMP 算法中根据最长前缀计算出的转移节点。转移指针所指向的节点至少比当前节点高一层，绝对不会出现同层或下层的情况。集合 P={atatata，tatat，acgatat}所构成的 Aho-Corasick 自动机如图 7-15 所示。

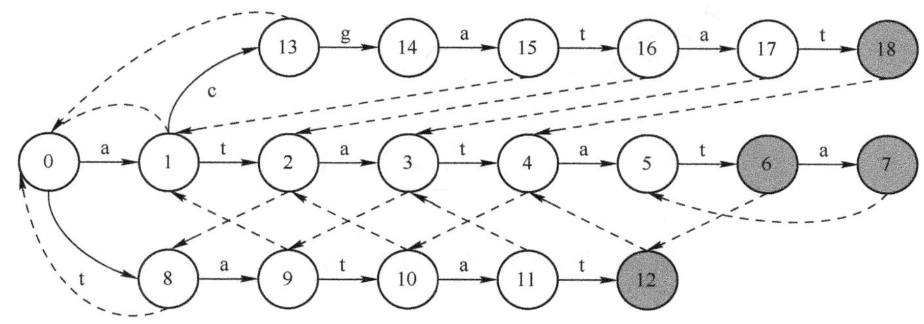

图 7-15 集合 P={atatata，tatat，acgatat}所构成的 Aho-Corasick 自动机

其中，实线表示转移状态，虚线表示失效状态，填充圈表示输出状态。从图 7-15 可以看到，失效指针所指向的状态就是 KMP 算法中根据最长前缀计算出的某一模式的最长转移所到达的状态。例如，状态 16，它的前向字符串为 acgat，acgat 中既是最长后缀又是 P 中某个模式的前缀的字符串是 at，所以状态 16 的失效状态就是从根节点开始经 at 所到达的状态，即状态 2。这里需要注意的问题是状态 6 和 12 都到达了终态，这是因为在状态机的搜索过程中有一种特殊情况出现，那就是 P 中的某个模式是另外一个模式的子串或后缀的情况，为了防止这种情况下漏掉待匹配的模式，需要在构建状态机以后把这种后缀或子串的模式的终态添加到长的模式中。在图中就表现为把状态 6 的终态添加到状态 12 中。

AC 算法是 Alfred V.Aho 和 Margaret J.Corasick 于 1974 年提出（与 KMP 算法同年）的一个经典的多模式匹配算法，可以保证对于给定的长度为 n 的文本，和模式集合 $P=\{p_1, p_2, \cdots p_m\}$，在 $O(n)$时间复杂度内，找到文本中的所有目标模式，而与模式集合的规模 m 无关。正如 KMP 算法在单模式匹配方面的突出贡献一样，AC 算法对于多模式匹配算法后续的发展也产生了深远的影响，而且更为重要的是，两者都是在对同一问题——模式串前缀的自包含问题的研究中产生出来的，AC 算法从某种程度上可以说是 KMP 算法在多模式环境下的扩展。

要理解 AC 算法，仍然需要对 KMP 算法的透彻理解。对于模式串"abcabcacab"，我们知道非前缀子串 abc（abca）cab 是模式串的一个前缀（abca）bcacab，而非前缀子串 ab（cabca）cab 不是模式串 abcabcacab 的前缀，根据此点，我们构造了 next 结构，实现在匹配失败时的跳转。而对于多模式环境，这个情况会发生一定的变化。这里以 AC 论文中的例子加以说明，对于模式集合 P={he，she，his，hers}，模式 s（he）的非前缀子串 he，实际上却是模式（he），（he）rs 的前缀。如果目标串 target[$i\cdots i$+2]与模式 she 匹配，同时也意味着 target[i+1$\cdots i$+2]与 he，hers 这两个模式的头两个字符匹配，所以此时对于 target[i+3]，我们不需要回溯目标串的当前位置，而直接将其与 he，hers 两个模式的第 3 个字符对齐，然后直接向后继续执行匹配操作。

经典的 AC 算法由三部分构成，goto 表，fail 表和 output 表，goto 表是由模式集合 P 中的所有模式构成的状态转移自动机，以上面的集合为例，其对应的 goto 结果如图 7-16 所示，其中圆圈对应自动机的各个状态，边对应当前状态输入的字符。

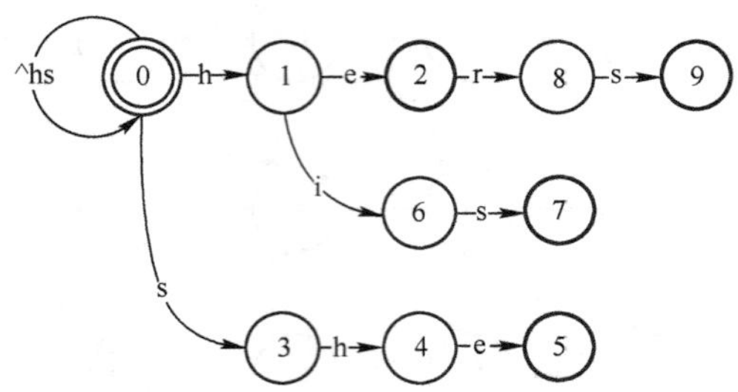

图 7-16　goto 结果

对于给定的集合 $P=\{p_1, p_2, \cdots, p_m\}$，构建 goto 表的步骤是，对于 P 中的每一个模式 $p_i[1\cdots j]$（$1\leqslant i<m+1$），按照其包含的字母从前到后依次输入自动机，起始状态 $D[0]$，如果自动机的当前状态 $D[p]$，对于 p_i 中的当前字母 $p_i[k]$（$1\leqslant k\leqslant j$），没有可用的转移，则将状态机的总状态数 smax+1，并将当前状态输入 $p_i[k]$后的转移位置，置为 $D[p][p_i[k]]$ = smax，如果存在可用的转移方案 $D[p][p_i[k]]=q$，则转移到状态 $D[q]$，同时取出模式串的下一个字母 $p_i[k+1]$，继续进行上面的判断过程。这里我们所说的没有可用的转移方案，等同于转移到状态机 D 的初始状态 $D[0]$，即对于自动机状态 $D[p]$，输入字符 $p_i[k]$，有 $D[p][p_i[k]]=0$。理论介绍很繁琐，让我们以之前的模式集合 P={he，she，his，hers}说明 goto 表的构建过程。

第一步，将模式 he 加入 goto 表。

第二步，将模式 she 加入 goto 表。

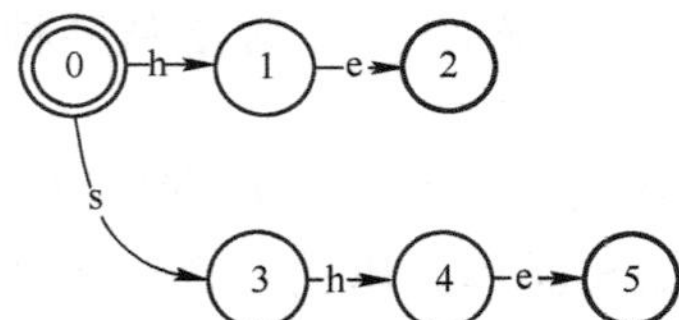

第三步，将模式 his 加入 goto 表。

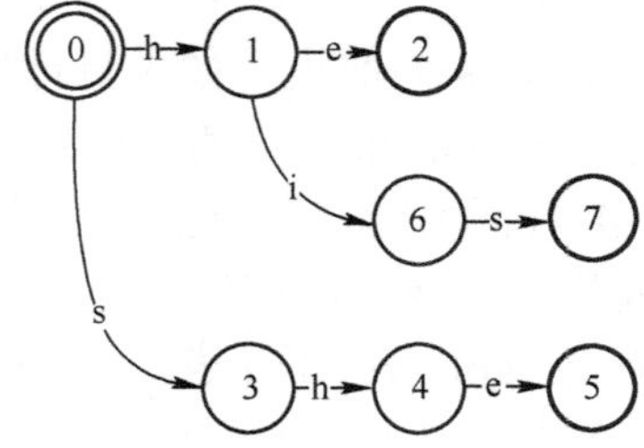

第四步，将模式 hers 加入 goto 表。

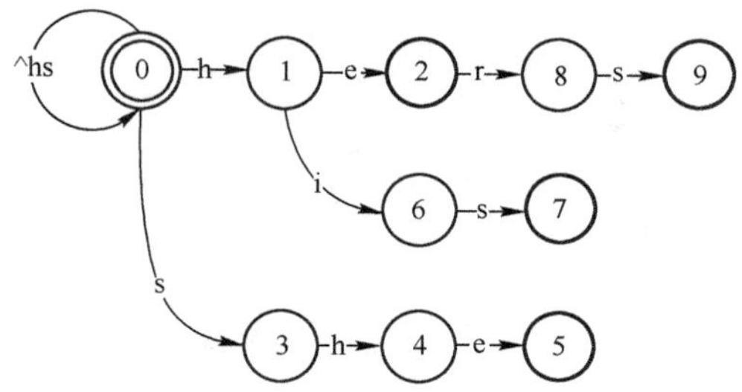

对于第一和第二步而言，两个模式没有重叠的前缀部分，所以每输入一个字符，都对应一个新状态。第三步时，我们发现，$D[0][p_3[1]]=D[0]['h']=1$，所以对于新模式 p_3 的首字母'h'，我们不需要新增加一个状态，而只需将 D 的当前状态转移到 $D[1]$即可。而对于模式 p_4 其前两个字符 he 使状态机转移至状态 $D[2]$，所以其第三字符对应的状态 $D[8]$ 就紧跟在 $D[2]$之后。

goto 表构建完成之后，我们就要构建 fail 表，fail 表就是当处在状态机的某个状态 $D[p]$时，此时的输入字符 c 使得 $D[p][c]=0$，那么我们应该转移到状态机的哪个位置来继续进行呢。以输入文本"shers"为例，当输入到字母 e 时，会发现匹配模式（she）rs，对应状态机的状态 $D[5]$，然后输入字母 r，此时我们发现 $D[6]['r']=0$，对于字母 r $D[6]$ 不存在有意义的跳转。此时不能跳转回状态 $D[0]$，这样就会丢掉可能的匹配 s（hers）。我们发现 s（he）的后缀 he 是模式（he）rs 的一个前缀，所以当匹配模式 she 时，实际也已经匹配了模式 hers 的前缀 he，此时可以将状态 $D[6]$转移到 hers 中的前缀 he 在 goto 表中的对应状态 $D[2]$处，再向后执行跳转匹配。这一跳转，就是 AC 算法中的 fail 跳转，要实现正确的 fail 跳转，还需要满足一系列条件，下面会逐一说明。

对于模式串 she，其在字母 e 之后发生了匹配失败，此时其对应的模式串（回溯到状态 $D[0]$）就是 she。对于 she 来说，它有两个包含后缀（除字符串自身外的所有后缀），he 和 e，对于后缀 he，将其输入自动机 D，从状态 $D[0]$可以转移到状态 $D[2]$，对于后缀 e，没有可行的状态转移方案。所以对于状态 $D[5]$，如果对于新输入的字符 c 没有可行的转移方案，可以跳转到状态 $D[2]$，考察 $D[2][c]$是否等于 0。

AC 两人在论文中举出的例子，并不能涵盖在构建 fail 时遇到的所有情况，这里特别说明一下。对于 she 的包含后缀 e，没有可行的转移方案，此时如果模式串中还包含一个模式 era，那么 $D[5]$可不可以转移到状态 $D[10]$去呢，实际上这是不行的，需要找到的是当前所有包含后缀中最长的满足条件者，如果 $D[5]$对于失败的输入 c 优先转移到 $D[10]$，那么对于文本串 shers，很显然会漏掉可能匹配 hers，那么什么时机才应该转移到 $D[10]$呢，当处理模式串 hers 时，处理到 $D[2]$时对于之前的输入 he，其最长的包含后缀是 e，将 e 输入自动机，可以转移到 $D[10]$，所以在 $D[2]$处发生匹配失败的时候才应该转移到 $D[10]$。所以当我们在 $D[5]$处匹配失败时，要先跳转到 $D[2]$，如果再没有可用的转移，则跳转到 $D[10]$。

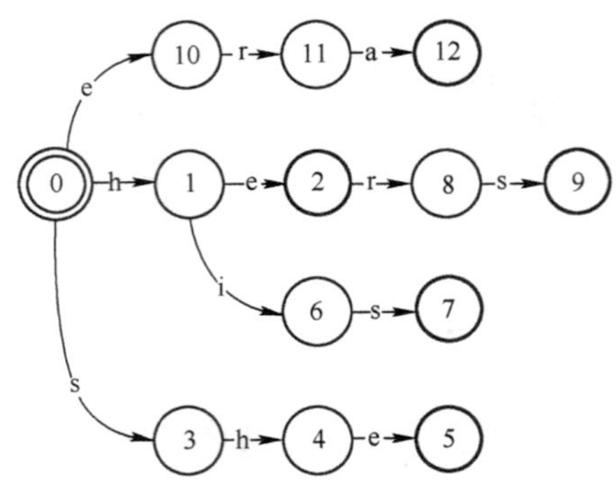

这个例子同时说明，对于模式集合 P 的所有模式 p_i，需要处理的不仅是 p_i 的所有包含后缀，而是 p_i 的所有非前缀子串。以模式 hers 为例，其在 2，8，9 三个状态都可能发生匹配失败，所以要提取出 hers 的所有非前缀子串（e，er，r，ers，rs，s），然后按照这些子串的末尾字符所对应的自动机状态分组（上例就可以分组为{e}对应状态 2，{er，r}对应状态 8，{ers，rs，s}对应状态 9），然后分别将这些组中的子串从 $D[0]$开始执行状态转移，直到没有可行的转移方案，或者整个序列使状态机最终转移到一个合法状态为止。如果一组中的所有子串都不能使状态机转移到一个合法状态，则这组子串所对应的状态的 fail 值为 0，如果存在可行的状态转移方案，则选择其中最长的子串经过转移后的最终状态，令其对应的组的状态的 fail 值与其相等。

举例说明，当要处理模式串 hers 的 fail 表，假设已经构建好的 goto 表如前图所示，首先我们需要考察状态 2，此时 hers 的输入字符是 he，其所有包含后缀只有 e，我们让 e 从 $D[0]$开始转移，发现成功转移到 $D[10]$，所以 fail[2]=10。然后考察状态 8，此时 hers 的输入字符是 her，所有包含后缀为 er，r，因为我们要找到可以实现转移的最大包含后缀，所以我们先让 er 从 $D[0]$开始转移，发现成功转移到 $D[11]$，所以 fail[8]=11，这时虽然后缀 e 也可以成功转移到 $D[10]$，但它不是当前包含后缀分组中的子串所能实现的最长跳转，放弃。然后考察 9，此时 hers 的输入字符串是 hers，所有包含后缀为 ers，rs，s，我们依次让其执行状态转换，发现 s 是可以实现转移的最长子串，转移到 $D[3]$，所以 fail[9]=3。

对于长度为 n 的模式串 p 而言，其所有非前缀子串的总数有（n^2-n)/2 个，如果将这些子串都要经过状态机执行状态转移，时间复杂度为 $O(n^3)$，所以用这种方法，计算包含 m 个模式的模式集合 P 的 fail 表的时间复杂度为 $O(mn^3)$，如果包含 10000 个模式，模式的平均长度为 10，计算 fail 表的运算就是千万级别，严重影响 AC 算法的实用价值。

最后来说一下 AC 算法中的 output 表，在构建 goto 表的过程中，状态 2、5、7、9 是输入的 4 个模式串的末尾部分，所以如果在执行匹配过程中，达到了如下 4 个状态，就知道对应的模式串被发现了。对于状态机 D 的某些状态，对应某个完整的模式串已经被发现，就用 output 表来记录这一信息。完成 goto 表的构建后，D 中各状态对应的 output 表的情况如下：

2 he
5 she
7 his
9 hers

但是这并不是我们最终的 output 表。下面以构建状态 5 的 fail 表为例，说明 fail 表的构建是如何影响 output 表的。首先根据之前的介绍，当开始计算 *D*[5]的 fail 值时，要将模式 she 的所有包含后缀提取出来，包括 he，e。这里需要注意，在 output 表中，状态 5 是一个输出状态。当用 he 在状态机中执行转移时，我们会成功转移到 2，这里 output[2]也是一个输出状态，这就意味着在发现模式串 she 的同时，实际上也发现了模式串 he，所以如果通过某种转换，我们到达了状态 5，则意味着我们发现了 she 和 he 两个模式，此时 fail[5]=2，所以我们需要将 output[2]所包含的输出字符串加入到 output[5]中。完成 goto 和 fail 表构建后，我们所得到的最终 output 表为

2 he
5 she，he
7 his
9 hers

这实际上是一个后缀包含问题，也就是模式 p_1 实际上是模式 p_2 的后缀，所以当发现模式 p_2 时，p_1 自然也被发现了。

AC 算法对文本进行匹配的具体步骤为：一开始，将 *i* 指向文本 text[1…*j*]的起始位置，然后用 text[*i*]从 goto 表的状态 *D*[0]开始执行状态跳转。如果存在可行的跳转方案 *D*[0][text[*i*]]=*p*，*p*!=0，则将 *i* 增加 1，同时转移到状态 *D*[*p*]。如果不存在可行的转移方案，则考察状态 *D*[*p*]的 fail 值，如果 fail[*p*]不等于 0，则转移到 *D*[fail[*p*]]，再次查看 *D*[fail[*p*]][text[*i*]]是否等于 0，直到发现不为 0 的状态转移方案或者对于所有经历过的 fail 状态，对于当前输入 text[*i*]都没有非 0 的转移方案为止，如果确实不存在非 0 的转移方案，则将 *i* 增加 1，同时转移到 *D*[0]继续执行跳转。在每次跳转到一个状态 *D*[*p*]时（fail 跳转不算），都需要查看一下 output[*p*]是否指向可输出的模式串，如果有，说明当前位置匹配了某些模式串，将这些模式串输出。

AC 算法作为最经典的多模式匹配算法被许多 IDS 采用，该算法将待匹配的入侵特征模式串转换为树状有限状态自动机，然后进行扫描匹配，最好情况或最坏情况下，AC 算法模式匹配的时间复杂度都是 $O(n)$。AC 有限状态自动机的存储占用了大量的内存资源，降低了算法的 cache 性能，巨大的存储开销是影响 AC 算法性能的重要因素。

3．Wu-Manber 算法

Wu-Manber 算法将过滤思想和 Boyer-Moore 算法思想结合起来。Boyer-Moore 算法中的不良字符转移机制记录了字符集中所有字符在模式串中出现的最右位置距离模式串串尾的距离。在算法匹配过程中，可以根据这个位置信息安全地移动而不用担心忽略任何可能出现的匹配。但是随着模式串个数的增加，各个字符出现在模式串尾端的概率也相应增加了，相应地与串尾的距离缩小，因而所能跳过的距离也同样变小，所以这种转

移机制的效果在多模式串的情况下被极大地削弱了。

Wu-Manber 算法利用块字符扩展了不良字符的转移效果来解决这个问题，同时用散列表来筛选匹配阶段应进行匹配的模式串，减少算法匹配时间。在每一次对匹配情况的考察中，不再一个字符一个字符地进行考察，取而代之，一次考察一“块”，即考察 B 个字符。根据这 B 个字符的匹配情况来决定模式串的移动距离。当模式串个数较少时，发生散列冲突的可能性较小，通常取 B=2，否则取 B=3。

Wu-Manber 算法首先要对模式串的集合进行预处理，预处理阶段将建立 3 个表格，即 SHIFT 表，HASH 表和 PREFIX 表。SHIFT 表中存储字符集中所有块字符在文本中出现时的转移距离。HASH 表用来存储匹配窗口内尾块字符散列值相同的模式串。PREFIX 表用来存储匹配窗口内首块字符散列值相同的模式串。在对模式串进行匹配的时候就是利用这 3 个表完成文本的扫描和寻找匹配的过程。

假设 B=2，S 是我们当前正在处理的文本中的 2 个字符组成的字符串。并且 S 映射到 SHIFT 表的第 i 项，即 S 被散列为 i。考虑两种情况：

（1）S 不在任何一个模式串中出现，我们可以将考察的位置向后移动 $m-B+1$ 个字符的距离，于是我们在 SHIFT[i]中存放 $m-B+1$。

（2）S 在某些模式串中出现，这种情况下，我们考察那些模式串中 S 出现的最右位置。假设 S 在 P_j 中的 q 位置出现，且在其他的出现 S 的模式串中 S 的位置都不大于 q。那么我们应该在 SHIFT[i]中存放 $m-q$。

下面描述算法匹配的主要过程。

（1）计算所有模式串中最短的模式串的长度，记为 m，并且我们只考虑每一个模式串的前 m 个字符，即 m 为匹配窗口的大小。

（2）根据文本当前正考察的 m 个字符计算其尾块字符散列值 h。（从 $T_{m-B+1}\cdots T_m$ 开始）

（3）检查 SHIFT[h]的值，如果 SHIFT[h]> 0，那么将窗口向右移动 SHIFT[h]大小位置，返回第（2）步，否则，进入第（4）步。

（4）计算文本中对应窗口“前缀”的散列值，记为 text-prefix。

（5）对符合 HASH[h]≤p<HASH[h+1]的每一个 p 值，检验是否存在 PREFIX[p]= text-prefix。如果相等，对文本和模式串进行完全匹配。

例如，在文本串“All of the students are very cool in this school.”中匹配模式串 student、crude 和 school。假设 B=2。

（1）计算 m=5，即匹配窗口大小为 5，如图 7-17 所示。

All of the students are very cool in this school.

图 7-17　文本匹配示意

（2）计算 SHIFT 表。

考虑每一个模式串的前 5 个字符，计算每个块字符与匹配窗口内模式串串尾的距离如图 7-18 所示，此即当该块字符在文本中出现时的转移距离。

student:

st	tu	ud	de
3	2	1	0

crude:

cr	ru	ud	de
3	2	1	0

school:

sc	ch	ho	oo
3	2	1	0

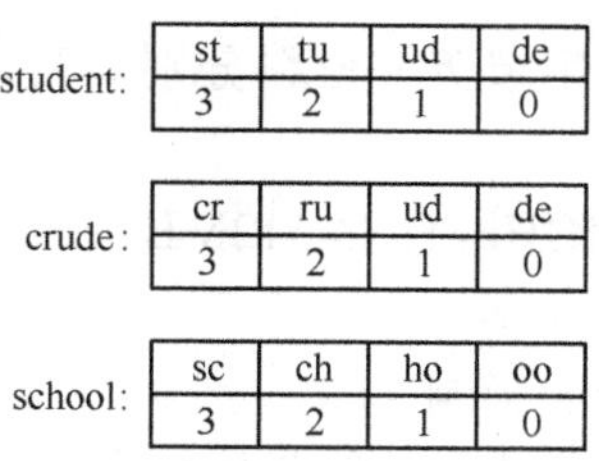

图 7-18 块字符转移距离

合并后的 SHIFT 表如图 7-19 所示，其他未出现在匹配窗口内的块字符的 SHIFT 表值均为 $m-B+1=4$。

st	tu	ud	de	cr	ru	sc	ch	ho	oo	…
3	2	1	0	3	2	3	2	1	0	4

图 7-19 SHIFT 表

（3）计算 HASH 表，如图 7-20 所示。

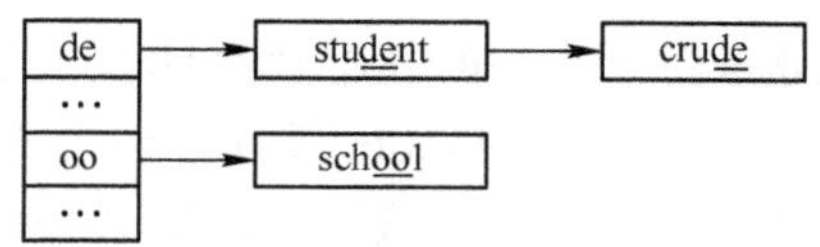

图 7-20 HASH 表

（4）计算 PREFIX 表，如图 7-21 所示。

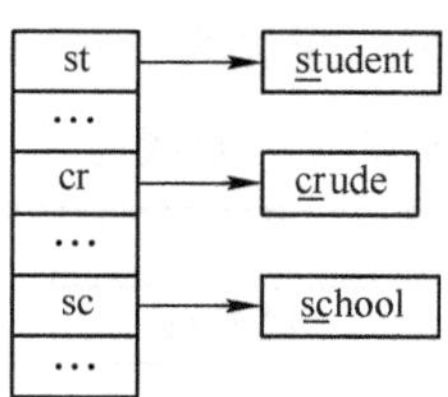

图 7-21 PREFIX 表

（5）匹配过程。

如图 7-22 所示，从右向左扫描前 5 个字符，_o 在 SHIFT 表中值为 4，可以将考察的位置向后移动 4 个字符的距离。th 在 SHIFT 表中值也为 4，所以也将考察的位置向后移动 4 个字符的距离。st 在 SHIFT 表中值为 3，所以将考察的位置向后移动 3 个字符的距离。de 在 SHIFT 值为 0，转入 HASH 表，在 HASH 表中对应的模式串有 student 和 crude。然后计算当前文本窗口 stude 的 text-prefix，即 st 的散列值，转入 PREFIX 表对应的模式串有 student，最后进行完全匹配。剩余文本匹配过程类似。

All of the stude nts are very cool in this school.

图 7-22 匹配过程

为测试 Aho-Corasick 和 Wu-Manber 两种算法的性能，使用长度为 5，797，998 字节

中文语料和长度为4，296，532字节英文语料分别对其进行测试。

（1）测试环境。

CPU是Intel Pentinum IV 2.4GHz，内存512MB，硬盘80GB，操作系统Windows 2000 Server，算法实现环境是Visual C++6.0。

（2）模式串个数对算法性能的影响。

使用英文语料作为测试文本，测试当模式串个数分别为1、100、500、1000、5000时的算法性能。测试结果如表7-3所列。

表7-3 测试结果 （单位：ms）

模式串个数	算法名称	
	AC算法	Wu-Manber算法
1	278	10
100	1593	38
1000	2391	56
5000	2372	1337

从表7-3可以看出，Wu-Manber算法的匹配速度明显要快于Aho-Corasick算法，最好情况下快了将近40倍左右。对于Wu-Manber算法，当模式串增加到5000个时，Hash值相同的模式串个数大量增加，导致进入前缀匹配的模式串的数目增加，最终进入完全匹配的模式串数目增加，因此匹配时间急剧上升。

（3）模式串长度对算法性能的影响。

使用中文语料作为测试文本，测试当模式串个数为10，模式串长度分别为1、10、100、500个汉字时的算法性能。测试结果如表7-4所列。

表7-4 测试结果 （单位：ms）

模式串长度（汉字）	算法名称	
	AC算法	Wu-Manber算法
1	256	28
10	294	6
100	362	3
500	416	6

从表7-4可以看出，Wu-Manber算法不仅匹配速度快，而且匹配时间不随模式串长度的增加而有明显的增长，性能很稳定。一般情况下，模式串长度越大，算法的匹配速度越快。

五、模式匹配算法应用

基于模式匹配的网络入侵检测系统是根据特征检测的规则所作的一个检测系统，该方法既可用于检测已知攻击技术，也可以分析攻击的具体实现过程，并提取攻击行为的特征，从而建立有关攻击行为的特征库。根据特征库对检测到的数据进行模式匹配，当该攻击行为与已知的入侵行为匹配时，产生警报。

基于模式匹配的网络入侵检测系统基于功能不同可以分成四部分，即数据包捕获模块、预处理模块、检测模块（模式匹配）和输出模块。系统的功能如图 7-23 所示。

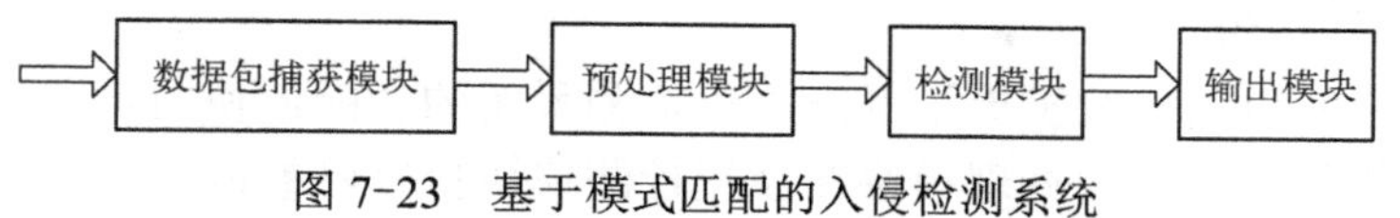

图 7-23　基于模式匹配的入侵检测系统

1．数据包捕获模块设计

1）数据包捕获过程

数据包捕获模块利用 WinPcap 的捕获机制尽可能地捕获所有的数据包，为入侵检测系统提供数据源；捕获数据包的过程如下。

（1）通过网卡接收数据包，数据包收到后在中间层截取，最后发送到应用层，在应用层进行处理。

（2）在应用层进行处理后，最后将处理结果送回中间层。

（3）根据中间层的处理结果，将该数据包丢弃，或将经过处理后的数据包发送到 IP 协议。

（4）IP 协议及上层应用接收到数据包。

2）数据包捕获的设计

传统局域网采用总线结构。一台机器发送的数据包以广播方式发往所有的连在一起的主机。但是正常情况下，一个网络接口应该只响应与自己硬件地址相匹配的数据帧或者是发向所有机器的广播数据帧。若将网卡模式设置为混杂模式，则无论接收到的数据包中目标地址是什么，主机都将其接收下来。然后对数据包进行分析，就得到了局域网中通信的数据。一台计算机可以监听同一网段所有的数据包，不能监听不同网段的计算机传输的信息。数据包捕获模块根据该特性将网卡的工作模式置于混杂模式，尽可能地捕获所有的数据包，为入侵检测系统提供数据源。根据网络特性，数据包捕获流程图如图 7-24 所示。

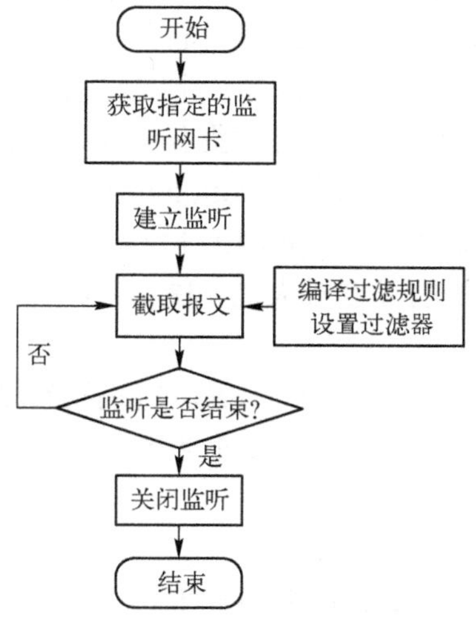

图 7-24　数据包捕获流程

捕获数据包的过程大致可以分为：获取指定的监听网卡名建立监听会话；编译过滤规则，设置过滤器；获取数据包；关闭监听会话 5 个步骤。

2．预处理模块设计

预处理模块的引入大大扩展了网络入侵检测系统的功能，使用户和程序员可以很容易地加入模块化的插件。预处理模块在系统检测模块执行前被调用，但是在数据包解码完毕之后才运行。通过此种机制，数据包可以在进行检测前使用不同的方式来修改或分析，为下一步的检测做铺垫，从而提高检测模块的准确性和速度。预处理模块包括：

1）协议分析

TCP/IP（传输控制协议/网际协议）是互联网中的基本通信语言或协议。在私网中，它也被用作通信协议。当直接网络连接时，计算机应提供一个 TCP/IP 程序的副本，此时接收所发送的信息的计算机也应有一个 TCP/IP 程序的副本。

TCP/IP 是一个四层的分层体系结构。高层为传输控制协议，负责聚集信息或把文件拆分成更小的包。这些包通过网络传送到接收端的 TCP 层，接收端的 TCP 层把包还原为原始文件。低层是网际协议，它处理每个包的地址部分，使这些包正确地到达目的地。网络上的网关计算机根据信息的地址来进行路由选择。即使来自同一文件的分包路由也有可能不同，但最后会在目的地汇合。TCP/IP 使用客户端/服务器模式进行通信。TCP/IP 通信是点对点的，意思是通信是网络中的一台主机与另一台主机之间的。协议解码主要过程包括解包、HTTP 解码、IP 分段重组、TCP 流还原等。

2）数据包分段重组及 TCP 流重组

对于网络入侵检测系统来说，数据包分段重组是进行检测工作的最为基本的，且至关重要的内容。由于网络环境中的 MTU 的限制，一些数据包报文在传输时需要进行分段传输。但是有些带有恶意攻击的信息往往被分段后，只有通过重组才能检查出它的异常。因此，对于这些报文进行进一步分析之前需要进行重组。所以，数据包分段重组的效率也是直接影响到系统开销及整体性能的一个非常重要的因素。为了最大限度地提高数据包分段重组效率，采用了多线程分散式数据包分段重组机制。

lP 分段技术在攻击中经常用到，链路层具有最大传输单元 MTU 这个特性，它限制了数据帧的最大长度，不同的网络类型都有一个上限值。以太网的 MTU 是 1500，可以用 netstat -i 命令查看这个值。如果 IP 层有数据包要传，而且数据包的长度超过了 MTU，那么 IP 层就要对数据包进行分段（fragmentation）操作，使每一段的长度都小于或等于 MTU。假设要传输一个 UDP 数据包，以太网的 MTU 为 1500 字节，一般首部为 20 字节，UDP 首部为 8 字节，数据部分的长度最大是 1472 字节。如果数据部分大于 1472 字节，就会出现分段现象。

数据包分段的存在在网络上是正常的现象，特别是在连接到 Internet 以后，不同类型的网络硬件，它们具有的最大传输单元是不同的。这时，为躲过 IDS 的检查，这些具有攻击性的数据包将被分成更小的段。

3）端口扫描

端口扫描是用来根据与网络连接相关的各种统计信息，检测并报告所发现的非法端口扫描活动，并在适当的时候，进行日志记录。

端口用来标识一台机器上不同的进程，每个进程对应一个端口号，进程之间通过端口进行通信。黑客通过端口扫描发现目标计算机上开放的端口，利用模拟攻击发现目标计算机存在的漏洞，并入侵目标计算机。

入侵检测系统也可以使用攻击探测手段进行端口扫描，发现可能的攻击行为，及时拦截从开放端口进入的数据包，甚至关闭该端口，拒绝任何访问，并向主机报警。

3．检测模块设计

检测模块（模式匹配）对截获的数据包进行分析和模式匹配，当数据包与攻击模式相匹配时，立即向主机报警，是入侵检测系统的核心。

模式匹配技术的特点是原理非常简单，不需经过学习，就能高效检测，并且误检测率极低。在网络入侵检测中，检测模块（模式匹配）的地位十分重要。据计算，在 IDS 中大约 30%的时间一直在进行模式匹配，检测模块的运行需要占用大量 CPU 时间，同时也需要占用一定的内存空间。因此，就要求我们找到一种时间复杂度和空间复杂度低的模式匹配算法，提高模式匹配效率，从而提高入侵检测系统的整体性能。

1）规则库的设计

本系统直接引用 Snort 的规则库，下面简要介绍 Snort 的规则格式。Snort 规则基于单行文本格式，它分成两个部分，一个是规则头（ruleheader)，另一个是规则选项(ruleoption)。在规则头部，它定义了当符合本规则时要做的行为，并标明所匹配网络数据包所采用的协议、源 IP 地址、目标 IP 地址、源端口和目标端口等信息，规则选项则定义了用来判定此数据包是否为攻击数据包的信息，以及如果是的话应该显示给用户让其查看的警告信息。

比如有如下一条规则：

log tcp 196.25.32.11→172.19.12.88 111 （msg: “mountd aeeess”; content:” |86 as 00 01|” ;）

通过上面的例子可以看出，括号左面部分是规则的头部，规则选项在括号的中间部分，选项关键字是冒号前的部分，关键字的值是冒号的后面部分。应该注意的是，所有的选项都要用“;”隔开，综合起来看，各个选项是逻辑与的关系，而规则库中各条规则可以看成是一个大的逻辑或的关系。

（1）规则头。

① 规则行为。

规则行为定义了当符合本规则时要做的行为，即在一个数据包满足规则中指定的模式特征的情况下，系统应该采取的行动。

规则头的第一个部分就是规则行为，如 alert 表示如果模式匹配的话，系统使用警告方法来生成相应信息，并且在指定位置记录这个报文。规则头 log 则表示如果模式匹配的话，系统只记录数据包。而规则头 Pass 则表示如果模式匹配的话，系统可以忽略该数据包。

② 协议字段。

规则中的第二个部分是协议字段，指明了对哪种类型的协议进行分析。在上例中，是对 TCP 协议分析。

③ IP 地址。

规则的第三部分是 IP 地址。IP 地址可以是一个任意的 IP 地址，比如 any，也可以是一个 CIDR 块，比如 10.19.0.0/18。在箭头的左边的是源 IP 地址，箭头的右边的是目标 IP 地址。

④ 端口信息。

端口可以是一个任意的端口号，如 any，也可以是一个特定的端口号，如上例中的 111。在箭头的左边的是源端口号，箭头的右边的是目标端口号。

⑤ 方向操作符。

方向操作符包括→，←和<>3 种，它表明规则所适用的流量方向。位于箭尾方向的则表示的是源主机，位于箭头方向的 IP 地址和端口号表示的是目的主机。而将任一个地址/端口对视为源地址或者目的地址均可的则使用<>。

（2）规则选项。

① msg：输出一个警告信息到警告文件 alert 或日志文件 log 中。

② content：这一字段非常重要，用于在报文中搜索某个匹配模式，然后用来进行模式匹配。

以上只是简要列出本文需要的部分，其余的请参阅 Snort 详细的规则库。

2）检测模块的设计

检测模块将捕获的数据包信息与规则按其载入内存的顺序依次进行匹配。检测模块根据链表判定树的节点对进来的包用逐渐精确的特征元素进行检验。例如，首先检验一个包是否是 TCP，如果是，就进入树中有 TCP 规则的部分。然后检验包是否匹配规则中的源地址，如果是就进入相应的规则链。直到包匹配了一个攻击特征或经检验为正常这一过程才会结束。工作流程如图 7-25 所示。

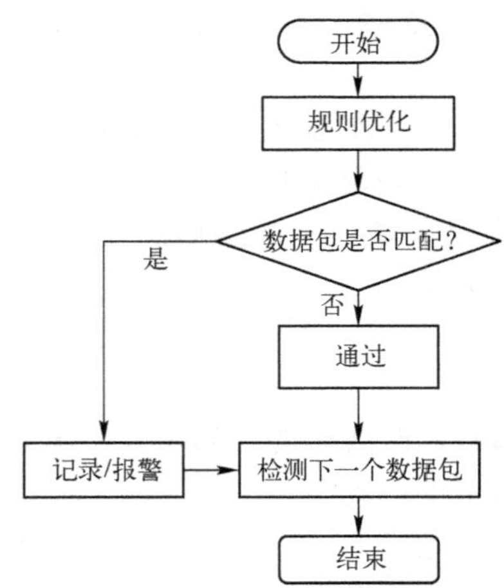

图 7-25　检测模块流程

4. 输出模块设计

输出模块负责对检测到的入侵行为进行处理，处理方法有静态和动态两种。

静态方法：记录攻击行为、存储拦截的数据包、向网络系统管理员发报警信息等。动态方法：关闭入侵者的网络连接、关闭入侵端口，重新设置路由器和防火墙的访问控制列表等。

这个部分的目的就是将报警数据转存储到另一种资源或文件中。通常就是Log-tcodump格式的、XML格式的和数据库的输出。目的就是便于管理者对网络中情况的了解，便于日后的查找和处理工作。

第八节 蜜罐、蜜网与蜜场

一、蜜罐

蜜罐（honey pot）是一种信息收集系统。狭义上的蜜罐指网络防御措施的一种，可以是刻意设置的目标，其存在的价值就在于被攻击甚至攻陷。同时，它必须能记录下被攻击的方式、手段和入侵者寻找到的系统漏洞等，以方便网络维护人员提前找到相应的对策。而广义上的蜜罐也可以是一种攻击手段，用来替代正常的服务提供者，诱捕普通网络用户前来使用，从而获取敏感信息或者不正当利益的方式，下面主要讲述狭义上的蜜罐系统。

蜜罐作为一种软件应用系统，用来充当入侵诱饵，它通常伪装成看似有利用价值的网络、数据、计算系统，用来吸引黑客攻击。由于蜜罐事实上并不需要对网络提供任何有价值的服务，所以任何对蜜罐的尝试都是可疑的，这些尝试会被记录、监测与分析，从而可能了解攻击方的入侵方式和入侵手段等，也可以因此随时了解针对组织服务器发动的最新的攻击和漏洞甚至可以通过窃听数据包之间的联系，收集入侵者所用的种种工具，并且进而侵彻对方的社交网络。另外，蜜罐在拖延入侵者对真正目标的攻击上也有一定作用，可以作为第一道防线，承担迷惑和误导入侵者的功能。蜜罐技术主要分为低交互蜜罐和高交互蜜罐，交互度直接体现着入侵者可以在蜜罐上进行攻击活动的自由度。

低交互蜜罐又称伪系统蜜罐，该系统依然以真实系统为基础，切割出部分功能和区域，用于模拟出实系统的部分功能和弱点，引诱入侵者对其发动试探或者攻击。但是整个区域对于真实的入侵者之间的交互极其有限，因为它提供的所有服务都是模拟的行为，只能对攻击行为做出简单的应答，并对攻击行为做记录和分析。

多数低蜜罐一般都作为端口预警使用，承担监控一个或者多个端口的监测工作。如果这些特定的端口被触发，则发出警告并记录其行为。但是蜜罐本身不会构造完整的合法服务，所以它引入系统的风险最小，不会被入侵者入侵并作为其下一步攻击的跳板。但是通过低交互蜜罐能够收集的信息也相对有限，同时由于低交互蜜罐通常是切割出的虚拟功能或系统，在这些虚拟的功能上通常都会遗留一些独有的指纹信息，入侵者可以通过这些信息来判断和绕过蜜罐系统。

高交互蜜罐又称实系统蜜罐，它是完全真实的蜜罐：运行着真实的系统，有真实的服务响应，带着真实的漏洞。它甚至模拟每个模拟操作系统的网络堆栈，从而实现对Nmap和Xprobe之类指纹扫描程序的欺骗。

高交互蜜罐的优点体现在对入侵者提供真实的系统。当入侵者获得root权限后，受系统、数据真实性的迷惑，更多活动和行为将被记录下来。缺点是被入侵的可能性很高，并且被成功攻破后的危害性也很大。入侵者每一个动作都会引起系统真实的反应，例如被溢出、渗透，甚至夺取root权限等。如果整个蜜罐被入侵，那么它就会成为入侵者下一步攻击的跳板。通常应另有一套系统用于检测高交互蜜罐的异常情况，如果出现高交互蜜罐被侵入的情况，那么后备系统会立即对蜜罐予以脱机。高蜜罐在提升入侵者的活动自由度、获取更加真实和可靠的第一手材料的同时，也相应地加大了部署和维护的复杂度，扩大了入侵风险。

二、蜜网

蜜网（honey network）是在蜜罐技术上逐渐发展起来的一种高交互性的蜜罐，在一台或多台蜜罐主机基础上，结合防火墙、路由器、入侵检测等组成的网络系统。这一网络系统是隐藏在防火墙后面的，所有进出的资料都会受到监控、捕获及控制。与传统蜜罐技术的差异在于，蜜网构成了一个黑客诱捕网络体系架构，在这个架构中，可以包含一个或多个蜜罐，同时保证网络的高度可控性，以及提供多种工具以方便对攻击信息的采集和分析。另外，蜜网架构注重整合资源，将真实的系统、蜜罐系统、各种服务、防火墙及入侵检测等资源有机结合在一起，具有多层次的数据控制机制，全面的数据捕获机制，并能够辅助研究人员对捕获的数据进行深入分析。因此，蜜网也可理解为一个集防火墙、入侵检测、数据分析软件、各类蜜罐等于一体的综合体。

整个蜜网体系主要由蜜网网关、虚拟蜜罐、物理蜜罐和监控机等组成。蜜网体系结构解决了三大核心功能：数据控制、数据捕获和数据分析。蜜罐与蜜网的研究主要涉及的关键技术有：网络欺骗、数据捕获、数据控制、数据分析等。

1．网络欺骗

由于蜜罐与密网的价值是在其被探测、攻击或者攻陷的时候才得到体现。网络欺骗技术是使蜜网系统在网络上与真实的主机系统难以区分。所以没有网络欺骗功能的蜜罐是没有价值的，网络欺骗技术因此也是密网技术体系中最为关键的核心技术和难题。网络欺骗技术的强与弱从一个侧面也反映了蜜罐本身的价值。目前，蜜罐主要的网络欺骗技术有如下几种：模拟服务端口、模拟系统漏洞和应用服务、IP空间欺骗、流量仿真、网络动态配置、组织信息欺骗、网络服务等。

2．数据捕获

数据捕获就是在网络入侵者无察觉的情况下，完整地记录所有进入蜜网系统的连接行为及其活动。蜜网系统通常采用3种层次捕获数据，分别是防火墙、IDS和蜜罐主机。防火墙位于蜜网系统的前面，数据捕获是蜜网的重要功能，只有捕获了攻击者的入侵数据，才能对其进行分析整理，才能对防火墙和入侵检测等系统进行规则调整。蜜网的主动防御功能能否得以充分的体现关键在于捕获的数据是否真实、是否详实、是否丰富，所以要从不同方面、不同角度去进行数据的搜集，同时还要考虑数据的真实性。

3．数据控制

数据控制就是通过设置策略限制攻击者的活动进行网络防护。如果攻击者进入蜜网，既要给攻击者一定的活动自由，也要对攻击者的活动进行限制，不能让攻击者危害蜜网之外的系统，更不能让攻击者发现数据控制的活动。限制攻击者的方法可以采取限制其从蜜罐向外的连接数量和在蜜网中的活动能力。为了防止因单个机制被攻破而导致系统沦陷，通常采用多层次的数据控制机制。

4．数据分析

数据分析就是把蜜网系统所捕获到的数据记录进行分析处理，提取入侵规则，从中分析是否有新的入侵特征。数据分析包括网络协议分析、网络行为分析和攻击特征分析等。分析的主要目的有两个：一个是分析攻击者在蜜网系统中的活动、扫描击键行为、非法访问系统所使用工具、攻击目的何在以及提取攻击特征；另一个是对攻击者的行为建立数据统计模型，看其是否具有攻击特征，若有则发出预警，保护其他正常网络，避免受到相同攻击。

三、蜜场

蜜场（honey farm）是在蜜罐技术的基础上发展起来的，它的优点是“逻辑上分散部署，物理上集中部署”，这就使得在分布式网络中部署蜜罐成为一件相对容易的事。蜜场系统主要由具有诱骗服务模块的受保护子网和集中部署的蜜罐群组成。蜜场系统的体系结构如图 7-26 所示，它由重定向器、前端处理器、控制中心及集中部署的蜜罐群组成。

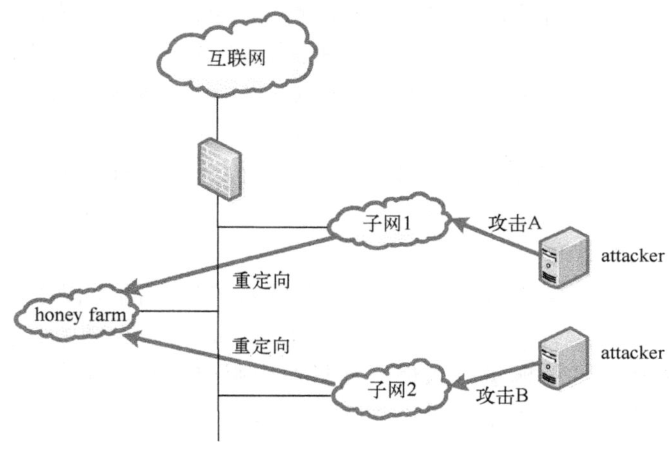

图 7-26　蜜场体系结构

蜜场的工作原理比较简单：将所有的蜜罐都集中部署在一个独立的网络中，这个网络成为蜜场的中心；在每个需要进行监控的子网中布置一个重定向器（redirector），重定向器以软件形式存在，它监听对未用地址或端口的非法访问，但它们不直接响应，而是把这些非法访问通过某种保密的方式重定向到被严密监控的蜜场中心；蜜场中心选择某台蜜罐对攻击信息进行响应，然后把响应传回到具有非法访问的子网中去，并且利用一些手段对攻击信息进行收集和分析。

第九节　本 章 小 结

近年来，随着计算机技术的发展和网络的普及，入侵方法和手段的提高，识别入侵的难度也在加大，因此入侵检测技术也需要不断向前发展。今后，入侵检测将主要向高检测速度、高安全性、高准确度、智能化以及分布式方向发展，入侵检测的重点研究方向会包括以下几个。

1．协作智能的入侵检测系统

目前，分布式IDS采用分布式的探测器扩大了数据源的范围，从而使IDS能更有效地检测入侵行为。但大多数的IDS只是单一地增加了数据的来源，并没有对信息共享进行有效协作。因此，如何开发具有灵活分配角色机制的协作智能IDS，减少不必要的信息传输，提高IDS的实时性与智能性是该领域的主要研究方向。

2．安全技术集成

IDS的功能主要是对入侵行为的发现和报警的简单处理，对于及时阻止攻击尚未有有效措施。因此，有必要研究如何将IDS与弱点检查、防火墙和应急响应等入侵防御和响应系统逐渐融合，从而构建一个多层次立体的网络安全防御系统。通过IDS与入侵防御和响应系统的联动可以整合不同系统的具有相同功能的模块，使信息的可复用性得到充分利用，进而避免了资源的浪费。

3．IDS与计算机取证的融合

随着计算机网络犯罪行为的增多，计算机取证日趋重要。计算机取证技术的主要目的是搜集网络入侵行为证据，查找攻击者的来源，进而打击网络犯罪，并对黑客起到威慑的作用。将IDS与计算机取证技术相融合，对一切可能网络中的计算机犯罪行为进行动态检测、实时获取数据并加以智能分析，在确保系统安全运行的情况下尽可能多地获取证据，从而为监控和打击计算机网络犯罪提供法律认可的有力证据。目前，IDS已经成为法律认可的证据来源。

4．面向应用层的IDS

目前，网络入侵正逐渐转向高层应用。在针对应用层的入侵中，绝大多数是通过HTTP协议（80端口）进行的。虽然网络层以下可以通过防火墙进行较好的防御，但入侵者仍然会利用应用层的漏洞进行入侵，而且对应用层的入侵通常造成较严重的后果。因此，如何保障应用层不受攻击是IDS的重要功能之一。

5．面向IPv6的IDS

由于IPv4地址空间有限且安全性不够，研究者们开发了具有加密和认证功能的IPv6协议作为下一代互联网络的协议。IPv6的地址空间得到了扩展，该协议适用于超大规模网络。因此，面向IPv6的IDS将面临海量数据分析处理的问题，分布式体系结构与高性能计算技术的融合是解决该问题的有效技术。此外，IPv6协议本身的加密和认证功能增加了面向IPv6的IDS监听网络审计数据的难度。面向IPv6的入侵检测技术的研究是该领域的发展趋势，著名的Snort 2.0已经增加了面向IPv6协议的分析。

本 章 习 题

1．什么是入侵？什么是入侵检测？什么是入侵检测系统？入侵检测系统的作用是什么？简述入侵检测系统的工作原理及过程。

2．简述误用入侵检测系统与异常入侵检测系统各自的特点，并说明两者之间的区别。

3．简述入侵检测系统CIDF模型的组成结构。

4．简述基于模式匹配的入侵检测技术、基于统计分析的入侵检测技术以及基于完整性分析的入侵检测技术原理及特点。

5．模式串匹配算法包括哪几类？各有什么特点？

6．试利用 VC++、Python 等编程环境实现 KMP 算法、BM 算法以及 BMH 算法，并分析算法的匹配性能。

7．试利用 VC++、Python 等编程环境实现 WM 算法与 AC 算法，并分析算法的匹配性能。

8．分析单模式、多模式匹配算法中存在的不足，并以其中一至两种算法（如 KMP 算法）为基础对算法进行改进分析与设计。

9．根据模式串集合 P={lunch，lung，lunge，use，gre}构造一个 AC 算法的树型有限自动机。

10．简述 Snort 系统的构成及工作流程。

11．简述 HIDS 与 NIDS 之间的区别，并尝试设计联合 IDS 系统。

12．简述 IDS 技术发展趋势。

13．什么是蜜罐，它的主要思想是什么？

14．什么是蜜网，它的关键技术有哪些？

15．什么是蜜场，其工作原理是什么？

第八章　无线网络安全

无线网络结构灵活，应用丰富，它的出现改变了人们生活工作方式，加快了社会发展的进程。然而，由于无线网络的开放性使其容易遭受窃听、破坏和劫持，且无线终端设备通常体积较小，在计算或存储能力、通信带宽和电源供电时间方面的局限性，使得原来在有线环境下的许多安全协议不能直接用于无线网络。此外，无线网络环境更为复杂，由此带来的攻击行为隐蔽性、用户管理复杂性、拓扑结构动态性等，给无线网络安全带来了巨大的挑战。本章将介绍无线网络的分类及主要安全威胁，并分别就 WiFi 网络、蓝牙网络、Ad-hoc 网络、移动通信网络、移动互联网等常见无线网络的安全展开讨论，分析各自的安全隐患和应对措施。

第一节　无线网络及其安全威胁

一、无线网络分类

根据数据传输的距离可将无线网络分为以下几种类型，如表 8-1 所列。

表 8-1　不同无线网络类型的通信范围

类型	代表标准	通信范围
无线广域网	IEEE 802.20	50km
无线城域网	IEEE 802.16	1～50km
无线局域网	IEEE 802.11	10m 至几千米
无线个域网	IEEE 802.15	10m 以内
无线体域网	IEEE802.15.6	2m 以内

1．无线广域网（WWAN）

WWAN 通过使用由无线服务提供商负责维护的若干天线基站或卫星系统，这些连接可以覆盖广大的地理区域，例如，若干城市或者国家（地区）。典型的 WWAN 包括蜂窝移动通信系统、卫星通信系统等。WWAN 主要用于全球及大范围的覆盖和接入，具有移动、漫游、切换等特征，业务能力主要以移动性为主，要求覆盖范围大于 50km。

2．无线城域网（WMAN）

WMAN 是指在地域上覆盖城市及其郊区范围的分布节点之间传输信息的本地分配无线网络。WMAN 能实现语音、数据、图像、多媒体、IP 等多业务的接入服务。典型的无线城域网关键技术包括 OFDM 技术、自适应编码技术等，它们的作用是提高系统发射功率和信道利用率，网络覆盖范围为1～50km。

3．无线局域网（WLAN）

WLAN是计算机网络与无线通信技术相结合的产物，通常指采用无线传输介质的计算机局域网，可以使用户在本地创建无线连接（例如，在公司或校园的大楼里，或在某个公共场所等）。WLAN 可用于临时办公室或其他无法大范围布线的场所，或者用于增强现有的有线局域网。大多数无线局域网技术都是基于802.11标准，覆盖范围为10m至几千米。

4．无线个域网（WPAN）

WPAN技术使用户能够为个人操作空间（POS）设备（如移动电话、平板计算机、便携式计算机等）创建临时无线通信。POS指的是以个人为中心，最大距离为10m的一个空间范围。WPAN采用的技术包括：IrDA、无线蓝牙、Z-Wave、ZigBee等。

5．无线体域网（WBAN）

WBAN目前还处在发展阶段，主要挑战在于毫瓦级网络能耗、互操作性、系统设备、安全性、传感器验证、数据一致性等方面。WBAN的作用范围一般不超过2m，目前主要应用范围包括医疗保健、运动反应测量、生理状态监控、防跌倒监控等。

二、无线网络安全威胁

因为无线网络是一个开放的、复杂的环境，所以它面临的安全威胁相对有线网络来说也更多，概括起来，主要有以下几个方面。

1．侦听和流量分析

侦听是指非授权方可能获悉传输或存储在系统中的信息，空中接口和固定网络的信息都存在被非法侦听的可能，而无线网络的无线特性，导致在空中接口中对信息进行侦听相对简单。流量分析是指分析网络中的通信流量，包括信息速率、消息长度、接收者和发送者的标识等，即使侦听到的信息是加密的，无法获得其明文内容，攻击者也可能通过流量分析技术获取其他有用信息。

2．消息篡改

篡改是指非授权方更改系统中的各种消息，对无线网络中的消息篡改攻击相对简单。篡改攻击包括消息删除、拦截、重放、修改等。

攻击者可以通过在接收端干扰报文的接收过程删除网络数据。例如，通过在循环冗余校验码中制造错误，使得接收者丢弃报文。

消息拦截的意思是攻击者可以完全地控制连接。换句话说，攻击者可以在接收者真正收到报文之前获取报文，并决定是否删除报文或者将其转发给接收者。这比侦听和消息删除更加危险。

消息重放是通过将侦收到的数据在一定时间后重新发送给对方，以实现欺骗目的的一种攻击方式，由于未对信息进行任何修改，因此很容易得到接收方的认可。

消息修改是指在网络数据中插入新的数据、调整信息顺序等，在很多情况下，会使接收者由于错误太多而丢弃该数据。

3．节点伪装

伪装即某一节点冒充另一节点。因为MAC地址的明文形式是包含在所有报文之中，并通过无线链路传输，攻击者可以通过侦听来学习到有效 MAC 地址。攻击者同样能够将自己的 MAC 地址修改成任意参数，因为大多数的固件给接口提供了这样做的可能。如果一个系统使用 MAC 地址作为无线网络设备的唯一标识，那么攻击者可以通过伪造自己的 MAC 地址来伪装成任何无线基站；或者是通过伪造 MAC 地址并且使用适当的自由软件正常工作可以伪装成接入点（AP）（如主机接入点）。

4．无线 AP 欺诈

无线 AP 欺诈是指在无线网络覆盖范围内秘密安装无线 AP 窃取信息的恶意行为。攻击者将欺诈无线 AP 秘密安装到合适的位置，并通过提升信号强度等手段，使得无线客户端在合法 AP 和欺诈 AP 之间切换，从而窃取用户通信信息。此外，欺诈 AP 也可以提供强大的信号并尝试欺骗一个无线基站使其成为协助对象，来达到泄露隐私数据和重要消息的目的。

5．会话劫持

无线设备被攻击者劫持后，攻击者可使该设备从会话中断开，然后攻击者在不引起其他设备注意的情况下伪装成这个设备来获取连接。在这种攻击下，攻击者可以收到所有发送到被劫持的设备上的报文，然后按照被劫持的设备的行为发送报文。

6．中间人攻击

这种攻击与信息拦截不同，因为攻击者必须不断地参加通信。如果在无线基站和 AP 之间已经建立了连接，攻击者必须要先破坏这个连接；然后，攻击者伪装成合法的基站与 AP 进行联系；如果 AP 与基站之间采取了认证机制，攻击者必须欺骗认证；最后，攻击者必须伪装成 AP 来欺骗基站，和它进行联系；如果基站对 AP 采取了认证机制，攻击者必须欺骗到 AP 的证书。

7．拒绝服务攻击

无线网络系统是很容易受到 DoS 攻击的。最简单的办法是通过让不同的设备使用相同的频率，从而造成无线频谱出现冲突；另一个可能的攻击手段是发送大量非法（或合法）的身份验证请求；第三种手段，如果攻击者接管 AP，并且不把通信数据传递到恰当的目的地，那么所有的网络用户都将无法使用网络。

8．恶意代码

与有线网络一样，移动通信网络和移动终端也面临着恶意代码的威胁。首先，携带恶意代码的移动终端不仅可以感染无线网络，还可以感染固定网络，由于无线用户之间交互的频率很高，病毒可以通过无线网络迅速传播，再加上有些跨平台的病毒可以通过固定网络传播，这样传播的速度就会进一步加快。其次，移动终端的运算能力有限，PC 上的杀毒软件很难使用，而且很多无线网络都没有相应的防毒措施。另外，移动设备的多样化以及使用软件平台的多种多样，给防范措施带来很大的困难。

第二节　无线局域网安全

一、无线局域网标准

无线局域网是有线局域网的扩展，1997 年 IEEE 为了规范当时的无线通信标准，为无线局域网制定了首个版本标准——IEEE 802.11。基于 IEEE 802.11 协议的无线局域网接入技术被称为无线保真技术（wireless fidelity，WiFi），从诞生之日起就受到业界极大的关注，对无线网络技术的发展和无线网络的应用起到了重要的推动作用，促进了不同厂家的无线产品互联互通。IEEE 802.11 协议包括许多子部分，按照时间发展顺序，如下。

（1）IEEE 802.11，1997 年，2Mb/s，2.4GHz；

（2）IEEE 802.11a，1999 年，54Mb/s，5GHz；

（3）IEEE 802.11b，1999 年，11Mb/s，2.4GHz；

（4）IEEE 802.11g，2003 年，54Mb/s，2.4GHz；

（5）IEEE 802.11n，2009 年，600Mb/s，2.4/5GHz；

（6）IEEE 802.11ac，2012 年，1Gb/s，5GHz；

（7）IEEE 802.11ax，2019 年，14Gb/s，2.4/5GHz。

为了保护 WLAN 的数据安全，IEEE 802.11 在标准设计之初就考虑了网络接入认证、数据传输加密和完整性保护等安全需求，如 IEEE 802.11b 就提供了两种认证机制，即开放认证和共享密钥认证，但这两种安全机制都存在较为严重的安全漏洞。因此，国际上提出了一系列安全解决方案，其中有代表性的是 WiFi 联盟的 WPA 与中国的 WAPI 方案。WPA 是一个临时性方案，在 WEP 协议的基础上，增加了 IEEE 802.1x 来改进认证机制，增加了 TKIP 来实现消息的机密性与完整性保护。目前 WLAN 最新安全标准是 IEEE 802.11i，该机制使用 IEEE 802.1x 认证和密钥管理方式，在数据加密方面，定义了 TKIP、CCMP 和 WRAP 三种加密机制。

二、WEP 协议分析

1. WEP 协议介绍

WEP 是 wired equivalent privacy 的简称，即有线等效保密，是目前 IEEE 802.11 协议中保障数据传输安全的核心部分。它是一个基于链路层的安全协议，设计目标是为 WLAN 提供与有线网络相同级别的安全性，保护传输数据的机密性和完整性，并提供对 WLAN 的接入控制和对接入用户的身份认证。

2. WEP 协议工作过程

1）WEP 加解密过程

802.11 标准定义了 WEP-40 和 WEP-104 两个版本，分别支持 64bit 和 128bit 加密，其实 40 和 104 都是从 64 与 128 减 24 得来的，这 24 位叫初始化向量（initialization vector，IV），40 和 104 则是指静态密钥的长度。

一般来说，WEP 支持 4 个密钥，使用时从中选一个进行加密。在 WEP 加密过程中，所有客户端和无线接入点的数据都会以共享密钥的形式进行加密，并通过使用 CRC-32 循环冗余校验值来保护数据的完整性。WEP 的加密过程如图 8-1 所示。

（1）IV 是动态生成的 24bit 随机数，标准没有指定应该怎么生成，而且在数据帧中以明文的方式进行发送，它和 4 个密钥中的其中一个密钥结合生成随机种子（Seed），然后运用 CR4 算法生成密钥流（key sequence）。

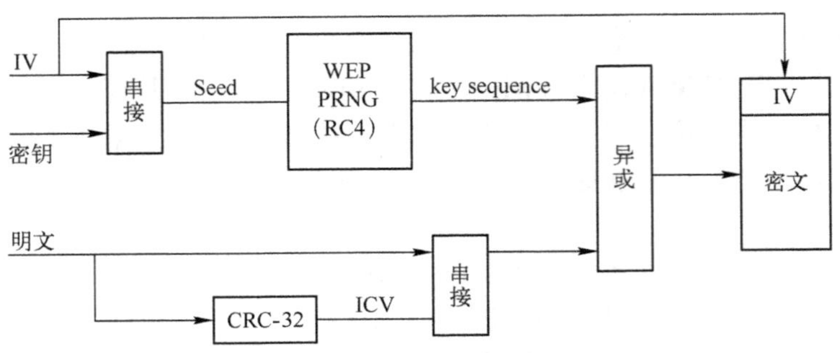

图 8-1　WEP 加密过程

（2）对需要加密的明文进行 CRC-32 运算，生成 ICV（32 位），然后将这个 ICV 串接到明文的后面。

（3）将尾部串接了 ICV 的明文与密钥流进行异或运算，得到加密数据。

（4）将 IV 添加到加密数据的前面，进行传送。

解密过程与加密过程相反，如图 8-2 所示，具体如下。

（1）IV 和密钥结合生成随机种子（Seed），然后运用 CR4 算法生成密钥流（Key sequence）；

（2）将密钥流和加密数据进行异或，得到明文和 ICV；

（3）根据解密后得到的明文再计算一个 ICV 和数据包中的 ICV 进行比较，判断是否相等，这也算是一个完整性的保证。

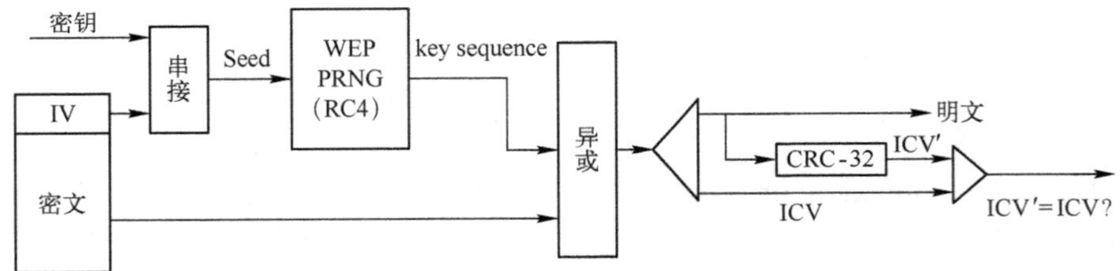

图 8-2　WEP 解密过程

2）WEP 认证机制

IEEE 802.11 规定了 3 种认证方法，即开放式认证、封闭式认证以及共享密钥认证。

（1）开放式认证。

在开放式认证方式下，无线 AP 并不要求无线客户端提供正确的 SSID。当无线客户端提交任意 SSID 认证请求时，无线 AP 通过广播自己的 SSID 来响应开放系统认证请求。因此，开放系统认证容许任意无线客户端接入无线 AP，即使输入错误的密钥，也可以同无线 AP 和其他客户端通信，只不过所有数据都采用明文方式传输。

开放式认证是 IEEE 802.11 默认的身份认证方式，但其所有信息都是明文传输，因此实际上就是无认证。

（2）封闭式认证。

封闭式认证的安全级别略高于开放系统认证。在这种方式下，无线 AP 要求无线客户端必须提交正确的 SSID。只有认证双方具有相同的 SSID 时，才容许无线客户端接入 WLAN，否则，拒绝无线客户端的认证请求。

（3）共享密钥认证。

共享密钥认证就是采用 WEP 共享密钥和 SSID 来识别无线客户端的身份，只有提交正确的密钥和 SSID，无线 AP 才容许无线客户端接入 WLAN。显然，共享密钥认证的安全级别高于开放式认证和封闭式认证。

共享密钥认证的具体过程如图 8-3 所示。首先，无线客户端向无线 AP 发送包含 SSID 的认证请求，无线 AP 接收到认证请求后，生成一个随机认证消息（挑战信息），作为认证请求的响应发送给无线客户端；随后，无线客户端用共享密钥加密随机认证响应并发送到无线 AP，无线 AP 采用共享密钥解密。如解密后的随机认证消息、与发送的随机认证消息完全相同，则容许无线客户端接入；否则，判别无线客户端为非法用户，拒绝接入 WLAN。

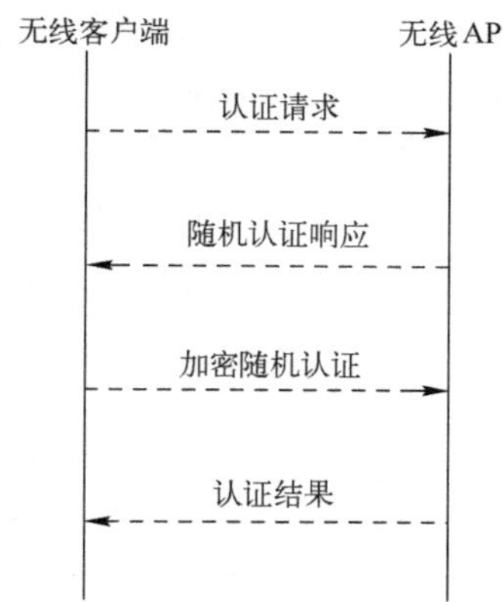

图 8-3　WEP 共享密钥认证过程

3. WEP 协议安全分析

WEP 协议使用 RC4 流密码来保证数据的保密性，通过共享密钥来实现认证，理论上增加了网络侦听、会话截获等攻击的难度。但是，由于其使用固定的加密密钥和过短的初始向量，加上 WLAN 的通信速度非常高，该方法已被证实存在严重的安全漏洞，在较短时间内就可被攻破。

WEP 的安全性主要由以下几个方面的原因造成。

1）加密过程的缺陷

（1）缺少密钥管理机制。WEP 没有密钥管理机制，只能通过手工方法配置分发新的密钥。实际应用中，由于更换密钥比较麻烦，密钥并不经常被更换，所以一个密钥都是长时间保持不变，使得攻击者有足够的时间对密钥进行破解。同时，如果 WLAN 中某个用户丢失密钥，则会殃及整个网络的安全。

（2）完整性校验值（ICV）算法容易受攻击。CRC-32 校验和用于验证一个帧的内容在传输过程中是否被修改过。该值被添加到帧的末尾一起被送到 RC4 流密码器进行加密。当接收者解密数据包时，校验和就用于验证数据的有效性。由于 CRC-32 运算满足交换律和分配律，ICV 值是信息的线性函数，在理论上就有可能改变消息负载，而保持原加密后的ICV不变。这意味着数据有可能被篡改。

（3）IV容易碰撞。IV在WEP中的功能是使RC4算法在使用相同的密钥生成的伪随机数密钥流不重复。所以可简单认为，在知道用户密钥的情况下，WEP其实是使用IV来加密数据包的。根据WEP体制，发送者使用IV加密数据包，接收人也必须知道这个IV才能解密数据。WEP标准中的IV长度为24bit。而2^{24}仅有约160万个。这使得最多约160万个数据包后，将会重复IV。重复的IV可以被攻击者根据RC4的缺陷用来解析密文。160万个数据包看似是非常大的一个量，即使按照每个数据包1500字节进行计算，有近24GB的通信量，等待IV的重复需要相当的时间。其实，在通信频繁的WLAN中，这个数值并不大，在2～5h内即可遍历所有的IV值。如果考虑到随机性，只需传输不到1万个包，就可能出现重复。也就是说传输十多兆字节的文件或数据，IV就会出现碰撞。

（4）RC4加密算法的弱点。在RC4加密算法中，如果攻击者获得相同的密钥流序列加密后得到的两段密文，将两段密文异或，生成的也就是两段明文的异或，因而能消除密钥的影响。通过统计分析以及对密文冗余信息进行分析，就可以推断出明文；此外，在RC4算法中，存在部分弱密钥，使得子密钥序列在不到100万字节内就出现了完全重复，如果是部分重复，则可能在不到10万字节内出现。大量弱密钥的存在，导致密钥序列中有相当数量的序列位仅由弱密钥的部分比特位所决定，导致该算法被破解的难度大大降低。

2）认证过程的缺陷

（1）WEP使用的身份认证机制是基于硬件的，身份认证所使用的密钥存储在硬件中，没有任何辅助软件可以使认证机制进一步完善。只要拥有该硬件设备，无论谁都可以认证成功并进入网络，所以如果硬件落入攻击者手里，攻击者就可以通过它成功登入网络，这就是硬件威胁。

（2）在身份认证过程中，接入点发送给用户站点的挑战信息是使用明文发送的，而在接下来的步骤中，用户站点向AP发送挑战信息的密文。如果攻击者获得了挑战信息的明文和密文，那么他就可以恢复出该密钥流序列，并使用该密钥流进行身份认证。

（3）WEP使用共享密钥为基础的身份认证知识从用户站点到AP的认证，也就是说，只有用户站点在进入网络时需向AP认证自己的身份，而接入点无需向用户站点认证自己的身份，因此攻击者可以伪装成接入点，拒绝来自用户站点的合理要求，这就产生了拒绝服务攻击的隐患。

三、WPA安全机制

1. WPA安全机制概述

为了解决IEEE 802.11标准中WEP安全机制存在的各种安全漏洞与威胁，且由于IEEE 802.11i协议问世时间被数次推延，WiFi联盟于2003年2月正式推出了无线局域网无线保护接入（Wi-Fi protected access，WPA）安全协议，它是无线网数据链路层安全协议，主要作为IEEE 802.11b的过渡性安全方案。

WPA 协议的公布有 3 个目的：第一是纠正所有已经发现的 WEP 协议的安全弱点；第二是能继续使用已有的 WEP 的硬件设备；第三是保证 WPA 将与即将制定的 802.11i 安全标准兼容。WPA 协议的主要改进包括数据加密、数据完整性和身份认证等方面。

1）*数据加密方面*

WPA 协议采用了新的 TKIP 加密机制，它与 WEP 一样是基于 RC4 加密算法。TKIP 在现有的 WEP 加密引擎中增加了“每分组重新生成一个新密钥”“消息完整性码（MIC）”“具有序列功能的初始化向量”和“密钥产生和定期更新功能”等 4 种算法，极大地提高了加密强度。TKIP 与之前的 WLAN 产品向后兼容，且可以通过软件进行升级。

2）*数据完整性方面*

除了和 IEEE 802.11 一样继续保留对每个数据分段进行 CRC 校验外，WPA 为每个数据分组都增加了一个 8 字节的消息完整性校验码 MIC，MIC 通过 Michael 算法计算得到，该算法的输入是一个 64 位的密钥和任意长度的消息，输出是 64 位的 MIC 值。计算时 64 位密钥分成两个 32 位的子密钥 k_0 和 k_1，消息分割成 32 位长度分组块。消息的填充值是十六进制数 0x5a，后跟 4～7 个 0 字节，确保填充后的消息长度是 4 的倍数。ICV 的目的是保证数据在传输过程中不会因为噪声等物理因素导致报文出错，因此采用相对简单高效的 CRC 算法，但是攻击者可以通过修改 ICV 值来使之和被篡改过的报文相吻合，可以说没有任何安全保障。而 WPA 中的 MIC 则是为了防止黑客的篡改而定制的，它采用 Michael 算法具有很高的安全性。当 MIC 发生错误的时候，数据很可能已经被篡改，系统很可能正在受到攻击。此时，WPA 还会采取一系列的对策，比如立刻更换组密钥、暂停活动 60s 等，来阻止黑客的攻击。

3）*身份认证方面*

WPA 考虑到不同的用户和不同的应用安全需要，例如，企业用户需要很高的安全保护（企业级），否则能会泄露非常重要的商业机密；而家庭用户往往只是使用网络来浏览 Internet、收发 E-mail、打印和共享文件，这些用户对安全的要求相对较低。为了满足不同安全需求的用户，WPA 规定了两种应用模式，即企业模式和家庭模式（包括小型办公室）。

对于大型企业的应用，常采用“802.lx+EAP”的方式，用户向服务器提供认证所需的凭证。但对于一些中小型的企业网络或者家庭用户，WPA 也提供一种简化的模式，它不需要专门的认证服务器。这种模式称为 WPA 预共享密钥（WPA-PSK，Pre-Shared Key），它仅要求在每个 WLAN 节点（AP、无线路由器、网卡等）预先输入一个密钥即可实现。这个密钥仅仅用于认证过程，而不用于传输数据的加密。数据加密的密钥是在认证成功后动态生成，系统将保证一户一密，不存在像 WEP 那样全网共享一个加密密钥的情形，因此大大提高了系统的安全性。

2．WPA 协议安全分析

在 WPA 协议中，虽然 TKIP 加密机制相对 WEP 加密机制有了诸多改进，安全性能得到大幅提升，但是标准工作组认为 WEP 算法的安全漏洞是由于 WEP 机制本身引起的，与密钥的长度无关，即使增加加密密钥的长度，也不可能增强其安全程度，初始向量 IV 长度的增加也只能在有限程度上提高破解难度，比如延长破解信息收集时间，并不能从根本上解决问题。因为作为安全关键的加密部分，TKIP 没有脱离 WEP 的核心机制。而且 TKIP 更易受攻击，因为它采用了 Kerberos 密码，可以用简单的猜测方法攻破。因此，WPA 协议只能作为一种临时性的过渡方案。

四、802.11i 安全机制

1．802.11i 与 WPA2

为进一步增强 WLAN 的安全性，IEEE 委员会在 2004 年 6 月提出了新的 WLAN 安全标准 IEEE 802.11i。WiFi 联盟则将 IEEE 802.11i 标准称为第二代无线保护接入（WiFi protected access 2，WPA2）。

WPA2 与 WPA 的主要区别：802.11i 使用 AES-128 加密算法及计数器模式/密码段链 MAC 协议为网帧加密以及计算 MIC；计数器模式/密码段链 MAC 协议简写为 CCMP（counter-mode/CBC-MAC protocol）。此外，因为 AES-128 密钥可被重复使用，所以没有必要使用明文初始向量来协调发送方和接收方对每个网帧产生相同的子钥序列。

WPA2 仍使用 802.lx 标准认证用户设备。但是，因为 802.lli 使用了完全不同的加密算法，所以它不能在现有的 WEP 上更新后使用，这是与 WPA 的一个主要区别。

2．安全性分析

IEEE 802.11i 是在修正 WEP 已知缺陷的基础上，基于 IEEE 802.lx 认证协议、预先认证（pre-authentication，PA）、密钥体系（key hierarchy，KH）、密钥管理（key management，KM）、密码和认证协商（cipher and authentication negotiation，CAN）、临时密钥完整性协议 TKIP、计数模式/密码块链接消息认证码 CCMP 协议和无线稳健认证协议（wireless robust authenticated protocol，WRAP）等安全机制，提出了强健安全网络（robust securitv network，RSN）和预强健安全网络（pre-RSN）两套体系，从数据保密、密钥管理、身份认证、访问控制、消息完整性校验等多个方面加强了 WLAN 的安全性。

但是，早在 2009 年，日本的两位安全专家宣称，他们已经研发了一种可以在 1min 内利用无线路由器攻破 WPA2 加密系统的方法，并准备在当年的一次技术会议上做更详尽的讨论。不过，这种破解方法没有公布于众，但并不意味着 WPA2 的安全。

现实中，攻击者可以利用 WAP2 的一些弱点，对其进行攻击，破解 WiFi 密码。要破解 WAP2，需要获得预共享密钥模式下的预共享密钥 PSK 或认证模式下的主会话密钥 MSK，而通过暴力破解就可能会获得 PSK 或者 MSK。因此，曾经一度认为 WPA2 具有较高的安全性，在算法方面没有明显的漏洞，只要用户不采用非常简单的弱密码，攻击者想要通过遍历密码表进行暴力破解是非常困难的。针对 WPA/WPA2 的主要攻击手段就是通过遍历密码表进行暴力破解，这种方法在用户密码比较复杂的情况下进行破解会非常耗时，攻击者的破解成本过于高昂。

实际上，在 WPA 和 WPA2 中都采用的 802.lx 认证协议，自身也存在一些安全隐患和设计缺陷。首先是由于申请者和认证的状态机不平等，当会话经过认证后，认证者的端口才可以打开，而申请者的端口一直处于已经通过认证状态，这样的单向认证容易遭遇中间人攻击；其次协议工作的过程中有两种状态机：RSN 状态机和 IEEE 802.1x 状态机，这两种状态机一起表示认证的状态，但是它们没有很明确的通信以及确认消息的真实完整的机制，所以很可能会遭遇会话劫持攻击；第三，IEEE 802.1x 并没有提供任何的 DoS 保护，服务器很容易因为各种原因造成计算资源或者存储资源耗尽，造成合法的用户无法连接到网络中使用资源。

随着对 WPA2 协议研究的深入，研究人员发现利用 WPA2 协议中“四次握手”机制中存在的多个安全漏洞，就可以很大概率破解该协议。2017 年 10 月 16 日，比利时鲁汶大学的两位研究人员披露了被命名为 KRACK 密钥重安装攻击的 WPA2 协议漏洞，利用该漏洞，攻击者可以对 WLAN 完成侦听与劫持。具体来讲，此攻击针对 WPA2 协议中创建一个 Nonce（一种预共享密钥）的四次握手。WPA2 的标准预期有偶尔发生的 WiFi 断开连接，并允许使用同样的值重连第三次握手，以做到快速重连和连续性。因为标准不要求在此种重连时使用不同密钥，所以可能出现重放攻击。攻击者可以反复重发另一设备的第三次握手来重复操纵或重置 WPA2 的机密密钥。每次重置都会使用相同的值来加密数据，因此可以看到和匹配有相同数据的块，识别出被加密密钥链的数据块，随着反复的重置暴露越来越多的密钥链，最终整个密钥链将被获知，攻击者可读取目标在此连接上的所有流量。

为进一步增强 WPA 的安全性，2018 年 6 月，WiFi 联盟宣布 WPA3 协议已最终完成。WAP3 协议的重要改进包括：防暴力攻击、WPA3 正向保密、加强公共和开放 WiFi 网络中的用户隐私、增强对关键网络的保护等。但 WPA3 暂未开始大规模地取代原有协议，主要原因是 WPA3 更新方式比较复杂，很难在现有支持 WPA/WPA2 协议设备上进行更新。WiFi 联盟目前并没有打算淘汰 WPA2，它已被应用在全球数十亿的 WiFi 设备上，该联盟将继续强化它的安全能力，之后也会继续部署在经认证的 WiFi 设备上，未来的 WPA3 设备也将兼容 WPA2 设备。

五、WAPI 协议

1. WAPI 协议概述

WAPI 是无线局域网鉴别和保密基础结构（wireless LAN authentication and privacy infrastructure）的简称，由我国密码管理委员会办公室批准自主研发的无线局域网标准。

WAPI 由无线局域网鉴别基础结构 WAI 和无线局域网保密基础结构 WPI 两个部分组成。WAI 主要是通过使用公共密钥技术来实现基站和访问接入点两者的身份认证；WPI 则是使用堆成密码算法实现对 MAC 子层的 MAC 数据服务单元进行加解密处理，以此实现对传输数据的保护。

1）WAI 鉴别基础结构

WAPI 沿用了成熟的 IEEE 802.1x 认证的基本体系，定义了移动终端（MT）、接入点 AP、鉴别服务单元（ASU）等实体，其中 ASU 对应于 IEEE 802.1x 体系的认证服务器。WAPI 认证实现了双向认证机制，即要求移动终端和接入点都需要通过身份验证，有效防范中间人攻击。WAI 认证机制赋予 ASU 授权的权利，ASU 作为可被信任的第三方，统一管理全网数字证书。

2）WPI 保密基础结构

在 WPI 中，数据保密采用的对称加密算法工作在 OFB 模式，完整性校验算法工作在 CBC-MAC 模式。WPI 所使用密钥由证书鉴别成功后的单播密钥协商过程和组播密钥通告过程协商或通告的密钥派生而得，其中组播和广播业务均利用组播密钥进行保密通信。

2. WAPI 与 WiFi

WAPI 是中国自主研发的，拥有自主知识产权的无线局域网安全技术标准。WAPI 的安全性虽然获得了包括美国在内的国际上的认可，但是一直都受到 WiFi 联盟商业上的封锁，一是宣称技术被中国掌握不安全，所谓的中国威胁论；二是宣称与现有 WiFi 设备不兼容。由于美国的阻击，WiFi 已主导市场。

实际上，无线设备是可以同时支持 WiFi 和 WAPI 的标准的，只需要软件上添加 WAPI 证书即可，不存在硬件成本或者所谓的分裂整个无线世界的问题。而采用有严重缺陷的 WiFi 标准建设将使国家公共基础设施网络存在极大的安全隐患和公共信息安全问题。

著名电信专家、北京邮电大学教授阚凯力就表示，WAPI 与 WiFi 的唯一区别就是在认证保密方面，WAPI 比 WiFi 强。但遗憾的是，由于在 WiFi 联盟的抵制，为了兼容他们生产的设备，即使支持 WAPI 的设备，事实上也仍然用的 WiFi 加密标准，因此 WAPI 也就成了摆设。

WAPI 与 IEEE 802.11 标准的主要区别如表 8-2 所列。

表 8-2　WAPI 与 IEEE 802.11 的区别

项目		WAPI	IEEE 802.11
鉴别	鉴别机制	双向鉴别（AP 和 MT 通过 AS 实现相互的身份鉴别）	单向和双向鉴别（MT 和 Radius 之间），MT 不能够鉴别 AP 的合法性
	鉴别方法	鉴别过程简单易行；身份凭证为公钥数字证书；无线用户与无线接入点地位对等，不仅实现无线接入点的接入控制，而且保证无线用户接入的安全性；客户端支持多证书，方便用户多处使用，充分保证其漫游功能	鉴别过程较为复杂；用户身份通常为用户名和口令；AP 后端的 Radius 服务器对用户进行认证
	鉴别对象	用户	用户
	密钥管理	全集中（局域网内统一由 AS 管理）	AP 和 Radius 服务器之间需手工设置共享密钥；AP 和 MT 之间只定义了认证体系结构，不同厂商的具体设计可能不兼容；实现兼容性的成本较高
加密	密钥	动态（基于用户、基于鉴别、通信过程中动态更新）	动态
	算法	国密办批准的分组加密算法（SMS4）	128bit AES 和 128bit RC4

第三节　蓝 牙 安 全

一、蓝牙协议栈

蓝牙最早是爱立信在 1994 年开始研究的一种能使手机（如耳机）与其附件之间相互通信的无线模块。1998 年 5 月，爱立信联合 IBM、英特尔、诺基亚与东芝成立了蓝牙技术联盟（SIG），它的成立也标志着蓝牙技术的正式诞生。

蓝牙协议栈是蓝牙技术的核心，如图 8-4 所示，它的体系结构由底层硬件模块、中间协议层和高端应用层三大部分组成。

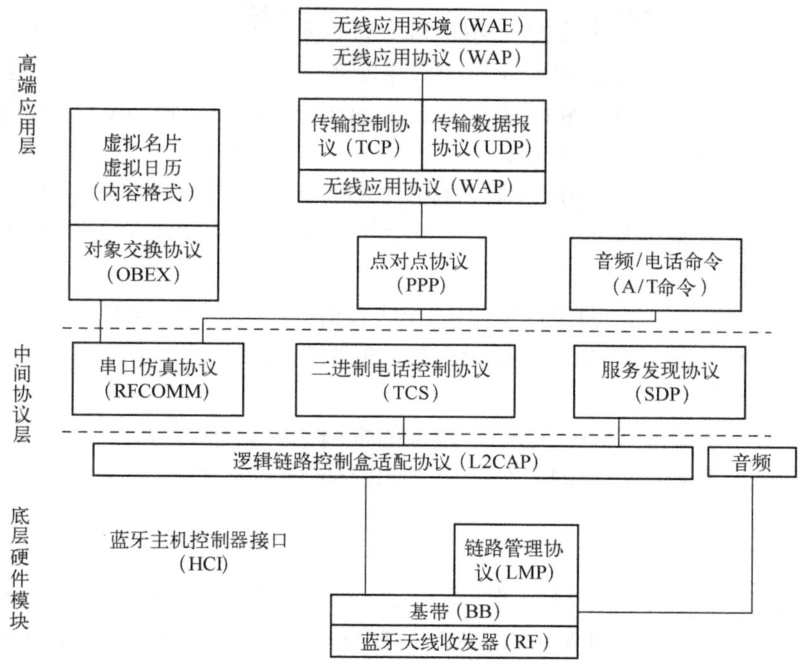

图 8-4　蓝牙协议栈体系结构

1．底层硬件模块

底层模块是蓝牙技术的核心模块，所有嵌入蓝牙技术的设备都必须包括底层模块。它主要由链路管理层（link manager protocol，LMP）、基带层（base band，BB）和射频（rodio frequency，RF）组成。其功能如下。

（1）无线连接层（RF）通过 2.4GHz 无需申请的 ISM 频段，实现数据流的过滤和传输，它主要定义了对工作在此频段的蓝牙接收机应满足的要求。

（2）基带层（BB）提供了两种不同的物理链路（同步面向连接链路（synchronous connection oriented，SCO）和异步无连接链路（asynchronous connectionless，ACL），负责跳频和蓝牙数据及信息帧的传输，且对所有类型的数据包提供了不同层次的前向纠错码（frequency error correction，FEC）或循环冗余差错校验（cyclic redundancy check，CTC）。

（3）LMP 层负责两个或多个设备链路的建立和拆除及链路的安全和控制，如鉴权和加密、控制和协商基带包的大小等，它为上层软件模块提供了不同的访问入口。

（4）蓝牙主机控制器接口（host controller interface，HCI）由基带控制器、连接管理器、控制和事件寄存器等组成。它是蓝牙协议中软硬件之间的接口，它提供了一个调用下层 BB、LM、状态和控制寄存器等硬件的统一命令，上、下两个模块接口之间的消息和数据的传递必须通过 HCI 的解释才能进行。HCI 层以上的协议软件实体运行在主机上，而 HCI 以下的功能由蓝牙设备来完成，二者之间通过传输层进行交互。

2．中间协议层

中间协议层由逻辑链路控制与适配协议（logical link control and adaptation protocol，L2CAP）、服务发现协议（service discovery protocol，SDP）、串口仿真协议或称线缆替换协议（RFCOM）和二进制电话控制协议（telephony control protocol spectocol，TCS）组成。

（1）L2CAP 是蓝牙协议栈的核心组成部分，也是其他协议实现的基础。它位于基带之上，向上层提供面向连接的和无连接的数据服务。它主要完成数据的拆装、服务质量控制，协议的复用、分组的分割和重组（segmentation and reassembly）及组提取等功能。L2CAP 允许高达 64KB 的数据分组。

（2）SDP 是一个基于客户/服务器结构的协议。它工作在 L2CAP 层之上，为上层应用程序提供一种机制来发现可用的服务及其属性，而服务的属性包括服务的类型及该服务所需的机制或协议信息。

（3）RFCOMM 是一个仿真有线链路的无线数据仿真协议，符合 ETSI 标准的 TS 07.10 串口仿真协议。它在蓝牙基带上仿真 RS-232 的控制和数据信号，为原先使用串行连接的上层业务提供传送能力。

（4）TCS 是一个基于 ITU-T Q.931 建议的采用面向比特的协议，它定义了用于蓝牙设备之间建立语音和数据呼叫的控制信令（call control signalling），并负责处理蓝牙设备组的移动管理过程。

3．高端应用层

高端应用层位于蓝牙协议栈的最上部分。一个完整的蓝牙协议栈按其功能又可划分为 4 层：核心协议层（BB、LMP、LCAP、SDP）、线缆替换协议层（RFCOMM）、电话控制协议层（TCS-BIN）、选用协议层（PPP、TCP、IP、UDP、OBEX、IrMC、WAP、WAE）。而高端应用层就是由选用协议层组成。

（1）选用协议层中的 PPP（point-to-point protocol）是点到点协议，它由封装、链路控制协议、网络控制协议组成，它定义了串行点到点链路应当如何传输互联网协议数据，它主要用于 LAN 接入、拨号网络及传真等应用规范。

（2）TCP、UDP、IP 是 3 种已有的协议，它定义了互联网与网络相关的通信及其他类型计算机设备和外围设备之间的通信。蓝牙采用或共享这些已有的协议去实现与连接互联网的设备的通信。这样，既可提高效率，又可在一定程度上保证蓝牙技术和其他通信技术的互操作性。

（3）OBEX（object exchange protocol）是对象交换协议，它支持设备间的数据交换，采用客户/服务器模式提供与 HTTP（超文本传输协议）相同的基本功能。该协议作为一个开放性标准还定义了可用于交换的电子商务卡、个人日程表、消息和便条等格式。

（4）WAP（wireless application protocol）是无线应用协议，它的目的是要在数字蜂窝电话和其他小型无线设备上实现互联网业务。它支持移动电话浏览网页、收取电子邮件和其他基于互联网的协议。

（5）WAE（wireless application environment）是无线应用环境，它提供用于 WAP 电话和个人数字助理 PDA（personal digtital assistant）所需的各种应用软件。

二、蓝牙安全功能

1．基本安全服务

蓝牙标准规定了 5 项基本安全服务。

（1）认证：根据蓝牙地址验证通信设备的身份。蓝牙不提供本机用户认证。

（2）机密性：通过确保只有授权的设备可以访问和查看传输的数据来防止窃听造成

的信息泄密。

（3）授权：通过确保设备在允许使用服务之前授权使用服务来控制资源。

（4）消息完整性：验证在两个蓝牙设备之间发送的消息在传输过程中没有被更改。

（5）配对/绑定：创建一个或多个共享密钥和存储这些密钥以用于后续连接，以便形成可信设备对。

2．蓝牙安全模式

蓝牙标准定义了 4 种不同的安全模式。

1）安全模式 1

设备被认为是非安全的。安全功能（认证和加密）从不启动，使设备和连接容易受到攻击者的攻击。实际上，这种模式下的蓝牙设备是“不分青红皂白的”，并且不采用任何机制来防止其他蓝牙设备建立连接。然而，如果远程设备发起安全性，例如配对，认证或加密请求，则安全模式 1 设备将参与。所有 2.0 及更早版本的设备都可以根据各自的蓝牙规范版本支持安全模式 1，而 2.1 及更高版本的设备可以使用安全模式 1 与旧设备进行向后兼容。但是，NIST 建议不要使用安全模式 1。

2）安全模式 2

服务级强制安全模式，安全过程可以在链路建立之后但在逻辑信道建立之前发起。对于此安全模式，本地安全管理器（如蓝牙体系结构中指定的）控制对特定服务的访问。集中式安全管理器维护访问控制策略和与其他协议和设备用户的接口。可以为具有不同安全需求并行运行的应用程序定义不同的安全策略和信任级别来限制访问。可以在不提供对其他服务的访问的情况下授予访问某些服务的权限。在这种模式下，引入授权的概念，决定特定设备是否允许访问特定服务的过程。通常，蓝牙服务发现可以在任何安全挑战（认证，加密和/或授权）之前执行。然而，所有其他蓝牙服务都应该需要所有这些安全机制。

3）安全模式 3

链路级强制安全模式，其中蓝牙设备在物理链路完全建立之前启动安全过程。在安全模式 3 下运行的蓝牙设备为连接到设备的所有连接授权身份验证和加密。因此，如果不执行认证，加密和授权，甚至无法执行服务发现。一旦设备被认证，服务级别授权通常不会被安全模式 3 设备执行。但是，NIST 建议执行服务级别的授权，以防止“身份验证滥用”，也就是在没有本地设备所有者知识的情况下使用蓝牙服务的身份验证的远程设备。

4）安全模式 4

安全模式 4 是一种服务级强制的安全模式，其中在物理和逻辑链路建立之后启动安全过程。安全模式 4 使用安全简单配对，其中使用 ECDH 密钥协议来生成 Link Key。直到蓝牙 4.0，P-192 椭圆曲线用于 Link Key 生成，设备认证和加密算法与蓝牙 2.0+EDR 和早期版本中的算法相同。蓝牙 4.1 引入了安全连接功能，允许使用 P-256 椭圆曲线生成 Link Key。在蓝牙 4.1 中，设备认证算法升级为 FIPS 认可的散列消息认证码 256 位（HMAC-SHA-256）安全散列算法。加密算法被升级到 FIPS 认证的具有 CBC-MAC（AES-CCM）的 AES 计数器，其也提供消息完整性。受安全模式 4 保护的服务的安全要求必须分类为以下之一。

（1）级别 4：使用安全连接所需的认证 Link Key。

（2）级别 3：需要认证的 Link Key。

（3）级别 2：需要未认证的 Link Key。

（4）级别 1：无需安全性。

（5）级别 0：无需安全性（仅限 SDP）。

3．蓝牙安全机制

1）配对和 Link Key 生成

蓝牙提供的身份验证和加密机制的关键在于生成一个秘密对称密钥，称为 Link Key。

（1）PIN 配对。对于传统 PIN 配对，根据配置和设备类型，当用户将一个或两个设备输入相同的密码 PIN 时，两个蓝牙设备同时导出 Link Key。

（2）安全简单配对（SSP）。SSP 首次在蓝牙 2.1+EDR 中引入，与安全模式 4 一起使用，然后在蓝牙 4.1 中得到改进。与 PIN 配对相比，SSP 通过提供许多在设备输入/输出能力方面灵活的关联模型，简化了配对过程。SSP 还通过添加 ECDH 公钥加密来提高安全性，以防止在配对期间的被动窃听和中间人（MITM）攻击。

2）身份认证

蓝牙设备认证过程采用质询-响应方案的形式。在身份认证过程中交互的每个设备都可以担任申验者或验证者或两者兼有。申验者是试图证明其身份的设备，验证者是验证申验者身份的设备。挑战响应协议通过验证秘密密钥的知识（蓝牙 Link Key）验证设备。

身份验证过程有两种，即遗留认证和安全认证。至少一个设备不支持安全连接时，将执行遗留身份验证。如果两个设备都支持安全连接，则执行安全认证。

（1）遗留认证。当使用 PIN 配对或使用 P-192 椭圆曲线的安全简单配对（SSP）生成 Link Key 时，将使用此过程。认证过程如下。

步骤 1：验证者向申验者发送 128 位随机挑战（AU_RAND）。

步骤 2：申验者使用 E1 算法使用他唯一的 48 位蓝牙设备地址（BD_ADDR），Link Key 和 AU_RAND 作为输入来计算认证响应。验证者执行相同的计算。只有 E1 输出的 32 位最高有效位用于认证。128 位输出的其余 96 位称为 ACO 值，稍后将用作创建蓝牙加密密钥的输入。

步骤 3：申验者将 E1 输出的最高 32 位作为计算的响应（签名响应（SRES））返回给验证者。

步骤 4：验证者将申验者的 SRES 与其计算的值进行比较。

步骤 5：如果两个 32 位值相等，认证被认为是成功的。如果两个 32 位值不相等，认证失败。

执行这些步骤一次完成单向身份验证。蓝牙标准允许执行单向和相互认证。对于相互认证，上述过程验证者和申验者交换角色重复。

（2）安全认证。当使用安全简单配对（SSP）与 P-256 椭圆曲线生成 Link Key 时，将使用此过程。在认证过程中交互的每个设备都充当申验者和验证者。当主设备启动此认证过程时，步骤如下。

步骤 1：主设备向从设备发送 128 位随机挑战（RAND_M）。

步骤 2：从设备向主设备发送 128 位随机质询（RAND_S）。

步骤 3：主设备和从设备都使用 H4 和 H5 算法，使用主设备（ADDR_M）的唯一 48 位蓝牙设备地址（从设备的唯一 48 位蓝牙设备地址（ADDR_S））来计算其认证响应，Link Key，RAND_M 和 RAND_S 作为输入。只有 H5 输出的 32 个最高有效位用于认证。128 位输出的其余 96 位称为认证加密偏移（ACO）值，后者将被用作创建蓝牙加密密钥的输入。

步骤 4：从设备将 H5 输出的最高有效位 32 作为计算的响应（带符号响应（SRESslave））返回给主设备。

步骤 5：主设备返回 H5 输出的最高有效 32 位作为计算的响应，即带符号响应（SRESmaster）到从设备。

步骤 6：主设备和从设备将 SRES 与其计算的值进行比较。

步骤 7：如果主设备和从设备两个 32 位值相等，认证被认为是成功的。如果主设备或从设备上的两个 32 位值不相等，认证失败。

当从设备启动认证过程时，所执行的步骤与上述步骤完全相同，但步骤 1 和步骤 2 的顺序被交换。

请注意，安全认证总是相互性质的，不管主设备还是从设备启动它。H4 和 H5 认证函数基于 HMAC-SHA-256 算法。HMAC-SHA 代表使用安全散列算法计算的哈希消息认证码。HMAC-SHA-256 是一个迭代散列函数，它将消息分解成一个固定大小的块，并用 SHA-256 函数进行迭代。HMAC 的输出的大小与底层哈希函数的大小相同。

3）保密

除了用于配对和认证的安全模式之外，蓝牙提供单独的机密性服务，以阻止企图窃听蓝牙设备之间交换的数据包的有效载荷。蓝牙具有 3 种加密模式，但只有两个实际提供保密性。模式如下。

加密模式 1：不对任何流量执行加密。

加密模式 2：使用基于各个 Link Key 的加密密钥对单独寻址的流量进行加密。广播流量未加密。

加密模式 3：使用基于主 Link Key 的加密密钥对所有流量进行加密。

加密模式 2 和 3 中使用的加密机制可以基于 E0 流密码或 AES-CCM。使用任一机制导出的加密密钥（KC）的长度可以以单字节递增长度从长度上的 1 字节增加到 16 字节，如在主设备和从设备之间发生的协商过程中设置的那样。在此协商期间，主设备为从设备提供密钥大小建议。主设备建议的初始密钥大小由制造商编程到控制器中，并不总是 16 字节。在产品实现中，可以设置“最小可接受的”密钥大小参数，以防止恶意用户将密钥大小降低到最少 1 个字节，这将使链路更不安全。

蓝牙 2.1+EDR 中引入的安全模式 4 要求除了服务发现之外，所有数据流都使用加密。

4）信任级别，服务安全级别和授权

除了 4 种安全模式，蓝牙允许不同级别的信任和服务安全。两个蓝牙级别的信任是信任和不信任的。受信任的设备与另一个设备具有固定的关系，并且可以完全访问所有服务。不受信任的设备与另一个蓝牙设备没有建立关系，这导致不受信任的设备接收到对服务的限制访问。

可用的服务安全级别取决于所使用的安全模式。对于安全模式 1 和 3，不指定服务安全级别。对于安全模式2，可以执行以下安全性要求：需要验证、需要加密、需要授权。

因此，可用的服务安全级别包括上述的任何组合，包括缺乏安全性（通常仅用于服务发现）。对于安全模式4，蓝牙规范定义了在SSP期间使用的蓝牙服务的5个级别的安全性。服务安全级别如下。

服务级别4：需要MITM保护和加密，使用128位等效强度的链接和加密密钥；用户交互是可以接受的。

服务级别3：需要MITM保护和加密；用户交互是可以接受的。

服务级别2：仅需加密； MITM保护不是必需的。

服务级别1：不需要MITM保护和加密。最小的用户交互。

服务级别0：不需要MITM保护、加密或用户交互。

蓝牙架构允许定义可以设置信任关系的安全策略，使得即使信任的设备也只能访问特定服务。虽然蓝牙核心协议只能验证设备而不是用户，但基于用户的认证仍然是可行的。蓝牙安全架构（通过安全管理器）允许应用程序执行更精细的安全策略。蓝牙特定安全控制器的链路层对应用层施加的安全控制是透明的。因此，蓝牙安全框架内的基于用户的身份验证和细粒度访问控制可以通过应用层进行，尽管这样做超出了蓝牙规范的范围。

4．蓝牙低功耗的安全特性

由于蓝牙低能耗支持计算和存储受限设备，并且由于蓝牙低功耗并未从BR/EDR/HS演进，因此低能耗安全性与蓝牙BR/EDR/HS不同。然而，使用蓝牙4.1和4.2版本，差异已经最小化。

另一个区别在于，低能耗配对导致产生长期密钥（LTK）而不是Link Key。在基本上执行与Link Key相同的密钥功能的同时，LTK以不同的方式建立。在低能耗遗留配对中，使用密钥传输协议生成LTK，然后使用BR/EDR与密钥协商进行分发。也就是说，一个设备确定LTK，并在配对期间将其安全地发送到另一个设备，而不是分别生成相同密钥的两个设备。

三、蓝牙攻击技术

蓝牙和相关设备易受一般无线网络威胁的影响，如拒绝服务攻击、窃听、MITM攻击、消息修改和资源盗用等，并受到更具体的蓝牙相关攻击的威胁。

1．蓝雀

蓝雀可使攻击者可以通过利用较旧（约2003年）设备中的固件缺陷来访问支持蓝牙的设备。通过强制连接到蓝牙设备，允许访问存储在设备上的数据，包括设备的国际移动设备身份（IMEI）。IMEI是每个设备的唯一标识符，攻击者可能会将来自用户设备的所有来电路由到攻击者的设备。

2．蓝鸟

蓝鸟是对支持蓝牙的移动设备（如手机）进行的攻击。攻击者通过向未启用蓝牙的设备的用户发送未经请求的消息来启动劫持。实际的消息不会对用户的设备造成危害，但是它们可能诱使用户以某种方式进行响应，或者将新的联系人添加到设备的地址簿。

3．蓝牙窃听

利用了一些旧的（约 2004 年）蓝牙设备的固件中的安全漏洞，以访问设备及其命令。此攻击使用设备的命令，而不通知用户，允许攻击者访问数据、拨打电话、窃听电话、发送消息以及利用设备提供的其他服务或功能。

4．汽车讲话者

汽车讲话者是由欧洲安全研究人员开发的软件工具，它利用在汽车上安装的免提蓝牙车载套件中使用标准（非随机）密钥。汽车话筒软件允许攻击者从车载套件发送或接收音频。攻击者可以将音频传输到汽车的扬声器，或从汽车上的麦克风接收音频（窃听）。

5．拒绝服务

像其他无线技术一样，蓝牙易受 DoS 攻击。影响包括使设备的蓝牙接口不可用，并耗尽设备的电池。这些类型的攻击并不重要，并且由于蓝牙使用所需的接近度，通常可以通过简单地移出范围来容易地避免。

6．模糊攻击

蓝牙模糊攻击包括将畸形或其他非标准数据发送到设备的蓝牙射频，并观察设备的反应。如果设备的操作由于这些攻击而减慢或停止，协议栈中可能存在严重的漏洞。

7．配对窃听

PIN 配对（蓝牙 2.0 及更早版本）和低能耗传统配对易受到窃听攻击。收集所有配对帧的成功窃听者可以确定提供足够时间的秘密密钥，这允许可信设备模拟和活动/被动数据解密。

8．安全简单配对（SSP）攻击

许多技术可以迫使远程设备使用 Just Works SSP，然后利用其缺乏 MITM 保护（例如，攻击设备声称它没有输入/输出能力）。此外，固定密钥可能允许攻击者也执行 MITM 攻击。

四、蓝牙安全风险缓解对策

为了更好地利用蓝牙的好处和优势，应采取相应的对策缓解蓝牙安全风险的影响，主要措施建议如下。

1．使用蓝牙设备可用的最强安全模式

蓝牙安全模式决定了保护蓝牙通信和设备免受潜在攻击的能力。不同版本的蓝牙设备可用的安全模式不同，使用时应选择每种情况下最安全的模式。蓝牙 BR/EDR/HS 最强的模式是安全模式 3。安全模式 4 是 V2.1+EDR 和更高版本设备的默认模式，如果两个设备都支持安全模式 4，则使用安全模式 4。安全模式 2 和 4 可以使用认证和加密。安全模式 1 从不启动安全模式，最好永远不用。

2．更改蓝牙设备默认设置，实施必要的安全策略

慎重通过蓝牙网络传输敏感信息、选择和使用蓝牙个人识别码（PIN）。不要使用蓝牙设备的默认设置，禁用不必要的蓝牙配置文件和服务，以减少攻击者可能试图利用的漏洞。

3．提高蓝牙使用安全意识

提高安全意识有助于防止安全事件的发生。当不需要时，确保蓝牙设备处于关闭状态，以减少设备暴露于恶意活动的机会。尽可能少进行蓝牙设备配对，在攻击者无法观察到密码输入和窃听蓝牙配对相关通信的物理安全区域内使用蓝牙设备，将设备设为不可发现模式，以提高蓝牙设备的安全性。

第四节　移动 Ad-hoc 网络安全

一、移动 Ad-hoc 网络概述

Ad-hoc 网络技术最早起源于 20 世纪 70 年代的美国军事通信领域，它是在美国 DARPA 资助研究的“战场环境无线分组数据网”（PRNET）项目中产生的一种新型网络架构技术。Ad-hoc 技术就是基于 PRNET、SURAN（可生存自适应网络）以及 SCN（可生存通信网络）等项目的组网思想而提出的。

在移动 Ad-hoc 网络中，移动节点之间可以通过无线信道连接形成一个任意网状的拓扑结构，且网络拓扑结构随节点移动发生变化。由于网络节点的无线通信覆盖范围有限，两个无法直接通信的用户终端可以借助其他终端的分组转发进行数据通信。它可以在没有或不便于利用现有的网络基础设施的情况下实现网络通信，从而拓宽了移动通信网络的应用。

传统网络中主机之间的连接是固定的，网络采用层次化的体系结构并具有稳定的拓扑。传统网络提供了多种服务，包括路由器服务、命名服务、目录服务等，并且在此基础上实现了相关的安全策略，如加密、认证、访问控制和权限管理、防火墙等。而在移动 Ad-hoc 网络中没有基站或中心节点，所有节点都是移动的，网络的拓扑结构动态变化，并且节点间通过无线信道相连，没有专门的路由器，节点自身同时需要充当路由器，也没有命名服务、目录服务等网络功能，两者的区别导致了在传统网络中能够较好工作的安全机制不再适用于移动 Ad-hoc 网络。因此，移动 Ad-hoc 网络比固定网络更容易遭受各种安全的威胁，如窃听、伪造身份、重放、篡改报文和拒绝服务等。

二、移动 Ad-hoc 网络脆弱性分析

1．传输信道方面

移动 Ad-hoc 网络采用无线信号作为传输媒介，其信息在空中传输，无需像有线网络一样，要切割通信电缆并搭接才能偷听，任何人都可接收，所以容易被敌方窃听。无线信道又容易遭受敌方的干扰与注入假报文。

2．移动节点方面

因为节点是自主移动的，不像固定网络节点可以放在安全的房间内，特别是当移动 Ad-hoc 网络布置于战场时，其节点本身的安全性是十分脆弱的。节点移动时可能落入敌手，节点内的密钥、报文等信息都会被破获，然后节点又可能以正常的面目重新加入网络，用来获取秘密和破坏网络的正常功能。因此，移动 Ad-hoc 网络不仅要防范外部的入

侵，而且要对付内部节点的攻击。

3．动态的拓扑

移动 Ad-hoc 网络中节点的位置是不固定的，可随时移动，造成网络的拓扑不断变化。一条正确的路由可能由于目的节点移动到通信范围之外而不可达，也可能由于路由途经的中间节点移走而中断。因此，难以区别一条错误的路由是因为节点的移动造成的还是虚假路由信息形成的。由于节点的移动性，在某处被识别的攻击者移动到新的地点，改变标识后，它可重新加入网络。另外，由于动态的拓扑，网络没有边界，防火墙也无法应用。

4．安全机制方面

在传统的公钥密码体制中，用户采用加密、数字签名、报文鉴别码等技术来实现信息的机密性、完整性、不可抵赖性等安全服务。然而它需要一个信任的认证中心来提供密钥管理服务。但在移动 Ad-hoc 网络中不允许存在单一的认证中心，否则不仅单个认证中心的崩溃将造成整个网络无法获得认证，而且更为严重的是，被攻破认证中心的私钥可能会泄露给攻击者，攻击者可以使用其私钥来签发错误的证书，假冒网络中任一个移动节点，或废除所有合法的证书，致使网络完全失去了安全性。通过备份认证中心的方法虽然提高了抗毁性，但也增加了被攻击的目标，若一个认证中心被攻破，则整个网络就失去了安全性。

5．路由协议方面

路由协议的实现也是一个安全的弱点，路由算法都假设网络中所有节点是相互合作的，共同去完成网络信息的传递。如果某些节点为节省本身的资源而停止转发数据，这就会影响整个网络性能。更可怕的是参与到网络中的攻击者专门广播假的路由信息，或故意散布大量的无用数据包，从而导致整个网络的崩溃。

三、移动 Ad-hoc 网络路由安全

1．移动 Ad-hoc 网络路由协议

人们根据 Ad-hoc 网络的特点研究开发了许多 Ad-hoc 网络路由协议，现有的 Ad-hoc 路由协议主要分为表驱动（table driven）路由协议、按需（on-demand）路由协议和混合式路由协议三大类。

1）*表驱动路由协议*

表驱动路由协议是早期传统有线网络路由协议向 Ad-hoc 网络的改进与移植。网络中所有的节点需维持一张或多张到其他节点的路由信息表，并且周期性的广播与更新自己的路由信息，以维持路由表和动态的网络拓扑之间的一致性。

表驱动路由协议的优点就是可以很快地得到其他节点的所有路由，通信时延较小。缺陷是开销较大、资源严重浪费。节点需要时刻维护所有节点的路由信息，一旦网络拓扑发生变化，节点需要广播相应的路由信息，而在大多数情况下，节点只需要知道到其所关心的节点的路由，并不需要维护所有节点的路由信息。另外，所有节点周期性的广播路由信息，会占用大量的网络带宽，难免会造成能源的消耗以及网络的拥塞，这在网络拓扑动态变化、资源受限的 Ad-hoc 网络中是非常不利的。所以，表驱动式路由并不适用于资源受限的移动 Ad-hoc 网络。

2）按需路由协议

按需路由协议中，主机只在有需要时，查找和维护自己需要使用的路由，主机之间不需要像表驱动路由协议那样周期性地交互路由信息，从而大大降低了对网络带宽和资源的过度消耗。当源节点需要到达目的节点的路由时，它将在网络中发起一个路由发现过程进行路由建立；路由建立之后，会由一个路由维护程序进行维护，直到每条路径都断裂或不再需要路由为止。目前，大部分的 Ad-hoc 路由协议都属于按需路由协议。

按需路由协议的优点是开销较小，时效性强，节省了网络资源。按需路由协议保证了节点只对所关心的节点维护路由信息，不需要额外的资源浪费。并且节点在需要时，才发起路由的建立与使用，保证了路由的时效性。这非常适用于网络拓扑动态变化、资源受限的 Ad-hoc 网络。其缺点是时延较大，原因在于节点只有在等待建立好路由后，才能使用路由进行数据传输等相关工作，一定程度上增大了网络的时延。但在实时性要求不是很苛刻的条件下，与网络开销相比，这点是可以容忍的。因此，按需路由协议更加适用于移动 Ad-hoc 网络。

3）混合式路由协议

Ad-hoc 无线网络中单纯采用表驱动路由协议或按需路由协议都不能完全解决路由问题。因此，许多学者提出了结合表驱动路由协议和按需路由协议优点的混合式路由协议，如 ZRP（zone routing protocol）协议。ZRP 协议是一个表驱动路由协议和按需路由协议的组合，网络内的所有节点都有一个以自己为中心的虚拟区，区内的节点数与设定的区半径有关，因此区是重叠的，这是与分群路由的区别；在区内使用表驱动路由算法，中心节点使用区内路由协议 IARP（intrazone routing protocol）维持一个到区内其他成员的路由表，对区外节点的路由使用按需路由，利用区间路由协议 IERP（interzone routing protocol）建立临时的路由。但是，实施混合式路由也面临着很多困难，如族的选择和维护、表驱动路由协议和按需路由协议的合理选择，以及网络工作的大流量等问题。

上述 3 种类型的路由协议，其设计目的都是在适应网络快速变化拓扑结构的同时，优化路由信息的传播速度，因此极少考虑安全问题。但事实上，为了在节点之间建立路由，节点必须交换网络中的拓扑信息，这些信息都可能成为恶意节点对网络攻击的主要目标，因此移动 Ad-hoc 网络中面临各种各样的路由安全问题。

2．移动 Ad-hoc 网络路由安全威胁

目前，Ad-hoc 网络面临的主要路由安全威胁大致可以归纳为以下几类。

1）欺骗攻击

恶意节点冒充某合法节点的身份，接收所有发送给合法节点的数据包并且广播虚假路由信息等。防止欺骗攻击的方法是节点对路由信息进行签名认证，利用网络开销来换取网络的安全性。

2）路由伪造

恶意节点制造虚假的路由信息，从而使得路由协议选择虚假的路由，以造成网络性能下降，影响网络的正常通信。例如，篡改伪造路由信息、伪造断链信息，假冒多个节点身份等。

3）路由隐藏

恶意节点通过某种特殊的方式隐藏可靠的路由信息，使路由协议只能得到受攻击者控制的路由从而使网络通信流向攻击者控制的节点。

4）报文丢弃

Ad-hoc 网络依赖于节点间相互合作，才能正常运行，如果某些恶意节点不参与路由或者数据报文的转发，将收到的报文进行全部或者选择性的丢弃，网络将无法正常运行，尤其是恶意节点处在网络关键位置时。报文丢弃十分难检测，因为节点也可能因为一些合法原因而丢包，而且无线链路的特点也使得数据的传输不是十分可靠。报文丢弃包括路由请求信息包丢弃和数据包丢弃。路由请求信息包丢弃是指节点不参与路由的建立，不转发其他节点的路由请求信息。路由请求包丢弃可利用邻居监督和信誉机制得到抑制。数据包丢弃是指节点正常参与路由的建立，但却不转发数据报文。可见，数据包丢弃比路由请求包丢弃更难检测。

5）信息泄露

恶意节点把有关路由表和本地连接等高度机密的信息透露给无权知道的用户。

6）洪泛攻击

洪泛攻击包括 RREQ 洪泛攻击和 Data 洪泛攻击。RREQ 洪泛攻击是指恶意节点不停地要求与网络中不存在的节点建立路由，使得网络中全部充斥着路由请求报文，所有节点忙于处理这些路由请求信息，消耗宝贵的电源能量，占用大量的网络带宽以致其他正常的路由无法建立；Data 洪泛攻击指针恶意节点不停地发送大量的无用的数据包给目的节点，导致目标主机无法为其他节点服务，影响网络的正常通信。

攻击者若将上述攻击方式结合起来，则会形成较为高级的攻击方式，如黑洞攻击和虫洞攻击。

7）黑洞攻击

恶意节点利用路由协议的广播机制，捕获经过自己的路由请求报文，并通过伪造虚假的路由信息的方式宣称自己有到达目的节点的最佳路径，从而使源节点选择此虚假路由发送数据消息，轻易地拦截源节点发送的数据包以形成一个吸收数据的“黑洞”。

8）虫洞攻击

虫洞攻击是指恶意节点从一个位置捕获数据包，然后通过隧道方式将数据包发给另一个恶意节点，一般两个恶意节点有一定的距离，然后第二个恶意节点在本地重放数据包，造成两个事实上距离在多跳以外的节点误认为彼此相邻，严重的情况下可能将网络中大部分的通信量吸引到攻击者控制的链路上来。虫洞攻击会破坏网络拓扑，造成路由协议错误执行。

3．移动 Ad-hoc 安全路由方案

为防御针对移动 Ad-hoc 路由安全的攻击行为，一个好的路由协议必须满足以下几个要求。

（1）路由协议数据包不能被欺骗。

（2）伪造路由信息不能被注入网络。

（3）路由信息在传输过程中不能被改变。

（4）不会因为恶意行为而形成路由环路。

（5）路由不会因为恶意行为而从最短路径中重定向。

（6）未被授权的节点要从路由计算和路由发现中剔除。

（7）网络拓扑必须既不能暴露给攻击者也不能通过路由信息暴露给授权节点，因为网络拓扑的暴露可能会给攻击者试图破坏或者俘获节点造成便利。

针对上面的路由攻击，可以得到下面4种解决方案。

（1）全阶段的认证。这种解决方案是在路由的全阶段都使用认证技术，因此可以不让攻击者或者没有授权的用户参与到路由的过程中。大部分这种解决方案都属于修改当前存在的路由协议来重构可以认证的版本，它们依赖于认证授权。

（2）定义新的度量值。Yi等定义了一种新的度量来管理路由协议行为，称为信任值。这个度量被嵌入到控制包中，来反映发送者需要的最小的信任值，因此一个接收节点在接收到包时，既不能处理也不能转发，除非它提供了数据包中包含的那个需要的信任级别。为了达到这个目的，SAR（security-aware routing）协议利用了认证技术。这个协议来源于AODV协议，并且基于信任值度量。在SAR中，这个度量值也可以在很多路由满足所需的信任值的时候，作为选择路由的标准。为了定义节点的信任值，作者将其比喻成军事行动，信任程度适合节点所有者的等级排名匹配。但是从更通常的角度来说，在网络中没有等级制度，所以定义节点的信任值是有问题的。

（3）安全邻居检测。在每个节点声明其他节点成为邻居之前，要在两个节点之间有3轮的认证信息交换。如果交换失败的话，正常工作的节点就会忽略其他节点，也不处理由这个节点发送过来的数据包。这个解决方案对抗了利用高功率来发送快速攻击的不合法性。既然利用高功率的发送者不能接收更远节点的数据包，它就不能够实施邻居发现过程，于是它的数据包就会被正常工作的节点忽略。

（4）随机化信息转发。这个技术是将快速攻击的发起者能够控制所有返回路由的机会最小化。在传统的RREQ信息的转发中，接收节点马上转发第一个接收到的RREQ信息，而将所有其他的RREQ都丢弃。利用这种机制，节点首先接收很多RREQ，然后随机地选择一个RREQ进行转发。在随机化转发技术中有两个参数：① 收到的REQUEST数据包的数量；② 所选择的超时设定算法。

这种解决方案的缺点是它增加了路由发现的时延，因为每个节点必须在转发RREQ前等待一个 timeout 的时间或者必须要接收到一定数值的数据包。另外，这个随机选择也阻碍了最优路径的发现，最优可能被定义为跳数、能量效率或者取决于其他度量，总之这个值不是随机的。

四、移动Ad-hoc网络密钥管理

1. Ad-hoc网络中密钥管理问题

由于移动Ad-hoc网络具有自组织和动态拓扑的特性，使得在固定网络中常用的密钥管理手段无法在Ad-hoc网络中应用，例如：certification authority（CA）或key distribution center（KDC）就无法在移动Ad-hoc网络应用。使用这些设施，其一，容易导致单点失败和拒绝服务，即该设施由于敌方攻击而失灵了，整个网络就不能正常运转了；其二，由于无线多跳通信误码率高和网络拓扑动态变化，会大大降低服务的成功率，延长服务时间；其三，容易导致网络拥塞，本来就不充足的传输带宽，网络中各节点还都要到该节点去认证。

由于 Ad-hoc 网络的通信方式可以分为单播通信和组播通信两种，相应地可以将现有的密钥管理方案分为单播通信的密钥管理方案（对密钥管理方案）和组播通信的密钥管理方案（组密钥管理方案）。

2．对密钥管理方案

对密钥管理主要是在单播通信中为通信双方提供身份验证，并在此基础上安全地建立双方通信的会话密钥。

1）对称密钥的密钥管理方案

对称密钥的密钥管理方案主要有以下两种方案：

（1）“复活鸭子”方案。该方案在初始化时，节点将第一个为其分发密钥的节点作为它的拥有者，并只接受拥有者的控制，这种控制一直保持到节点死亡，等下一个拥有者出现时节点复活，这样就形成了一种树状的密钥管理模式。此方案计算开销小，但通过物理上的接触来解决初始密钥的分发，限制了“复活鸭子”方案的应用，另外该方案缺乏灵活性，如果一个节点失灵，其所有的子节点和孙节点都将无法进行安全通信。

（2）密钥预分配方案。在该方案中，每个节点从密钥服务器得到一个随机密钥对的集合，当两个节点需要安全通信时，就检查是否共享同一密钥，如果没有，就利用拥有共享密钥的中间节点来建立会话密钥。在此方案中需要密钥服务器的参与。另外，节点预分配密钥的数量直接影响着系统的安全性和可用性。

2）非对称密钥的密钥管理方案

（1）自组织管理方案。

该方案允许用户产生自己的公私钥对，并签发证书来完成认证。当两个节点需要建立信任关系时，就合并它们的本地证书库从而形成一张证书图，并试图从该图中发现一条认证链路。如果发现一条认证链路，则认证成功，否则认证失败。自组织密钥管理方案不需要任何可信第三方，节点自己完成证书的颁发、更新等操作。但节点的存储量和计算量较大，且只能从概率上保证节点间存在证书链。

（2）分布式管理方案。

分布式密钥管理方案采用信任分散的思想，将可信任的第三方认证服务器 CA 由一个节点扩展到多个节点，任意门限个节点合作可以组成一个分布式的 CA，完成 CA 的功能。分布式的管理方案可以分为部分分布式管理方案和完全分布式管理方案两种。

部分分布式管理方案使用门限密码部署 CA，根据节点的安全性和物理特性上的功能特别地选择节点。但存在对手通过俘获不少于门限个服务节点重构 CA 私钥的风险。为有效防止这种情况的发生，服务节点可用先应式秘密分享更新机制来更新私钥份额而不更改 CA 的私钥，从而增强系统的安全性。此方案安全性较高，但由于服务节点的数量有限，可用性不强。

完全分布式的方案，则将 CA 的私钥份额分发给网络中的所有节点，增强了分布式服务的可用性。但是，所有节点都拥有 CA 的私钥份额，这增加了 CA 私钥暴露的风险，降低了系统的安全性。

（3）复合式管理方案。

由于分布式的管理方案安全性较高，但计算和通信开销大，而自组织的管理方案灵活，但无法保证认证成功率且缺少信任基点，不适合安全需求较高的网络。因此，研究人员结合这两类方案的优点，提出了复合式管理方案。基本思想是在网络中同时使用分布式 CA 和证书链，利用一种技术来弥补另一种技术的不足。网络中存在 3 种类型的节点：分布式 CA 服务节点、证书链参与节点、普通用户节点。利用分布式 CA 来满足安全性要求，利用证书链来满足可用性要求。比起单独使用分布式 CA 或证书链的方案，性能得到较大提高。但缺乏有效的证书撤消机制，且恶意用户可能伪造大量的虚假证书破坏网络的安全。

（4）基于身份的管理方案。该方案用主体易识别且唯一的特征比如姓名或 E-mail 地址作为公钥和证书，所以在认证之前不需要交换公钥，但需要一个集中式的密钥产生中心（KGC）来产生系统的公私钥以及用户的私钥。由于 KGC 知道所有用户的私钥，一旦被俘虏将造成整个系统的崩溃。

3．组密钥管理方案

组密钥管理为组成员生成、分发和更新组通信密钥。与对密钥相比，组密钥有更多的安全需求，比如：前向安全性、后向安全性、同谋破解等。因此，组密钥管理也更具挑战性。

1）集中式组密钥管理方案

集中式组密钥管理方案的基本思想是：方案中存在单一的组控制者来对整个组播组的密钥进行管理，由组控制者生成组密钥并使用每个组成员的密钥加密后进行分发。

（1）基于密钥预分发的方案。

该方案中，在网络展开前，为每个节点预导入一个密钥集合，该集合作为密钥加密密钥（KEK）。由密钥服务器产生并分发组密钥到邻居节点，然后逐跳进行组密钥分发，使用节点间共享的 KEK 来保证组密钥的安全传输，而节点间共享的 KEK 则通过共享密钥发现或路径密钥建立来得到。当有节点被俘虏时，剩余节点并不抛弃被俘虏节点的密钥，而是使用一个未被俘虏的密钥来进行更新。

此方案采用对称加密，节点计算量较小，且节点本地保存的密钥集合不需要占用太大的存储空间，在节点被俘虏时，对被俘虏的密钥进行更新，增强了方案的可用性。但密钥服务器可能会成为通信瓶颈，且会造成单点失效问题。

（2）无密钥预分发的方案。

该方案基于证书的动态组密钥管理协议。节点以离线方式获得服务资格证书，参与到组播组中。证书撤消动作由组播源完成，以证书撤消链表的方式记录，并周期性地广播给每个组成员。组成员节点与组播源之间通过节点的 GPS 位置信息构造最优逻辑路径，形成组播树。该树的父子成员节点间通过协商会话密钥来保证组播信息的机密性。该方案通过 GPS 信息构造最优组播逻辑树，有效地减少了组播信息的通信开销。但组播数据需要在每一跳进行加密和解密，节点的计算资源和能量消耗较大。另外，方案中撤销机制不具备可扩展性，需要 GPS 信息也限制了其应用。

2）分散式组密钥管理方案

分散式组密钥管理方案的基本思想是将大型群组划分成较小的子群，每个子群都有其自身的控制者，负责各个子群内的密钥管理。根据是否建立全网共享的组密钥可将分散式的组密钥管理方案分为两类方案。

（1）局部组密钥方案。

该方案对网络分簇，各个簇利用一个成员过滤函数来维护簇内组密钥，由簇首根据簇成员的信息构造过滤函数，并将其组播发送给所有的簇成员，只有该组中合法成员能够通过此函数计算出正确的组密钥。

当有成员加入或退出时，簇首生成新的组密钥并根据新的成员关系生成成员过滤函数，然后将新成员过滤函数分发给组成员，从而保证组密钥的前向安全性和后向安全性。方案中各簇建立簇内组密钥，一个簇的成员关系变化不会对其他簇的组密钥的安全产生影响；另外，使用组播方式发送成员过滤函数，减少了通信次数。但由簇首负责分发组密钥可能会引起单点失效。

（2）全局组密钥方案。

在该方案中，在整个网络的生存期，所有节点共享同一个秘密，此秘密用来提供组认证并派生出组通信加密密钥（TEK），该 TEK 定期更新。在网络中根据节点权值动态地选出簇首和密钥管理者，由密钥管理者产生 TEK 并分发给簇首，簇首再使用簇密钥加密分发给簇内成员。此方案可扩展性强，完全采用对称密钥加解密，计算量小。但有一个节点被俘虏导致共享秘密泄露，则会破坏整个系统的安全。另外，该方案没有考虑组退出成员对组通信安全的威胁。

3）分布式组密钥管理方案

分布式组密钥管理方案是在没有固定控制节点的群组中，组密钥由所有成员通过贡献的秘密份额生成。分布式的组密钥管理方案主要有如下 3 种方案。

（1）基于 GDH 的方案。该方案提出了将两方 DH（Diffie-Hellman）密钥交换协议扩展到多方的 GDH 协议的思路。相关的协议将网络节点安排在一个特殊的逻辑结构上，减少了组密钥协商时的通信次数，但可扩展性不强，为了解决方案的可扩展性问题，可将 GDH 和逻辑密钥层次（LKH）结合，成员关系事件发生时，不需要更新所有节点的密钥，只需要更新与成员关系变化相关节点的密钥，从而减少了密钥更新开销，但仍存在中间人攻击的风险。

（2）基于门限秘密共享的方案。基于门限秘密共享的组密钥管理方案将一个组秘密进行分割，组中的每个节点有一个组秘密份额，节点利用此秘密份额计算一个部分组密钥，并向其他节点申请部分组密钥，当获得门限个有效的部分组密钥时，节点可以合成组密钥。此方案的不足之处在于抵抗 DoS 攻击、合谋攻击和算法复杂度方面。

（3）基于双线性对的方案。基于双线性对的方案将参与协商会话密钥的节点形成三叉逻辑密钥树结构，每个叶子节点代表一个参与会话协商的成员节点，其余节点为密钥节点。具有同一父节点的 3 个叶子节点利用双线性对的性质，可以在三方之间安全地建立一个会话密钥，建立的会话密钥作为父节点的秘密参与密钥树上一层的密钥协商，以此类推，最终得到根节点的秘密即为协商的组密钥。但方案中由各节点独立地维护密钥树，容易造成密钥树的不一致，从而引发组密钥的一致性问题。另外，当某个密钥节点只有两个儿子节点时，儿子节点间使用 ECDH 进行协商存在中间人攻击。

由于 Ad-hoc 网络的特点及应用环境的不同，所面临的安全威胁也不同，要建立一种适用于所有应用环境的密钥管理方案是不实际的。因此，要针对具体的应用环境研究有效的、实际的密钥管理方案。

五、移动 Ad-hoc 网络入侵检测

无线信道、动态拓扑、合作的路由算法、缺乏集中的监控等都使得移动 Ad-hoc 网络安全更加脆弱，特别是移动节点缺乏物理保护容易被偷窃、捕获落入敌手后重新加入网络导致攻击从内部产生。而采用密码学理论的网络安全方案无法对抗此类攻击。此外，无论多么安全的方案都可能存在这样或那样的漏洞。因此入侵检测就理应成为安全方案之后的第二道防护墙。

1．移动 Ad-hoc 网络对入侵检测系统的要求

目前，对于传统有线网络的入侵检测技术无法直接应用于移动 Ad-hoc 网络中，这是由于移动 Ad-hoc 网络具有与有线网络不同的一些特性所决定的。

（1）恶意节点容易渗透进网络进行攻击。因为移动 Ad-hoc 网络中没有固定基础设施，物理层设施匮乏，大部分操作均通过节点间相互合作来进行，且没有受信任节点进行集中认证控制，恶意节点可随意加入网络发起攻击。

（2）没有集中网络流量的地方，无法集中进行监控。移动 Ad-hoc 网络中不存在固定的集中的审计点（如交换机、路由器、网关等）来收集整个网络的审计数据，而只能使用无线通信范围内的通信流量作为审计数据，所以使得传统的基于网络的 IDS 变得不可行，而只能以一种分布式的形式进行监控，即将检测功能分散到节点中去。

（3）节点容易被捕获，从而对网络进行内部攻击。由于移动 Ad-hoc 网络具有动态的拓扑结构，各节点可以灵活游走，这就使得节点容易被捕获，从而威胁到整个网络的安全。因此，要求 IDS 不仅要对网络外部攻击，还必须对自己网络中的节点发起的攻击高度机警。

（4）正常节点和恶意节点之间行为区别不够明显。例如，由于网络拓扑结构变化快，某节点可能会广播一个错误信息，这可能说明该节点已经被入侵，但也可能是由于不稳定的物理因素导致该节点对网络的情况变化反应比较迟钝而已。这种情况使得入侵检测要从实时入侵中区别误报更加困难。

（5）移动设备有限的资源和带宽。移动设备一般使用电池供电，而且无线网络的带宽一般都小于有线网络，为了节约有限的带宽资源，移动 Ad-hoc 网络中各节点不能像有线网络中节点一样随时随地自由通信。任何片面追求检测效力的努力都有可能耗尽节点有限的资源（带宽、计算能力、能源、存储能力等），使得正常的数据传输无法进行，这同样制约了 IDS 的设计。

综上所述，为了克服这些问题，要求设计的适合于移动 Ad-hoc 网络的 IDS 应该具备下列条件。

（1）IDS 不能给网络带来新的漏洞，引起新的安全问题。

（2）IDS 需使用分布式结构，并具有良好的可扩展性。

（3）IDS 应使用尽量少的系统资源来进行检测和防止入侵。

（4）IDS 应具有高度的可靠性，提高精确性，降低误检率和漏检率。

（5）IDS 应有很好的检测和响应机制，可以不间断地、持续高效地运行。

（6）IDS 自身应具有较强的容错和抵抗攻击的能力。

（7）IDS 应使路由负载增加不大，必须保证正常的网络性能。

（8）IDS 应具备更新功能，可以不断提高检测新入侵模式的能力。

（9）IDS 应使用入侵检测工作组（IDWG）制定的入侵检测交换协议 IDXP，从而标准化入侵检测信息交换格式，使得多种入侵检测方案可以互相合作。

2．移动 Ad-hoc 网络中入侵检测系统的体系结构

由于移动 Ad-hoc 网络移动性强，网络拓扑和通信均不稳定，使得怎样部署 IDS 以及它们之间是否有数据交换、如何交换数据、相互协作等成为比较关键的问题。在已提出的体系结构中，按照各个节点 IDS 间的关系，可以大致分为 3 种不同类型的体系结构。

1）各自独立的入侵检测系统体系

在这种体系结构中，每个主机都安装有 IDS，且它们各自独立进行入侵检测，节点之间并不相互交流、协作，所有的决定都是依靠本地节点，因此各节点检测所采取的方法也可以不一样，检测结果只是通知本地的管理员而不会告知其他的节点。虽然这种体系结构里一个节点可以向另外一个节点通报某个节点为异常节点，但最后核实过程必须还是由自己独立完成，且对于异常情况没有节点间协同的检测。

这种方法的优点是实现和部署简单，能应用在不是所有节点都能运行 IDS 的环境中；缺点是在交通拥塞、接收节点拥塞、功率限制、数据报丢失等情况下可能会误判，同时由于每个节点只有本地的一些数据。因此，对影响整个网络的入侵检测会比较迟钝甚至不能检测出来。

2）对等合作的入侵检测系统体系

在对等合作的体系结构中，每个节点独立对入侵进行检测，但在检测某些入侵需要其他节点的信息或帮助时可以进行合作，各个节点间不存在层次关系。由于某些入侵的数据、场景可能分散在很多地方，如两个分散的恶意节点可能通过不同路径对目标进行攻击，并且移动 Ad-hoc 网络中节点容易被俘获，所以通过多个节点共同合作可以更容易防止被入侵，避免节点处于“孤岛”的境地。

在对等合作的体系下，对入侵行为的响应也必须是合作性的。该体系的检测能力与各自独立的体系相比有了提高，但它要求每个节点都必须安装运行 IDS，这对于资源较少的节点来说太苛刻，而且在安全威胁较小时也不必要；节点间每次合作都不得不互相传递大量信息，这浪费了宝贵的带宽资源；如果不能识别恶意节点让其频频发起合作，将严重影响网络流量。

3）分级的入侵检测系统体系

为了避免每个节点同时运行 IDS 带来的额外开销，以及各个 IDS 间进行合作产生的通信开销，提出了分级的 IDS 体系。它采取多级的方式，对 IDS 功能进行分布，处于底层的部分可能进行初级的检测或不进行检测，高层的综合利用底层获取的信息进行判断，提供了更好的准确性并减少开销。

分级 IDS 体系必须要保证对所有需要检测的节点进行检测，不能出现检测的空白区域。在基于簇的分级体系中，构造出合理的簇，还存在诸多需要考虑的地方。对等合作体系相当于分级体系中的特例，比如基于簇的分级体系中单个节点为一个簇。

3．3 种不同体系的比较

通过对以上 3 种不同体系的分析得出，各自独立的体系实现最简单，但是没有利用其他节点或全局的网络信息，这限制了它的检测能力，同时由于节点间没有额外的通信，通信开销较小，但每个节点均需要运行 IDS，有一定的计算开销；对等合作的体系同样需要每个节点均运行 IDS 进行检查，但其还牵涉多个 IDS 的协作，在协作时各个 IDS 间相当于全连接的方式进行信息交换，通信开销较大；分级的体系由于涉及不同级节点的选择和维护，实现最为复杂，分级体系中典型的如基于簇的分级体系，在协作时只是进行了簇头节点间的全连接，与对等合作的体系相比减少了通信开销，而且也不需要每个节点都运行 IDS。因此，计算开销较小。目前，提出的 IDS 框架在体系选择上一般倾向于选择后两种体系，因为能最大限度地利用审计数据。

第五节　移动通信安全

一、移动通信系统发展概述

1899 年 11 月，美国“圣保罗”号邮船在向东行驶时，收到了从 150km 外的怀特岛发来的无线电报，向世人宣告了“移动通信”的诞生。随着半导体技术、微电子技术和计算机技术的发展，移动通信又进入到一个高速发展阶段，到目前为止，移动通信技术的发展主要经历了 5 个阶段。

1．第一代移动通信技术（1G）

第一代移动通信技术（1G）是指最初的模拟、仅限语音的蜂窝电话标准，制定于 20 世纪 80 年代。第一代移动通信主要采用的是模拟技术和频分多址（FDMA）技术。由于受到传输带宽的限制，不能进行移动通信的长途漫游，只能是一种区域性的移动通信系统。第一代移动通信有多种制式，我国主要采用的是 TACS。

第一代移动通信有很多不足之处，如容量有限、制式太多、互不兼容、保密性差、通话质量不高、不能提供数据业务和不能提供自动漫游等，主要用于提供模拟语音业务。

2．第二代移动通信技术（2G）

自 20 世纪 90 年代以来，以数字技术为主体的第二代移动通信系统得到了极大发展。第二代移动通信技术主要采用数字时分多址（TDMA）技术和码分多址（CDMA）技术。现有的移动通信网络主要以第二代的 GSM 和 CDMA 为主，采用 GSM GPRS、CDMA 的 IS-95B 技术，数据提供能力可达 115.2kb/s，全球移动通信系统（GSM）采用增强型数据速率（EDGE）技术，速率可达 384kb/s。

与第一代模拟蜂窝移动通信相比，第二代移动通信系统提供了更高的网络容量，改善了话音质量和保密性，并为用户提供无缝的国际漫游。具有保密性强、频谱利用率高、能提供丰富的业务、标准化程度高等特点。但由于第二代采用不同的制式，移动通信标准不统一，用户只能在同一制式覆盖的范围内进行漫游，因而无法进行全球漫游，由于第二代数字移动通信系统带宽有限，限制了数据业务的应用，也无法实现高速率的业务如移动的多媒体业务。

3．第三代移动通信技术（3G）

第三代移动通信，数据传输速度有了大幅提升，能够处理图像、音乐、视频流等多种媒体形式，提供包括网页浏览、电话会议、电子商务等多种信息服务。国际电信联盟

（ITU）认定的 3 种 3G 移动通信技术，分别是：WCDMA、CDMA2000 和 TD-SCDMA，其中 TD-SCDMA 由中国制定提出。

对于非移动设备，3G 最大速度约为 3Mb/s，处于移动状态的车辆的最大接入速度约为 384Kb/s，由于采用更宽的频带，相比 2G，传输的稳定性也大大提高。但 3G 还是有其局限性：由于受到多用户干扰，CDMA 难以达到很高的通信速率；由于空中接口标准对核心网的限制，3G 所能提供服务速率的动态范围不大，不能满足各种业务类型需要；最后，分配给 3G 的频率资源已经趋于饱和。

4．第四代移动通信技术（4G）

随着数据通信与多媒体业务需求的发展，适应移动数据、移动计算及移动多媒体运作需要的第四代移动通信开始兴起。4G 技术即 LTE 技术，该技术包括 TD-LTE 和 FDD-LTE 两种制式，FDD 主要用于大范围的覆盖，TD 主要用于数据业务。但从严格意义上来讲，LTE 只是 3.9G，尽管被宣传为 4G 无线标准，但它其实并未被 3GPP 认可为国际电信联盟（ITU）所描述的下一代无线通信标准 IMT-Advanced，因此在严格意义上其还未达到 4G 的标准。只有升级版的 LTE Advanced 才满足国际电信联盟对 4G 的要求。

4G 集 3G 与 WLAN 于一体，能够快速传输数据、高质量音频、视频和图像等。4G 能够以 100Mb/s 以上的速度下载，比家用宽带 ADSL（4 兆）快 25 倍，并能够满足几乎所有用户对于无线服务的要求。此外，4G 可以在 DSL 和有线电视调制解调器没有覆盖的地方部署，然后再扩展到整个地区。很明显，4G 有着不可比拟的优越性。但随着移动设备数量增多，以及越来越多的设备接入运行，网络拥堵成为 4G 面对的主要问题。

5．第五代移动通信技术（5G）

第五代移动通信技术是具有高速率、低时延和大连接特点的新一代宽带移动通信技术，是实现人机物互联的网络基础设施，关键技术包括大规模天线阵列、超密集组网、新型多址和全频谱接入等。为满足 5G 多样化的应用场景需求，5G 的关键性能指标更加多元化。ITU 定义了 5G 八大关键性能指标，其中高速率、低时延、大连接成为 5G 最突出的特征，用户体验速率达 1Gb/s，时延低至 1ms，用户连接能力达 100 万连接/km^2，成为一个真正意义上的融合网络。

目前，世界正在着手 6G 网络的研制开发和标准制定工作，6G 网络将是一个地面无线与卫星通信集成的全连接世界，实现全球无缝覆盖，数据传输速率可能达到 5G 的 50 倍，时延缩短到 5G 的 1/10，在峰值速率、时延、流量密度、连接数密度、移动性、频谱效率、定位能力等远优于 5G。

二、移动通信系统的安全威胁

1．移动通信系统的安全威胁

总的来说，移动通信系统的安全威胁根据攻击的位置可分为无线链路中的威胁、网络系统中的威胁和终端中的安全威胁等。

（1）无线链路中的威胁。从用户终端到移动通信系统基站之间的无线链路是最容易受到攻击的部分，终端与网络之间的通信信号很容易被截获，导致被动窃听用户而对数据的机密性造成破坏；主动篡改通信数据，对数据的完整性造成破坏，入侵者可以假冒的合法用户接入网络，对系统服务进行非授权访问。另外，用户终端还容易受到流量分析、拒绝服务等攻击方式。

（2）网络系统中的威胁。计算机网络通信技术的发展，使得原来相互独立的网络如通信网、计算机网、广播电视网等网络之间的联系越来越紧密，并最终融合成一个综合的多媒体网络。在这种情况下，移动通信系统将受到越来越多的来自网络系统中的各种攻击，如非授权访问机密数据、对数据完整性的破坏、拒绝服务攻击及非授权访问服务等。

（3）终端中的安全威胁。终端中的安全威胁可能来自合法的终端用户，也可能是非法用户获得其他合法用户的终端后对系统进行攻击，主要包括越权、身份仿冒、非法接入、数据截取和破坏等。

2．移动通信系统的主要攻击方式

对移动通信系统的攻击方式，主要包括以下几类。

（1）窃听：在无线链路或服务网内窃听用户数据、信令数据及控制数据。

（2）伪装：伪装成网络单元截取用户数据、信令数据及控制数据，伪终端欺骗网络获取服务。

（3）流量分析：主动或被动进行流量分析以获取信息的时间、速率、长度、来源及目的地。

（4）破坏数据的完整性：修改、插入、重放、删除用户数据或信令数据以破坏数据的完整性。

（5）拒绝服务：在物理上或协议上干扰用户数据、信令数据及控制数据在无线链路上的正确传输，实现拒绝服务攻击。

（6）否认：用户否认业务费用、业务数据来源及发送或接收到的其他用户的数据，网络单元否认提供的网络服务。

（7）非授权访问服务：用户滥用权限获取对非授权服务的访问，服务网滥用权限获取对非授权服务的访问。

（8）资源耗尽：通过使网络服务过载耗尽网络资源，使合法用户无法访问。

随着网络规模的不断发展和网络新业务的应用，还会有新的攻击类型出现。

三、移动通信系统安全分析

1．前三代移动通信系统安全问题简述

第一代移动通信系统几乎没有采取任何的安全措施，移动电台把其电子序列号（ESN）和网络分配的移动台识别号（MIN）以明文方式传送至网络，若两者相符，即可实现用户的接入，结果造成大量的“克隆”手机，使用户和运营商深受其害。

第二代移动通信系统主要有基于时分多址的GSM系统、DAMPS系统及基于码分多址的CDMA one系统，这两类系统安全机制的实现有很大区别，但都是基于私钥密码体制，采用共享秘密数据（私钥）的安全协议，实现对接入用户的认证和数据信息的保密，在身份认证和加密算法等方面存在着许多安全隐患。

第三代移动通信系统（3G）与之前的移动通信技术相比，具有频谱利用更高、速率更高、业务更丰富、网络业务更开放、终端更智能等优点，其新技术、新业务无疑可为用户提供方便、快捷的通信服务。3G移动通信系统安全威胁主要来自网络协议和系统的弱点，攻击者可以利用网络协议和系统的弱点非授权访问敏感数据、非授权处理敏感数据、干扰或滥用网络服务，对用户和网络资源造成损失。

2. 第四代移动通信系统安全分析

在 4G 安全问题方面，这里主要介绍 LTE 与 LTE Advanced 中的安全问题。

1）LTE 体系结构的安全问题

LTE 是一个基于全 IP 网络的平坦架构，以支持系统的控制平面和用户平面以数据包的形式互通。LTE 网络的特性给安全机制的设计带来了一些新的挑战。

（1）3GPP LTE 基于全 IP 的平坦结构导致易受诸如注入、修改、窃听等攻击，与 GSM、UTMS 网络相比，加大了隐私泄露风险。

（2）LTE 系统中的基站存在一些潜在的弱点。全 IP 网络为恶意攻击者提供了更直接的侵入基站的路径。由于移动管理组件（MME）管理着大量 eNBs，因此与管理着少量 RNCs 的 UTMS 网络相比，LTE 网络基站更易受攻击。一旦攻击者侵入某个基站，便可利用 LTE 的全 IP 性质危害整个网络。

（3）LTE 系统结构在切换认证过程中可能会产生新的问题。由于 LTE 网络中引入了简单基站与 HeNB，因此当 UE 从一个 eNB/HeNB 离开去往另一个 HeNB/eNB 时会出现新的不同于之前的新的移交情形。尽管 3GPP 委员会已经对一个可能的 HeNB 与 eNB 交接情形给出了相关的切换呼叫流向，但不同的情形下需要不同的交接认证过程。

2）LTE 访问机制的安全问题

在 UMTS 基础上，EPS AKA 进行了许多改进，从而可以抵抗一些恶意攻击，如重寄攻击、流氓基站攻击、中间人攻击等，然而仍然存在一些安全隐患。

（1）4G 采用的演进分析系统 EPS AKA 方案缺乏隐私保护机制，导致国际移动用户标识码（IMSI）信息泄露的情况很多。例如，当一个用户设备（UE）第一次注册该网络，或者当前移动管理组件（MME）无法接入，IMSI 信息无法恢复时，当前或新的移动管理组件（MME）需要 UE 的 IMSI，这时 UE 必须以明文的形式提交 IMSI。若 IMSI 泄露，可能导致严重的安全问题。攻击者一旦得到 IMSI 信息，就可以获得用户信息、位置信息，甚至对话信息，然后伪装为真正的 UE 来实施诸如 DoS 攻击等来破坏网络。

（2）EPS AKA 方案不能抵抗 DoS 攻击。移动管理组件（MME）可能在 UE 未被及时认证的情况下将 UE 的请求传达给归属签约用户服务器/移动鉴权中心（HSS/AuC）。此外，MME 只有在收到响应后才能认证 UE。基于以上两种情况，攻击者可以对 HSS/AuC 与 MME 实施 DoS 攻击。

（3）与 UTMS 认证和密钥协商方案类似，当 UE 长时间停留在 SN 中以致用于认证的 AVs 集耗尽后，EPS-AKA 中的 SN 必须重新转向 HN 来寻求被认证向量的新的 AVs 集，这就导致 SN 与 HN 之间的带宽消耗与身份认证开销，以及 SN 的存储消耗扩大。

（4）与 GSM AKA 以及 UMTS AKA 一样，EPS AKA 协议为一委托协议。无论是本网络还是被访问的网络，几乎所有的认证中心都被授权，这就要求交互者之间具有很强的信任假设。但随着漫游合作者的增多以及其他的存取系统的引入，在这种多机异构网络中，之前原始的依赖假设减弱或不再存在。此外，由于 UE 与 SN 的认证过程中，HN 是离线的，因此，EPS-AKA 协议缺乏在线认证能力。

（5）当 UE 经由一个可信的非 3GPP 接入网访问 EPC 时，LTE 系统需要重新使用 EAP-AKA 或者 EAPAKA 提供一个安全的接入认证。

3）LTE 切换过程中的安全问题

为减小来自恶意基站的安全威胁，LTE 机制提供了一种新的交换密钥管理方案，当 UE 从一个基站（eNB）转移到另一个基站时，利用该方案来更新 UE 与 eNB 之间的密钥信息。此外，3GPP 委员会已经详细制定了多机种异构接入系统的安全要求及其解决方案。然而，在 LTE 切换管理过程与切换机制中仍然发现了许多安全问题。

（1）缺乏后向安全。由于 LTE 密钥管理机制为密钥链结构，当前的 eNB 通过利用当前的密钥与 eNB 具体的参数，可能可以获得多目标 eNB 的新密钥。

（2）易受去同步攻击。假设一个攻击者可以获得一个合法的 eNB 或者部署一个私人 eNB，通过该 eNB，攻击者操纵移交请求报文可以破坏不断更新的 NCC 值，在这种情形下，目标 eNB 不再与 NCC 值同步，因此会话密钥就易被获取。

（3）易受重放攻击。该攻击的目的是破坏 UE 与目标 eNB 之间建立安全联系。首先，攻击者拦截 UE 与一个合法的 eNB 之间一个加密的移交请求报文。当 UE 想移动进入目标 eNB 时，攻击者发送之前收集的移交请求报文给目标 eNB。然后，目标 eNB 把收到的之前信息中的密钥 KeNB 作为联系密钥，发送回之前信息的 NCC 值。一旦收到目标 eNB 发回的 NCC 值，UE 检测该值是否与存储值相等。由于 NCC 值为之前信息的 NCC 值，检测失败。因此 UE 与目标 eNB 之间的安全连接未能建立，UE 必须重新发布一个新的切换处理程序。

4）IP 多媒体系统（IMS）安全机制中的安全问题

IMS 基于 SIP 与 IP 工作，由 3GPP 委员会引入。由于它直接与网络相连，容易受到几种类型的攻击。尽管 3GPP 委员会已经利用 IMS AKA 方案来确保 IMS 的安全，但仍然发现一些安全问题。

（1）IMS 的认证程序增加了 UE 的能量损耗与系统的复杂性。一个 IMS UE 需要执行两个 AKA 协议：LTE 访问认证协议 EPS AKA 以及 IMS 认证协议 AKA，这给能量有限的 UE 带来了巨大的能量损耗，减小了 UE 的电池寿命。此外，这两个 AKA 程序有许多类似的运算，增加了整个系统复杂性，从而导致服务质量下降。

（2）IMS AKA 机制基于 EAP AKA 方案。类似于 EAP AKA，IMS AKA 也有诸如易受中间人攻击、缺乏序列号同步以及需要额外的带宽消耗等缺点。

（3）IMS 安全机制易受 DoS 攻击。例如，当收到一个 UE 注册请求后，PCSCF/MME 发送该请求到核心网来实现接入认证。在该过程中，攻击者可能发送含有无效 IMSI/IMPI 的合法数据包来吞噬 I-CSCF/S-CSCF/HSS 核心网。

5）家庭演进基站（HeNB）安全机制中的安全问题

3GPP 委员会已经对 HeNB 的安全威胁以及 HeNB 的安全需求进行了详细描述。大多数安全威胁来自 UE 与 HeNB 之间、HeNB 与 4G 核心网络之间不安全的无线链接，这些链接上的数据与会话很容易被截获或窃听，因此易受许多攻击。为了克服这些安全隐患，3GPP 委员会给出了相应的防范措施。然而，3GPP 的安全规范仍然没有达到 HeNB 的某些安全要求。

（1）UE 与 HeNB 之间缺乏相互认证。目前的 HeNB 安全机制不能阻止诸如窃听攻击、中间人攻击、伪装攻击等多种协议攻击。

（2）易受 DoS 攻击。LTE 网络中的 HeNB 结构易受 DoS 攻击。由于小尺寸、低成本的特征，移动运营商的一个明智的选择是大量部署 HeNB，这样可以避免昂贵的主干网的升级，并满足日益增加的数据率的需求。但由于核心网与公共网络之间接入点的暴露，使得 HeNB 易受基于互联网的攻击，特别是 DoS 攻击。

6）机器类型通信（MTC）安全机制中的安全问题

LTE 系统中引入 MTC 正处于探索阶段，不同于当前 3GPP 网络中的 H2H（Human to Human）通信设计，MTC 具有许多特有的性质，如大量的设备、少而且不频发的数据通信、独特的服务环境、较少的设备充电机会等，这些都为其标准化带来前所未有的挑战。因此，当前的 LTE 网络需要克服许多系统结构、空中接口、无线电资源以及服务质量管理方面的技术障碍，以促进 MTC 的快速发展。3GPP 委员会已经阐述了 MTC 体系结构、服务需求以及许多改进措施。然而，MTC 一些固有的安全问题并没有被很好地研究。例如，MTC 设备与非 3GPP 接入的 ePDG 之间的 MTC、MTC 应用与 3GPP 网络之间的 MTC 以及 MTC 应用与 MTC 设备之间的 MTC 缺乏相应的安全机制。此外，没有相应的具体措施来保证 MTC 设备之间的安全通信。而且，为了支持 MTC 的各种特性，LTE 系统结构将会被改进，这将产生新的安全问题。

3. 第五代移动通信系统安全分析

1）信任模型和密钥体系

由于 5G 服务框架的更新，5G 安全的信任模型也发生了相应的变化。用户侧由 USIM 和移动设备（mobile equipment，ME）组成，网络侧由有源天线基站（active antenna unit，AAU）、分布式单元（distributed unit，DU）、中心单元（center unit，CU）、安全锚定功能（security anchor function，SEAF）、认证服务功能（authentication server function，AUSF）、身份认证凭据存储库和处理函数（authentication credential repository and processing function，ARPF）和统一数据管理（unified data management，UDM）组成。如图 8-5 所示，在新的信任模型中，离核心网越近的层越被信任，离核心网越远就需要越复杂的认证过程，通用用户标识模块（universal subscriber identity module，USIM）离核心网最远也就需要最复杂的认证过程。

5G 的密钥体系是 5G 信任模型的重要体现，5G 的长期密钥储存在 UDM/ARPF 中，其他派生的密钥储存在 SEAF、AUSF 和 AMF 中。UDM 可以实现身份认证凭据生成、用户标识、服务和会话连续性等功能。5G 密钥体系中的派生密钥层次丰富，以应对更复杂的无线环境。

2）身份认证

5G 中有两种认证类型，一种是所有设备访问移动网络服务时必须执行的主认证，另一种是在外部数据网需要的时候进行的二次认证。在 LTE 身份认证过程中，IMSI 在 LTE 网络中不经过任何加密被清晰地发送，因此导致了各种隐私相关的攻击。而在 5G 网络中被发送的是经过加密的 SUCI，需要认证的时候会在 UDM/ARPF 中返回经过解密的 SUPI 进行身份认证。基于 SUCI 和 SUPI 的 5G 主身份认证解决了 IMSI 暴露在无线环境中的风险，同时还提供二次认证，增强了身份认证安全。

3）安全上下文与公共陆地移动网之间的安全

由于 5G 网络允许非 3GPP 网络的接入，并且可以支持用户分别通过 3GPP 和非 3GPP 网络在 5G 网络中注册。因此，5G 支持多注册网络的安全上下文管理，而 LTE 不支持多注册安全上下文管理。在 5G 网络中，为了确保跨网互连，即用户在不同公共陆地移动网（public land mobile network，PLMN）之间漫游的安全性，5G 安全架构引入安全边缘保护代理（security edge protection proxy，SEPP）作为驻留在 PLMN 周边的实体，为跨两个不同 PLMN 之间交换的所有服务层信息实现应用层安全。SEPP 提供完整性保护，部分消息和重放保护的机密性保护，相互认证，授权和密钥管理。这也是新增的接口来增强 5G 网络的安全，以满足用户在不同 PLMN 之间频繁切换过程中的安全需求。

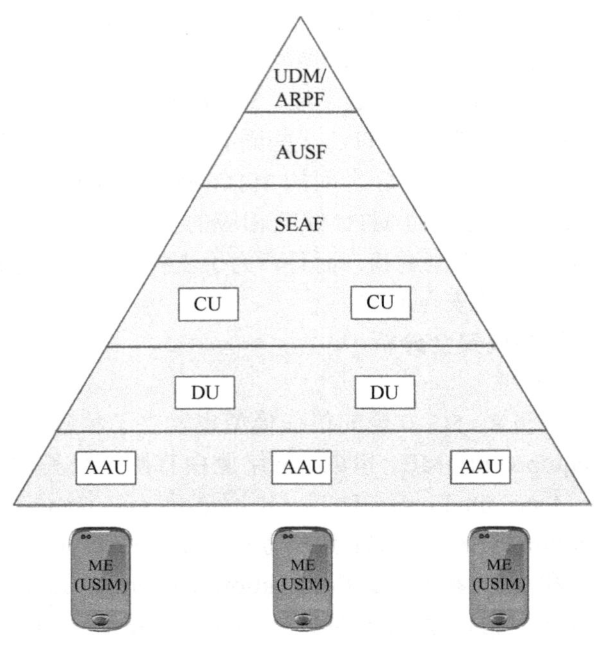

图 8-5　5G 信任模型

4）*用户面安全*

用户面和控制面的分离是 5G 核心网的重要特征，因此需要新的安全措施来保护用户面安全。在 PDU 会话建立过程中，SMF 需要向 gNB 提供 PDU 会话的用户平面（user plane，UP）安全策略。UP 安全策略用于为属于 PDU 会话的所有无线数据承载（data radio bearers，DRP）提供 UP 机密性和完整性保护，增强了用户面安全。

5G 安全架构中新增的 SEAF 等安全功能单元和新的密钥体系以及基于 SUCI 和 SUPI 的 5G 认证程序有效地保护了身份认证的安全，防止了 IMSI 等信息在空口中的暴露的风险。新增的 SEPP 安全功能增强了 PLMN 之间的信息完整性和机密性，同时也增强了用户在 PLMN 间通信的身份认证安全，保护了用户在漫游环境下的通信安全。用户面安全则是在 5G 系统用户面和控制面分离的情况下增强了用户面信息的完整性和机密性保护。总体来说，5G 安全架构有效地防止了针对 5G 系统的安全威胁，保护了用户和网络的通信安全。

4．第六代移动通信系统安全挑战

为提高通信系统的效能、灵活性和自治能力，并降低成本，6G 网络架构将引入新的互联网技术，如人工智能和可见光通信。这些新技术的引入将为 6G 安全提供很好的赋能，同时也会存在新的安全挑战。

1）终端安全

6G 网络是一个以陆地移动通信网络为核心的空天地海一体化“泛在覆盖”通信网络，海量异构终端不仅意味着网络内部与外界之间有了更多不安全的攻击入口，也对网络接入认证协议、接入控制协议提出了更高精度的要求，现有机制尽管提高了用户身份认证过程的安全性与身份保密性，但依然存在接入后的合法用户被跟踪、用户服务被降级甚至掉线的漏洞。同时，6G 垂直行业应用催生下的多样化软件定义切片网络由于切片接口开放、切片间协议差异等增加了接入攻击口，使终端接入的安全形势变得更为严峻。因此，终端安全面临着恶意终端身份伪造、可信终端接入受阻、接入终端干扰降级、被追踪的安全挑战，6G 网络终端安全机制应从身份认证增强的角度保障海量异构终端设备的接入真实、接入可信以及接入终端的防跟踪防掉线保护。

2）基站安全

基站安全面临着伪基站带来的各种安全威胁，尽管现有的基站认证机制已经对伪基站的接入防御有了一定程度的增强，但依然无法防御伪基站作为中继节点的一系列攻击，例如伪基站联合异地恶意终端使受害终端“合法”接入异地可信基站，从而在受害终端不知情的情况下进行隐私信息的窃取及篡改。此外，基站的认证机制不能保障在伪基站存在的可疑无线电环境下，终端单播消息的完整性安全以及基站侧广播消息的真实性。对于通过复制真实基站信号参数信息来进行“伪装”的伪基站，也大大增加了主动识别的难度与精度。因此，基站安全面临着伪基站无线环境不安全、伪基站主动识别难精确、伪基站干扰方式多变难规避的安全挑战。对于尝试建立接入前的终端单播消息和基站广播消息，需构建完整性保护技术与认证技术来增强可疑无线电环境中的可信安全；用户侧的无线环境测量报告应指标丰富化与多维化，增强基站侧对相邻伪基站的检测识别；而对于伪基站的主动规避，除了切换期间规避接入伪基站，基站安全方面还应规避在非接入条件下的伪基站的各种攻击。

3）网络侧安全

随着无线通信技术在垂直行业的全面渗透，6G 网络将充分融合利用物联网、边缘计算、人工智能与大数据等技术，在生产制造业、教育医疗业等领域深度赋能，网络安全能力将不仅关乎人类个体福祉，更关乎整个产业与社会的平稳运作。而行业应用驱动下的大规模异构设备连接、泛在智能与网络通信计算能力的不断下沉，也为网络侧安全带来了新的威胁与挑战。网络节点的分布式部署及边缘节点自身资源的局限性，使得边缘网络面临着边缘数据受威胁、网络状态易探知、分布式架构难防御等安全挑战。对于边缘数据安全保护，网络侧安全既应充分保障大规模异构小数据的保密性与完整性保护，提高数据抗篡改、抗伪造的能力，又应全面地增强边缘数据的安全共享能力，以支撑 6G 网络基础设施融合共享开放的新局面。同时，边缘网络应提高安全感知能力与分布式防御能力，通过多样化抽样的感知、多维化的威胁分析与高可信的风险预判，形成网络内生的主动安全免疫力，增强对异常边缘节点的流量控制、安全隔离与高优先级的状态处理机制，使网络具备缓解攻击和抵御自保的安全能力。

6G 网络的相关研究工作在全球范围内尚处于起步阶段，6G 通过技术创新、能力革新、需求更新、愿景翻新，推动世界与数字化的极大融合，也驱动网络安全体系结构由

“外挂”向“内聚”、由“被动”向“自主”的发展，网络内生安全技术应结合 6G 应用驱动下的其他技术，渗透于网络架构中，基于网络虚拟化、智能化、边缘化等网络发展新态势进行前瞻性革新，打造网络安全新局面。

第六节　移动互联网安全

一、移动互联网概述

移动互联网是指以移动网络作为接入网络的互联网及服务，包括移动终端、移动网络和应用服务 3 个要素。移动互联网已经成为人们社会生活中的重要网络。据统计，截至 2021 年 6 月，我国网民总体规模达 10.11 亿人，使用手机终端上网的比例为 99.6%，达到 10.07 亿人。

总体而言，当前移动互联网产业环境正在向着“去电信化”和“互联网中心化”的方向演进。随之而来的是应用创新和模式创新正在取代技术颠覆成为移动互联网产业发展的显著特征。然而，随着快速发展，移动互联网也面临着与日俱增的安全威胁以及安全保障方面的挑战，对于其安全技术的研究具有重要的现实意义，需要尽早提出相应的解决方法。

二、移动互联网安全问题产生的根源

随着移动互联网的爆炸式发展，受经济利益驱动，移动互联网面临的安全威胁也在近几年迅速增长。究其问题产生的根源，可以从以下两方面进行分析。

1．传统移动通信网封闭式的安全模式被打破

传统移动通信网的建设采用“围墙花园”模式，具有网络平台相对封闭、信息传输和管理控制平面分离、网络行为可溯源、终端类型单一且非智能，以及用户鉴权严格的特点，因此安全性相对较高。

但是，从移动通信的角度看，与互联网的融合在很大程度上削弱了传统移动通信网络原有的安全特性。首先，作为移动互联网的一部分，IP 化后的移动通信网逐渐开放了其原有的封闭体系，导致除了严格的用户鉴权和管理之外，原有的安全性优势所剩无几；其次，由于其应用环境的封闭性，移动通信网络中原有的 IP 化的电信设备、信令和协议较少经受安全攻击方面的测试，其安全性被作为一个默认项对待，因此也存在着各种可能被有意或者无意利用的软硬件漏洞，其安全防护能力在面对来自互联网的各种安全威胁时，出现明显降低的情形。

2．传统互联网的安全问题被引入到移动互联网中

移动互联网作为互联网的一个组成部分，除了接入技术不同，在体系架构上并无本质区别，同样面临着传统互联网的种种安全威胁和挑战。

首先，产生移动互联网安全问题的总根源是其基于传统互联网的开放式 IP 架构。IP 架构使攻击者可以很容易得到网络拓扑，获得网络中任意重要节点的 IP 地址，可以对网络中某一节点发起漏洞扫描及攻击，截获并修改网络中传送的数据，导致网络数据安全没有保障。而且用户对网络不透明、鉴权不严格、终端未经严格鉴权的认证机制即可接

入网络，网络对终端的安全能力和安全状况不知情、无法控制，用户地址也可以伪造，无法溯源。

其次，从现有互联网角度看，在融合了传统移动通信网络后，大量引入了具有安全脆弱性或者安全漏洞的 IP 化移动通信设备（如 WAP 网关、IMS 设备等），同时又增加了无线空口接入模式，导致其产生了新的安全威胁。例如，攻击者可以破解空口接入协议进而非法访问网络，可以监听和盗取空口传递的信息，也可以对无线资源和设备进行服务滥用攻击等。

因此，传统互联网服务中信息传播和管控机制在很大程度上不能平滑过渡到移动互联网，信息安全和用户隐私保护已经成为移动互联网用户迫切关心和亟待解决的问题。

三、移动互联网面临的主要安全问题分析

1．移动智能终端层面临的安全问题

移动智能终端作为未来“无所不在”服务和个人信息的载体，具有移动性、多样性和智能性的特点，而附属于其上的各种应用则呈现出类型复杂、实现机制不公开、数量庞大的特点，这些因素叠加起来，导致其面临的威胁远大于以往。

在表现形式上，移动智能终端的安全问题主要聚焦在以下几个方面：其一是非法内容传播；其二是恶意吸费；其三是用户隐私窃取；其四是移动终端病毒以及非法刷机导致的黑屏、系统崩溃等问题。

2．网络层面临的安全问题分析

移动互联网具有的网络开放性、IP 化以及无线传输的特性，使安全成为其接入网以及核心网面对的关键性问题之一。但是受限于现有技术能力，移动互联网尚缺乏对隐藏在所传输信息中的恶意攻击进行识别与限制的能力。

按照攻击的方式，移动互联网的网络面对的威胁方式有窃听、伪装、破坏完整性、拒绝服务、非授权访问服务、否认使用/提供、资源耗尽等，这些形形色色的潜在安全问题威胁着正常的通信服务。

3．应用层面临的安全问题分析

移动互联网带动了大批具有明显个性化特征，并且带有移动特色的创新型和融合型移动应用的快速发展。这类移动互联网应用一般都具有很强的信息安全敏感度，拥有如用户位置、通讯录及交易密码等用户隐私信息。

移动互联网应用的上述特征与其潜在的巨大用户群的综合，导致其面临着更新的攻击目的、更多样化的攻击方式和更大的攻击规模。

按照通行的分类方法，移动互联网应用面临的安全威胁主要包括 SQL 注入、分布式拒绝服务（DDoS）攻击、隐私敏感信息泄露、移动支付安全威胁、恶意扣费、恶意商业广告传播、业务盗用、业务冒名使用、业务滥用、违法信息及不良信息等。在内容安全方面，还面临着非法、有害和垃圾信息的大量传播，严重污染了信息环境，并且干扰和妨碍了人们对信息的利用。

此外，移动互联网应用平台由于软硬件存在的漏洞，也极易受到来自外界的攻击。而另一方面，进行安全防护将会给应用平台带来附加的检测支出，且不会带来额外收入，导致应用提供商通常缺乏为用户提供安全防护的意愿。

四、移动互联网安全问题的应对措施

1．加强移动互联网信息安全立法建设

首先，我国应该明确网络违法犯罪的量刑标准，限定网络违法犯罪的范围。积极吸取一些发达国家移动互联网的立法经验，与我国移动互联网发展的实际情况，以及我国的基本国情结合起来，建立一套属于我国的移动互联网信息安全法律规范。

其次，在安全审计、立法监督等方面，应该引起有关部门的高度重视，例如，各大移动互联网平台的应用商店，相关部门应该考虑到其实际运营的情况，充分调动社会各界的力量，对这些应用平台进行监督，打击移动互联网应用平台的恶意行为。

最后，我国政府应该加强对移动互联网信息安全立法建设的资金、资源投入，加强重要信息系统的建设和基础系统的建设，不断完善移动互联网运营机制。

2．强化新技术在移动互联网安全问题上的应用

密码技术是网络安全的根基。网络行为已经渗透到社会生活每个领域，网上银行、电子商务、电子邮件等，密码技术在保护用户信息安全方面发挥着至关重要的作用。例如，后量子密码技术，在移动互联网领域也可以利用公钥密码机制，选择和确定抵抗量子攻击的方式和途径；同态密码技术，能够对网络传输过程中加密数据进行直接运算，并且通过对网络用户的实时身份认证、权限认证以及证书检查，保障移动互联网用户的信息安全；可信计算技术，核心的思路是将可信计算模块引入到移动互联网中，利用卫星计算机系统来提高整个网络系统的安全性，利用终端来实现网络攻击的防范，对各种病毒、恶意入侵代码具有识别和防范能力，确保了移动网络环境的安全性。

3．加强移动互联网安全技术标准制定

我国在移动互联网的应用中，网络对异常流量和病毒的监控能力还存在较大的缺失，终端安全机制和网络设备安全机制尚不够成熟。我国应该针对现在的移动互联网管理办法，制定移动互联网安全技术标准，例如，AKA认证、网络域安全机制、空口加密机制等，对接外网的节点进行高效的安全检测、数据加密等，同时要加大移动互联网内容安全方面的标准制定，设立符合移动互联网标准的安全网关，确保我国移动互联网安全、稳定地发展。

4．加强对移动终端的管理

身份认证是移动互联网安全发展的重要措施，实行实名认证可以在用户进行数据信息安全性的保护和访问控制过程中，加强对移动互联网的监管能力；其次，加大对安全技术的研发和安全产品的研制，形成严密有效的管理链条，加强对移动终端的管理。要加强用户在手机使用过程中的安全教育宣传，提高用户在移动互联网使用过程中的警觉性；第三，现在移动办公已经成为工作的主要手段，社会企业或者政府单位应该做好工作文件内容的保密工作，加强在线监控、投诉平台和信息发布等机制，促进我国移动互联网产业链的健康发展。

5．加大对安全服务领域的投入

加大网络信息安全建设的投入力度，不断提升移动互联网通信的安全性和品质，最大程度地提高移动互联网用户的体验。进一步明确网络管理方面的职责分工，对网络内容进行精细化管理，分类管理移动互联网技术服务管理，促进我国移动互联网稳定可持续发展。

五、移动互联网安全体系与标准化

业界一般认为，移动互联网安全体系架构的设立应当采用物理与信息安全相互分层，并依据其体系结构来构建的原则。图 8-6 是业界提出的一种移动互联网的安全框架，其中安全管理负责对所有安全设备进行统一管理和控制，基础支撑为各种安全技术手段提供密码管理、证书管理和授权管理服务。

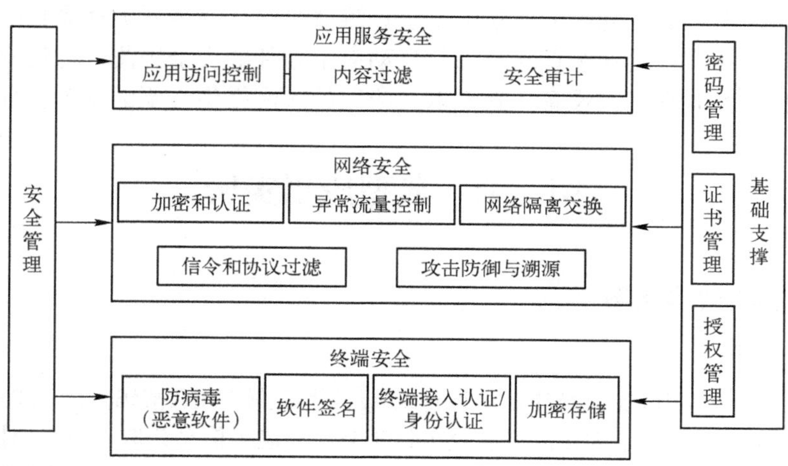

图 8-6 移动互联网安全框架

业界目前提出的移动互联网安全框架往往仅关注于其安全体系的某一方面，缺乏对于整体化规范的制定。一般而言，移动互联网统一安全框架体系的制定，需要采用系统化的方法，在整体上把复杂的网络安全相关特征划分为多个构成部分，以便进行相关的安全规范制定。目前，移动互联网的安全体系框架的制定工作涉及多个标准化组织，但是这些标准化组织之间的协同性还存在不足，导致尚缺乏系统性的移动互联网安全体系的标准化工作。

移动互联网安全框架的构建可以参考 ITU-T 的 X.805 建议定义的端到端的安全体系框架和安全尺度模型，该安全体系框架如图 8-7 所示，包含有 3 个层次、3 个平面和 8 个维度。

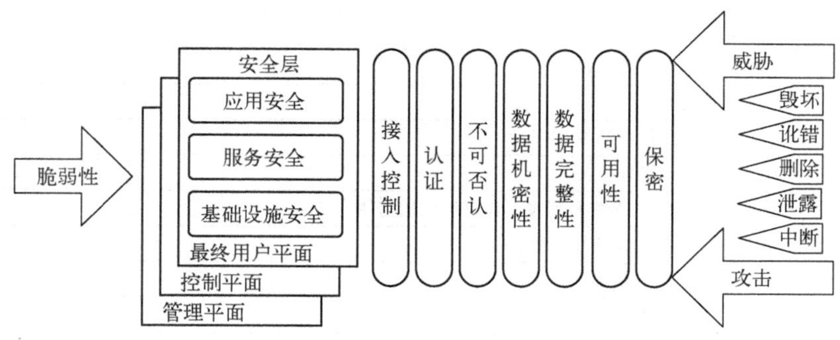

图 8-7 ITU-T X.805 安全体系框架

在此基础上，移动互联网安全框架的构建还可以借鉴传统移动通信网的安全体系框架。为了保障用户信息的安全，3GPP 和 3GPP2 等标准化组织为传统移动通信网络制定了严格的安全体系框架和安全保障手段，其安全机制涵盖了移动终端层面、网络层面、应用层面以及管理层面。这种严谨的安全框架的制定方式为移动互联网安全框架的设计奠定了良好的参考基础。

除了安全体系框架之外，业界还提出了制定相应的移动互联网安全评测体系的需求。比如我国已制定了针对移动智能终端的安全评测体系，该安全评测体系包括两大部分：一是移动智能终端自身的安全评测；二是移动应用软件的安全评测。通过安全评测体系的建立，对移动互联网相关设备、软件以及应用的入网提供必要的安全保证。

第七节　典型应用实例

一、WEP 密码破解

1. 实施工具

本实例利用 BackTrack 系统中的 Aircrack-ng 工具破解 WEP 密码。BackTrack 是黑客攻击专用 Linux 平台，内置了大量的黑客及审计工具，涵盖了信息窃取、端口扫描、缓冲区溢出、中间人攻击、密码破解、无线攻击、VoIP 攻击等方面。Aircrack-ng 是破解 WEP/WAP/WAP2 加密的主流工具之一，包含了多款无线攻击审计工具，具体如表 8-3 所列。

表 8-3　Aircrack-ng 包含工具

组件名称	描述
aircrack-ng	用于密码破解，只要 airodump-ng 收集到足够数量的数据包就可以自动检测数据报并判断是否可以破解
airmon-ng	用于改变无线网卡的工作模式
airodump-ng	用于捕获无线报文，以便于 aircrack-ng 破解
aireplay-ng	可以根据需要创建特殊的无线数据报文及流量
airserv-ng	可以将无线网卡连接到某一特定端口
airolib-ng	进行 WPA RainbowTable 攻击时，用于建立特定数据库文件，保存、管理 ESSID 密码列表
airdecap-ng	用于解开处于加密状态的数据包
tools	其他辅助工具
airtun-ng	创建虚拟管道
Packetforge-ng	创建数据包注入用的加密包
airbase-ng	软件模式 AP
airdecloak-ng	消除 PCAP 文件中的 WEP 加密
airdrive-ng	无线设备驱动管理工具
airolib-lig	保存、管理 ESSID 密码列表，计算对应的密钥
airserv-ng	运行不同的进程访问无线网卡
buddy-ng	Eassid-ng 的文件描述
eastside-ng	和 AP 接入点通信
tkiptun-ng	WPA/TKIP 攻击
wesside-ng	自动破解 WEP 密钥

2．实施过程

1）载入网卡

点击 backtrack3 系统左下方的第二个图标（终端图标）启动 shell，输入 ifconfig -a 查询所有的网卡，如图 8-8 所示。

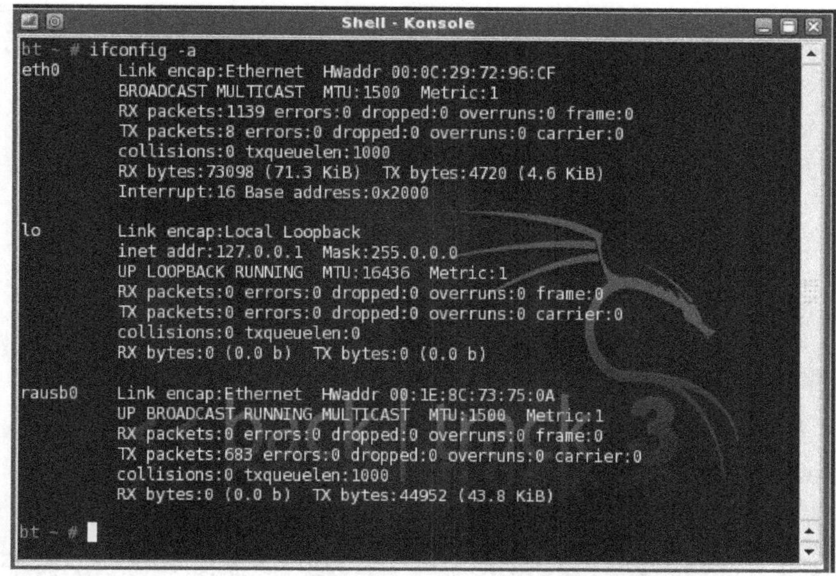

图 8-8　查询网卡信息

输入 ifconfig -a “网卡名 up”来载入网卡驱动。载入后可以输入 ifconfig 查看启动的网卡，如图 8-9 所示。

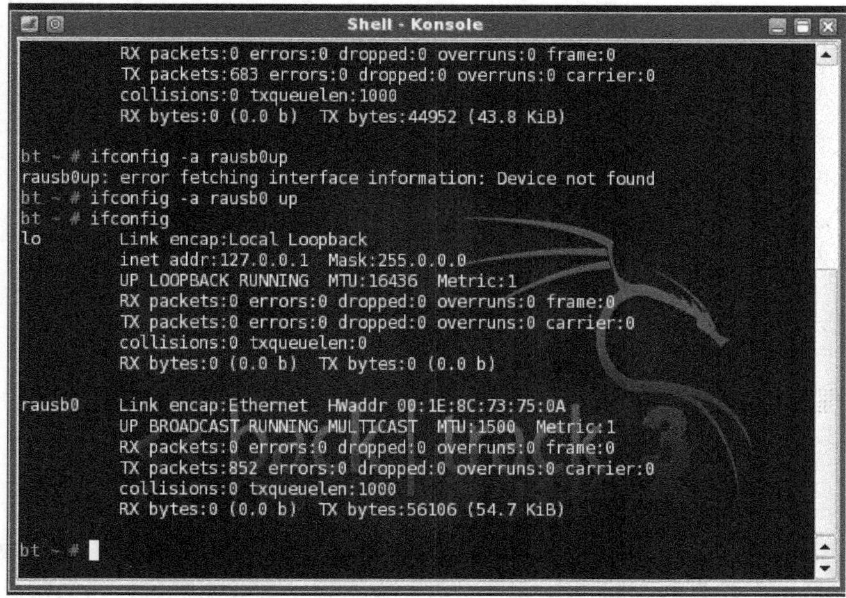

图 8-9　载入网卡

2）捕获数据包

首先输入 airmon-ng start 网卡名频道，将网卡激活为 monitor 模式，如图 8-10 所示；频道通过 backtrack 搜索，点击左下角第一个图标，依次选择“Internet”—>“Wireless Assistant”，如图 8-11 所示。

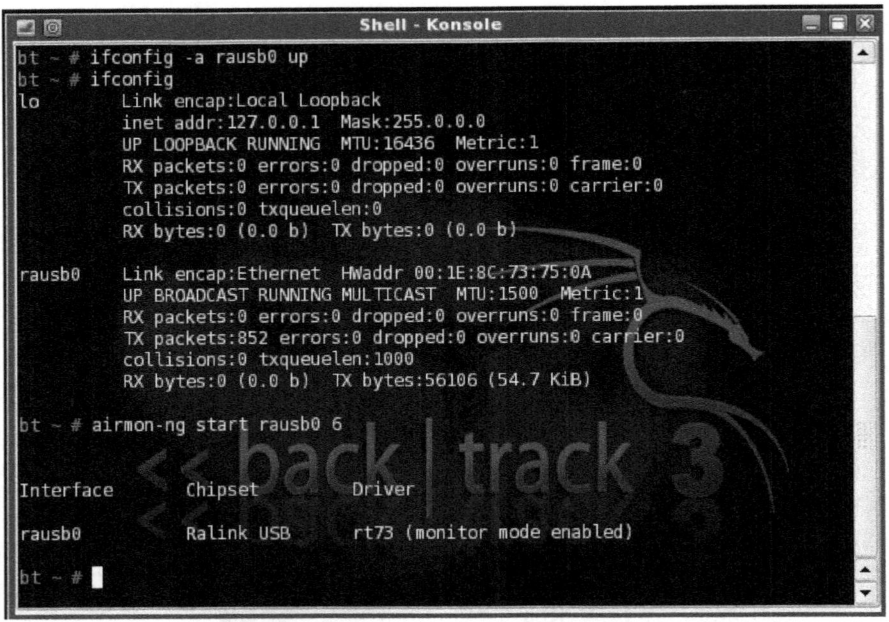

图 8-10 将网卡激活为 monitor 模式

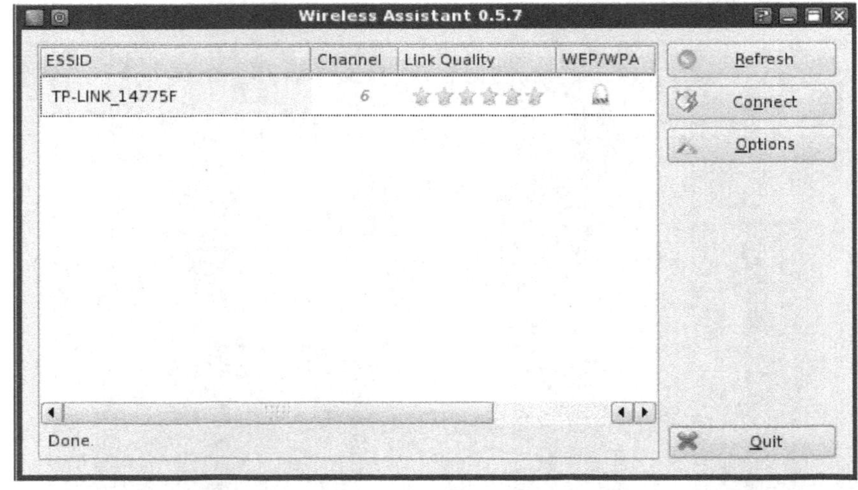

图 8-11 搜索无线频道

如图 8-12 所示，输入 airodump-ng-w ciw -channel 6 网卡名，其中 ciw 为文件名，具体的文件名可点击界面上的“Home”查看；输入指令后开始抓包；抓包信息显示了许多网络信息，Data 值表示抓包数量，如图 8-13 所示。

```
Shell - Konsole
rausb0          Ralink USB      rt73 (monitor mode enabled)

bt ~ # airodump-ng -w ciw --channel 6 rausb0
```

图 8-12　抓取指定包

```
Shell - Konsole

CH  6 ][ Elapsed: 1 min ][ 2009-06-05 09:57

BSSID              PWR RXQ  Beacons    #Data, #/s  CH  MB  ENC  CIPHER AUTH ES

00:23:CD:14:77:5F  113   3      202      928   12   6  54. WEP  WEP         T
00:23:CD:14:77:3F   85   0      170     1101   12   6  54. WPA  TKIP   PSK  S

BSSID              STATION            PWR   Rate  Lost  Packets  Probes

00:23:CD:14:77:5F  00:B0:8C:04:65:55   84  11-24     0       48
00:23:CD:14:77:5F  00:22:43:6D:E0:27   76   0- 1     0       17
00:23:CD:14:77:3F  00:1F:3B:07:AC:6B  112  54-54    70      141
00:23:CD:14:77:3F  00:1F:3C:C2:EF:53  111  54- 1    18      148
00:23:CD:14:77:3F  00:1F:3C:93:F6:00  111  54- 1     8      124  belle
00:23:CD:14:77:3F  00:13:E8:23:E9:4B  111  54-12    26      131
(not associated)   00:1F:3B:04:FF:5D  113   0- 1     0        6  chinaeduwirel
(not associated)   00:0E:9B:23:39:48  110   0- 1    65       37  linksys,TENDA
(not associated)   00:16:EA:B1:BD:8A  104   0- 1     0        1
(not associated)   00:16:6F:1B:1C:87  101   0- 1     0        3  TP-LINK_58736
(not associated)   00:1F:3B:80:D8:1B  101   0- 1     0        1  simple
```

图 8-13　抓包信息

3）破解 Wep 密码

等到抓包数量到达足够（一般 data 数量四五万以上）后，在新的 shell 中输入 aircrack-ng -x -f 2 抓包文件名；抓包的实际文件名可打开“Home”查看；上述过程如图 8-14 所示。

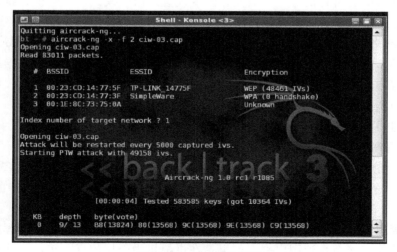

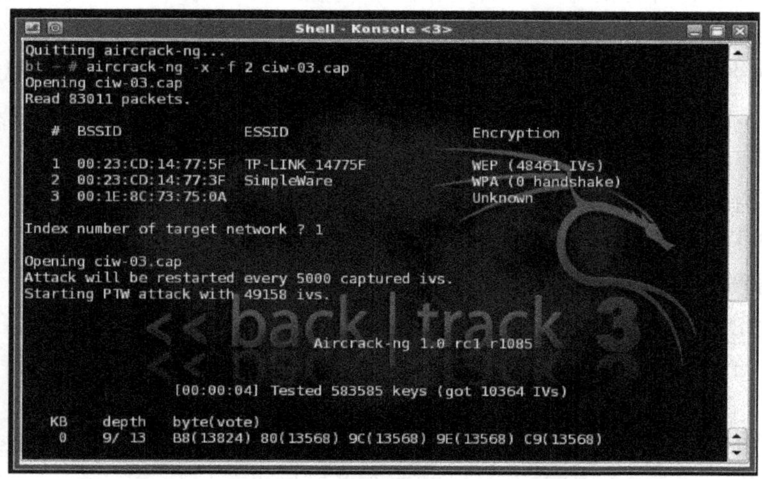

图 8-14　打开抓包信息

等待一段时间后，密码破解成功，如图 8-15 所示。如果提示破解失败，再等待一段时间抓获更多数据包再破解。

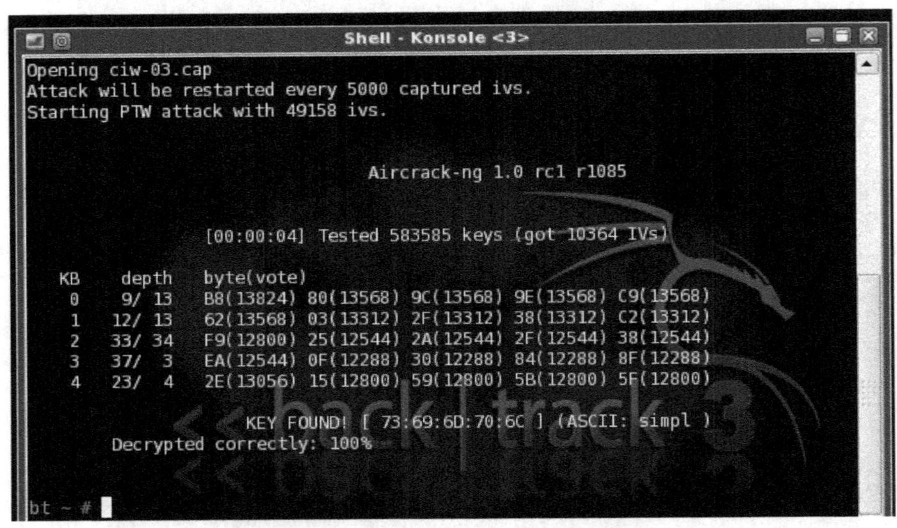

图 8-15　破解 Wep 密码

二、无线网络监听

1．实施原理

网络监听是指监视网络状态、数据流程，以及网络上信息传输。通常需要将网络设备设定成监听模式，就可以截获网络上所传输的信息。由于无线网络中的信号是以广播模式发送，所以用户就可以在传输过程中截获到这些信息。

无线网卡通常包括 4 种模式，即广播模式、多播模式、直接模式和混杂模式。网卡的默认工作模式包含广播模式和直接模式，即它只接收广播帧和发给自己的帧。如果用户想要监听网络中的所有信号，则需要将网卡设置为监听模式。监听模式就是指混杂模式，工作在混杂模式下的网卡可以接收所有的流过网卡的帧。

在 WiFi 网络中，无线网卡是以广播模式发射信号的。当无线网卡将信息广播出去后，所有的设备都可以接收到该信息。但是，在发送的包中包括有应该接收数据包的正确地址，并且只有与数据包中目标地址一致的那台主机才接收该信息包。所以，如果要想接收整个网络中所有的包时，需要将无线网卡设置为混杂模式。

2．实施过程

1）配置管理无线网卡

无线网卡是终端无线网络的设备，是不通过有线连接，采用无线信号进行数据传输的终端。在日常生活中，使用的无线网卡形形色色，每个网卡支持的芯片和驱动不同。

如果要管理无线网卡，则首先需要将该网卡插入系统中。当用户在物理机中使用无线网卡时，可能直接会被识别出来。如果是在虚拟机中使用的话，可能无法直接连接到虚拟机的操作系统中。这时候用户需要断开该网卡与物理机的连接，然后选择连接到虚拟机。

在虚拟机中只支持 USB 接口的无线网卡，下面以 Ralink RT2870/3070 芯片的无线网卡为例，介绍在虚拟机中使用无线网卡的方法。

（1）将 USB 无线网卡连接到虚拟机中，如图 8-16 所示。

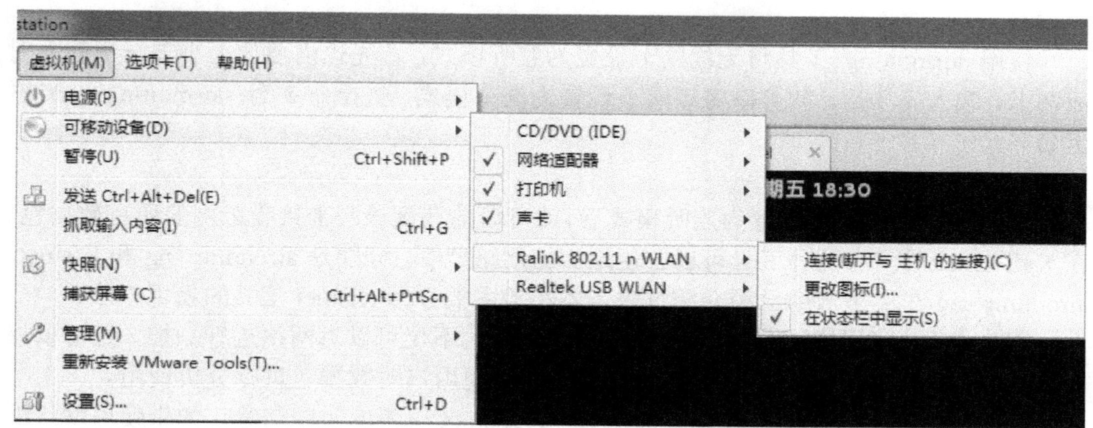

图 8-16　连接无线网卡

（2）在该界面依次选择“虚拟机”|“可移动设备”|Ralink 802.11 n WLAN|“连接（断开与主机的连接）（C）”命令后，将显示如图 8-17 所示的界面。

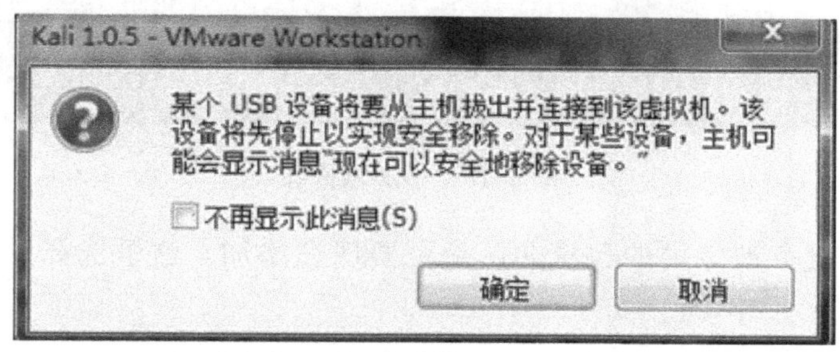

图 8-17　提示对话框

（3）该界面是一个提示对话框，这里单击“确定”按钮，该无线网卡将自动连接到虚拟机操作系统中。然后，用户就可以通过该无线网卡连接搜索到的无线网络。

2）设置监听模式

如果要捕获所有包，必须要将无线网卡设置为监听模式。继续使用 Aircrack-ng 工具，工具集中的 airmon-ng 工具可以将无线网卡设置为监听模式。需要注意的是，由于 Aircrack-ng 套件对一些网卡的芯片不支持，为了使用户更好地使用该工具，应选用支持的网卡芯片。

在使用 airmon-ng 工具之前，先介绍该工具的语法格式，如下。

```
airmon-ng <start|stop> <interface> [channel]
```

（1）start：表示将无线网卡启动为监听模式。

（2）stop：表示禁用无线网卡的监听模式。

（3）interface：指定无线网卡接口名称。

（4）channel：在启动无线网卡为监听模式时，指定一个信道。

使用 airmong-ng 工具时，如果没有指定任何参数的话，则显示当前系统无线网络接口状态。

使用 airmon-ng 工具将无线网卡设置为监听模式，首先也需要像上小节一样载入对应网卡，载入完毕后，就可以将该网卡设置为混杂模式，执行命令为：airmon-ng start 网卡名。

3）实施网络监听

当用户将无线网卡设置为监听模式后，就可以捕获到该网卡接收范围的所有数据包。在 Kali Linux 中，有两种工具可以方便地实施网络监听，分别是 airodump -ng 和 Kismet。airodump -ng 在上小节中已经介绍过来，本小节主要介绍 Kismet 工具的使用方法。

Kismet 是一个图形界面的无线网络扫描工具，不仅可以对网络进行扫描，还可以捕获网络中的数据包到一个文件中。这样，可以方便用户对数据包进行分析使用。

在 Kismet 工具启动后，界面会显示设置 Kismet 服务的一些信息。如果使用默认配置，单击 Start 按钮即可，此时将显示如图 8-18 所示的界面。

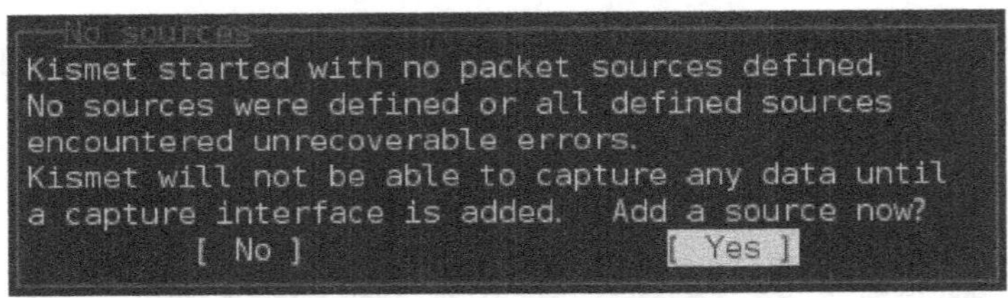

图 8-18　添加包资源

该界面显示没有被定义的包资源，是否要现在添加。这里选择 Yes 按钮，将显示图 8-19 所示界面。

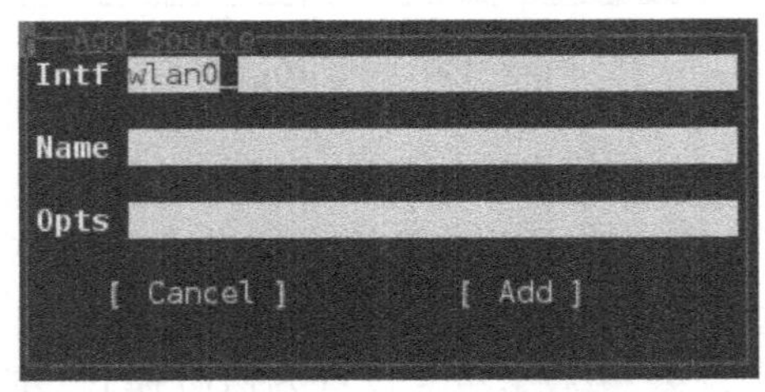

图 8-19　添加资源窗口

在该界面指定无线网卡接口和描述信息。在 Intf 中，输入无线网卡接口。如果无线网卡已处于监听模式，可以输入 wlan0 或 mon0。其他配置信息可以不设置。然后单击 Add 按钮，单击 Close Console Window 按钮，将显示 Kismet 工具扫描到的所有无线 AP 信息，如图 8-20 所示。

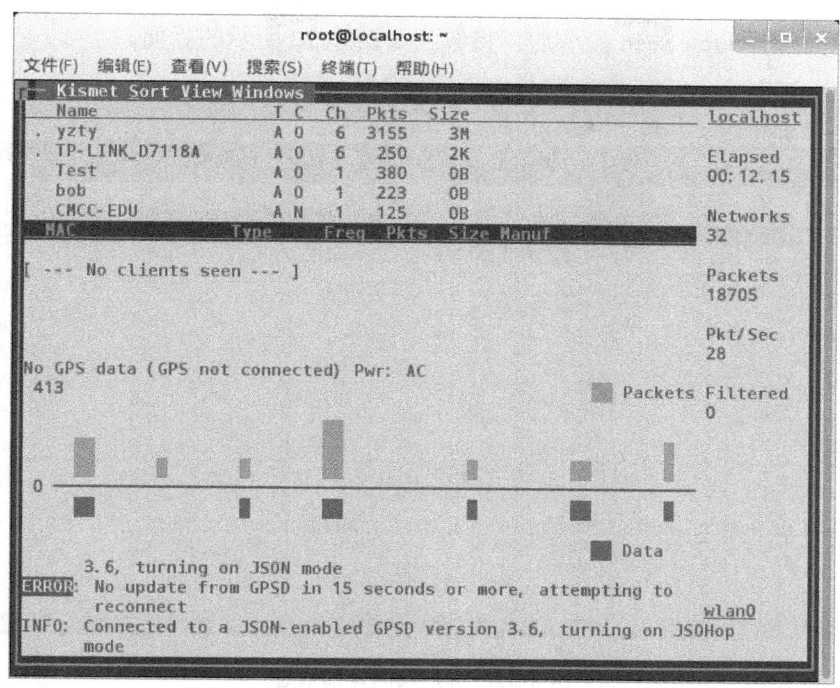

图 8-20　扫描的无线信息

在该界面的左侧显示了捕获包的时间、扫描到的网络数、包数等。用户可以发现，在该界面只看到搜索到的无线 AP、信道和包大小信息，但是没有看到这些 AP 的 Mac 地址及连接的客户端等信息。如果想查看到其他信息，还需要进行设置。如查看连接的客户端，在该界面的菜单栏中，依次选择 Sort|First Seen 命令，如图 8-21 所示。

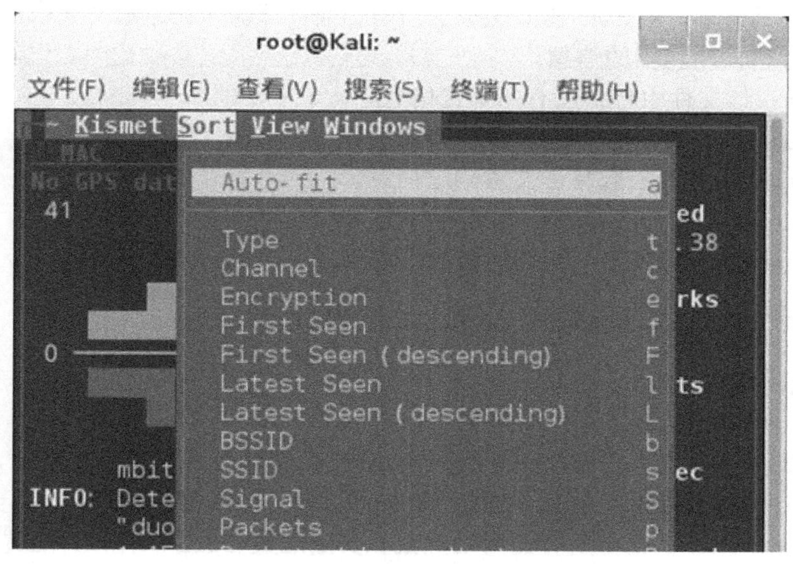

图 8-21　查看客户端信息

在该界面选择 First Seen 命令后，将看到如图 8-22 所示的界面。

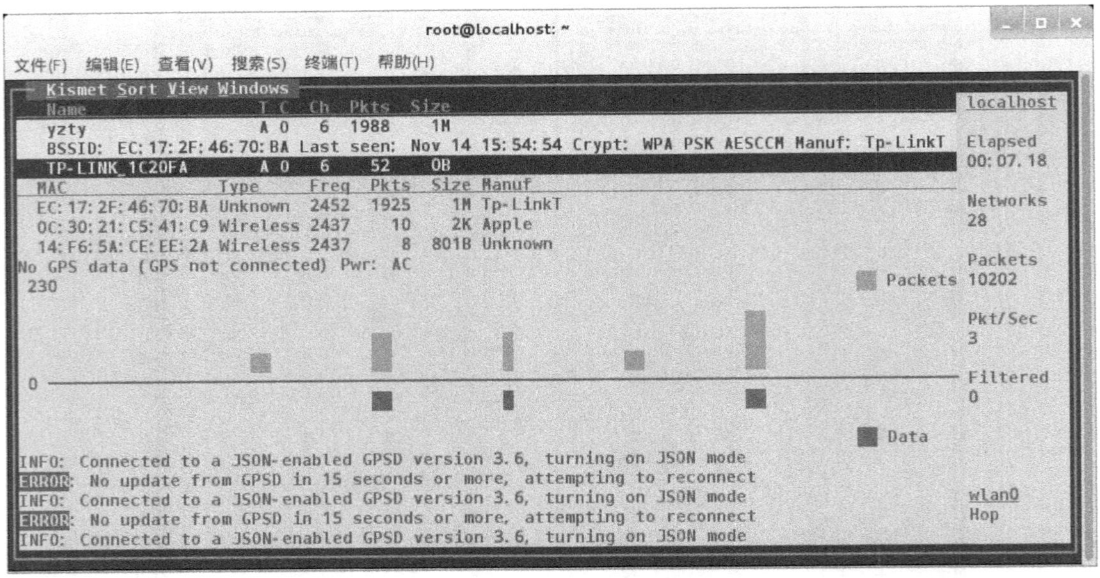

图 8-22 客户端的详细信息

从该界面通过选择一个无线 AP，将会看到关于该 AP 的详细信息，如 AP 的 Mac 地址和加密方式等。如果希望查看到更详细的信息，选择要查看的 AP，然后，按回车键，将查看到其详细信息。

当运行扫描到足够的信息时，可以退出 Kismet 程序，停止扫描。此时，终端会显示此次扫描的日志信息，这些日志文件默认保存在 root 目录，主要有 5 个日志文件，并且使用了不同的后缀名。Kismet 工具生成的所有信息，都保存在这些文件中。下面分别介绍这几个文件格式中包括的信息。

（1）alert：该文件中包括所有的警告信息。

（2）gpsxml：如果使用了 GPS 源，则相关的 GPS 数据保存在该文件。

（3）nettxt：包括所有收集的文本输出信息。

（4）netxml：包括所有 XML 格式的数据。

（5）pcapdump：包括整个会话捕获的数据包。

三、基于 802.1x 认证的某校园无线网设计

1．无线网络总体设计

1）网络总体架构

如图 8-23 所示，为满足该校园无线网的安全性、移动性和便捷管理要求，采用了“瘦 AP”类型设计校园无线网络框架，弱化 AP 功能。“瘦 AP”架构实现 AP+无线接入控制器（access controller，AC），所有的网络参数和安全配置在 AC 中完成，配置信息通过加密隧道与 AP 通信。在整个无线网络运行中，AP 不保存网络参数和安全配置，统筹兼顾地完成 AC 对 AP 的集中式管理。

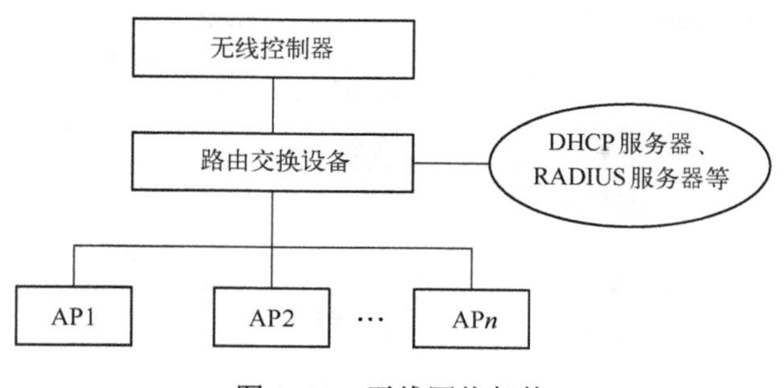

图 8-23 无线网络架构

2）总体功能模块

该校园无线网络方案主要包括无线设备、认证系统和运维优化系统等3个子系统，系统功能模块如图8-24所示。其中，认证系统主要用于完成完整的用户验证；运维优化系统用于优化无线网络运维方式，而无线设备包括整个设计方案所涉及的设备，用于保证网络正常运行，以及支持认证系统和运维优化系统的正常工作。

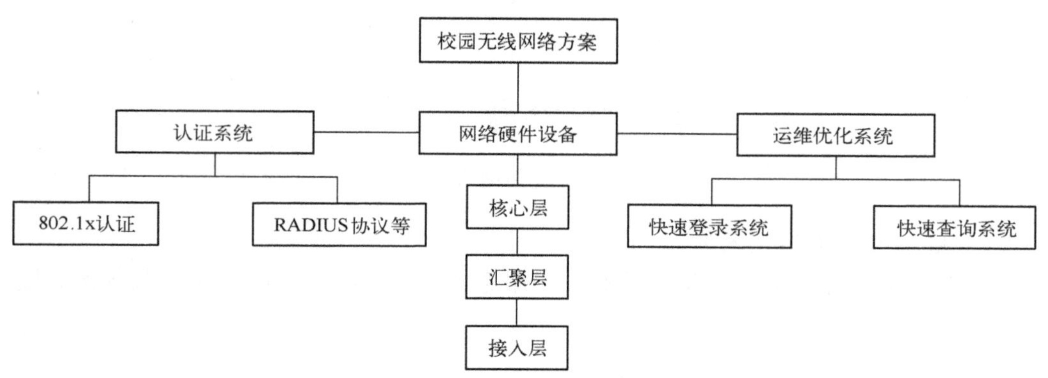

图 8-24 系统功能模块

3）网络拓扑设计

无线网络拓扑如图8-25所示。核心层作为无线网络的枢纽中心，该层包括无线控制器、网络核心设备，完成校园无线网络系统集中管理和调控功能；汇聚层一般分布在各个楼宇的一楼机柜中，作为节点角色存在，完成接入设备汇聚功能；接入层使用POE交换机，连接无线AP，完成数据传输和供电功能。

2．802.1x 认证体系设计

在校园无线网络建设方案中，用802.1x完成用户端口认证，用RADIUS服务器完成终端用户的认证、计时计费、数据采集、实时控制等功能，而DHCP服务器完成用户自动获取地址功能。RADIUS服务器由转入设备和服务器两部分组成。转入设备交互在核心设备和出口路由间，收到用户数据后送至服务器处理，并完成校园网准出功能。服务器收到转入设备发来的数据后进行处理，并完成认证、计时计费、用户数据库、网络日志及备份功能。

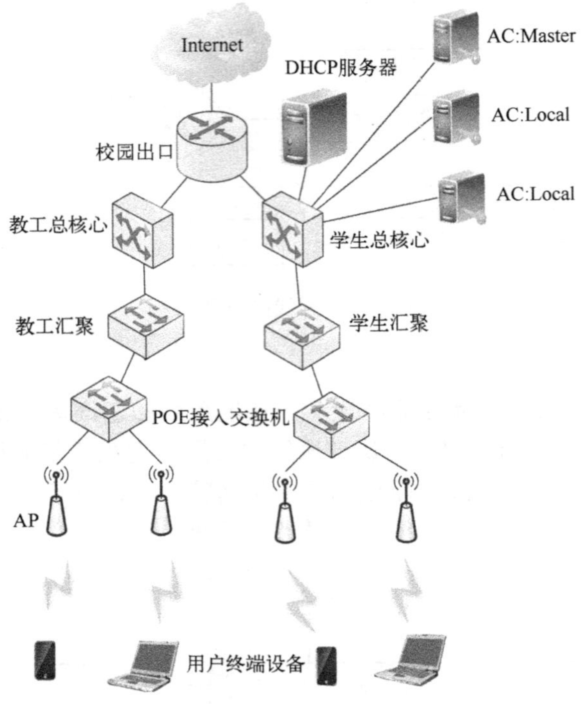

图 8-25　无线网络拓扑

1）RADIUS 服务器接入方式

RADIUS 服务器由认证计费网关和后台服务器两部分组成。RADIUS 服务器的接入方式如图 8-26 所示。

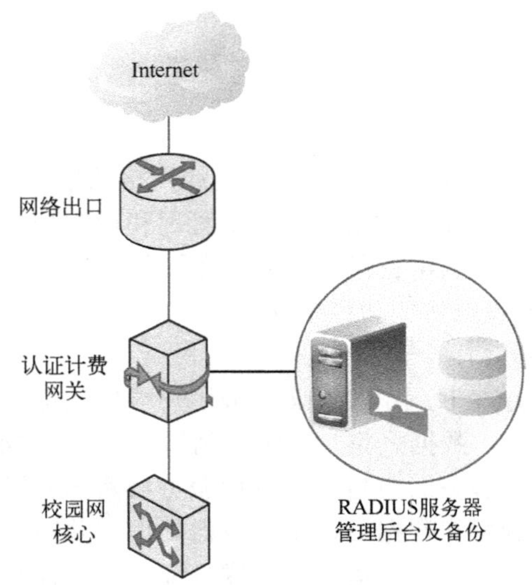

图 8-26　RADIUS 服务器接入方式

认证系统采用网关模式，认证计费网关设备接在网络核心设备之上、出口设备之下，所有要求访问互联网的用户都需要通过网关部分转发到后台服务器，验证合法的用户即可访问互联网。当网关设备故障时，设备自动转换为透明模式，因此，出现故障也不会影响网络的稳定运行。无线网络和有线网络的接入设备完成校园网准入功能，RADIUS服务器完成校园网准出功能。由于对有线和无线用户集中统一管理，所有数据库统一存档。因此，终端用户仅需记住一套用户名和密码，就可以访问校园网。从而可以方便终端用户，同时也可以减少网络运维人员的工作量，提高工作效率。

2）RADIUS 服务器实现 802.1x 认证

802.1x 认证体系通过提供终端设备标识和身份验证管理，采用 RADIUS 服务器进行身份验证，可将无线网络风险降至最低程度，既考虑到网络的扩展性和可控性，同时又满足校园网络计时计费的要求。无线网络中 RADIUS 服务器实现 802.1x 认证的架构体系如图 8-27 所示。

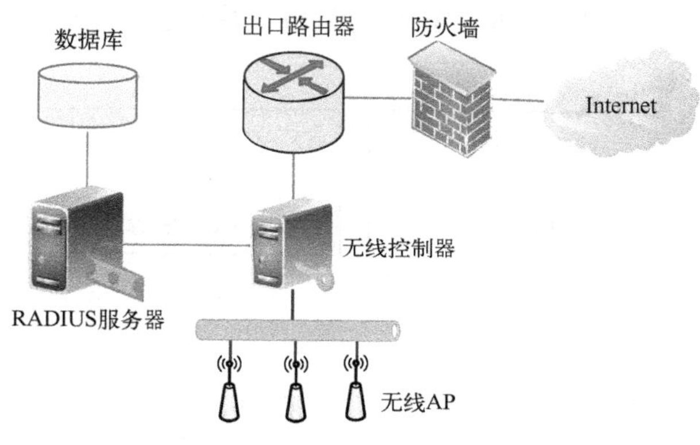

图 8-27　802.1x 认证架构

3）DHCP 服务器接入方式

作为校园无线网络中一个重要的服务器，DHCP 服务器完成整个校园网络无线 AP 的地址和终端用户的 IP 地址分配功能。由于交换机、控制器设备自身 DHCP 功能可分配地址能力有限，无法满足大量 AP 和用户的需求，因此校园无线网络方案中将利用独立的 DHCP 服务器来满足使用需求。图 8-28 给出了 DHCP 服务器接入无线网络方案的接入方式。

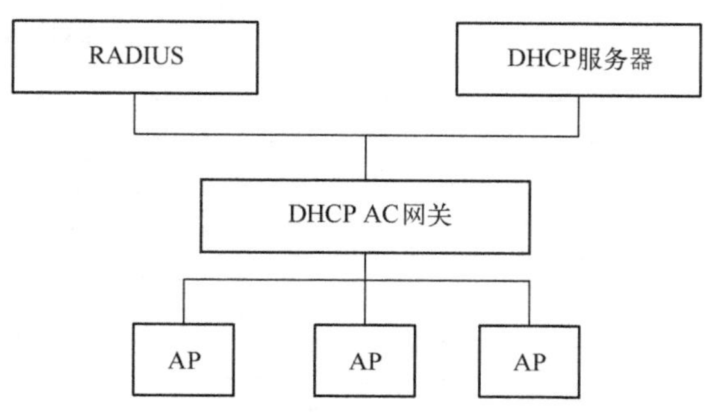

图 8-28　DHCP 服务器接入方式

3. 认证功能实现

1）无线控制器配置

无线控制器完成用户角色划分、与 RADIUS 服务器对接、用户 VLAN 划分和互联设备 VLAN 的配置等功能。控制器中所有配置参数的下发依次通过核心层、汇聚层、接入层后传递给 AP。除 AP 不需要配置外，其他设备均需要配置网络参数，以实现无线网络方案。

（1）用户角色划分。可按照教师办公区、教室和学生生活区将无线网络信号划分 3 组，并配置 1 组信号增强备用组。办公区和生活区的 AP 分组是按照校园师生日常使用的区域划分的，两组策略基本相同，分成两组可以保障当有突发情况时可以分组操作，有利于网络运维和管理；教室组平日正常运行，根据学校相关规定，当学校进行大型考试时，需要屏蔽教室中无线网络，关闭 RADIUS 策略即可。

（2）RADIUS 服务器连接配置。在无线控制器中配置 RADIUS 服务器地址和验证密钥，设置处理 802.1x 认证的 EAPOL 报文的策略，并配置 AAA 策略模板。部分配置流程如图 8-29 所示。

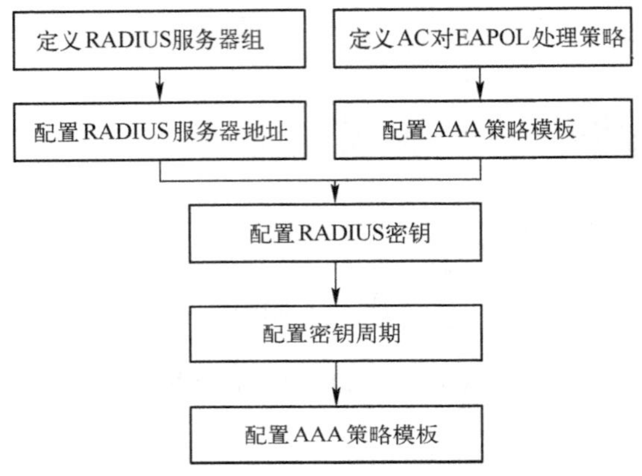

图 8-29　RADIUS 服务器配置流程

（3）用户 VLAN、设备互联 VLAN 划分。设备互联 VLAN 用于网络设备间通信使用，一般情况下，无线网络方案中涉及的所有网络设备都应添加设备互联 VLAN，并设置互联端口允许该 VLAN 通过；图 8-30 所示为用户 VLAN 及设备互联 VLAN 的配置流程。

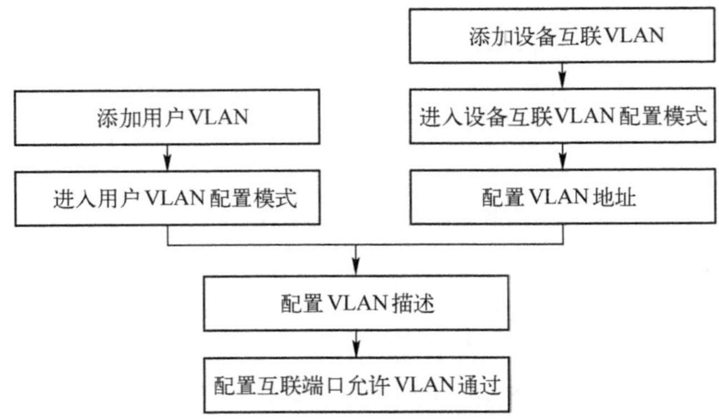

图 8-30　用户 VLAN 及设备互联 VLAN 的配置流程

2）核心交换机配置

核心交换机主要完成连通无线控制器、DHCP 服务器和 RADIUS 服务器，并完成用户网关功能。

（1）用户网关配置。用户网关配置流程如图 8-31 所示，根据无线控制器分配的 VLAN 信息，区分学生与教工区域 VLAN，将参数配置到用户 VLAN 中，完成无线网络网关功能。

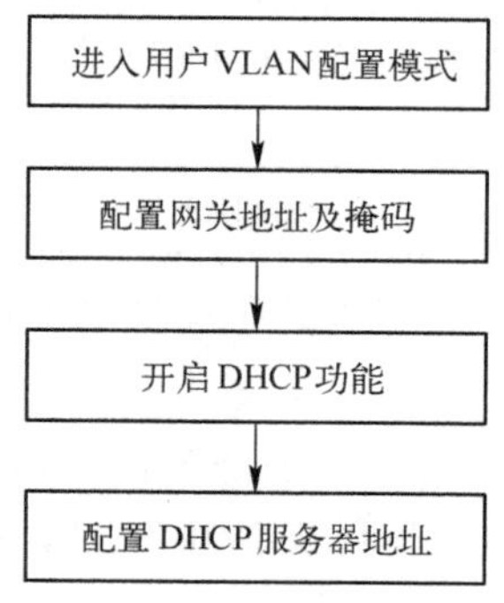

图 8-31　用户网关配置流程

（2）与 DHCP 服务器和 RADIUS 服务器连接配置。服务器在网络拓扑中相当于一台主机，DHCP 服务器和 RADIUS 服务器在网络架构中属于同一类型，两台服务器与核心交换机互联端口配置为 Access 模式，并将互联端口划分到各服务器 VLAN 中。图 8-32 所示为 DHCP 服务器和 RADIUS 服务器互联端口配置流程，图中 D&R 为 DHCP 服务器和 RADIUS 服务器的缩写。

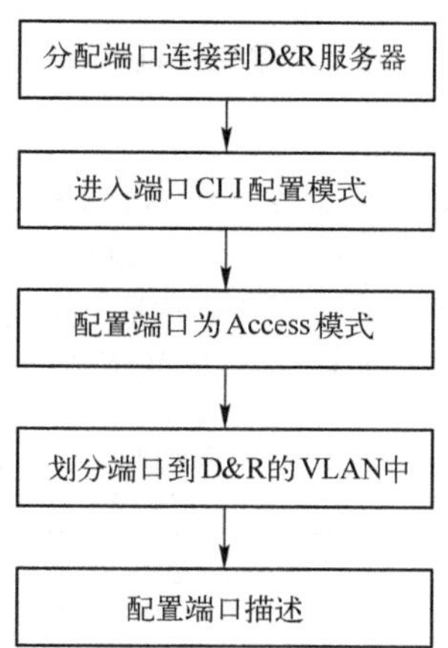

图 8-32　核心交换机与 D&R 服务器连接配置流程

（3）与无线控制器连接配置。两台核心设备的互联端口配置为 Trunk 模式，即中继透传，使多个 VLAN 同时通过共享链路与其他网络设备中的相同 VLAN 通信，并配置允许端口通过包括用户 VLAN 和互联 VLAN 的报文信息。图 8-33 所示为核心交换机与无线控制器互联端口配置的流程。

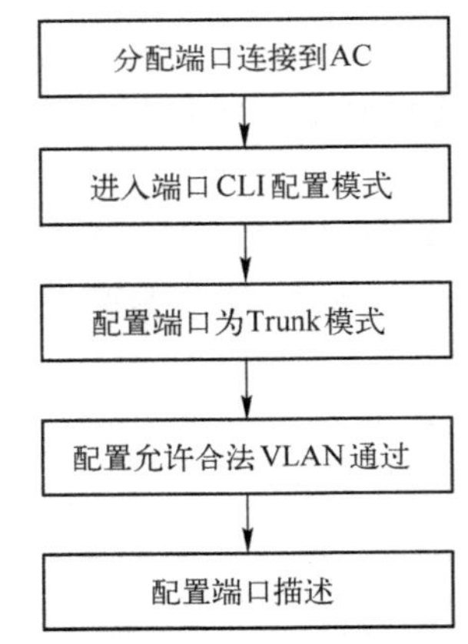

图 8-33 核心交换机 AC 连接流程

3）汇聚交换机配置

汇聚交换机在整个认证系统中出任汇聚接入设备角色。在 VLAN 中设置 DHCP 服务器地址和 AP 的网关地址，帮助 AP 顺利获取 IP 地址，关键配置流程如图 8-34 所示。

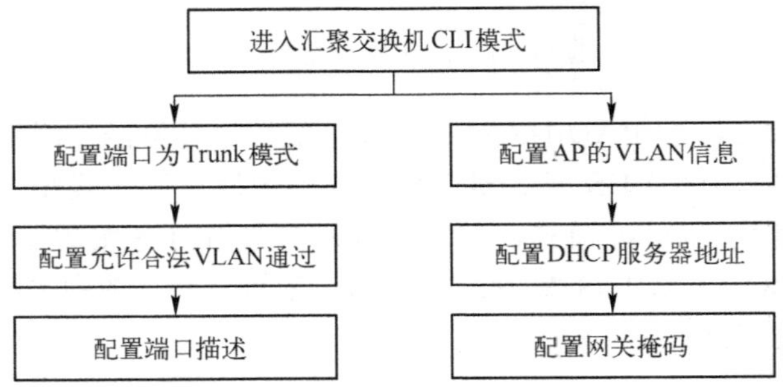

图 8-34 汇聚交换机配置流程

4）接入交换机配置

作为 802.1x 认证结构的重要组成部分，接入交换机向用户提供安全、虚拟化的存取访问权限，无论用户所在位置、访问方式、设备或应用程序如何。配置接入交换机，需要打开 TLS 和 PEAP 通道以支持 EAP 报文顺利通过，将 AP 划分到相应 VLAN 组中，并开启 AP 供电功能。图 8-35 所示为接入交换机关键配置流程。

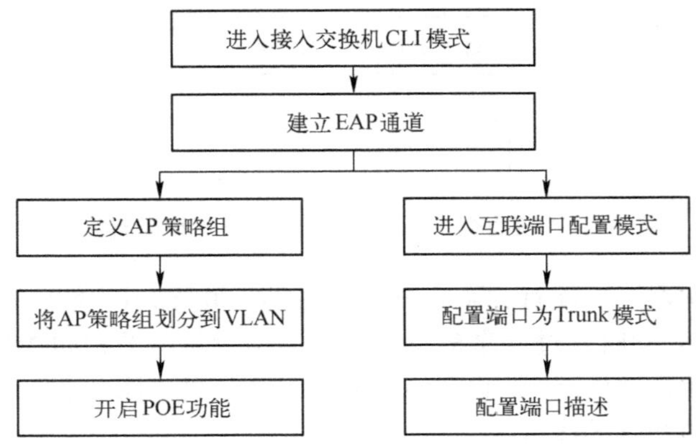

图 8-35 接入交换机配置流程

4. 运维优化系统实现

1）快速查询系统实现

利用 B/S 架构实现快速查询用户信息功能，可以满足用户和运维人员需求。简单来说，系统运行需要在无线控制器添加开放式 SSID，配置 SSID 名称，利用访问控制设置接入用户只允许访问校内网络。无线控制器配置该 SSID 为无认证的 AAA Profile，设置不加密 SSID Profile，并实现 VLAN 分配，确保接入用户获取正确 IP 地址。无线控制器的关键配置流程如图 8-36 所示。

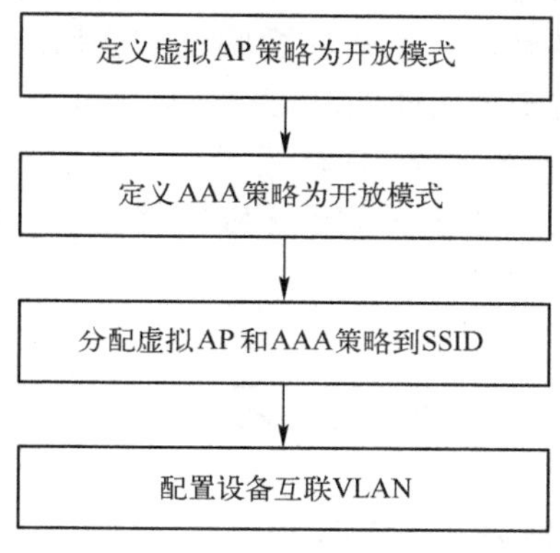

图 8-36　AC 配置流程

当用户使用终端设备连接到网络后，终端发送报文向 DHCP 服务器索要 IP 地址，同时 AC 通过解封用户报文信息以判别用户角色。快速查询系统的运行过程如下。

（1）AC 得到请求报文后，响应并回复新的策略报文发送给客户浏览器。

（2）用户浏览器发现新的策略报文响应，则返回一个新的请求。

（3）AC 请求后，基于端口号和 IP 地址为该用户构造相关信息，主要添加用户 ACL 服务策略，目的是让用户只能访问快速查询系统等一些内部资源。当用户访问其他地址时，利用重定向技术强制链接到快速查询系统地址。

经过以上运行过程，客户端表现的结果为：终端设备不需要认证连接上校园网，但只能访问指定的页面，浏览指定范围内资源。在这里策略报文可以重定向到任意 URL，在客户浏览器地址栏显示的是其重定向的路径，用户可以观察到地址的变化。

2）快速连接系统实现

目前，无线控制器证书与 Windows 10 操作系统匹配，Windows 10 用户无需进行设置即可一键连接校园无线网络。而对于类似 Windows 7 用户需要通过复杂的网络设置以使用 802.1x 认证方式。用户连接在无线控制器增加的开放式无线接入点 SSID，利用 ACL 设置接入用户只允许访问校内网络。连接 SSID 成功后，通过重定向技术强制跳转到固定的 Web 浏览器页面，在 Web 浏览器中添加插件下载链接。Web 界面可以直接使用快速查询系统界面，将两者界面合二为一，可以减少开发过程，也能提升用户感知和用户体验。

快速连接系统插件通过更改系统配置以开启 802.1x 服务，并设置不验证无线控制器证书。在这种情况下，无线控制器证书不会被下载和添加到用户设备受信任的根证书存储中，用户也不会被提示来决定是否信任服务器，从操作上解决了类似 Windows 7 系统连接无线网络的问题。

以上就是某校园无线网络的设计，并实现基于 802.1x 认证的具体方案。

第八节 本 章 小 结

无线网络技术为人类社会带来了深远的影响，并且这种影响还将继续下去。由于无线网络是一个开放的、复杂的环境，所以它面临的安全风险相比有线网络来说也更多、更复杂。本章在分析无线网络安全威胁的基础上，分别介绍和分析了无线局域网、蓝牙、移动 Ad-hoc 网络、移动通信网络系统、移动互联网等典型的无线网络技术和应用的安全性问题及相应解决方案。最后，给出了关于无线网络密码破解、无线网络监听，以及无线网络安全认证的 3 个典型实例。

本 章 习 题

1．无线网络安全威胁包括哪几个方面？
2．WEP 协议的安全性问题包括哪几个方案？
3．蓝牙标准中定义的 5 项基本安全服务和 4 种安全模式分别是什么？
4．如何缓解蓝牙安全风险的影响？
5．Ad-hoc 网络面临的主要路由安全威胁可以分为哪几类？
6．根据攻击的位置，移动通信系统的安全威胁可分哪几类？
7．移动通信系统的主要攻击方式包括哪些？
8．请论述移动互联网与有线互联网安全威胁有哪些联系和不同？
9．为提升 WLAN 的安全性，可以采取哪些技术手段？

第九章　网络安全技术发展前沿

在 20 世纪末和 21 世纪初，随着网络技术的快速发展，新的网络计算技术纷纷出现，例如云计算、物联网和 P2P 技术。其中，云计算技术、物联网技术已经成为信息领域的热点，已被国家的“十二五”规划确立为七大战略性新兴产业之一并加以重点推进；而 P2P 技术则已经大量投入应用并取得令人瞩目的成就。此外，大数据应用的快速发展也得到广泛关注。然而，这些新型网络技术都面临着不同的安全问题，这些安全问题已经成为制约其快速发展和广泛应用的重要因素。本章将在简要介绍这几种前沿技术的基础上，分别讨论其中存在的安全问题，并分析各自安全问题的解决方向。

第一节　云计算系统安全

云计算是当前信息技术领域的热点问题之一，代表了 IT 领域向集约化、规模化与专业化发展的趋势，是继网格计算之后分布式计算技术的又一次重大发展。云计算描述了对组成计算、网络、信息和存储等资源池的各种服务、应用、信息和基础设施等各种组件的一种全新使用模式。然而必须看到，云计算在带给我们规模经济、高应用可用性的同时，其核心技术特点也决定了它在安全性上存在着天然隐患，带来了前所未有的安全挑战。在已经实现的云计算服务中，安全问题一直令人担忧。事实上，安全和隐私问题已经成为阻碍云计算普及和推广主要因素之一。

一、云计算技术概述

1．云计算基本概念与分类

“云计算”（cloud computing）是 2007 年才诞生的一个新名词，目前受到国内外的广泛关注。那么到底什么是云计算呢？目前并没有一个公认的定义。本文给出一种定义：云计算是一种全新的商业计算模型，它将计算任务分布在大量计算机构成的虚拟资源池上，使用户和各种应用系统能够根据需要获取可伸缩的计算力、存储空间和信息服务。

从字面上看，“云”即互联网，即网上的各种资源，“计算”则是能力，包括信息的处理、存储、检索和交互等；从技术层面看，云计算最核心的技术是虚拟化，将网络上的软硬件资源整合成网络服务能力；从服务层面看，云计算是一种新的商业模式，云服务提供商利用虚拟化技术为用户提供优质价廉、专业化、规模化的信息服务；从应用层面看，云计算是一种新的用户体验，用户就像家庭用水电般使用互联网服务，像在银行存钱一样在网络上存储自己的信息。

按照使用模式的不同，云计算可以分为 3 类，分别如下。

（1）基础设施即服务（infrastructure as a service，IaaS）：将包括计算机、网络设备、存储设备、操作系统、数据库等在内的软、硬件资源以服务的形式呈现给用户，为用户提供处理、存储、网络以及基础的计算资源；用户可按照实际需求通过网络方便地获得 IaaS 服务提供商所提供的 IT 基础设施资源服务。

（2）平台即服务（platform as a service，PaaS）：依托基础设施云平台，通过开放的架构为互联网应用开发者提供一个共享超大规模计算能力的有效机制，为应用开发者提供包括统一开发环境在内的一站式软件开发服务。

（3）软件即服务（software as a service，SaaS）：以互联网为载体，通过浏览器交互，把应用程序部署在云端供用户使用的新型业务模式。SaaS 提供商为用户提供搭建系统所需要的所有网络基础设施和软硬件运行平台，负责所有的构建、维护等工作；用户只需要根据业务需要向 SaaS 提供商租赁软件服务，无需关注底层细节和管理、维护等工作。

2．云计算的特点与优势

与传统的分布式计算技术相比，云计算具有以下显著特点。

（1）按需服务：用户可以在需要时自动配置计算能力，例如服务器时间和网络存储容量，根据需要自动计算能力，而无需与服务供应商的服务人员交互。

（2）网络访问：服务能力通过互联网提供，支持各种标准接入手段，包括各种瘦或胖客户端平台（如移动电话、便携式计算机或 PDA），也包括其他传统的或基于云的服务。

（3）资源池：提供商的计算资源汇集到资源池中，使用多租户模型，按照用户需要将包括存储、处理、内存、网络带宽以及虚拟机等在内的物理和虚拟资源动态地分配或再分配给多个消费者使用。

（4）快速伸缩：云计算服务能力可以快速、弹性地供应，实现快速扩容、快速上线，而且对于用户来说，可供应的服务能力近乎无限，可以随时按需购买。

（5）可衡量：云系统之所以能够自动控制优化某种服务的资源使用，是因为利用了经过某种程度抽象的测量能力（如存储、处理、带宽或者活动用户账号等），人们可以像使用水电一样精细化地监视、控制资源的使用量，并产生对提供商和用户双方透明的报表。

目前，云计算的发展趋势非常迅猛，在短短几年内已经取得了巨大的成功。Google、Amazon、Microsoft 和 IBM 等公司纷纷积极推动，各国政府先后提出自己的云计算计划。这是因为无论从服务提供商的角度，还是从用户的角度来看，云计算都具有无可比拟的优势。

首先，从服务提供商的角度来看，云计算的优势在于其技术特征和规模效应所带来的压倒性的性价比优势。全球企业的 IT 开销可分为三部分：硬件开销、能耗和管理成本。根据 IDC 所做的调查，全球企业 IT 开销发展趋势是：硬件开销基本持平，但能耗和管理成本却在迅速增加；管理开销已经远远超过硬件成本；而能耗开销已经接近硬件成本。但是如果使用云计算技术，则系统建设和管理成本将有很大的区别。平均而言，一个特大型数据中心的成本将比中型数据中心的成本节约 5～7 倍。再者，云计算与传统数据中心相比其资源利用率也有很大不同。由于云计算平台规模极大，租用者数量众多，应用类型不同，容易平稳整体负载，其利用率可以提升 6～8 倍。可见，由于云计算具有更低廉的成本和更高的利用率，两者相乘可以将成本节约 5×6=30 倍以上。

其次，对于普通的云计算用户而言，云计算的优势也是显而易见的。他们不用学习复杂的计算机编程语言，不需要开发复杂的软件，不用安装昂贵的硬件，不用操心繁琐的系统管理、维护工作，只需要用比以前低得多的使用成本，就可以快速部署应用系统。而且这个系统的规模可以按需动态自由伸缩，可以更容易地共享数据。而租用公共云的企业用户也不再需要自建自己的高性能计算中心或者数据中心，只需要申请账号并按使用量服务就能满足本企业的需求，大大降低了 IT 企业的创业门槛。

3．云计算的应用与发展

由于云计算的发展理念符合当前低碳经济与绿色计算的总体趋势，并极有可能发展成为未来网络空间的神经系统，它获得了包括我国政府在内的世界各国政府的大力倡导与推动。

目前，云计算的应用已经广泛涵盖应用托管、存储备份、内容推送、电子商务、高性能计算、媒体服务、搜索引擎、Web 托管等诸多领域。云计算技术迅猛发展的趋势已经毋庸置疑。虽然一部分实力较强的企业级用户有足够能力建立自己的超算中心和数据中心，对云计算技术仍处于观望状态，但是云计算体现出来的快速部署、动态可扩展和高性价比的特点仍然吸引了众多的中小型企业用户。根据美国第三方市场调查机构 Synergy Research 最新数据显示：2022 年全球云计算基础设施市场份额排名前五的分别是亚马逊 AWS（34%）、微软 Azure（21%）、谷歌云（11%）、阿里云（5%）和 Salesforce（3%）。

在我国，阿里云、华为云、腾讯云、百度智能云等云计算领头羊发展迅速，预计 2023 年市场规模将达到 5000 亿元。据估计，到“十四五”末期我国云计算市场规模将突破 1 万亿元。云计算的应用和发展将对我国的信息技术产业发展、社会进步起到重要作用。

二、云计算关键技术

1．Google 的云计算技术

Google 是云计算技术研究和应用最为成功的公司之一，其关键技术包括 GFS、MapReduce、Chubby、BigTable 等。

1）MapReduce 并行编程模式

有些计算问题本身比较简单，但是由于问题的规模太大，需要处理的数据量太多，使得在短时间内通过单机或者少量的 CPU 求解困难。为此，Google 的 Jeffrey Dean 设计了一种全新的抽象模型，使编程人员只要执行简单的计算，而将并行化、容错、数据分布、负载均衡的等杂乱细节放在一个库里，使并行编程时不必关心它们，这就是 MapReduce。

MapReduce 是一个全新的软件架构，是一种处理海量数据的并行编程模式，特别适合于大规模数据集（通常大于1TB）的并行运算。与传统分布式程序设计相比，MapReduce封装了并行处理、容错处理、本地化设计和负载均衡等细节，提供了一个简单而强大的接口。通过这个接口，可以把大规模的计算自动地并发和分布执行。

MapReduce将庞大的原始数据集划分为 n 个子集，然后为每个子集分配一个Map操作，如图9-1所示。

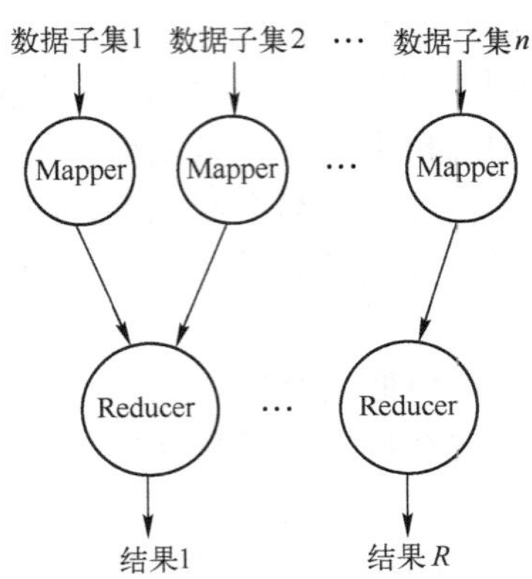

图9-1 MapReduce的运行模型

由于每个Map操作都是针对不同的原始数据，因此不同的Map操作之间都是互相独立的，这使得它们可以充分地并行执行。Map操作执行获得的并不是最终结果，而是 n 个中间结果。然后，再指派 R 个Reduce操作。一个Reduce操作对一个或者多个Map操作所产生的中间结果进行合并操作，且每个Reduce所处理的Map中间结果互不交叉。这样所有Reduce产生的最终结果经过简单连接就形成了完整的最终结果集。Reduce也可以在并行环境下执行。

2）GFS分布式文件系统

为了解决海量数据存储问题，Google研发了简单而又高效的GFS技术。与以往的文件系统相比，GFS采用完全不同的设计理念。

（1）部件错误不再被当作异常，而是将其作为常见的情况加以处理。

（2）文件都非常大，长度达几个吉字节的文件是很平常的。因此，对大型的文件的管理一定要高效，对小型的文件也必须支持，但不必优化。

（3）大部分文件的更新是通过添加新数据完成的，而不是改变已存在的数据。

（4）文件系统主要包括：对大量数据的流方式的读操作、对少量数据的随机方式的读操作和对大量数据进行的、连续的、向文件添加数据的写操作。

一个GFS集群由一个Master和大量的ChunkServer构成，并被许多客户（Client）访问，如图9-2所示。在GFS中，文件被分成固定大小的块（典型大小为64MB）。每个块由一个不变的、全局唯一的64位chunk-handle标识。ChunkServer将块当作Linux文件存储在本地磁盘，并可以读和写由chunk-handle和位区间指定的数据。出于可靠性考虑，每一个块被复制到多个ChunkServer上（默认情况下，保存3个副本）。

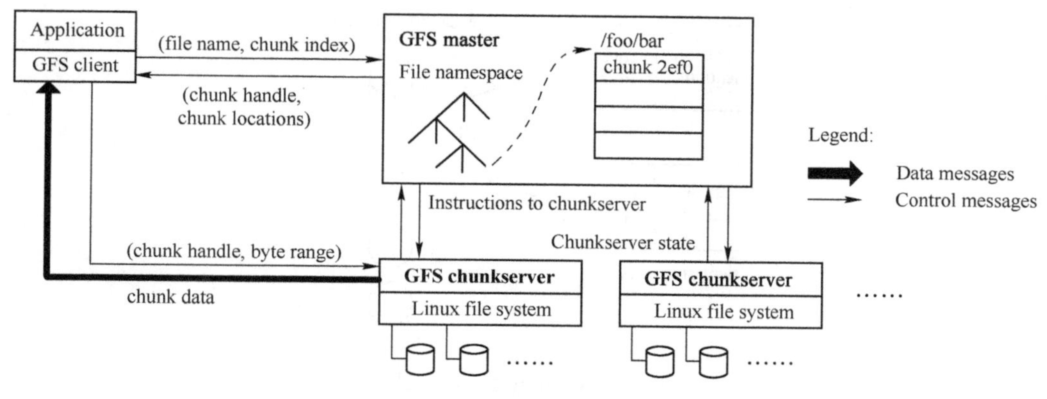

图 9-2　GFS 系统体系结构

Master 维护文件系统所有的元数据（metadata），包括名字空间、访问控制信息、从文件到块的映射以及块的当前位置。它也控制系统范围的活动，如块租约（lease）管理，孤化块的垃圾收集，ChunkServer 间的块迁移。Master 定期通过 HeartBeat 消息与每一个 ChunkServer 通信，给 ChunkServer 传递指令并收集它的状态。

与应用相连的 GFS 客户代码实现了文件系统的 API 并与 Master 和 ChunkServer 通信以代表应用程序读和写数据。客户与 Master 的交换只限于对元数据（metadata）的操作，所有数据方面的通信都直接和 ChunkServer 联系。

3）Chubby 分布式锁机制

Chubby 系统提供粗粒度的锁服务，并且基于松耦合分布式系统设计可靠的存储。它本质上是一个分布式的文件系统，存储大量的小文件。每一个文件代表一个锁，并且保存一些应用层面的小规模数据。这种锁是建议性的，而不是强制性的锁，具有更大的灵活性。用户通过打开、关闭和读取文件，获取共享锁或者独占锁；并且通过通信机制，向用户发送更新信息。例如，当一群机器选举 master 时，这些机器同时申请打开某个文件，并请求锁住这个文件。成功获取锁的服务器当选主服务器，并且在文件中写入自己的地址。其他服务器通过读取文件中的数据，获得主服务器的地址信息。

Chubby 系统通过远程过程调用，连接客户端和服务器这两个主要组件。客户端应用程序通过调用 chubby 代码库，申请锁服务并获取相关信息，同时通过租约保持同服务器的连接。Chubby 服务器组一般由 5 台服务器组成，如图 9-3 所示。其中一台服务器担任主服务器，负责与客户端的所有通信。其他服务器不断和主服务器通信以获得用户操作。Chubby 服务器组的所有机器都会执行用户操作，并将相应的数据存放到文件系统，以防止主服务器出现故障导致数据丢失。

4）其他云计算技术

（1）分布式数据库 BigTable。

Google 需要经常处理海量的服务请求，它每时每刻处理的客户服务请求数量是普通系统根本无法承受的。现有商用数据库无法满足 Google 的需求，因此它根据自己的应用特征自行设计了一种全新的分布式数据库 BigTable。

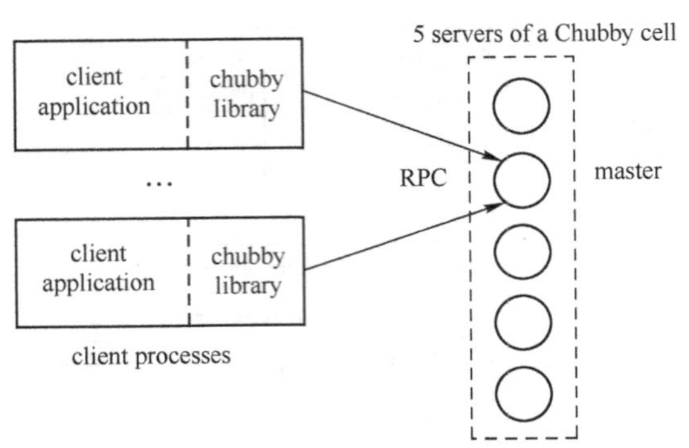

图 9-3　Chubby 整体架构图

BigTable 是一个分布式多维映射表，是在 Google 另外 3 个云计算组件（WorkQueue、GFS 和 Chubby）之上构建的。BigTable 表中的数据通过一个行关键字（Row Key）、一个列关键字（Column Key）以及一个时间戳（Time Stamp）进行索引。BigTable 对存储在其中的数据不做任何解析，一律看作字符串。

BigTable 通过高效、巧妙的设计，实现了分布式数据库系统的简单性和广泛的适用性，并具有高可用性和很强的可扩展性。

（2）Google App Engine。

Google App Engine 提供一整套开发组件来让用户轻松地在本地构建和调试网络应用，之后能让用户在 Google 强大的基础设施上部署和运行网络应用程序，并自动根据应用所承受的负载来对应用进行扩展，并免去用户对应用和服务器等的维护工作。同时，Google App Engine 提供大量的免费额度和灵活的资费标准。在开发语言方面，支持 Java 和 Python 这两种语言，并为这两种语言提供基本相同的功能和 API。

通过 Google App Engine，即使在重载和数据量极大的情况下，也可以轻松构建能安全运行的应用程序。该环境包括以下特性。

① 动态网络服务，提供对常用网络技术的完全支持。

② 持久存储和查询、分类和事务。

③ 自动扩展和载荷平衡。

④ 用于对用户进行身份验证和使用 Google 账户发送电子邮件的 API。

2．Amazon 的云计算技术

亚马逊是全球最大的在线图书零售商。在发展主营业务即在线图书零售的过程中，亚马逊为支撑业务的发展，在全美部署 IT 基础设施，其中包括存储服务器、带宽、CPU 资源。为充分支持业务的发展，IT 基础设施需要有一定富裕。2002 年，亚马逊意识到闲置资源的浪费，开始把这部分富余的存储服务器、带宽、CPU 资源租给第三方用户。亚马逊将该云服务命名为亚马逊网络服务（Amazon web services，AWS），用户（包括软件开发者与企业）可以通过亚马逊网络服务获得存储、带宽、CPU 资源，同时还能获得其他 IT 服务。

1）EC2 弹性云

Amazon 弹性计算云（elastic compute cloud，EC2）是 Amazon 云计算环境的基本

平台，允许企业和开发者或是其他人处理大规模的海量数据。在 EC2 上，用户可以利用随心定制的计算力来完成诸如数据挖掘或是科学仿真等数据密集型任务。其主要特性如下。

（1）灵活性：EC2 可自行配置运行的实例类型、数量，还可以选择实例运行的地理位置，可以根据用户的需求随时改变实例的使用数量，为用户提供了很好的灵活性。

（2）低成本：用户按需购买资源的使用权，各类资源均按小时计费，费用相当低廉。

（3）安全性：使用 SSH、可配置的防火墙机制、监控等技术，提供了很好的安全性。

（4）易用性：用户可以根据亚马逊提供的模块自由构建自己的应用程序，同时 EC2 还会对用户的服务请求自动进行负载平衡。

（5）容错性：EC2 使用弹性 IP 技术，发生故障的任务会自动转移到新的节点继续执行，提供较好的容错性。

EC2 的主要架构如图 9-4 所示。其中，机器映像是一个可以将用户的应用程序、配置等一起打包的加密镜像文件；实例是某个机器映像实际运行时的系统；而弹性块存储则是专门为 EC2 设计的一种长期在线存储系统。

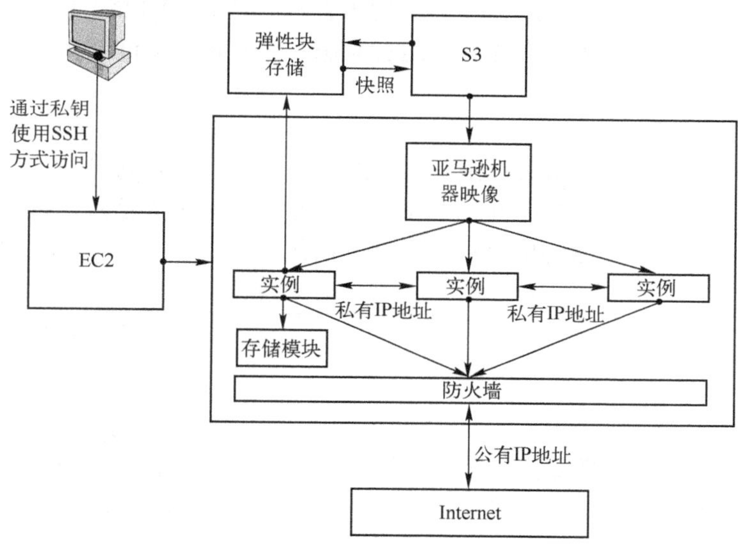

图 9-4　EC2 的主要架构示意图

2）S3 简单存储服务

S3（simple storage system）是 AWS 最老也是最容易使用的服务，可用作图片存储、文件备份和数据存储等，特别适合于上传共享文件和静态内容。S3 是基于桶（Bucket）的存储系统，它把每个被存储的文件当作一个 Object，被存储的 Object 被放到相应的 Bucket 中，如图 9-5 所示。

其中，对象（Object）是 S3 的基本存储单元，包括数据和元数据；键是对象的唯一标示符，每个对象都有一个独一无二的键；桶是存储对象的容器，类似于文件目录，但需要注意的是：桶不能嵌套，且其名称必须全局唯一。

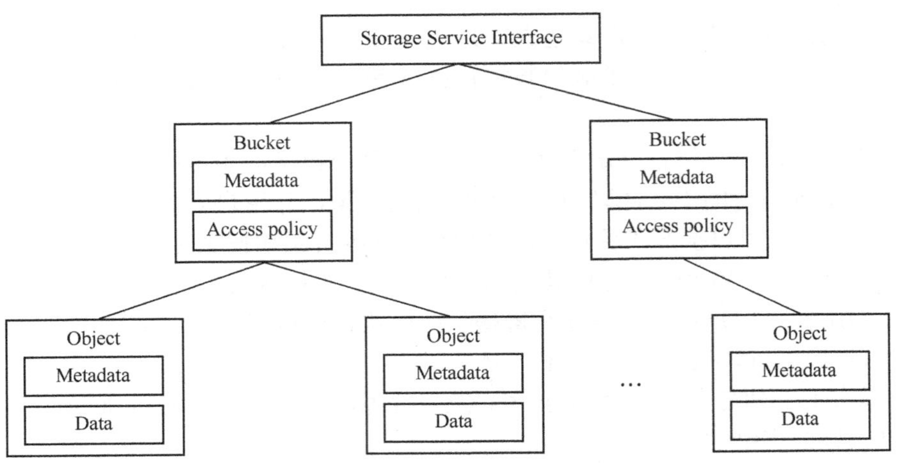

图 9-5　简单存储服务示意图

S3 存储架构主要是由 keymap+Bitstore 作为基本的存储功能。其中，coordinator 和 NodePicker 充当调度功能，replicator 实现副本管理的功能，DFDD（discovery，failure，detection daemon）用来检测各个组件的运行状态，web service platform 用来接收和处理客户端 client 的请求。

3）简单队列服务

简单队列服务（simple queue service，SQS）是托管队列，它增加了不同任务应用在分布式组件之间的工作流。SQS 允许开发者移动数据而不丢失信息，每个请求的组件通常都保持可用状态。SQS 服务的过程如图 9-6 所示。

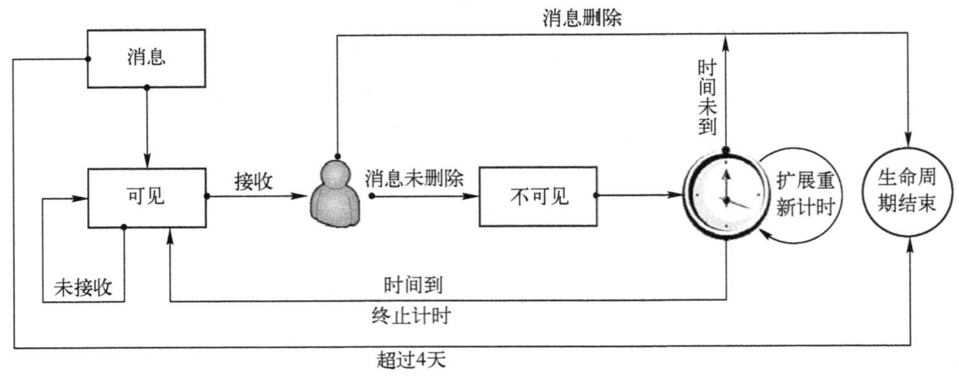

图 9-6　简单队列服务示意图

Amazon 规定每个新用户每月可获得 10 万个 SQS 排队请求；之后，每 1 万请求收取 0.01 美元。而数据传输的花费则根据需求变化。

4）其他云服务

除了上述云服务外，Amazon 还推出 SimpleDB、RDS、CloudFront 等云服务。

（1）简单数据库服务 Simple DB。简单数据库服务主要用于结构化数据的存储，并提供基本的查找、删除等数据库功能。

（2）关系数据库服务（relational database service，RDS）。RDS 在云计算环境下通过 Web 服务提供弹性化的关系数据库服务，以前使用 MySQL 数据库的所有代码，应用和工具都可兼容 Amazon RDS。RDS 可以自动地为数据库软件打补丁并完成定期的按计划备份。

（3）内容推送服务 CloudFront。CloudFront 集合了其他的 Amazon 云服务，为企业和开发者提供一种简单方式，以实现高速的数据分发。CloudFront 可以同 EC2 和 S3 最优化地协同工作，使用涵盖了边缘的全球网络来交付静态和动态内容。10TB 范围内每月每吉比特向外传输的起点价格是 0.15 美元。用户可通过 AWS simple monthly calculator（Amazon 简单按月价格计算器）来估算每月的支出。

3．Microsoft 的云计算技术

在过去 30 多年当中，Microsoft 公司一直是软件业的霸主。然而，随着云计算的兴起，其霸主地位已经被积极推进云计算技术的 Google 所取代。Microsoft 公司也意识到云计算的发展趋势，并借助其拥有的领先技术、产品和服务，依靠微软成熟的软件平台、丰富的互联网服务经验及多样化的商业运营模式为各种用户提供全面的云计算服务。2008 年 10 月，微软发布了自己的公共云计算平台——Windows Azure Platform，由此拉开了微软的云计算大幕。

微软的云计算战略包括三大部分，目的是为自己的客户和合作伙伴提供多种不同的云计算运营模式。

（1）微软运营：微软自己构建及运营公共云的应用和服务，同时向个人消费者和企业客户提供云服务。例如，微软向最终使用者提供的 Online Services 和 Windows Live 等服务。

（2）伙伴运营：ISV/SI 等各种合作伙伴可基于 Windows Azure Platform 开发 ERP、CRM 等各种云计算应用，并在 Windows Azure Platform 上为最终使用者提供服务。另外一个选择是，微软运营在自己的云计算平台中的 business productivity online suite（BPOS）产品也可交由合作伙伴进行托管运营。BPOS 主要包括 Exchange Online、SharePoint Online、Office Communications Online 和 LiveMeeting Online 等服务。

（3）客户自建：客户可以选择微软的云计算解决方案构建自己的云计算平台。微软可以为用户提供包括产品、技术、平台和运维管理在内的全面支持。

同时，微软提供两种云计算部署类型，即公共云和私有云。一方面，Microsoft 以 Windows Azure Platform 的方式运营公共云计算平台，为客户提供部署和应用服务的环境，提供基于微软数据中心的随用随付费的灵活的服务模式；另一方面，Microsoft 使用 Windows Server 和 System Center 等成熟工具，帮助企业级用户在客户的数据中心内部部署私有云，提供基于客户个性化的性能和成本要求、面向客户服务的内部应用环境，在其上运行各类基于云的业务应用，如开发测试、办公协作、医疗协作等。

4．Hadoop 云计算技术

Hadoop 是一个分布式系统基础架构，是目前最著名的云计算开源项目，由 Apache 基金会开发，实际上是 Google 云计算的一个开源实现。目前，许多著名的云计算应用都构建于 Hadoop 平台之上，包括 Google、ebay、Amazon、Facebook 和百度、淘宝、腾讯等中外知名 IT 公司。

Hadoop 允许用户在不了解分布式底层细节的情况下，充分利用集群的优势，开发高效的分布式程序。用户可以轻松地在 Hadoop 上开发和运行处理海量数据的应用程序。它主要有以下几个优点。

（1）高可靠性：Hadoop 按位存储和处理数据的能力值得人们信赖。

（2）高扩展性：Hadoop 是在可用的计算机集簇间分配数据并完成计算任务的，这些集簇可以方便地扩展到数以千计的节点中。

（3）高效性：Hadoop 能够在节点之间动态地移动数据，并保证各个节点的动态平衡，因此处理速度非常快。

（4）高容错性：Hadoop 能够自动保存数据的多个副本，并且能够自动重新分配失败的任务。

Hadoop 由多元素构成。其最底部是 Hadoop Distributed File System（HDFS），它管理 Hadoop 集群中所有存储节点上的文件，如图 9-7 所示。

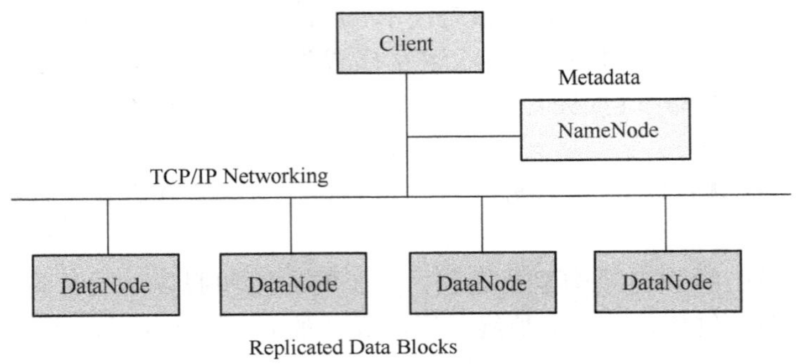

图 9-7 Hadoop 集群的简化视图

HDFS 的主要目的是支持以流的形式访问写入的大型文件。对外部客户机而言，HDFS 就像一个传统的分级文件系统，可以创建、删除、移动或重命名文件等。HDFS 的架构是基于一组特定的节点构建的，这些节点包括：一个 NameNode，它在 HDFS 内部提供元数据服务；数量众多的 DataNode，它为 HDFS 提供存储块。

在 HDFS 中数据文件被分成块（通常为 64MB），并且复制到多个 DataNode 中（默认配置为 3）。块的大小和复制块的数量在创建文件时可以由客户机决定。HDFS 内部的所有通信都基于标准的 TCP/IP 协议。

如果缓存的数据大于所需的 HDFS 块大小，创建文件的请求将发送给 NameNode。NameNode 将以 DataNode 标识和目标块响应客户机，同时也通知将要保存文件块副本的 DataNode。当客户机开始将临时文件发送给第一个 DataNode 时，将立即通过管道方式将块内容转发给副本 DataNode。客户机也负责创建保存在相同 HDFS 名称空间中的校验和（checksum）文件。在最后的文件块发送之后，NameNode 将文件创建提交到它的持久化元数据存储。

HDFS 的上一层是 MapReduce 引擎，该引擎由 JobTrackers 和 TaskTrackers 组成。此外，Hadoop 族群还包括一系列以 Hadoop 为基础的开源项目，包括 HBase、Pig、Hive、ZooKeeper 等项目，为用户提供各种强大而方便的云计算工具。

三、云计算面临的安全问题

云计算的出现使得公众客户获得低成本、高性能、快速配置和海量化的计算服务成为可能。但云计算在带给用户规模经济、高应用可用性益处的同时，其特有的数据和服务外包、虚拟化、多租户和跨域共享等特点，也给用户带来了前所未有的安全挑战。在已经实现的云计算服务中，安全问题一直令人担忧。

云安全，主要包含两个方面的含义。第一是云自身的安全保护，也称为云计算安全，包括云计算应用系统安全、云计算应用服务安全、云计算用户信息安全等。云计算安全是云计算技术健康可持续发展的基础。第二是使用云的形式提供和交付安全，也即云计算技术在安全领域的具体应用，也称为安全云计算，就是基于云计算的、通过采用云计算技术来提升安全系统的服务效能的安全解决方案，如基于云计算的防病毒技术、挂马检测技术等。

目前，对云安全研究最为活跃和目前比较认可的组织是云安全联盟（Cloud Security Alliance，CSA）。2009 年，CSA 发布了一份云计算服务的安全实践手册《云计算安全指南》，总结了云计算的技术架构模型、安全控制模型以及相关合规模型之间的映射关系。2010 年 3 月，CSA 又发表了其在云安全领域的最新研究成果《云计算的七大安全威胁》，获得了广泛的引用和认可，其主要内容如下。

（1）云计算的滥用、恶用、拒绝服务攻击：与合法消费者相同，攻击者也可以花费极低的成本使用云的优势进行强大的安全攻击行为。

（2）不安全的接口和 API：API 用于允许功能和数据访问，但其可能存在潜在风险或不当使用容易让程序受到攻击。

（3）恶意的内部员工：云供应商的员工可能滥用权力访问客户数据/功能，而为了减少内部进程的可见性可能会进行妨碍探测这种违法行为。

（4）共享技术产生的问题：公共的硬件、运行系统、中间件、应用栈和网络组件可能有着潜在风险。

（5）数据泄露：由于不合适的访问控制或弱加密造成数据破解，或者因为多租户结构导致数据的高风险。

（6）账号和服务劫持：对客户或云进行流量拦截和（或）改道发送，或者偷取凭证以窃取或控制账户信息/服务。

（7）未知的安全场景：对安全控制的不确定性可能让顾客陷入不必要的风险。

事实上，安全和隐私问题已经成为阻碍云计算普及和推广主要因素之一。2011 年 1 月 21 日，来自研究公司 ITGI 的消息称，考虑到自身数据的安全性，很多公司正在控制云计算方面的投资。在参与调查的 21 家公司的 834 名首席执行官中，有半数的官员称，出于安全方面的考虑，他们正在延缓云的部署，并且有 1/3 的用户正在等待。云计算环境的隐私安全、内容安全是云计算研究的关键问题之一，它为个人和企业放心地使用云计算服务提供了保证，从而可促进云计算持续、深入的发展。

由于云计算环境下的数据对网络和服务器的依赖，隐私问题尤其是服务器端隐私的问题比网络环境下更加突出。客户对云计算的安全性和隐私保密性存在质疑，企业数据无法安全方便地转移到云计算环境等一系列问题，导致云计算的普及面临诸多顾虑。云计算的特点及其面临的主要安全威胁的对应关系如表 9-1 所列。

表 9-1 云计算的特点及其面临的主要安全威胁

云计算特点	安全威胁
数据和服务外包	（1）隐私泄露； （2）代码被盗
多租户和跨域共享	（1）信任关系的建立、管理和维护更加困难。 （2）服务授权和访问控制变得更加复杂。 （3）反动、黄色、钓鱼欺诈等不良信息的云缓冲。 （4）恶意 SaaS 应用
虚拟化	（1）用户通过租用大量的虚拟服务使得协同攻击变得更加容易，隐蔽性更强。 （2）资源虚拟化支持不同租户的虚拟资源部署在相同的物理资源上，方便了恶意用户借助共享资源实施侧通道攻击

四、云计算安全技术

传统安全技术，如加密机制、安全认证机制、访问控制策略通过集成创新，可以为隐私安全提供一定支撑，但不能完全解决云计算的隐私安全问题。需要进一步研究多层次的隐私安全体系、全同态加密算法、动态服务授权协议、虚拟机隔离与病毒防护策略等，为云计算隐私保护提供全方位的技术支持。

对于云计算的安全保护，通过单一的手段是远远不够的，需要有一个完备的体系，涉及多个层面，需要从法律、技术、监管 3 个层面进行。

1．云安全服务

云安全服务为各类云应用提供共性信息安全服务，是支撑云应用满足用户安全目标的重要手段，包括如下。

1）云用户身份管理服务

主要涉及身份的供应、注销以及身份认证过程。在云环境下，实现身份联合和单点登录可以支持云中合作企业之间更加方便地共享用户身份信息和认证服务，并减少重复认证带来的运行开销。

2）云访问控制服务

云访问控制服务的实现依赖于如何妥善地将传统的访问控制模型（如基于角色的访问控制、基于属性的访问控制模型以及强制/自主访问控制模型等）和各种授权策略语言标准（如 XACML，SAML 等）扩展后移植入云环境。

3）云审计服务

由于用户缺乏安全管理与举证能力，要明确安全事故责任就要求服务商提供必要的支持。因此，由第三方实施的审计就显得尤为重要。云审计服务必须提供满足审计事件列表的所有证据以及证据的可信度说明。

4）云密码服务

由于云用户中普遍存在数据加、解密运算需求，云密码服务的出现也是十分自然的。除最典型的加、解密算法服务外，密码运算中密钥管理与分发、证书管理及分发等都可以基础类云安全服务的形式存在。

2．云计算安全的技术手段

1）动态服务授权与控制

云计算系统中，服务资源通常来自跨域管理的服务提供商，服务过程主要表现为多个服务联合组成的动态协作模型。在这种动态服务环境中，不同服务提供商可能采用不同的安全及隐私保护策略，需要采用动态的授权与控制机制来保障服务提供商的安全和用户的安全，如图 9-8 所示。

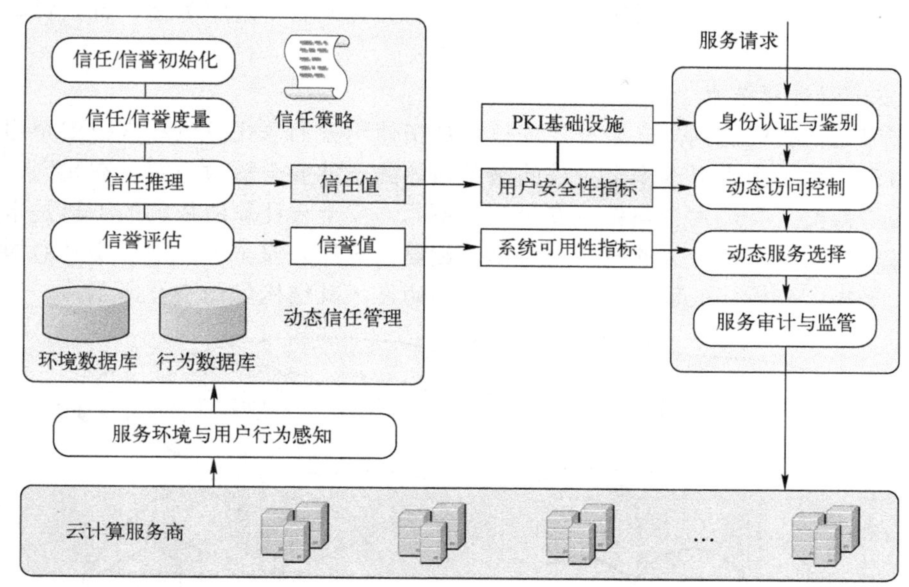

图 9-8　云计算中的访问控制

2）数据的隐私保护

数据变成密文时丧失了许多其他特性，导致大多数数据分析方法失效。密文处理研究主要集中在秘密同态加密算法设计上。早在 20 世纪 80 年代，就有人提出多种加法同态或乘法同态算法。但是由于被证明安全性存在缺陷，后续工作基本处于停顿状态。而近期，IBM 研究员 Gentry 利用“理想格”（ideal lattice）的数学对象构造隐私同态（privacy homomorphism）算法，或称全同态加密，使人们可以充分地操作加密状态的数据，在理论上取得了一定突破，使相关研究重新得到研究者的关注，但目前与实用化仍有很长的距离。

3）虚拟机安全

在云计算系统中大量使用到虚拟机，虚拟机本身的安全至关重要。一方面可以通过在物理机、虚拟机和虚拟机管理程序 3 个方面增加功能模块来加强虚拟机的安全，包括云存储数据隔离加固技术和虚拟机隔离加固技术等；另一方面也可以设计适合虚拟环境的软件防火墙来保证虚拟机安全。

4）法律法规

云计算安全并不仅仅是技术问题，它还涉及标准化、监管模式、法律法规等诸多方面。首先，政府的政策需要改变，以响应云计算带来的机会和威胁。这可能集中于个人数据和隐私的保护，无论数据是由第三方或转移到海外的另一个国家控制。其次，云计算所带来的服务/数据外包模式意味着失去对服务/数据的根本控制。虽然从安全角度这不是个好办法，然而企业为了减轻管理负担和节约成本仍将继续增加这些服务的使用。安全管理人员需要与他们公司的法律工作人员合作，以确保适当的合同条款到位，保护企业数据，并提供可接受的 SLA。最后应该强调的是，数据的拥有者仍然完全负责遵守法规。那些采用云计算的人必须记住，是数据的拥有人而不是服务提供者负责确保宝贵的数据的安全。

3．安全云计算技术

在本节之初我们提到，安全云计算技术是指使用云的形式提供和交付安全服务，即通过采用云计算技术来提升安全系统的服务效能的一种安全解决方案。在我国，这被广泛地称为“云安全”技术。与传统安全技术不同，安全云计算所依赖的不再是本地硬盘中的病毒库，而是依靠庞大的网络服务以及数量众多的云安全客户端，实时对网络上的数据进行采集、分析和处理，识别并查杀新的病毒，其结构如图 9-9 所示。

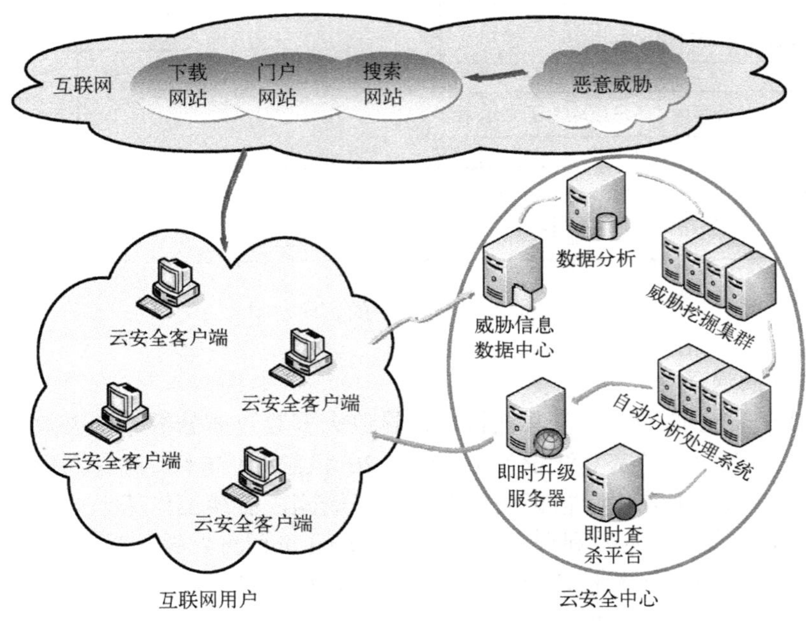

图 9-9　安全云计算服务体系结构示意图

在传统的反病毒系统架构下，反病毒厂商对病毒样本进行分析，确定病毒类型和查杀方法，并以升级病毒特征库的方式将这些数据提供给用户。而在安全云技术中，每个云安全客户端相当于反病毒厂商部署在网络中的“云探针”，将遭受到的疑似安全攻击行为及时报告给反病毒厂商的威胁信息数据中心，再由该厂商利用云平台强大的计算能力进行数据挖掘和自动分析处理，并找到防范方法，然后通过即时升级服务器和即时查杀平台提供给所有用户。

可见，安全云计算技术或者云安全技术的最大革新是改变被动杀毒的现状，使得安全软件在安全威胁面前更为主动，涉及面更广，查毒能力更强。而且用户数量越多，则安全云计算防范病毒的能力就越强大。

五、云存储安全

由于云存储具有传统数据存储模式不具备的诸多优势，越来越多的中小企业正在将自己的数据中心逐渐转移至云端。而大型企业除了租用公共云存储服务以外，也开始着手建立自己的私有云存储数据中心。但是，云存储要想得到广泛应用，其安全性还有待进一步完善和改进，尤其是需要解决来自服务提供方的安全威胁。

1．云存储基本概念

云存储（cloud storage）是在云计算（cloud computing）概念上延伸和发展出来的一个新的概念。云存储是一种基于网络的存储技术，是一个以数据存储和管理为核心的云计算系统，旨在通过互联网为用户提供更强的存储服务。它是指通过服务器集群应用、网格或分布式文件系统等技术，将网络中大量的处于不同计算机、不同类型的存储设备通过网络和应用软件集合起来协同工作，共同对外提供数据存储和业务访问功能的一个系统。

根据 IDC 调查数据预测，到 2013 年，云存储服务的增长率预计为 14%，将超过所有其他云服务，云存储的市场规模将接近 62 亿美元。目前，典型的云存储服务商主要包括 Amazon S3、EMC Atmos、Google storage、Microsoft SkyDrive、Dropbox 和国内的新浪微盘、QQ 硬盘、360 云盘、中国电信 e 云、联想网盘、金山快盘等。

当前云存储的发展仍面临许多关键性问题，而其中数据的安全性和隐私性问题首当其冲。权威调查结果显示，70%以上的受访企业的 CTO 认为近期不采用云存储的首要原因在于存在数据安全性与隐私性的忧虑。64%的受访者并不放心将他们的秘密数据保存至第三方远程云存储系统，担心数据被窃取是他们首要的安全顾虑。而大量的事实也证明云存储服务还存在许多安全问题，并且随着云存储的不断普及，安全和隐私问题的重要性呈现逐步上升趋势，已成为制约其发展的重要因素。

2．云存储的结构模型

云存储系统的核心由云存储控制服务器和后端存储设备两大部分组成，其平台整体架构可划分为 4 个层次，如图 9-10 所示。

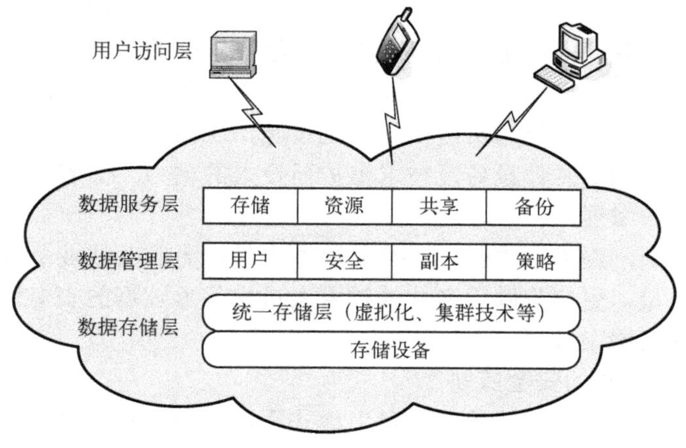

图 9-10　云存储结构模型示意图

（1）最底层是数据存储层，包括实际的物理存储设备和利用虚拟化、集群技术等构建在物理设备之上的统一存储层。

（2）第二层是数据管理层，实现用户管理、安全管理、副本管理和策略配置等关键功能。

（3）第三层是数据服务层，系统通过服务封装技术将数据管理层的功能以服务的形式向上提供，包括存储服务、资源服务、数据共享和备份服务等。

（4）最上层是用户访问层，用户可通过各种终端获得数据服务层提供的服务。

从功能上来讲，云存储系统一般包括两种类型的节点。

（1）云存储控制节点。云存储控制器负责整个系统元数据和实际数据的管理和索引，提供超大容量管理，实现后端存储设备的高性能并发访问和数据冗余等功能。云存储控制服务器是整个系统的统一管理平台，管理员可以在其中监视系统运行情况、管理系统中用户和各项策略等。

（2）存储节点。云存储系统采用高性能应用存储设备，可内嵌云存储系统访问协议包、存储节点认证许可等。设备采用高密度磁盘阵列设备，每套设备通过网络接入到云存储系统中，进入云存储存储池后进行分配。对数据存储可实现多副本、多物理设备分别保存，当容量或带宽需要扩展时，通过增加存储节点来实现，根据实际需要灵活扩张，在系统运行中进行在线的容量和性能增加。

3．云存储的特点与优势

与传统存储模式相比，云存储在以下几个方面明显不同。

（1）功能需求：云存储系统面向多种类型的网络在线存储服务，而传统存储系统则面向如高性能计算、事务处理等应用。

（2）性能需求：数据的安全性、可靠性、效率等技术挑战比传统存储系统更大。

（3）数据管理：云存储系统不仅要提供传统文件访问，还要能够支持海量数据管理并提供公共服务支撑功能，以方便云存储系统后台数据的维护。

与传统存储系统相比，云存储系统的优势非常明显，主要包括以下几个方面。

（1）更易于管理：用户可以将数据的创建与维护全权委托给云存储服务提供商，而只是租用其服务即可，不必考虑存储容量、存储设备类型、数据存储位置等底层细节，也不需要专门的系统管理人员进行系统维护、升级等繁杂的日常管理工作。

（2）成本更低廉：就目前来说，企业在数据存储上所付出的成本相当大，因为企业要建立一套存储系统不仅需要购买硬件等基础设施，还需要专门的人员进行系统维护；采用云存储则避免了购买硬件设备及技术维护而投入的精力，节省下来的大量时间可以用于更多的工作业务发展。

（3）数据更安全，服务不中断：云存储服务提供商无需关注业务细节，他们可以仅仅关注数据服务质量，更容易聘用专业的技术人员来保障数据的安全性、可靠性和可用性，以提供专业的数据服务。

4．来自服务提供方的安全威胁

在以云存储为典型代表的“数据外包”模式下，传统的数据存储系统中数据拥有者与数据之间原有的紧密关系被“解耦”，数据不再是置于其拥有者的直接控制之下；而用户与服务提供方之间的关系也发生了很大变化，这种关系已经从传统的“客户端/服务端”

关系演变成为“顾客/商家”关系。其根本区别在于：“服务端”与“客户端”之间的目标在一般情况下都是基本一致的，而“商家”和“顾客”之间却存在利益冲突。

可见，这种新型关系使得用户的数据安全面临比以往更严峻的威胁，除了需要解决来自第三方的攻击威胁，甚至还需要解决来自服务提供方本身的主动安全威胁，其原因主要如下。

（1）服务提供方极有可能从自身的利益出发，主动地危害其用户的数据安全。

代表服务提供方的系统管理员的权限很大，而且没有严格的监管机制。当他发现更改某个数据或者收集某方面的用户信息会给其带来巨额利益，且该利益将远远超过他有可能受到的惩罚时，他将很有可能铤而走险滥用其权力，依靠系统赋予的管理权限实施对数据安全有害的行为。根据媒体报道，2010 年 Google 曾曝出工程师利用职务之便偷窥用户 Gmail 邮件信息的丑闻。

（2）系统提供方的故障不可避免，这些故障对数据安全可能产生负面影响，客观上造成用户的安全受到侵害。

在云存储环境中大量使用的是廉价的商业计算机，随着系统规模的扩大，系统中局部出现故障将是不可避免的现象。例如 Google 云计算平台由超过 45 万台普通 PC 级别的廉价服务器构成，这些计算机单独来看可靠性并不高，在任何时刻都有可能有一些计算机出现硬件故障，导致某些系统宕机，其上的数据资源短期或者永久不可用。虽然提供云服务的是专业的 IT 公司和管理团队，但仍然不能避免故障的发生。2011 年 2 月 27 日上午 3 点，Gmail 服务出现一些故障，影响了大约 0.08%的 Gmail 用户，导致了大约 15 万名 Gmail 用户的旧邮件丢失。3 月 11 日，Facebook 在官方博客里承认，由于服务器硬盘出现故障，导致 Facebook 丢失了至少 10%～15%用户上传照片。4 月 21 日早晨，亚马逊旗下的 EC2 及 RDS 服务出现了网络延迟和连接错误等问题，导致 Foursquare、Quora、Reddit、Paper.li 等网站出现间歇性无法访问，有国外媒体甚至称半个美国互联网受到了影响。

5．云存储安全问题

综上所述，云存储服务提供商应根据云存储系统中可能存在的安全威胁和安全需求，来制定相应的安全策略，使得用户能够放心地将自己的敏感信息和个人隐私数据交给云存储服务提供商保存。为此，需要解决以下几个关键性技术难题。

1）数据的存在性验证问题

在云存储应用中，用户将自己的数据以外包的方式存放在第三方云存储平台上，自身并不保留数据内容。为了打消用户对于数据安全的疑虑，云存储平台必须随时向数据所有者证明该数据的存在性和完整性。

由于大规模数据所导致的巨大通信代价，用户不可能将数据下载后再验证其正确性。因此，云用户需在取回很少数据的情况下，通过某种知识证明协议或概率分析手段，以高置信概率判断远端数据是否完整。

目前主要有两种解决方案。第一种是 Juels 等提出的基于挑战-响应（challenge-response）模式的 POR 及改进的 Compact POR 技术。其主要过程如下：证实者 Verifier（如客户端）将某个大文件 F 分片并插入一些不可区分的“哨兵”（sentinel）块，然后将其加密后结合纠错编码技术存入验证者 Prover（如云存储服务提供商）一方；当 Verifier

需要验证 F 完整存在时，Prover 根据某些数据分片计算获得一个高度压缩的证据并提供给 Verifier；Verifier 通过对比验证之前保留的信息可以确定 F 是否完整可用，或者在 F 被少量修改的情况下可以正确地恢复原 F。第二种是 Ateniese 等提出的基于密码学原理的 PDP 技术。其主要原理是：令 N 为一个 RSA 模数，F 为代表文件的大整数，检查者保存 $k=F \bmod \varphi N$；在挑战中，检查者发送 Z_N 中的随机元素 g，服务器返回 $s=g^F \bmod N$；检查者验证是否存在 $g^k \bmod N=s$，从而确定原始文件是否存在。此外，还有一些研究人员针对上述方案只能处理静态数据、通信/计算开销较大、效率不高等问题，分别提出了一些改进方案。

此外，一些云存储平台承诺为用户的每份数据保留若干数量的副本。但是在信任受限的条件下，由于系统故障、声誉问题或者经济因素等方面的问题，云存储平台可能不愿意或者不能够按照预先承诺维持足够数量的副本。因此，还需要研究针对数据多个副本的存在性证据判定问题。

2）*基于模糊查询的密文快速检索技术*

为了防止怀有恶意的云存储服务提供商窃取敏感数据内容、滥用数据或者泄露数据给其他用户，用户可以将数据以密文方式存入云端。数据变成密文时丧失了许多其他特性，导致大多数数据分析方法失效。其中，如何对这些加密数据进行快速、有效的检索是一个挑战性问题。密文检索有两种典型的方法。

（1）基于安全索引的方法。该方法通过为密文关键词建立安全索引，检索索引查询关键词是否存在。基于密文扫描的方法对密文中每个单词进行比对，确认关键词是否存在，以及统计其出现的次数。由于某些场景（如发送加密邮件）需要支持非属主用户的检索，研究人员提出支持其他用户公开检索的方案。另外，哈佛大学和斯坦福大学的研究人员分别提出了预建字典、基于索引的检索方案和基于安全索引的检索方案。

（2）基于密文扫描的方法。该方法对密文中每个单词进行比对，确认关键词是否存在以及统计其出现的次数。例如伊利诺伊理工大学的研究人员于 2010 年提出了一种基于通配符（wildcard-based）的云端加密数据的模糊关键字检索技术，其技术是以编辑距离 ed（w_1，w_2）来衡量模糊度，关键字 w_i 模糊度为 d 的模糊集 $S_{w_i,d}=\{S_{w_i,0}^i,S_{w_i,1}^i,\cdots,S_{w_i,d}^i\}$，例如关键字 CASTLE，模糊度为 1 的模糊集为：$S_{\text{CASTLE},1}$={CASTLE，*CASTLE，*ASTLE，C*ASTLE，C*STLE，…，CASTL*，CASTLE*}。然后将每个单词的模糊集存储起来，构成索引文件，最后通过索引文件进行检索。

密文处理研究主要集中在秘密同态加密算法设计上。早在 20 世纪 80 年代，就有人提出多种加法同态或乘法同态算法。但是由于被证明安全性存在缺陷，后续工作基本处于停顿状态。而近期，IBM 研究人员利用“理想格（ideal lattice）”的数学对象构造隐私同态（privacy homomorphism）算法，或称全同态加密，使人们可以充分地操作加密状态的数据，在理论上取得了一定突破，使相关研究重新得到研究者的关注，但目前与实用化仍有很长的距离。

3）*数据访问行为安全技术*

在云存储系统中，用户将数据加密后外包存储给云存储平台，在使用时通过云存储系统提供的接口管理和访问数据。然而，别有用心的系统管理方虽然不知道数据的具体内容，但是他可以利用自己的管理权限收集并处理所有用户的访问行为并进行特征分析，从中发现或者挖掘出秘密信息或者对解密有帮助的信息。

特别是，对于某些极度敏感的应用而言，用户需要将自己的数据访问行为向包括服务器在内的所有观察者保密，不希望包括服务提供方在内的任何人通过对自己访问行为、访问模式和历史访问记录的特征分析与处理，从中发现秘密信息或者对解密有帮助的信息。这就需要使用到数据访问行为安全技术。一些研究人员设计了一种基于无链 B+树的索引结构，并基于该结构提出掩护搜索、缓冲搜索和洗牌等技术，对系统隐藏用户的真实访问意图，并不断调整索引节点与数据块之间的对应关系，有效保障了用户的访问行为安全。

4）数据删除

在许多情况下，用户希望彻底删除自己存储在云中的敏感数据，不希望保留任何的残余信息以引起数据泄漏。问题是，云存储提供方告知用户：数据已经完全删除，这时候，用户能否肯定地知道：云存储提供方确实完全、彻底地删除了该数据，不再保留其任何可用副本呢？

为此，需要对云存储平台的存储操作进行重新设计，包括将删除操作设计成即时一致的，即：一个成功执行的删除操作将删除所有相关数据项的引用，使得它无法再通过存储 API 访问。正如一般的计算机物理设备一样，所有被删除的数据项在之后被立即垃圾回收，相应的存储数据块为了存储其他数据而被重用的时候会被覆盖掉。

第二节 物联网安全

作为一次新的技术变革，物联网必将引起企业间、产业间甚至国家间竞争格局的重大变化。随着相关技术的发展和成熟，物联网逐渐被人们认识和应用，并给人们带来诸多便利。然而，物联网在让一切变得智能的同时，也带来更多的危险。

一、物联网概述

物联网是指通过各种信息传感设备，如传感器、射频识别（RFID）技术、全球定位系统、红外感应器、激光扫描器、气体感应器等各种装置与技术，实时采集任何需要监控、连接、互动的物体或过程，采集其声、光、热、电、力学、化学、生物、位置等各种需要的信息，与互联网结合形成的一个巨大网络。其目的是实现物与物、物与人，所有的物品与网络的连接，方便识别、管理和控制。

可见，物联网的实质是在计算机互联网的基础上，利用 RFID、传感器技术、无线数据通信等技术，构造一个覆盖世界上万事万物的“Internet of Things”。在这个网络中，物品（商品）能够彼此进行“交流”，而无需人的干预，通过计算机互联网实现物品（商品）的自动识别和信息的互联与共享。

一般认为，物联网有 3 个特征。

（1）全面感知：利用泛在化部署的 RFID、传感器、二维码等设备，随时随地获得物体的各种信息。

（2）可靠传递：通过各种电信网络与互联网的融合，将采集到的物体信息实时、准确地传递出去。

（3）智能处理：利用计算机技术，及时地对海量的数据进行信息控制，真正达到人与物的沟通、物与物的沟通，而且不是单一地在某一点独立采集信息进行处理，而是利用云计算等技术对海量数据和信息进行分析和处理，对物体实施智能化控制。

因此，物联网大致被公认为有 3 个层次，底层是用来感知数据的感知层，第二层是数据传输的网络层，最上层则是针对各种实际应用场景的应用层，如图 9-11 所示。

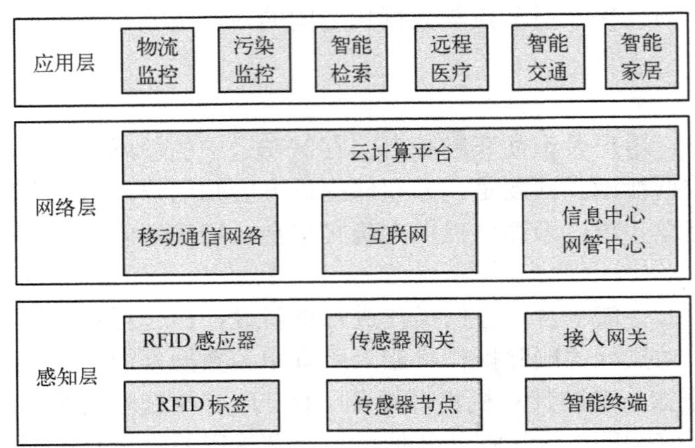

图 9-11　物联网层次体系结构

对应地，物联网的工作步骤一般包括如下 3 个步骤。

（1）对物体属性进行标识，属性包括静态和动态属性，静态属性可以直接存储在标签中，动态属性需要先由传感器实时探测。

（2）需要识别设备完成对物体属性的读取，并将信息转换为适合网络传输的数据格式。

（3）将物体的信息通过网络传输到信息处理中心，由处理中心完成物体通信的相关计算。

二、物联网关键技术

物联网主要有 4 个关键性的应用技术，即 RFID 技术、WSN 技术、智能技术和纳米技术。其中，RFID 侧重于识别，能够实现对目标的标识和管理；WSN 侧重于组网，实现数据的传递；智能技术侧重于对数据的处理，实现人与物、物与物之间的交互，能够增强物联网的能力；纳米技术则意味着物联网当中体积越来越小的物体能够进行交互和连接，也是物联网的一项重要关键技术。

1. RFID 技术

RFID（radio frequency identification）即射频识别技术，俗称电子标签，通过射频信号自动识别目标对象，并对其信息进行标识、登记、存储和管理。RFID 是 20 世纪 90 年代开始兴起的一种自动识别技术，是目前比较先进的一种非接触自动识别技术。

在“物联网”的构想中，RFID 标签中存储着规范而具有互用性的信息，通过无线数据通信网络把它们自动采集到中央信息系统，实现物品（商品）的识别，进而通过开放性的计算机网络实现信息交换和共享，实现对物品的“透明”管理。近年来，随着电子、通信与信息技术的飞速发展，RFID 技术步入了商业化广泛应用的阶段，已成为一项被广泛应用于物流、交通运输、图书管理、零售、医疗、门禁、防伪等领域的成熟技术，被认为是 21 世纪最有发展前景的信息技术之一。

RFID 的组成主要包括 3 个部分。

（1）电子标签：由芯片和标签天线或线圈组成，通过电感耦合或电磁反射原理与读写器进行通信。

（2）读写器：读取标签信息的设备，在读写卡中还可以向电子标签中写入信息。

（3）天线：可以内置在读写器中，也可以通过同轴电缆与读写器天线接口相连。

2．WSN 技术

传感器是指能感受规定的被测量并按照一定的规律转换成可用信号的器件或装置，通常由敏感元件和转换元件组成。无线传感器网络（wireless sensor network）是由大量传感器节点通过无线通信方式形成的一个多跳的自组织网络系统。在传感器网络中，节点可以通过飞机布撒或者人工布置等方式大量部署在被感知对象或者附近，这些节点通过自组织方式构成无线网络，以协作的方式实时感知、采集和处理网络覆盖区域中感知对象的信息，并通过多跳网络经由 sink 节点（接收发送器）链路将整个区域内的信息传送到远程控制管理中心。此外，远程控制管理中心也可以对网络节点进行实时控制和操作。

在传感网中，传感器具有两方面的功能：第一，数据的采集和处理；第二，数据的融合和路由，对本节点采集的数据和其他节点发送来的数据进行综合，然后转发路由到 sink 节点。需要指出的是：sink 节点在整个传感网中数量有限，能用多种方式与外界通信，并能及时补充能量；但传感网中的普通传感器节点由于其数量庞大，很难进行能量的补充。当能量耗尽，该传感器节点就不能使用，从而影响整个传感网。因此，传感器的能量补充成为传感网要解决的首要问题。

MSN 可实现数据的采集量化、处理融合和传输应用，网络节点的基本组成主要包括 4 个基本单元，如图 9-12 所示。

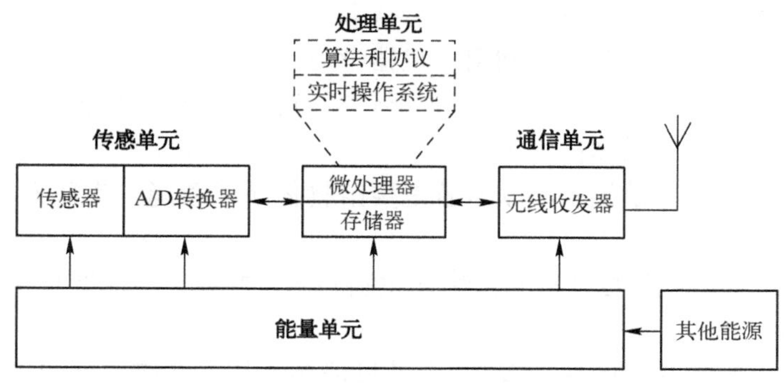

图 9-12　WSN 节点组成示意图

（1）传感单元：包括传感器和 A/D 转换功能模块。

（2）处理单元：包括 CPU、存储器、嵌入式操作系统等。

（3）通信单元：无线通信模块、天线。

（4）能量单元：包括电源或电池等其他能源。

WSN 具有极其广泛的应用，如感知战场状态（军事应用）、环境监控（气候、地理、污染变化监控）、物理安全监控、城市道路交通监控、安全场所视频监控等。目前，面向物联网的传感器网络技术研究主要包括以下几方面。

（1）先进测试技术及网络化测控。

（2）智能化传感器网络节点研究。

（3）传感器网络组织结构及底层协议研究。

（4）对传感器网络自身的检测与控制。

（5）传感器网络安全。

与传统的无线网络相比，WSN 具有以下几个方面的明显不同。

（1）WSN 是集成了监测、控制以及无线通信的网络系统，节点数目更为庞大（上千甚至上万），节点分布更为密集。

（2）由于环境影响、能量耗尽或者节点故障，节点更容易出现故障，从而引起网络拓扑结构的频繁变化。

（3）与无线网络中的计算机节点相比，传感器节点的能量、处理能力、存储能力和通信能力等都比较有限。

（4）传统无线网络的首要设计目标是提高服务质量和高效率带宽利用，其次才考虑节约能源，而 WSN 的首要设计目标就是能源的高效使用，这也是 WSN 和传统网络最重要的区别之一。

3．智能技术

智能技术是为了有效达到某种预期的目的，利用知识所采用的各种方法和手段。通过在物体中植入智能系统，可以使得物体具备一定的智能性，能够主动或被动地实现物体与用户的沟通。在目前的技术水平下，智能技术主要是通过嵌入式技术实现的，智能系统也主要是由一个或者多个嵌入式系统组成的。

目前，智能技术还存在一些需要进一步研究的技术难点，主要包括以下几个方面。

（1）人工智能理论研究：包括智能信息获取的形式化方法、海量信息处理相关理论与方法、网络环境下信息的开发与利用、机器学习。

（2）先进的人-机交互技术与系统：主要包括声音、图形、图像、文字及语言处理，虚拟现实技术与系统，多媒体技术等。

（3）智能控制技术与系统：物联网就是要给物体赋予智能，实现人与物、物与物之间的沟通与对话。

（4）智能信号处理：主要包括信息特征识别和融合技术、地球物理信号处理与识别。

4．纳米技术

纳米技术并不是物联网的专有技术，但是目前纳米技术在物联网中广泛应用在 RFID 设备的微小化设计、感应器设备的微小化设计、加工材料和微纳米加工等方面。

纳米技术是研究尺寸在 0.1～100nm 的物质组成系统的运动规律和相互作用及可能

的实际应用中的技术问题的科学。其中，纳米物理学和纳米化学是纳米科学的理论基础，而纳米电子学是纳米科学最重要的内容，也是纳米技术的核心。

为了能够制造出更低功率消耗、更低成本、更小尺寸、更加稳定和性能更好的半导体芯片，将电子器件逼近到纳米器件的领域，纳米电子技术应运而生，从而解决了微电子技术的问题。纳米电子器件不仅仅是微电子器件尺寸的进一步减小，更重要的是它们的工作依赖于器件的量子特性，具有更高的响应速度和更低的功耗。

纳米技术的发展不仅为传感器提供了优良的敏感材料，而且为传感器的制作提供了许多新型方法。与传统传感器相比，纳米传感器尺寸减小，精度提高，性能大大改善。

纳米技术能将微小的物体加入物物相联的网络，进行信息交互，使得物联网真正做到了万物的相联。可见，纳米技术必然在物联网中扮演重要的角色，对物联网技术的发展意义重大。不过种种迹象已经表明：纳米物质具有与常规物质完全不同的毒性，在人类健康、生态环境、可持续发展等方面会引发诸多问题。所以，提高纳米技术的安全性对纳米技术的研究提出了新的挑战。

三、物联网安全

物联网相较于传统网络，其感知节点大都部署在无人监控的环境，具有能力脆弱、资源受限等特点，并且由于物联网是在现有传输网络基础上扩展了感知网络和智能处理平台，传统网络安全措施不足以提供可靠的安全保障，从而使得物联网的安全问题具有特殊性。

1．物联网安全架构

物联网主要由传感器、传输系统以及处理系统 3 个要素构成，因此，物联网的安全形态也体现在这 3 个要素上。第一是物理安全，主要是传感器的安全，包括对传感器的干扰、屏蔽、信号截获等，是物联网安全特殊性的体现；第二是运行安全，存在于各个要素中，涉及传感器、传输系统及处理系统的正常运行，与传统信息系统安全基本相同；第三是数据安全，也是存在于各个要素中，要求在传感器、传输系统、处理系统中的信息不会出现被窃取、被篡改、被伪造、被抵赖等性质。其中传感器与传感网所面临的安全问题比传统的信息安全更为复杂，因为传感器与传感网可能会因为能量受限的问题而不能运行过于复杂的保护体系。因此，物联网除面临一般信息网络所具有的安全问题外，还面临物联网特有的威胁和攻击。与图 9-11 中物联网的层次结构相对应地，图 9-13 所示为物联网在不同层次可以采取的安全技术。

应用环境安全技术 可信终端、身份认证、访问控制、安全审计等
网络环境安全技术 无线网安全、虚拟专用网、传输安全、安全路由、防火墙、安全域策略、安全审计等
信息安全防御关键技术 攻击监测、内容分析、病毒防治、访问控制、应急反应、战略预警等
信息安全基础核心技术 密码技术、高速密码芯片、PKI公钥基础设施、信息系统平台安全等

图 9-13　物联网安全技术架构

可以看出，以密码技术为核心的信息安全基础核心平台及基础设施建设是物联网安全，特别是数据隐私保护的基础，安全平台同时包括安全事件应急响应中心、数据备份和灾难恢复设施、安全管理等。信息安全防御关键技术主要是为了保证信息的安全而采用的一些方法，如攻击检测、内容分析、病毒防治、访问控制、应急反应等。在网络环境安全技术方面，主要针对网络环境安全，如VPN、路由等，实现网络互连过程的安全，旨在确保通信的机密性、完整性和可用性。而应用环境安全技术主要是指针对用户的可信终端、身份认证、访问控制与审计问题，以及应用系统在执行过程中产生的安全问题等提出的关键技术。

2．物联网面临的安全威胁

1）物联网在感知层中易受到的安全威胁

（1）物理俘获。由于物联网的应用可以取代人来完成一些复杂、危险和机械的工作，物联网感知节点或设备多数部署在无人监控的场景中，并且有可能是动态的。这种情况下攻击者就可以轻易地接触到这些设备，使用一些外部手段非法俘获传感节点，从而对它们造成破坏，甚至可以通过本地操作更换机器的软硬件。

（2）传输威胁。首先，物联网感知层节点和设备大量部署在开放环境中，其节点和设备能量、处理能力和通信范围有限，无法进行高强度的加密运算，导致缺乏复杂的安全保护能力；其次，物联网感知网络多种多样，如温度测量、水文监控、道路导航、自动控制等，它们的数据传输和消息没有特定的标准，因此无法提供统一的安全保护体系，严重影响了感知信息的采集、传输和信息安全，这些会导致物联网面临中断、窃听、拦截、篡改、伪造等威胁，例如可以通过节点窃听和流量分析获取节点上的信息。

（3）自私性威胁。物联网网络节点表现出自私行为，为节省自身能量拒绝提供转发数据包的服务，造成网络性能大幅下降。

（4）拒绝服务威胁。由于硬件失败、软件瑕疵、资源耗尽、环境条件恶劣等原因造成网络的可用性被破坏，网络或系统执行某一期望功能的能力被降低。

（5）感知数据威胁。由于物联网感知网络与节点的复杂性和多样性，感知数据具有海量、复杂的特点，因而感知数据存在实时性、可用性和可控性的威胁。

2）物联网在网络层和应用层中易受到的攻击类型

（1）阻塞干扰：攻击者在获取目标网络通信频率的中心频率后，通过在这个频点附近发射无线电波进行干扰，使得攻击节点通信半径内的所有传感器网络节点不能正常工作，甚至使网络瘫痪，是一种典型的DoS攻击方法。

（2）碰撞攻击：攻击者连续发送数据包，在传输过程中和正常节点发送的数据包发生冲突，导致正常节点发送的整个数据包因为校验和不匹配被丢弃，是一种有效的DoS攻击方法。

（3）耗尽攻击：利用协议漏洞，通过持续通信的方式使节点能量耗尽，如利用链路层的错包重传机制使节点不断重复发送上一包数据，最终耗尽节点资源。

（4）非公平攻击：攻击者不断地发送高优先级的数据包从而占据信道，导致其他节点在通信过程中处于劣势。

（5）选择转发攻击：物联网是多跳传输，每一个传感器既是终节点又是路由中继点。这要求传感器在收到报文时要无条件转发（该节点为报文的目的时除外）。攻击者利用这一特点拒绝转发特定的消息并将其丢弃，使这些数据包无法传播，采用这种攻击方式，只丢弃一部分应转发的报文，从而迷惑邻居传感器，达到攻击目的。

（6）陷洞攻击：攻击者通过一个危害点吸引某一特定区域的通信流量，形成以危害节点为中心的“陷洞”，处于陷洞附近的攻击者就能相对容易地对数据进行篡改。

（7）女巫攻击：物联网中每一个传感器都应有唯一的一个标识与其他传感器进行区分，由于系统的开放性，攻击者可以扮演或替代合法的节点，伪装成具有多个身份标识的节点，干扰分布式文件系统、路由算法、数据获取、无线资源公平性使用、节点选举流程等，从而达到攻击网络目的。

（8）洪泛攻击：攻击者通过发送大量攻击报文，导致整个网络性能下降，影响正常通信。

（9）信息篡改：攻击者将窃听到信息进行修改（如删除、替代全部或部分信息）之后再将信息传送给原本的接收者，以达到攻击目的。

3．物联网安全问题对策

在传统的网络中，网络层的安全和业务层的安全是相互独立的，而物联网的特殊安全问题很大一部分是由于物联网是在现有网络基础上集成了感知网络和智能处理平台所带来的。传统网络中的大部分安全机制仍然可以适用于物联网并能够提供一定的安全性，如认证机制、加密机制等，其中网络层和处理层可以借鉴的抗攻击手段相对多一些，但因物联网技术与应用特点造成其对实时性等安全特性要求比较高，传统安全技术和机制还不足以使物联网的安全需求得到满足。

对物联网的网络安全防护可以采用多种传统的安全措施，如防火墙技术、病毒防治技术等。同时，针对物联网的特殊安全需求，目前可以采取以下几种安全机制来保障物联网的安全。

（1）加密机制和密钥管理：是安全的基础，是实现感知信息隐私保护的手段之一，可以满足物联网对保密性的安全需求。但由于传感器节点能量、计算能力、存储空间的限制，要尽量采用轻量级的加密算法。

（2）感知层鉴别机制：用于证实交换过程的合法性、有效性和交换信息的真实性，主要包括网络内部节点之间的鉴别、感知层节点对用户的鉴别和感知层消息的鉴别。

（3）安全路由机制：保证网络在受到威胁和攻击时，仍能进行正确的路由发现、构建和维护，解决网络融合中的抗攻击问题，主要包括数据保密和鉴别机制、数据完整性和新鲜性校验机制、设备和身份鉴别机制以及路由消息广播鉴别机制等。

（4）访问控制机制：确定合法用户对物联网系统资源所享有的权限，以防止非法用户的入侵和合法用户使用非权限内资源，是维护系统安全运行、保护系统信息的重要技术手段，包括自主访问机制和强制访问机制。

（5）安全数据融合机制：保障信息保密性、信息传输安全和信息聚合的准确性，通过加密、安全路由、融合算法的设计、节点间的交互证明、节点采集信息的抽样、采集信息的签名等机制实现。

（6）容侵容错机制：容侵就是指在网络中存在恶意入侵的情况下，网络仍然能够正常运行，容错是指在故障存在的情况下系统不失效、仍然能够正常工作，容侵容错机制主要是解决行为异常节点、外部入侵节点带来的安全问题。

4．传感器网络安全

传感器网络是物联网信息获取的基础。与现有网络相比，传感器网络（WSN）具有如下显著的特点：

（1）WSN 无中心管理点，网络拓扑结构在分布完成前是未知的。

（2）一般分布于恶劣环境、无人区域或敌方阵地，无人参与值守，传感器节点的物理安全不能保证，且不能够更换电池或补充能量。

（3）WSN 中的传感器都使用嵌入式处理器，其计算能力十分有限。

（4）WSN 一般采用低速、低功耗的无线通信技术，其通信范围、通信带宽均十分有限。

（5）传感器网络节点属于微器件，代码存放空间非常小。这些特点对 WSN 的安全与实现均构成挑战。

WSN 的安全需求主要有以下几个方面。

（1）机密性：要求对 WSN 节点间传输的信息进行加密。

（2）完整性：要求节点收到的数据在传输过程中未被插入、删除或篡改。

（3）健壮性：WSN 必须具有很强的适应性，使得单个节点或者少量节点的变化不会威胁整个网络的安全。

（4）真实性：包括点到点的消息认证和广播认证，分别解决一个节点向另一节点发送消息和单个节点向一组节点发送统一通告时的认证安全问题。

（5）新鲜性：要求接收方收到的数据包都是最新的、非重放的。

（6）可用性：要求 WSN 能够按预先设定的工作方式向合法的用户提供信息访问服务。

（7）访问控制：WSN 必须建立一套符合自身特点，综合考虑性能、效率和安全性的访问控制机制。

WSN 所面临的安全威胁以及对应的安全防御方法包括以下几个方面。

（1）节点的捕获。

在开放环境中大量分布的传感器节点易受物理攻击。例如，攻击者破坏被捕获传感器节点的物理结构，或者基于物理捕获从中提取出密钥、撤除相关电路、修改其中的程序，或者在攻击者的控制下用恶意的传感器来取代它们。这类破坏是永久性的、不可恢复的。

防御方法：在静态分布的 WSN 中，可以定期进行邻居核查。当 WSN 感觉到一个可能的攻击时实施自销毁，包括破坏所有的数据和密钥。

（2）违反机密性攻击。

WSN 的大量数据能被远程访问加剧了机密性的威胁。攻击者能够以一种低风险、匿名的方式收集信息，它可以同时监视多个站点。通过监听数据，敌方容易发现通信的内容（消息截取），或分析得出与机密通信相关的知识（流量分析）。

防御方法：针对消息截取可采用对称密码加密，也有些研究人员认为密码分组链接模式是传感器网络最适合的密码操作模式，也有人推荐采用 RC6 进行加解密。但由于 WSN 节点资源受限，一般不使用非对称密码加密。而对抗流量分析的方法是使用随机转发技术，即偶尔转发一个数据包给一个随机选定的节点。为了增强其对抗时间相关攻击的能力，可使用不规则传播策略。

（3）拒绝服务攻击。

针对 WSN 的拒绝服务攻击有许多种类型，包括：在物理层的拥塞、物理篡改；链路层的碰撞、资源耗尽；网络层的方向误导、黑洞、汇聚节点攻击以及传输层的不同步和泛洪攻击等，它们直接威胁 WSN 的可用性。

防御方法：在物理层可以使用调频、消息优先权、区域映射等技术防止拥塞，用隐藏技术防御物理篡改；在链路层可采用纠错编码防止碰撞，用 MAC 请求速率限制防止资源耗尽；在网络层使用出口过滤、认证、监视等技术防御方向误导，用认证和冗余防御黑洞攻击，用加密避免汇聚节点攻击；在传输层则使用认证和客户端谜题分别解决不同步和泛洪攻击问题。

（4）假冒的节点和恶意的数据。

入侵者加一个节点到系统中，向系统输入伪造的数据或阻止真正数据的传递，或插入恶意的代码，消耗节点的珍贵能量，潜在地破坏整个网络。更糟糕的是，敌方可能控制整个网络。

防御方法：可以采用身份认证和消息认证技术。例如，链路层安全体系结构 TinySec 能发现注入网络的非授权的数据包，提供消息认证和完整性、消息机密性、语义安全和重放保护等基本安全属性，也支持认证加密和唯认证。

（5）Sybil 攻击。

Sybil 攻击是指恶意的节点向网络中的其他节点非法地提供多个身份。Sybil 攻击利用多身份特点，威胁路由算法、数据融合、投票、公平资源分配和阻止不当行为的发现。如对位置敏感的路由协议的攻击，依赖于恶意节点的多身份产生多个路径。

防御方法：要对付 Sybil 攻击，网络必须有某种机制来保证一个给定物理节点只能有一个有效地址。例如，通过无线资源检测来发现 Sybil 攻击，并使用身份注册和随机密钥预分发方案建立节点间安全连接来防止。

（6）路由威胁。

WSN 路由协议的安全威胁分为：①外部攻击，包括注入错误路由信息、重放旧的路由信息、篡改路由信息。攻击者通过这些方式能够成功地分离一个网络或者向网络中引入大量的流量，引起重传或无效的路由，消耗系统有限的资源。②内部攻击。一些内部被攻陷的节点可以发送恶意的路由信息给别的节点。这类节点由于能生成有效的签名，因此要发现内部攻击更困难。

防御方法：建立低计算、低通信开销的认证机制以阻止攻击者基于泛洪节点执行 DoS 攻击、安全路由发现、路由维护、避免路由误操作和防止泛洪攻击。

物联网作为正在兴起的、支撑性的多学科交叉前沿信息领域，还处于起步阶段，大多数领域的核心技术正在不断发展中，物联网所面临的安全挑战比想象的更加严峻，物联网安全尚在探索阶段，而网络安全机制还需要在实践中进一步创新、完善和发展，关于物联网的安全研究仍然任重而道远。我们既要迎接挑战，更要抓住这个机遇，充分利用现有的网络安全机制，并在原有安全机制基础上通过技术研发和自主创新进行调整和补充，以满足物联网的特殊安全需求，同时还要通过技术、标准、法律、政策、管理等多种手段来构建和完善物联网安全体系。

第三节　P2P 技术及其安全问题

P2P（peer-to-peer，对等网络）是近年来广受 IT 业界和学术界关注的一个概念。在此网络中的参与者既是资源（服务和内容）提供者，又是资源（服务和内容）的获取者。与传统的 C/S 模式相比，P2P 网络具有负载均衡性好、健壮性、可扩展性、匿名性及高性价比等优点，但同时也带来了新的安全风险。

一、P2P 基本概念及分类

P2P 是这样一种分布式网络，其中的参与者共享他们所拥有的一部分硬件资源（处理能力、存储能力、网络连接能力、打印机……），这些共享资源需要由网络提供服务和内容，能被其他 peer 直接访问。由于 P2P 网络允许节点之间直接连接进行资源和服务的交换，而不需要通过服务器，消除了中间环节，因此使得网络中的通信变得更直接、更便捷。

从应用的角度来看，目前 P2P 网络可以分为以下几种。

（1）提供音乐、文件和其他内容共享的 P2P 网络，例如 Napster、Gnutella、CAN、eDonkey、BitTorrent 等。

（2）挖掘 P2P 对等计算能力和存储共享能力的系统，例如 SETI@home、Avaki、Popular Power 等。

（3）基于 P2P 方式的协同处理与服务共享平台，例如 JXTA、Magi、Groove、.NET My Service 等。

（4）即时通信交流平台，包括 QQ、Yahoo Messenger 等。

（5）安全的 P2P 通信与信息共享系统，例如 CliqueNet、Crowds、Onion Routing 等。

而从结构上来看，则可以划分为以下 3 类。

（1）非结构化 P2P 系统：这类系统的特点是文件的发布和网络拓扑松散相关。该类方法包括 Napster、KaZaA、Morpheus 和 Gnutella 等。Napster 是包含有中心索引服务器的最早的 P2P 文件共享系统，存在扩展性和单点失败问题。Gnutella、Morpheus 则是纯 P2P 文件共享系统，后者如今并入前者中；KaZaA 是包含有超级节点的混合型 P2P 文件共享系统。

这些系统采用广播或者受限广播来进行资源定位，具有较好的自组织性和扩展性，适用于互联网个人信息共享；缺点是稀疏资源的召回率比较低。

（2）结构化 P2P 系统：这类系统的特点是文件的发布和网络拓扑紧密相关。在这类系统中，文件按照 P2P 拓扑中的逻辑地址精确地分布在网络中，在访问时通过分布式哈希表（distributed hash table，DHT）定位。这类系统包括 CAN、TAPESTRY、CHORD、PASTRY，以及基于这些系统的一些其他文件共享和检索方面的研究实验系统。

在这类系统中，每个节点都具有虚拟的逻辑地址，并根据地址使所有节点构成一个相对稳定而紧致的拓扑结构。系统在此拓扑上构造一个保存文件存储地址信息的 DHT 表，文件根据自身的索引存储到哈希表中；每次检索也是根据文件的索引在 DHT 中搜索相应的文件。生成文件索引的方法有 3 种：根据文件本身的信息生成哈希值，如 CFS、

OCEANSTORE、PAST、Mnemosyne 等；根据文件包含的关键字生成关键字索引；还有根据文件的内容向量索引，如 PSearch。

（3）松散结构化 P2P 系统：此类系统介乎结构化系统和非结构化系统之间。系统中的每个节点都分配有虚拟的逻辑地址，但整个系统仍然是松散的网络结构。文件的分布根据文件的索引分配到相近地址的节点上。随着系统的使用，文件被多个检索路径上的节点加以缓存。

典型的松散结构 P2P 系统包括 Freenet、Freehaven 等。这种系统非常强调共享服务的健壮性和安全性。

二、P2P 网络的特点

与其他网络模型相比，P2P 具有分散化、可扩展性、健壮性、隐私性和高性能等特点。

1. 分散化

P2P 网络中的资源和服务分散在所有节点上，信息的传输和服务的实现都直接在节点之间进行，无需中间环节和服务器的介入，避免了可能的瓶颈。

即使是在非结构化 P2P 系统中，虽然在查找资源、定位服务或安全检验等环节需要集中式服务器的参与，但主要的信息交换最终仍然在节点中间直接完成。这样就大大降低了对集中式服务器的资源和性能要求。

分散化是 P2P 的基本特点，由此带来了其在可扩展性、健壮性等方面的优势。

2. 可扩展性

在传统的 C/S 架构中，系统能够容纳的用户数量和提供服务的能力主要受服务器的资源限制。为了支持互联网上的大量用户，需要在服务器端使用大量高性能的计算机，铺设大带宽的网络，并使用集群等技术。在此结构下，集中式服务器之间的同步、协同等处理产生了大量的开销，限制了系统规模的扩展。

而在 P2P 网络中，随着用户的加入，不仅服务的需求增加了，而且系统整体的资源和服务能力也在同步地扩充，始终能较容易地满足用户的需要。即使在诸如 Napster 等非结构化 P2P 架构中，由于大部分处理直接在节点之间进行，大大减少了对服务器的依赖，因而也能够方便地扩展到数百万个以上的用户。而对于结构化 P2P 系统来说，整个体系是全分布的，不存在瓶颈，因此理论上其可扩展性几乎可以认为是无限的。

P2P 可扩展性好这一优点已经在一些得到应用的实例中得以证明，如 Napster、Gnutella、Freenet 等。

3. 健壮性

在互联网上随时可能出现异常情况，网络中断、网络拥塞、节点失效等各种异常事件都会给系统的稳定性和服务持续性带来影响。

在传统的集中式服务模式中，集中式服务器成为整个系统的要害所在，一旦发生异常就会影响到所有用户的使用。而 P2P 架构则天生具有耐攻击、高容错的优点。由于服务是分散在各个节点之间进行的，部分节点或网络遭到破坏对其他部分的影响很小。而且 P2P 模型一般在部分节点失效时能够自动调整整体拓扑，保持其他节点的连通性。

事实上，P2P 网络通常都是以自组织的方式建立起来的，并允许节点自由地加入和离开。一些P2P模型还能够根据网络带宽、节点数、负载等变化不断地做自适应式的调整。

4. 隐私性

随着互联网的普及和计算/存储能力飞速增长，收集隐私信息正在变得越来越容易。隐私的保护作为网络安全性的一个方面越来越被大家所关注。目前的 Internet 通用协议不支持隐藏通信端地址的功能。攻击者可以监控用户的流量特征，获得 IP 地址，甚至可以使用一些跟踪软件直接从 IP 地址追踪到个人用户。

在 P2P 网络中，由于信息的传输分散在各节点之间进行而无需经过某个集中环节，用户的隐私信息被窃听和泄露的可能性大大缩小。此外，目前解决 Internet 隐私问题主要采用中继转发的技术方法，从而将通信的参与者隐藏在众多的网络实体之中。在传统的一些匿名通信系统中，实现这一机制依赖于某些中继服务器节点。而在 P2P 中，所有参与者都可以提供中继转发的功能，因而大大提高了匿名通信的灵活性和可靠性，能够为用户提供更好的隐私保护。

5. 高性能

随着硬件技术的发展，个人计算机的计算和存储能力以及网络带宽等性能依照摩尔定理高速增长。而在目前的互联网上，这些普通用户拥有的节点只是以客户机的方式连接到网络中，仅仅作为信息和服务的消费者，游离于互联网的边缘。对于这些边际节点的能力来说，存在极大的浪费。

性能优势是 P2P 被广泛关注的一个重要原因。采用 P2P 架构可以有效地利用互联网中散布的大量普通节点，将计算任务或存储资料分布到所有节点上，充分利用其中闲置的计算能力或存储空间，达到高性能计算和海量存储的目的。这与当前高性能计算机中普遍采用的分布式计算的思想是一致的，但是显然这种方式的成本要低得多。

三、P2P 网络的安全问题

P2P 网络既有传统 C/S 模式下的安全问题，包括身份识别认证、授权、数据完整性、保密性和不可否认性等问题，又有自己特有的新的安全问题亟待解决，包括节点信任问题、节点通信安全问题、版权问题、系统安全问题和病毒问题等 P2P 特有的安全问题等。

1. 节点信任问题

网络实体的存在很大程度上是依赖于稳定标识的存在，而 P2P 由于其自身特性不存在信任第三方提供实体标识保证，节点在加入系统的过程中是随机分配标识符，且由于节点加入和退出的不可预知性，从而使得 P2P 在具有传统网络安全问题的同时又产生出很多独有的安全问题。

P2P 网络中的节点不需要通过服务器就可以直接连接，进行资源和服务的交互，而且这些节点可以随时加入或者退出。这种特点使得 P2P 网络缺乏传统 C/S 模式下集中的安全管理机制和认证机构，导致节点之间难以建立一种信任关系。针对这种信任关系所产生的安全问题很多，主要有以下几种。

（1）路由攻击。P2P 查找协议的路由主要功能是维护路由表，然后根据路由表把节点的请求发送给相应的节点。由于每个节点的路由表都是和其他节点相交互而得到的，因此攻击者可以向其他节点发送不正确的路由信息来破坏其他节点的路由表，或者把节点的请求转发到一个不正确的或不存在的节点，从而达到破坏路由的目的。

（2）分隔攻击。攻击者把自己的节点构建成为一个虚假的 P2P 网络，如果一个新的节点初始化时使用的是这个虚假网络中的节点，那么这个新的节点将会落入这个虚假网络，与真正的网络分隔开来。

（3）行为不一致攻击。攻击者选择对网络中距离比较远的节点进行攻击，而对自己相邻的节点保持正常。这样远方的节点就能发现它是一个攻击者，而相邻的节点却认为它是正常的节点。

（4）目标节点过载攻击。攻击者通过向目标节点发送大量的垃圾分组消息来消耗目标节点的处理能力。由于目标节点无法响应系统，所以在一段时间后，系统会认为目标节点已经失效退出，从而将目标节点从系统中删除。

（5）Sybil 攻击。很多 P2P 网络都存在恶意节点的攻击和节点失效问题，为了解决这个问题，P2P 系统往往采用冗余备份机制。如果 P2P 网络不能保证节点的唯一性，那么可能会出现以下情况：当一个节点备份其内容，所选择的一组节点可能表面上看似不同，实则被恶意节点所欺骗，从而导致备份于同一个节点，破坏了冗余备份的有效性。

为使得 P2P 技术在更多的商业环境里发挥作用，必须考虑网络节点之间的信任问题，从模型和方法等角度解决上述各种攻击带来的安全风险。传统 C/S 模式下的集中式节点信任管理既复杂又不一定可靠，所以在 P2P 网络中应该考虑对等诚信模型。对等诚信的一个关键是量化节点的信誉度，或者说需要建立一个基于 P2P 的信誉度模型，通过预测网络的状态来提高分布式系统的可靠性。

2．节点通信安全问题

匿名性和隐私保护在很多应用场景中是非常关键的。在 P2P 网络中，节点之间的通信安全主要是保护传输信息的机密性和保护传输信息的完整性。机密性指的是保护传输的信息不被非法用户所窃取；完整性则指的是确保传输的信息能够完整地从源节点到达目的节点，没有丢失和被修改。

P2P 节点通信所受到的攻击也很多，常见的攻击包括以下几种。

（1）信息窃取。P2P 的目的是共享各种资源，网络中的节点在获取其他节点资源的同时，也将自己的资源开放，允许其他节点访问。这种情况下可能会发生重要信息在网络上共享，被其他节点获取的问题。研究表明，在 P2P 文件共享网络中，有许多文件带有敏感信息（财务信息、账户信息等），而其中有的是由于用户无意间共享了文件夹所导致，也有的是一些 P2P 软件扫描本地文件夹所导致。

（2）存取攻击。攻击者正确进行路由转发并且正确地执行路由查找协议，但是否认本身节点上保存的数据，或者宣称它保存这些数据，但拒绝提供，使其他的节点无法得到数据。

（3）节点故障问题。当某个正常节点路由发生故障或者路由表发生错误时，向这个节点发送的资源请求将得不到响应，P2P 网络则可能认为此节点是恶意节点，从而隔离此节点，导致节点之间的数据通信终止。

（4）虚假资源问题。P2P 具有一个很明显的特征就是整合资源，系统中的每个节点都会为系统带来一定量的资源（如文件共享、计算能力和存储空间等）。然而正是由于资源来源丰富，资源提供者的可信程度也不相同，对资源可靠性验证也存在很大难题。恶意节点为了某种目的往往假称能够提供所需要求的资源，因此需要从大量资源中分离出不合格资源。最典型的一个安全问题就是存在于 Napster、Gunutella 等文件共享应用中，由于缺少相应机制的约束，用户经常下载到很多名不副实的文件。

要解决节点之间的通信安全问题，目前仍然是使用传统的信息安全相关技术，例如 IPSec、SSL 等，解决节点之间的双向认证、节点通过认证之后的访问权限、认证的节点之间建立安全隧道和信息的安全传输等问题。

信息通信的安全性，是指对等体在进行彼此间消息传输过程中的传输安全。这与传统的分布式传输安全无甚差异，可采取安全的管道传输、加密传输等安全的通信机制。消息的安全性，即系统内传送的消息的安全性，通常包括 CIA，即消息的机密性、完整性和安全性。这也与传统的安全问题是一样的。

3. 版权问题

在 P2P 共享网络中普遍存在着知识产权保护问题。由于 P2P 文件共享没有文件存储中心，所以文件共享的集中可控制性、可管理性下降，导致大量非授权和盗版文件在普通用户之间交互传播。从客观上来看，P2P 共享软件的繁荣加速了盗版媒体的分发，提高了知识产权保护的难度。

P2P 得到关注起初是由 Napster 所支持的网络上音乐共享，虽然 Napster 在之后的官司斗争中衰落，但是现在的 P2P 共享软件较 Napster 更具有分散性，也更加难以控制，数字产权的问题也一直存在。美国唱片工业协会 RIAA（recording industry association of america）与这些共享软件公司展开了漫长的官司拉锯战，著名的 Napster 便是这场战争的第一个牺牲者。后 Napster 时代的 P2P 共享软件较 Napster 更具有分散性，也更难加以控制。即使 P2P 共享软件的运营公司被判违法而关闭，整个网络仍然会存活，至少会正常工作一段时间。

其实网络社会与自然社会一样，其自身具有一种自发地在无序和有序之间寻找平衡的趋势。P2P 技术为网络信息共享带来了革命性的改进，而这种改进如果想要持续长期地为广大用户带来好处，必须以不损害内容提供商的基本利益为前提。这就要求在不影响现有 P2P 共享软件性能的前提下，一定程度上实现知识产权保护机制。目前，已经有些 P2P 厂商和其他公司一起在研究这样的问题，国内外一些专家和学者提出了数字版权保护技术。这也许将是下一代 P2P 共享软件面临的挑战性技术问题之一。

4. 系统安全问题

P2P 由于其完全分布式架构，具有比传统的 Client/Server 网络更好的健壮性和抗毁性。然而要建立健壮的 P2P 网络，仍然需要解决以下问题。

1）故障诊断

在一般的 P2P 网络中，由于没有集中控制节点，主要的故障最终都归结为节点失效，失效的原因可能是该用户退出网络或是相关网络中的路由错误等。发现节点失效的方法通常比较简单，可以在发起通信时检测，或采用定时握手的机制。

一些系统进一步监测网络通信状态，如通信延迟、响应时间等，以此来指导节点自适应地调整邻接关系和路由、提高系统性能。

在要求更高的场合，有时还需要发现网络攻击和恶意节点等安全威胁。由于 P2P 网络中节点的加入往往具有很大的自由性，而且缺少全局性的权限管理中心或信任中心，对恶意节点的检测一般通过信誉机制来实现。

2）容错

在节点失效、网络拥塞等故障发生后，系统应保证通信和服务的连续性。最简单的办法是重试，这在暂时性的网络拥堵时是有效的。对于经常出现的节点失效问题，则需要调整路由以绕开故障节点和网络。在 Hybrid 型的 P2P 网络中，中心索引节点可以提供失效节点的替代节点；在 Gnutella 等广播型的 P2P 网络中，部分节点的失效不会影响整个网络的服务；在 Chord、Freenet 等内容路由型 P2P 网络中，其路由中的每一步都有多个候选，通过选择相近的路由可以很容易地绕过故障节点，由于其以 n 维空间的方式进行编址，中间路径的选择不会影响最终到达目标节点。

除了通信外，一些 P2P 网络还提供内容存储和传输等服务，这些服务的容错能力通过信息的冗余来保证。与广播机制或内容路由算法相结合，可以在目标节点失效后很快定位到相近的、存储有信息副本的节点。

3）自组织

自组织性指系统能够自动地适应环境的变化、调整自身结构。对于 P2P 网络来说，环境的变化既包括节点的加入和退出、系统规模的大小，也包括网络的流量、带宽和故障，以及外界的攻击等影响。

目前的 P2P 系统大都能够适应系统规模的变化。典型的方法是以一定的策略更新节点的邻接表并将邻接表限制在一定的规模内，使整个网络的规模不受节点的限制。

在一些对邻接关系有一定要求的网络中，则需要随节点的变更动态调整系统拓扑。如 CliqueNet 和 Herbivore 等基于 DC-net 的匿名网络，通过自动分裂/合并机制将邻接节点限制在一定数量范围内以保证系统的性能。

5．病毒问题

在 P2P 环境下，方便的共享和快速的选路机制，为某些网络病毒提供了更好的入侵机会。通过 P2P 系统传播的病毒，波及范围大，覆盖面广，从而造成的损失会很大。对于 DoS 攻击和病毒的传播问题，也没有一个很好的解决方法。随着 P2P 技术的发展，将来会出现各种专门针对 P2P 系统的网络病毒。因此，网络病毒的潜在危机对 P2P 系统安全性和健壮性提出了更高的要求，迫切需要建立一套完整、高效、安全的防毒体系。

P2P 网络提供了方便的共享和快速的选路机制，为病毒传播提供了更好的入侵机会。一旦系统中有一个节点感染病毒，通过内部共享和通信机制将病毒扩散到附近的邻居节点，从而造成网络拥塞或者瘫痪，甚至通过网络病毒可以控制整个系统。由于 P2P 网络中每个节点是独立的，不可能通过构建系统级防御体系来阻止病毒传播，加上各节点防御病毒的能力是不同的，从而使得系统安全难以保障。

6．P2P 特有的安全问题

1）自私行为

在任何 P2P 系统中总会存在一些自私节点，它与恶意节点的目标并不相同。它们目的并不在于对系统进行破坏，而是希望能够不停从系统中获取所需要的资源，但它们却很少甚至根本不为系统提供任何资源。这种节点虽然在短时间内不会给系统带来影响，但是它们的存在及蔓延不仅会使得 P2P 系统资源的减少，也会降低系统性能，长此以往甚至造成系统的瘫痪。研究表明：在一个 P2P 系统中往往只有 30%的节点提供了整个系统的资源，更多的节点在享受系统带来的资源时而不提供任何资源。

共享资源的使用安全涉及很常见的“Free Riding”问题。即用户希望以极少的付出或零付出来获得系统的大量资源或服务，这种现象在 P2P 环境下相当普遍，也将严重降低系统的性能，使得系统更加脆弱。解决“Free Riding”问题通常是为系统建立一个合理的激励机制，为对等体的提供共享的行为打分，对其下载使用服务的行为进行相应的负分审计。这种方法虽然可以解决“Free Riding”问题，但实际上也有违 P2P 系统为对等体们提供便利环境的宗旨。

2）否认和不正确反馈

恶意节点在 P2P 系统中执行了一定操作，事后对这一操作给出不正确反馈。这种情况常见于信誉系统的设计中，恶意节点为了抬高或降低另外一方信誉值往往给出错误的反馈，使得另外一方的信誉值不能正确得到反映。此外，还有一种问题是节点成功地执行了查找操作或资源共享，但事后却对所做操作进行否认。

3）基于 P2P 的 Internet 隐私保护与匿名通信技术

利用 P2P 无中心的特性可以为隐私保护和匿名通信提供新的技术手段。匿名性和隐私保护在很多应用场景中是非常关键的：在使用现金购物，或是参加无记名投票选举时，人们都希望能够对其他的参与者或者可能存在的窃听者隐藏自己的真实身份；在另外的一些场景中，人们又希望自己在向其他人展示自己身份的同时，阻止其他未授权的人通过通信流分析等手段发现自己的身份，例如为警方检举罪犯的目击证人。事实上，匿名性和隐私保护已经成为了一个现代社会正常运行所不可缺少的一项机制，很多国家已经对隐私权进行了立法保护。

然而在现有的 Internet 世界中，用户的隐私状况却一直令人担忧。目前 Internet 网络协议不支持隐藏通信端地址的功能，能够访问路由节点的攻击者可以监控用户的流量特征，获得 IP 地址，使用一些跟踪软件甚至可以直接从 IP 地址追踪到个人用户。SSL 之类的加密机制能够防止其他人获得通信的内容，但是这些机制并不能隐藏是谁发送了这些信息。

但是，匿名通信技术如果被滥用将导致很多互联网犯罪而无法追究到匿名用户的责任。所以提供强匿名性和隐私保护的 P2P 网络必须以不违反法律为前提，而在匿名与隐私保护和法律监控之间寻找平衡又将带来新的技术挑战。当然，前提是相关的法律法规必须进一步完善。

四、P2P 安全未来研究方向

尽管 P2P 网络的安全问题在近年来得到了迅速的发展，但仍然存在很多问题，这些问题也制约着 P2P 未来应用的普及性和可行性，因此需要进一步的深入研究。

1. 安全 P2P 体系结构

传统 P2P 网络体系结构延续了结构分层原则，能够较为全面地覆盖 P2P 技术和原理，在一定程度上指引着 P2P 的发展。然而，随着 P2P 应用的兴起，安全问题的显现无疑对传统的体系结构产生了冲击。在原有体系结构下安全只是一个附加属性，这就意味着安全并不是系统设计本身需要注意的问题，只有系统需要安全时才会考虑。但是随着安全越来越多的挑战，原有体系结构在解决这类问题时往往不能找到合适的位置，只能在层次中添加相应的安全机制。D.Clark 指出在下一代互联网的设计过程中应该将安全作为网络的主要属性进行考虑。因此，在未来的 P2P 网络发展中针对安全问题能有新型机制去解决它，而且这些机制在从一开始设计 P2P 网络体系结构时就已经设计好。

当然，P2P 安全体系结构并不能设计成一个固定模式，而是需要设计成一个柔性的体系结构。首先，由于用户的行为多种多样、千变万化，我们无法预知未来所存在的安全问题，网络中也不太可能存在“one-size-fit-all”的技术。其次，在设计体系结构时所采取措施不恰当或眼光不长远，只注重解决 P2P 当前存在的安全问题，则可能会妨碍 P2P 网络将来的发展，制约 P2P 应用的普及，防火墙的引入就是一个典型问题。在 P2P 网络中，用户需要对自己的安全负责，因此用户使用防火墙来保护自身不被他人攻击。然而，用户在加入 P2P 系统时会受到系统制约，这样防火墙配置设定就带来扭斗问题，到底是由用户设置自身策略还是要根据 P2P 系统要求重新设定。因此，安全 P2P 体系结构必须是柔性的，能够根据特定场合适应特定需求，同时随着 P2P 网络的发展，它能实时地容纳新型 P2P 安全问题，并能有效地去应对这种问题。

2. 安全信誉系统设计

信誉机制的引入为 P2P 应用提供了更大的发展空间，它从一定程度上缓解了 P2P 网络中由于缺少集中服务器管理带来的相互之间不信任的问题。信誉系统的建立能够有效地保证 P2P 系统中资源可靠性，减少系统中自私行为和恶意行为造成的危害，对系统的正常运行起到良好的作用。

目前已经设计了很多信誉系统，然而这些系统或多或少都存在一些问题，这也是在未来的信誉系统设计中需要解决的。

（1）节点标识问题：信誉系统的基础是建立在双方有着稳定标识的基础之上，这样服务提供方的信誉值才能获取到并能保存。现在很多信誉系统并没有给出这种稳定标识产生的方法，只是假设在这种稳定标识已经存在的基础上进行设计。对于一个信誉系统来说，网络节点绑定其标识的时间越长，越有利于信誉系统的运行。一般在信誉系统中，通常对新标识节点赋予较低的声誉或者对其征收一定费用，使得恶意节点无法轻易通过更换节点标识来达到欺骗的目的。然而对于一个结构化 P2P 网络来说，每次节点加入该系统时都会哈希出一个新的标识，在这种情况下，节点原有信誉值也就不能得到恢复。因此可以考虑采用公私钥对，节点每次加入系统虽然标识不同，但通过利用与系统中某个 CA 中心的认证从而获取其原有信誉值，但是这种中心节点的引入带来了潜在的性能瓶颈和故障点。

（2）信誉信息的内涵属性：在收集服务提供方相关信誉信息的过程中，如果多个服务提供方的信誉计算结果接近，此时可以考虑根据其信誉信息表达出来的节点多个特性来选择，比如从信誉信息中反映出来的延时、带宽、传输速度等参数来决定最后的选择。现在很多信誉系统并没有考虑信誉信息的内涵属性，当然信誉信息的所包含的信誉值也一定程度上是这些参数综合反映的结果，但是如果信誉信息能够更加详细地反映出这些参数分别的具体结果，那么节点在选择服务提供方时能够根据具体需求进行选择。

（3）对信誉系统的攻击：很多信誉系统对恶意节点在 P2P 系统中产生的各种各样的攻击提出了解决方案并进行了详细设计，然而他们却忽视了恶意节点对信誉系统本身的攻击，这主要包括对节点信誉值的恶意篡改、对信誉信息传输过程中的攻击（包括信息篡改、信息不正当路由）等。当然，传统网络中解决此类问题的方法可以引进来进行防范。如果是针对信誉信息的不正当路由这种 P2P 系统中存在的典型问题，需要结合安全路由技术，保证信誉信息能够安全进行转发。

当然，信誉系统的主体设计是为了防止恶意节点和自私节点对系统正常运行造成的破坏，其中包含了很多具体的安全问题。我们不可能设计出一个信誉系统能够保证解决所有这些问题，因此在设计信誉系统需要对系统需要解决的问题进行一个评估，在解决这些问题的情况下尽量减少其他安全问题带来的影响。

3．安全路由

Chord、Pastry、Tapestry、CAN 等典型的路由协议自从 2001 提出后就成为结构化 P2P 网络中最基本通用的路由机制。它们的实现方法大致类似，如都采用了 SHA-1 哈希函数来获得标识符，采用路由表机制进行路由转发等。随着基于此类路由机制的 P2P 应用的广泛普及，由恶意节点存在带来的不正当路由问题也日益突出，给 P2P 系统安全运行带来了很大威胁。

在过去的几年中，针对路由的研究主要集中在对上述路由协议的优化，并没有新型路由协议的产生。安全路由也集中在研究如何在这些协议的基础上，通过控制节点号分配、路由表维护、路由消息转发等来尽量减少恶意节点在系统中造成的破坏。未来安全路由的研究工作需要在此基础上进行完善。新路由机制的提出也是未来结构化 P2P 网络所需关注的新点，新的路由机制在考虑实现结构化 P2P 网络所需的路由功能外，在设计时就要将 P2P 安全作为需求，从系统的根本上解决不正当路由造成的安全威胁。

4．安全理论与实际的融合

任何一项技术的提出首先需要进行理论上的分析和验证，随后需要经过实践的检验，P2P 技术也不例外。从 P2P 技术提出开始，基于 P2P 技术所开发出来的系统经过了几年的发展已经取得了不小的成功，P2P 应用也得以普及。从最初的 Napster 所支持的网上音乐共享系统到现今流行的 emule、BT 等文件共享软件，其中所包含的技术也越来越完善。最近几年对 P2P 安全的研究也有了很多相应成果，但是这些研究成果并没有在这些共享软件中得以体现。

安全问题的解决方案在引入软件时势必会增加软件实现的复杂度，降低软件执行效率，同时用户在加入到系统中和在系统中的行为也将受到很大程度的约束。然而 P2P 应用正是由于其廉价性、简单性和易部署性才得到广泛应用，这就带来了一个扭斗现象，用户需要在简单易行性和安全性之间进行权衡。在设计 P2P 安全问题的解决方案时尽可能地简化其复杂度，尽量在不给原有软件带来复杂性和不给用户使用困难的前提下将 P2P 安全研究理论引入实践中来。同时，用户在面临这种扭斗现象时也要拥有选择的权利，在实际应用中应将安全等级进行划分，让用户从中去选择适合自己的配置。

P2P 中的安全问题并不可能通过一种方式能够全盘解决。在实际应用过程中，需要针对具体的应用系统给出相应的解决方案，而且不同方案可能侧重的问题并不相同。目前针对具体问题的安全体系结构很多，而目前针对互联网体系结构的改造也得到广泛关注，如何将 P2P 体系结构和当前互联网体系结构改造结合起来是未来所要解决的问题。从技术角度看，未来工作需要对当前技术存留的问题进行补充和完善，当然更需要将新技术引入到 P2P 安全工作中来。对 P2P 安全的管理需要的不仅是系统运营商和 P2P 技术开发者，也需要用户在其中共同努力，从而实现 P2P 系统的真正安全。

第四节　大数据安全

21 世纪以来，随着计算机技术全面融入社会生活，信息爆炸已经积累到了一个引发变革的程度。它不仅使世界充斥着比以往更多的信息，而且其增长速度也在加快。信息爆炸的学科如天文学和基因学等，创造出了“大数据”（big data）这个概念。如今，大数据因为近年来互联网和信息行业的飞速发展而引起人们的广泛关注，在物理学、生物学、环境生态学等领域以及军事、金融、通信等行业带来了深刻变革。

一、大数据概述

1．大数据基本概念

大数据是指具有大规模、多样化及高复杂性等特性的数据，它无法在一定时间内通过传统流程或者工具处理，需要新的技术、算法来对其加以管理和从中提取有价值的信息。最早提出“大数据”时代到来的是全球知名咨询公司麦肯锡。该公司称：“数据已经渗透到当今每一个行业和业务职能领域，成为重要的生产因素。人们对于海量数据的挖掘和运用，预示着新一波生产率增长和消费者盈余浪潮的到来。”

随着云时代的来临，大数据也吸引了越来越多的关注。大数据通常用来形容一个组织创造的大量非结构化和半结构化数据，这些数据在下载到关系型数据库用于分析时会花费非常多的时间和金钱。大数据分析通常与云计算密切相关，因为实时的大型数据集分析需要像 MapReduce 一样的框架来向数十、数百或甚至数千的电脑分配工作。

随着物联网、电子商务、社会化网络的快速发展，全球大数据储量迅猛增长。据统计，2021 年全球大数据储量达到 53.7ZB，2022 年达到 61.2ZB（1024TB=1PB，1024PB=1EB，1024EB=1ZB）；2021 年大数据市场规模达到 649 亿美元、预计 2025 年将达到 920 亿美元。而到 2012 年为止，人类生产的所有印刷材料的数据量是 200PB，而全人类历史上说过的所有话的数据量大约也只有 5EB。

大数据到底有多大？一组名为“互联网上一天”的数据告诉我们：一天之中，互联网产生的全部内容可以刻满 1.68 亿张 DVD；发出的邮件有 2940 亿封之多（相当于美国两年的纸质信件数量）；发出的社区帖子达 200 万个（相当于《时代》杂志 770 年的文字量）；卖出的手机为 37.8 万台，高于全球每天出生的婴儿数量 37.1 万……

IBM 的研究称：整个人类文明所获得的全部数据中，有 90%是过去两年内产生的。每一天，全世界会上传超过 5 亿张图片，每分钟就有 20h 时长的视频被分享。然而，即使是人们每天创造的全部信息——包括语音通话、电子邮件和信息在内的各种通信，以及上传的全部图片、视频与音乐，其信息量也无法匹及每一天所创造出的关于人们自身的数字信息量。

2．大数据的特点

一般认为，大数据具有 4V 的特点：

（1）数据量大（Volume）。第一个特征是数据量大。大数据的起始计量单位至少是

P（1000 个 T）、E（100 万个 T）或 Z（10 亿个 T）。

（2）类型繁多（Variety）。第二个特征是数据类型繁多。包括网络日志、音频、视频、图片、地理位置信息等，多类型的数据对数据的处理能力提出了更高的要求。

（3）价值密度低（Value）。第三个特征是数据价值密度相对较低。如随着物联网的广泛应用，信息感知无处不在，信息海量，但价值密度较低，如何通过强大的机器算法更迅速地完成数据的价值"提纯"，是大数据时代亟待解决的难题。

（4）速度快、时效高（Velocity）。第四个特征是处理速度快，时效性要求高。这是大数据区分于传统数据挖掘最显著的特征。

现有的技术架构和路线，已经无法高效处理如此海量的数据；而对于相关组织来说，如果投入巨大采集的信息无法通过及时处理反馈有效信息，那将是得不偿失的。可以说，大数据时代对人类的数据驾驭能力提出了新的挑战，也为人们获得更为深刻、全面的洞察能力提供了前所未有的空间与潜力。

3．大数据带来的观念转变

作为一项全新的技术，大数据带来 3 个颠覆性的观念转变。

（1）不是随机样本，而是全体数据：在大数据时代，人们可以分析更多的数据，有时候甚至可以处理和某个特别现象相关的所有数据，而不再依赖于随机采样。

（2）不是精确性，而是混杂性：由于需要研究数据如此之多，以至于人们不再热衷于追求精确度。之前需要分析的数据很少，所以必须尽可能精确地量化记录；然而随着数据规模的扩大，对精确度的依赖将减弱。拥有了大数据，人们就可以适当忽略微观层面上的精确度，从而在宏观层面拥有更好的洞察力。

（3）不是因果关系，而是相关关系：寻找因果关系是人类长久以来的习惯，而大数据的出现则允许人们不再热衷于找因果关系。在大数据时代，无须再紧盯事物之间的因果关系，而应该寻找事物之间的相关关系；相关关系也许不能准确地告诉我们某件事情为何会发生，但是它会提醒我们这件事情正在发生。

4．大数据应用

在现今社会，大数据的应用越来越彰显其优势，所占领的领域也越来越大。在医疗、金融、交通、教育等领域，人们利用大数据协助企业不断地发展新业务，创新运营模式。有了大数据这个概念，对于消费者行为的判断，产品销售量的预测，精确的营销范围以及存货的补给已经得到全面的改善与优化。

1）医疗大数据

除了较早前就开始利用大数据的互联网公司，医疗行业是让大数据分析最先发扬光大的传统行业之一。医疗行业拥有大量的病例、病理报告、治愈方案、药物报告等，如果这些数据可以被整理和应用将会极大地帮助医生和病人。在未来，借助于大数据平台人们可以收集不同病例和治疗方案，以及病人的基本特征，可以建立针对疾病特点的数据库。如果未来基因技术发展成熟，可以根据病人的基因序列特点进行分类，建立医疗行业的病人分类数据库。在医生诊断病人时可以参考病人的疾病特征、化验报告和检测报告，参考疾病数据库来快速帮助确诊，明确定位疾病。在制定治疗方案时，医生可以依据病人的基因特点，调取相似基因、年龄、人种、身体情况相同的有效治疗方案，制定出适合病人的治疗方案，帮助更多人及时进行治疗。同时，这些数据也有利于医药行业开发出更加有效的药物和医疗器械。

2）金融大数据

大数据在金融行业应用范围较广，典型的案例有花旗银行利用 IBM 沃森计算机为财富管理客户推荐产品；美国银行利用客户点击数据集为客户提供特色服务，如有竞争的信用额度；招商银行利用客户刷卡、存取款、电子银行转账、微信评论等行为数据进行分析，每周给客户发送针对性广告信息，里面有顾客可能感兴趣的产品和优惠信息。

大数据在金融行业的应用可以总结为以下 5 个方面。

（1）精准营销：依据客户消费习惯、地理位置、消费时间进行推荐。

（2）风险管控：依据客户消费和现金流提供信用评级或融资支持，利用客户社交行为记录实施信用卡反欺诈。

（3）决策支持：利用决策树技术进行抵押贷款管理，利用数据分析报告实施产业信贷风险控制。

（4）效率提升：利用金融行业全局数据了解业务运营薄弱点，利用大数据技术加快内部数据处理速度。

（5）产品设计：利用大数据计算技术为财富客户推荐产品，利用客户行为数据设计满足客户需求的金融产品。

3）交通大数据

目前，交通大数据应用主要在以下几个方面：一是可以利用大数据传感器数据来了解车辆通行密度，合理进行道路规划包括单行线路规划；二是利用大数据实现即时信号灯调度，提高已有线路运行能力，科学的信号灯安排将会提高 30%左右已有道路的通行能力；三是依靠大数据提高航空公司航班管理的效率，提高上座率并降低运行成本；四是铁路公司利用大数据安排客运和货运列车，以提高效率、降低成本。

4）教育大数据

在课堂上，数据不仅可以帮助改善教育教学，在重大教育决策制定和教育改革方面，大数据更有用武之地。美国利用数据来诊断处在辍学危险期的学生、探索教育开支与学生学习成绩提升的关系、探索学生缺课与成绩的关系。

大数据还可以帮助家长和教师甄别出孩子的学习差距和有效的学习方法。比如，美国的麦格劳-希尔教育出版集团就开发出了一种预测评估工具，帮助学生评估他们已有的知识和达标测验所需程度的差距，进而指出学生有待提高的地方。这些都可以通过大数据搜集和分析很快识别出来，从而为教育教学提供坚实的依据。

在国内尤其是北京、上海、广东等城市，大数据在教育领域就已有了非常多的应用，在慕课、在线课程、翻转课堂等新型教育方式中就应用了大量的大数据工具。

二、大数据面临的安全问题

随着大数据应用的爆发性增长，大数据衍生出独特的架构，并推动存储、网络及计算机技术的发展，同时也引发了新的安全问题，包括以下几方面。

1. 应用与发展面临问题

大数据成为网络攻击的显著目标、大数据加大隐私泄露风险、大数据技术被应用到攻击手段中、大数据成为高级可持续攻击（APT）的载体。

2．存储架构面临挑战

在大数据环境下，数据量大、数据类型多样、数据构成复杂，这使现有的存储系统架构和安全防护面临挑战。体现在：对数据隔离的要求更高、传统存储系统的安全防护存在安全漏洞。

3．访问控制面临挑战

访问控制是实现数据受控共享的有效手段。由于大数据可能被用于多种不同场景，因此其访问控制需求十分突出。在大数据环境中，实施访问控制面临挑战，主要体现在 3 个方面：一是难以预设角色，难以实现角色划分；二是难以预知每个角色的实际权限；三是不同类型的大数据中可能存在多样化的访问控制需求。

4．安全防护产品挑战

传统数据安全往往是围绕数据生命周期部署的，即数据的产生、存储、使用和销毁。随着大数据应用越来越多，数据的拥有者和管理者相分离，原来的数据生命周期逐渐转变成数据的产生、传输、存储和使用。由于大数据的规模没有上限，且许多数据的生命周期极为短暂。因此，传统安全产品要想继续发挥作用，就需要及时解决大数据存储和处理的动态化、并行化特征，并动态跟踪数据边界，管理对数据的操作行为。

三、大数据安全技术

根据大数据安全标准化白皮书中提出的大数据安全标准化体系框架，大数据应用安全可以从数据和技术两个角度将大数据架构划分为大数据生命周期和大数据平台，如图 9-14 所示。

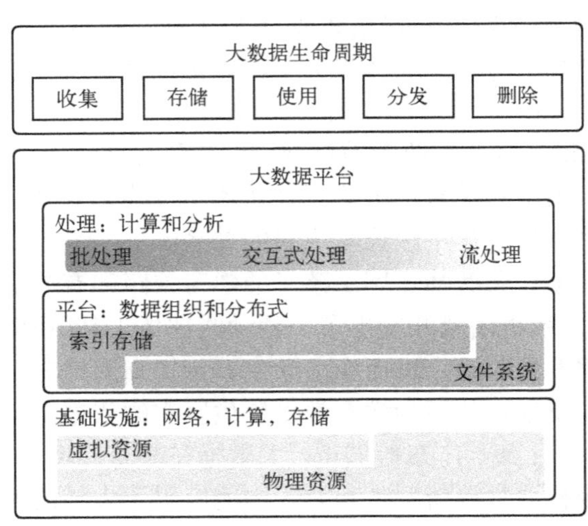

图 9-14　大数据架构

其中，大数据生命周期包含收集、存储、使用、分发和删除各环节。数据通过收集进入大数据平台并进行存储，通过使用发掘其潜在价值，通过分发传递和共享数据或分析结果，最后删除不再需要的数据。因此可以说，大数据生命周期是数据转换为价值的过程。大数据平台则提供大数据生命周期各环节所需的基础设施、存储和处理平台以及数据分析的算法等，是整个大数据架构中的技术支撑。

1．大数据安全体系

在大数据架构的基础上，陈兴蜀等提出一种分层的大数据安全体系，如图 9-15 所示。

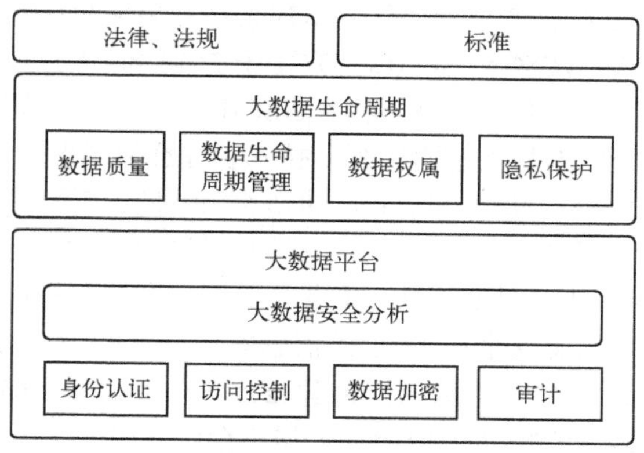

图 9-15　大数据安全体系

1）法律、法规及标准层

法律、法规是约束或规制大数据各环节中行为的基础。大数据安全标准是引领和指导大数据安全工作落实的规范。大数据安全相关法律、法规和标准的制定不仅给予数据充分有效的保护，同时也能促进数据的开放、共享，推动大数据应用的发展。

随着大数据的安全问题越来越引起人们的重视，包括美国、英国、欧盟和中国在内的很多国家和组织都制定了大数据安全相关的法律法规和政策以推动大数据应用和数据保护。2009 年，美国发布《开放政府的指令》，要求政府通过网站发布数据等方式公开政府信息；2012 年 5 月，出台《数字政府：构建一个 21 世纪平台以更好地服务美国人民》，支撑美国电子政府发展。欧盟早在 1995 年就发布了《保护个人享有的与个人数据处理有关的权利以及个人数据自由流动的指令》（简称《数据保护指令》），为欧盟成员国保护个人数据设立了最低标准。2015 年，欧盟通过《通用数据保护条例》（GDPR），该条例在《数据保护指令》的基础上进行了大刀阔斧的改革，对欧盟居民的个人信息提出更严的保护标准和更高的保护水平。巴西、韩国和日本等国也都发布了《个人信息保护法》，对个人信息保护提出明确要求。

我国也高度重视大数据安全问题，陆续发布了一系列大数据安全相关的法律法规和政策。2013 年 7 月，工业和信息化部公布了《电信和互联网用户个人信息保护规定》，明确电信业务经营者、互联网信息服务提供者收集、使用用户个人信息的规则和信息安全保障措施要求。2015 年 8 月，国务院印发《促进大数据发展行动纲要》，提出要健全大数据安全保障体系，完善法律法规制度和标准体系。2016 年 3 月，第十二届全国人民代表大会第四次会议表决通过了《中华人民共和国国民经济和社会发展第十三个五年规划纲要》，提出把大数据作为基础性战略资源，明确指出要建立大数据安全管理制度，实行数据资源分类分级管理，保障安全高效可信应用。2016 年 11 月，全国人民代表大会常务委员会发布了《中华人民共和国网络安全法》，于 2017 年 6 月 1 日正式实施。

《中华人民共和国网络安全法》中明确规定了网络运营者对个人信息的保护要求，要求其采取数据分类、重要数据备份和加密等措施。《中华人民共和国网络安全法》是中国第一部全面规范网络空间安全管理方面问题的基础性法律，是中国网络空间法治建设的重要里程碑。

在标准制定方面，目前有多个标准化组织都正在开展大数据和大数据安全相关的标准化工作。ISO/IEC JTC1 WG9 是 ISO/IEC JTC1 于 2014 年 11 月成立的大数据工作组，目前正在开展《信息技术 大数据参考架构》（ISO/IEC 20547）国际标准的编制。NIST 于 2012 年 6 月启动了大数据相关基本概念、技术和标准需求的研究，2013 年 5 月成立了 NIST 大数据公开工作组（NBG-PWG），2015 年 9 月发布了《NIST 大数据互操作性框架》（NIST SP 1500）系列标准（第 1 版）。我国信息安全标准化技术委员会在 2016 年 4 月成立了大数据安全标准特别工作组，主要负责制定和完善中国大数据安全领域标准体系。目前，正在制定《信息安全技术 个人信息安全规范》《信息安全技术 大数据服务安全能力要求》《信息安全技术 大数据安全管理指南》等国家标准。其中，一些标准已进入报批或公开征求意见阶段，将为中国大数据安全的管理、技术和应用提供重要支撑。

2）大数据生命周期层

大数据生命周期的安全以数据为中心，重点考虑大数据生命周期各环节中的数据安全问题。主要涉及数据保护的相关技术：数据质量、数据生命周期管理、数据权属和隐私保护。

数据质量对分析结果及基于数据的决策的准确性具有重要影响。大数据来源丰富，数据质量良莠不齐，因此在数据收集环节应关注数据质量问题。大数据生命周期包含众多环节，涉及数据规模大，导致数据非授权访问的风险增加，因此大数据生命周期管理是保障数据安全的重要措施。数据的交换与共享有助于发掘其潜藏的价值，数据权属不清是妨碍数据交换与共享的重要因素，数据权属是保障数据交易合法性、规范大数据应用秩序等的先决条件。大数据最具挑战性和最重要的问题是隐私保护。通过大数据关联分析可能发现隐私信息，且大数据关联分析技术还处于不断发展过程当中，因此针对大数据的隐私保护是一个研究难题。

3）大数据平台层

主要涉及大数据平台安全保护的相关技术：身份认证、访问控制、数据加密和审计。

传统的数据处理手段无法满足大数据应用对海量数据进行高速处理的需求，因此涌现出了很多新的技术，如分布式存储和处理架构、非关系型数据库等。处理模式和应用场景的改变给传统安全保护技术带来巨大挑战。

在大数据场景中，访问控制的安全问题主要体现在：用户数量庞大，增加了对主体描述的难度；数据的结构种类繁多，如半结构化数据、非结构化数据，增加了客体描述的困难；大数据分析应用种类很多，访问需求复杂且动态变化，如何准确按需制定访问控制策略也是一大难题。因此，大数据环境下的访问控制需要更灵活的主客体描述方式及更细粒度的访问控制策略。

加密是数据保护的重要措施，在大数据环境下，加密技术存在以下问题：对海量数据进行加密对加密算法的性能提出极大挑战；大规模的密钥管理极其困难；直接对加密数据进行处理的技术还处于发展阶段。

2．大数据平台安全关键技术

1）身份认证

单点登录是解决复杂的云计算环境中统一身份认证和管理的一种方案，Apache Knox Gateway 就是一种单点登录方案。研究人员提出基于安全断言标记语言技术、分布式账户链接技术、Shibboleth 管理技术、代理证书库和扩展 GSS-EAP 机制等方法，试图解决跨云间的单点登录问题，减少访问云服务的时间并节省了认证、授权和审计开销。

使用用户 ID 和密码的传统验证方式不足以抵御云计算环境中复杂的攻击方式，一些研究人员提出多因子认证方案，在传统标准安全凭证的基础上附加使用多种安全凭证，进一步加强认证的安全性。例如，基于密码、智能卡与带外认证的双因子的云计算认证方案可抵抗重放攻击、中间人攻击和拒绝服务攻击等；一种结合了传统的用户 ID 和密码的认证与基于动态多因子秘密分割的认证方法可用于云计算环境；一种名为 MACA 的隐私保护的多因子身份认证系统包含两个认证因子：第一个认证因子是用户密码，第二个认证因子是汇总了用户行为的混合用户配置文件。此外，为了保护用户行为的隐私安全，研究人员还使用了完全同态加密和模糊散列等技术确保用户行为数据不泄露。

2）访问控制

目前，适用于大数据细粒度访问控制需求的方案主要有两种：基于属性加密的访问控制和基于角色的访问控制。

（1）基于属性加密的访问控制。是一种利用密文机制实现客体访问控制的方法，主要可以分为两种：基于密钥策略的属性加密（KP-ABE）和基于密文策略的属性加密（CP-ABE）。KP-ABE 通过引入访问结构，将密文与属性集合相关联、密钥与访问策略关联，只有当用户提供的属性集可以达到密钥的访问结构时才能解密文件。在 CP-ABE 中，密文由访问结构生成，密钥是用户的属性集合，只有当用户的属性满足密文中的访问结构时才能解密该段密文。CP-ABE 使得数据拥有者可以灵活地控制哪些用户访问数据，因此也被广泛地用作云计算的访问控制方案。

（2）基于角色的访问控制（RBAC）。在基于角色的访问控制与加密相结合的数据安全存储方案中，只有满足基于角色的访问控制策略的角色才可以解密和查看数据。角色具有层次结构，且解密密钥大小恒定，与用户分配的角色数量无关。此外，研究人员还提出一种基于安全性和可用性的信任关系的 RBAC。角色是否分配给用户由用户的信任度决定，信任度由以下因素计算获得：用户使用的主机的安全状态和网络可用性、与角色相关的服务提供商的保护状态，并提供了量化信任度计算过程的数学公式。

3）数据加密

数据加密的一个重要问题是如何对密文数据进行处理，同态加密和可搜索加密为此问题提供了两种可行的解决方案。

（1）同态加密。

同态加密是一种保护数据私密性的解决方案，其思想可表示为

$$E(K,F(x_1; x_2; \cdots ; x_n)) = G(K,F, (E(x_1); (E(x_2); \cdots ; E(x_n)))$$

式中，$E(K,x)$表示用加密算法 E 和密钥 K 对 x 进行加密，F 表示一种运算。如果存在有效算法 G，使得上式成立，就称加密算法 E 对于运算 F 是同态的。加密算法的同态性质可让用户将数据委托给第三方进行处理，也避免了数据泄露，解决了大数据的安全计算

问题。

1978 年，Rivest 等首次提出秘密同态的概念，但构造全同态加密体制一直是密码学领域的难题。直到 2009 年，Gentry 使用理想格构造了第一个真正的全同态加密方案，在理论上取得了很大的突破。但是，因为计算和内存的开销巨大，该方案还无法投入实际应用。同态加密可为大数据的处理过程提供数据保护的功能，但是，如何提高同态加密的安全性和运算效率以满足实际应用需求，还需要进一步的研究。

（2）可搜索加密。

传统的加密方式对数据进行加密很难为数据建立索引，导致数据可用性很低。可搜索加密技术的出现实现了对密文的检索和查询，有效解决了此问题。目前，主要的可搜索加密技术可以分为两大类：对称可搜索加密和非对称可搜索加密。2000 年，Song 等使用流密码和伪随机数构建了一种基于对称加密算法的可搜索加密方案，首次提出了可搜索加密的概念。但该方案的计算量与文档大小呈线性关系，计算效率不高。为解决该问题，Goh 采用了布隆过滤器和伪随机函数建立安全索引实现可搜索加密，该方案对每个数据项生成一个加密索引，而不是为所有数据项的内容生成索引，明显提高了搜索效率，但无法抵御统计攻击。2004 年，Boneh 等首次将公钥体制引入可搜索加密方案，提出了第一个非对称可搜索加密算法，称为 PEKS 方案；在加密邮件系统的场景下实现邮件网关对关键字的密文搜索。

自从 Gentry 在 2009 年成功实现全同态加密后，随着同态加密技术发展，陆续有学者将同态加密应用到可搜索加密，出现了基于同态加密技术的可搜索加密，可对加密数据实现查询、更新、删除等操作，但效率仍然不高。

4）安全审计

安全审计技术是记录用户访问过程和各种行为以形成审计数据并对其进行分析的过程。其主要目的是实时监控整个系统和应用程序的运行状态，不间断地检测系统中的可疑、非法或危险行为。提醒并采取阻止措施留下这些行动的记录。目前，大数据平台中所有数据操作主要通过审计日记来记录。Hadoop 平台生态系统各组件均提供日志和审计文件记录数据访问过程，且日志审计文件内容不可更改，为追踪数据流向和发现违规数据操作提供原始依据。可以通过配置 HDFS、MapReduce、Hive 等组件来启用审计日志功能。此外，访问控制和身份验证项目（如 Apache KROX Gateway，Apache Sentry 和 Apache Ranger）提供了审计功能，可记录用户访问行为，并管理组件之间的安全交互行为。

3．大数据安全关键技术难点

当前的信息安全技术并不能完全满足大数据的安全需求，针对大数据应用中特有的安全风险，还有很多关键技术难点需要突破。

1）隐私保护技术

隐私保护是大数据安全最受关注的问题之一。目前，已有一些解决方案。差分隐私保护通过添加噪声使数据失真，从而达到保护隐私的目的。但是，差分隐私保护算法的时间复杂度较高，实现效率并不理想。全同态加密方案适用于大数据场景中的隐私保护，但其性能较低的问题一直阻碍了同态加密技术应用于大数据环境。因此，设计高效的全同态加密方案值得深入研究。

2）数据加密

加密是数据保护最基本也是最重要的手段之一。可搜索加密算法应用于大数据环境需要满足对多用户场景的支持和对不同加密算法的加密数据进行访问的要求，这对可搜索加密算法提出了新的研究方向。基于属性的加密方案因将访问控制策略直接嵌入到用户的私钥或加密数据中，不仅解决了公钥基础设施效率低下的问题，而且具有可扩展的密钥管理和灵活的数据分发的优势。目前，基于属性的加密方案主要采用椭圆曲线上的双线性映射构建，其中涉及计算成本昂贵的双线性配对操作，加之大数据规模庞大，因此难以应用到大数据平台。

3）访问控制

细粒度的访问控制是大数据安全领域一个新的热点问题。虽然目前已有一些解决方案，但细粒度的访问控制仍面临一些亟待解决的问题，如：对给定领域选择合理的访问控制粒度；当数据集增长到 PB 级的规模，访问控制方案的可扩展性问题；查询访问控制策略的效率问题等。

4）大数据安全分析

大数据是一把双刃剑：它可能成为黑客实施攻击的手段；但将其有效利用，也可以成为防御安全攻击的盾牌。大数据中的批量和流式数据处理技术、交互式数据查询技术等可为网络安全与情报分析中的数据处理问题提供重要支撑，形成交互式可视分析、多源事件关联分析、用户实体行为分析等大数据安全应用。此外，隐蔽性和持续性网络通信行为检测、基于大数据分析的网络特征提取、综合威胁情报的高级网络威胁预测等关键技术有待实现突破，以提升网络信息安全风险感知、预警和处置能力。

第五节　本章小结

随着网络技术的快速发展，新的网络计算技术纷纷出现，例如云计算、物联网和 P2P 技术，而大数据也在许多行业得到广泛应用。其中，云计算技术、物联网技术、大数据已经成为信息领域的热点，被国家“十四五”规划确立为七大数字经济的细分领域加以重点推进；而 P2P 技术则已经大量投入应用并取得令人瞩目的成就。然而，这些新型网络技术都面临着不同的安全问题，这些安全问题已经成为制约其快速发展和广泛应用的重要因素。本章介绍了这些技术的基本概念和关键技术，并针对各自面临的安全风险开展讨论，分析了各自的安全技术，并指明了未来的研究方向。

本章习题

1．什么是云计算技术？云计算面临怎样的安全问题？

2．云安全服务有哪些？分别加以解释。

3．什么是安全云计算，其基本原理是什么？与传统杀毒技术相比，安全云计算具有哪些优势？

4．什么是云存储？云存储中有哪些特有的安全问题？

5．什么是物联网？包括哪些关键技术？

6．物联网包括哪些安全威胁？

7．传感器网络面临哪些特有的安全威胁？如何解决？

8．什么是 P2P 系统？P2P 系统具有哪些特点？

9．P2P 网络面临哪些安全问题？如何解决 P2P 节点之间的信任问题？

10．请说明与传统网络中的病毒相比，P2P 网络中的病毒具有哪些特点？请认真思考，给出可能的防范措施。

11．什么是大数据？有何典型特征？大数据面临哪些安全风险？

12．目前大数据安全包括哪些方面的内容？

参 考 文 献

[1] 牛冠杰，笋大伟，李晨旸，等. 网络安全技术实践与代码详解[M]. 北京：人民邮电出版社，2007.

[2] 马臣云，王彦. 精通 PKI 网络安全认证技术与编程实现[M]. 北京：人民邮电出版社，2008.

[3] 邓林. 网络信息安全防护理论与方法的研究[D]. 合肥：合肥工业大学，2008.

[4] 郎风华. 基于人工智能理论的网络安全管理关键技术的研究[D]. 北京：北京邮电大学，2008.

[5] 韦勇. 网络安全态势评估模型研究[D]. 合肥：中国科学技术大学，2009.

[6] 郑瑞娟. 生物启发的多维网络安全模型及方法研究[D]. 哈尔滨：哈尔滨工程大学，2007.

[7] 田李. 面向网络安全监控的数据流关键技术研究[D]. 长沙：国防科技大学，2008.

[8] 韩锐生，徐开勇，赵彬. P2DR 模型中策略部署模型的研究与设计[J]. 计算机工程，2008，34(8)：180-183.

[9] 李永先，齐亚双，袁淑艳. 基于 PDRR 模型的数字图书馆信息保障体系研究[J]. 情报科学，2011，29(7)：998-1001.

[10] 潘洁，刘爱洁. 基于 APPDRR 模型的网络安全系统研究[J]. 电信工程技术与标准化，2009(7)：27-30.

[11] 杨斌，李光. 基于以太网的动态网络安全模型研究[J]. 舰船电子工程，2010，30(9)：123-125.

[12] 何翔，薛建国，汪静. 动态网络安全模型的应用[J]. 计算机工程，2007，33(23)：173-175.

[13] 罗东，秦志光，马新新. 电子采购系统动态身份认证策略研究[J]. 电子科技大学学报，2007，36(6)：1315-1318.

[14] 陈性无，杨艳，任志宇. 网络安全通信协议[M]. 北京：高等教育出版社，2008.

[15] 杨云江. 计算机网络管理技术[M]. 2 版. 北京：清华大学出版社，2010.

[16] 刘晶. SSL/TLS 协议在电子商务中的应用研究[D]. 昆明：云南大学，2011.

[17] 张瑞康. 基于 SNMP 的网络监控系统设计与实现[D]. 成都：电子科技大学，2011.

[18] 文远. PGP 安全电子邮件系统研究与实现[D]. 北京：北京邮电大学，2007.

[19] 周倜，李梦君，李舟军. 安全协议逻辑程序不停机性快速预测的动态方法[J]. 计算机学报，2011，34(7)：1275-1283.

[20] 卿斯汉. 安全协议 20 年研究进展[J]. 软件学报，2003，14(10)：1740-1752.

[21] 程正杰，陈克非，来学嘉. 基于细粒度新鲜性的密码协议分析[J]. 北京大学学报，2010(5)：763-770.

[22] 强奇，武刚，黄开枝，等. 5G 安全技术研究与标准进展[J]. 中国科学：信息科学，2021，51：347-366.

[23] 毕晓宇. 5G 移动通信系统的安全研究[J]. 信息安全研究，2020，6(1)：52-61.

[24] 刘杨，彭木根. 6G 内生安全：体系结构与关键技术[J]. 电信科学，2020，1：11-20.

[25] 张成磊，付玉龙，李晖，等. 6G 网络安全场景分析及安全模型研究[J]. 网络与信息安全学霸，2021，7(1)：28-45.

[26] 徐晖，孙韶辉. 蜂窝移动通信系统的安全架构[J]. 中兴通信技术，2015，21(3)：7-10.

[27] 刘龙姣. 基于 802. 1X 认证的校园无线网络设计与实现[D]. 大连：大连海事大学，2017.

[28] 陈祎祺. 企业无线局域网的设计与实现[D]. 西安：西安电子科技大学，2017.

[29] 林东岱，田有亮，田呈亮. 移动安全技术研究综述[J]. 保密科学技术，2014，3：4-25.

[30] 高云. 移动互联网环境下的攻击建模研究与应用[D]. 南京：东南大学，2016.

[31] 张小彬，韩继红，王亚弟，等. Ad-hoc 网络密钥管理方案综述[J]. 计算机应用与软件，2010，27(2)：144-147.
[32] Padgette J，Chen L，Scarfone K. Guide to Bluetooth Security[EB/OL]. https：//doi. org/10. 6028/NIST. SP. 800-121r1，2021-10-1.
[33] 赵菁伟. 基于分簇 Ad-hoc 网络的入侵检测系统设计[D]. 石家庄：河北科技大学，2016.
[34] 花伟. 基于移动 Ad-hoc 网络的 IDS 研究[D]. 哈尔滨：哈尔滨工程大学，2008.
[35] 周开波，张治兵，倪平，等. 网络设备 Telnet 服务安全威胁及其防范措施 [J]. 现代电信科技，2016，46(3)：11-15.
[36] 王海涛，宋丽华，张鹏亮，等. 无线 Ad-hoc 网络的安全机制[J]. 保密科学技术，2018(6)：27-31.
[37] 欢水源. 移动 Ad-hoc 网络安全路由研究[D]. 重庆：重庆邮电大学，2018.
[38] 易平，蒋嶷川，张世永，等. 移动 Ad-hoc 网络安全综述[J]. 电子学报，2005，5(5)：893-899.
[39] 陈慧婷. 移动自组织网络层入侵检测研究与防治[D]. 沈阳：东北大学，2014.
[40] 孙其博. 移动互联网安全综述[J]. 无线电通信技术，2016，42(2)：01-08.
[41] 李文江. 移动互联网安全威胁与漏洞治理[C]. 第三届全国公安院校网络安全与执法专业主任论坛. 贵阳，2017.
[42] 吴翰清. 白帽子讲 Web 安全[M]. 北京：电子工业出版社，2016.
[43] 钟晨鸣，徐少培. Web 前端黑客技术揭秘[M]. 北京：电子工业出版社，2016.
[44] 姚琳，林驰，王雷. 无线网络安全技术[M]. 2 版. 北京：清华大学出版社，2018.
[45] 祝世雄，罗长远，安红章，等. 无线通信网络安全技术[M]. 北京：国防工业出版社，2018.
[46] 冯光升，林雪纲，吕宏武，等. 无线网络安全及时间[M]. 哈尔滨：哈尔滨工程大学出版社，2017.
[47] 陈兴蜀，杨露，罗永刚. 大数据安全保护技术[J]. 工程科学与技术，2017，49(5)：1-12.
[48] 陈兴蜀，曾雪梅，王文贤，等. 基于大数据的网络安全与情报分析[J]. 工程科学与技术，2017，49(3)：1-12.
[49] 曹珍富，董晓蕾，周俊，等. 大数据安全与隐私保护研究进展[J]. 计算机研究与发展，2016，53(10)：2137-2151.